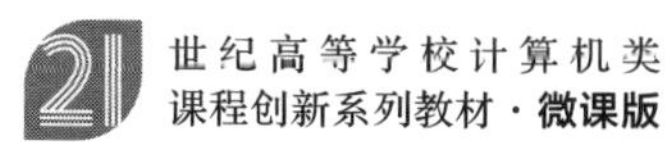

21世纪高等学校计算机类
课程创新系列教材·微课版

C#程序设计与应用开发

微课视频版

曾宪权 曹玉松 鄢靖丰 / 编著

清華大学出版社
北京

内 容 简 介

全书以 Visual Studio 2017 为开发工具，以工作过程为导向，通过项目碎片化将理论知识进行融会贯通，深入浅出地介绍了 C＃编程的相关技术。全书共分 4 篇 11 章。第 1～3 章为入门篇，详细介绍了 C＃语言及其开发环境、C＃程序结构、变量和表达式、程序控制流、数组、字符串和集合等 C＃编程的基础知识；第 4、5 章为进阶篇，介绍了 C＃面向对象程序设计的核心技术，包括类的定义、继承、多态和接口、委托和事件等知识点；第 6～9 章为提高篇，全面介绍了 Windows 窗体应用程序、WPF 应用程序、ADO.NET 数据访问技术、文件与数据流等内容；第 10、11 章为应用篇，通过 WPF 贪吃蛇游戏和学生成绩管理系统的开发，让读者能够快速掌握使用 C＃语言进行软件开发的关键技术，全面提高运用知识解决实际问题和软件项目开发设计能力。

本书内容实用新颖，结构合理，案例丰富，有些案例可以直接应用到项目开发中，非常适合作为零基础学习人员的学习用书和大中专院校学生的教材，也可以作为相关培训机构师生和软件开发人员的参考书。

图书在版编目（CIP）数据

C＃程序设计与应用开发：微课视频版/曾宪权，曹玉松，鄢靖丰编著．—北京：清华大学出版社，2021.4（2023.7 重印）
21 世纪高等学校计算机类课程创新系列教材．微课版
ISBN 978-7-302-57185-8

Ⅰ．①C… Ⅱ．①曾… ②曹… ③鄢… Ⅲ．①C 语言－程序设计－高等学校－教材
Ⅳ．①TP312.8

中国版本图书馆 CIP 数据核字（2020）第 260221 号

责任编辑：黄 芝 张爱华
封面设计：刘 键
责任校对：徐俊伟
责任印制：曹婉颖

出版发行：清华大学出版社
网 址：http://www.tup.com.cn，http://www.wqbook.com
地 址：北京清华大学学研大厦 A 座　　**邮 编：**100084
社 总 机：010-83470000　　**邮 购：**010-62786544
投稿与读者服务：010-62776969，c-service@tup.tsinghua.edu.cn
质量反馈：010-62772015，zhiliang@tup.tsinghua.edu.cn
课件下载：http://www.tup.com.cn，010-83470236
印 装 者：三河市龙大印装有限公司
经 销：全国新华书店
开 本：185mm×260mm　**印 张：**24.5　**字 数：**610 千字
版 次：2021 年 5 月第 1 版　**印 次：**2023 年 7 月第 4 次印刷
印 数：4501～6000
定 价：69.80 元

产品编号：089991-01

前 言

C#(发音为 C Sharp)语言是一种语法简洁、类型安全的面向对象的编程语言,是一种优雅的、跨平台的现代主流程序设计语言,应用领域非常广泛,可以用来开发桌面应用程序、移动应用程序、游戏、云计算和物联网等各种类型的程序。学习 C#语言,对于在校大学生和求职应聘者来说都具有极其重要的意义。

学习 C#语言,选择一本合适的参考书很重要。目前市场虽有许多 C#语言参考书,但相当一部分书籍偏重于知识传授,忽视了应用语言解决实际问题能力的培养。为适应工程教育课程改革要求,培养学习者的工程实践能力,本书以项目为载体,以工作过程为导向,将项目碎片化,利用碎片化后的项目贯穿理论知识,以点带线,多线成面,突出软件开发能力的训练与培养,使读者能快速理解并掌握重点知识,养成良好的软件开发规范,更快步入软件开发的大门。

本书以 Visual Studio 2017 和 SQL Server 2014 为开发工具,深入浅出地介绍了 C#编程的相关知识和技术。全书共 4 篇 11 章,第 1～3 章以控制台学生信息管理系统开发为主线,深入浅出地介绍了 C#语言和开发环境、C#程序的类型、C#程序结构、C#核心语法、数组、字符串和集合等基础知识;第 4 章以改进的控制台学生信息管理系统开发为牵引,系统地介绍了 C#面向对象程序设计的核心技术,包括类和对象、继承、多态、接口、委托和事件等;第 5 章以自动取款机模拟程序的开发作为阶段项目对 C#的基础知识进行了总结;第 6～9 章围绕学生信息管理系统的开发,系统地介绍了 Windows 窗体应用程序、WPF 应用程序、ADO.NET 数据库访问技术、文件与数据流技术等应用技术;第 10、11 章以 WPF 贪吃蛇游戏和学生成绩管理系统开发为例介绍了 C#的实际应用,以提高读者编程能力,使读者体会到软件开发的乐趣,享受成功进行软件开发的成就感。

本书以学习者为中心,通过手把手教学,最终达到放开手、育能手的学习目标。本书具有如下特点:

(1) 内容实用,讲解细致。全书以企业对.NET 开发人员要求的知识和技能来精心选择内容,全面地介绍了.NET 开发人员必备的 C#程序设计基本知识和技能,兼顾广度、深度和 C#发展动向,知识新颖,内容实用。

(2) 项目驱动,一体学习。全书按照“教、学、做”一体化设计,采用“任务描述—任务实施—知识链接—拓展提高”来安排每一节内容,符合学习者的认知规律,有效提高学习者的学习兴趣,培养学习者自主学习和探究的能力。

(3) 案例丰富,贴近实际。全书以学生信息管理系统开发为载体,以系统功能模块的设计和开发为案例,强调案例的实用性,将案例融入知识讲解中,使知识和案例相辅相成,既有利于读者学习知识,又能为读者实际项目开发提供实践指导。

(4) 资源丰富,方便学习。本书配套微课视频,请读者先用手机扫一扫封底刮刮卡内二维码,获得权限,再扫一扫对应章节处二维码,即可观看教学视频。本书提供完整课程资源,包括课件、教学大纲、习题集以及实例的源代码和课程网站,以方便读者学习,读者可扫描下方二维码下载相关资料。

教学资源

本书是许昌学院应用型规划教材,由许昌学院的曾宪权、曹玉松、鄢靖丰老师编写。其中,第1、2章由鄢靖丰老师编写,第3～5章由曹玉松老师编写,其余章节由曾宪权老师编写。全书由曾宪权老师统稿、修改和定稿。在编写过程中,编者参考了大量的书籍和网络资源,在此对相关作者表示感谢。

在本书的编写过程中,尽管编者已经很努力,但由于水平和认识的限制,书中难免会有一些疏漏之处,恳请读者批评和指正。

编　者

2021.01

目　录

第一部分　入　门　篇

第二部分　进　阶　篇

第三部分　提　高　篇

第四部分 应 用 篇

第一部分
入 门 篇

第1章 C#编程初体验

软件工程师小明正在开发一个控制台的学生成绩管理系统。系统运行时首先显示软件封面,用户按任意键进入用户登录界面。用户输入正确的用户名和密码后,显示系统功能菜单,输入相应的功能号,执行对应的功能,如图1-1所示。

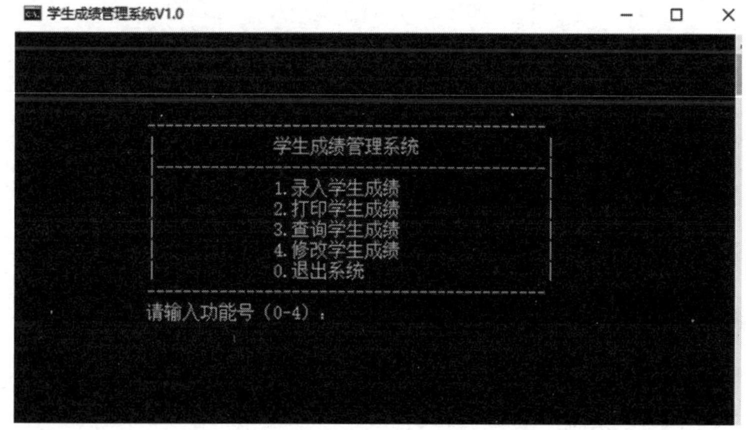

图1-1 控制台学生成绩管理系统主界面

在学习完本章内容后,读者将能够:

- 解释C#与.NET的关系。
- 熟悉C#程序的运行原理和结构。
- 使用Visual Studio 2017编写C#程序。
- 根据实际问题选择合适的应用程序类型和技术。

1.1 C#语言及其开发环境

视频讲解

C#语言是微软公司专门为.NET平台量身定做的一种简单、安全的面向对象程序设计语言,它可以用来编写各种类型的应用程序。

“工欲善其事，必先利其器。”作为一名软件开发人员，选择一个合适的开发工具可以给自己带来事半功倍的效果。在众多的C#程序开发工具中，号称“宇宙最强”集成开发环境(Integrated Development Environment，IDE)的Visual Studio成为C#开发人员的首选。目前，Visual Studio的最新版本是2019年4月2日正式推出的Visual Studio 2019。本任务完成在Windows 7下安装和配置Visual Studio Community 2017集成开发环境(见图1-2)，以便为后续课程的学习奠定基础。

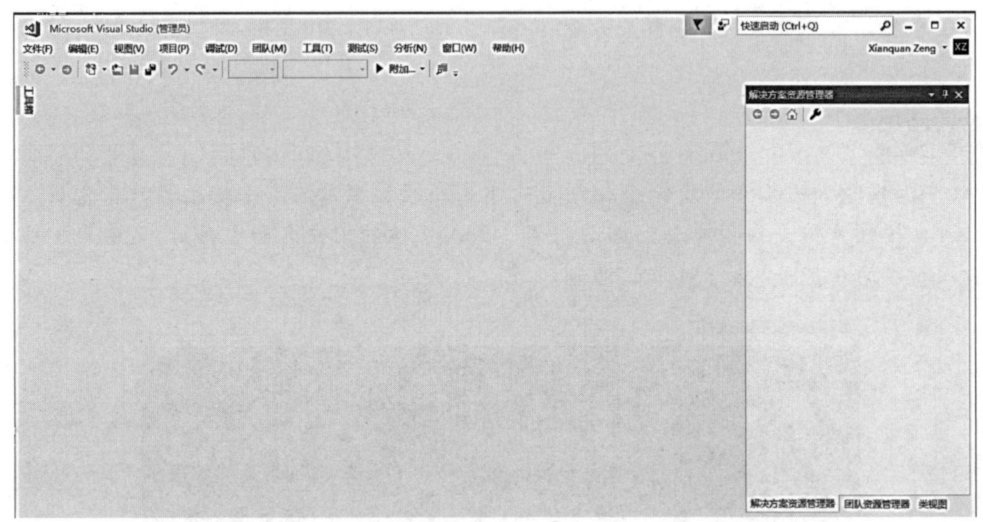

图1-2　Visual Studio 2017默认开发界面

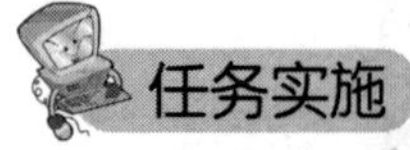

任务实施

(1) 检查计算机软硬件是否符合Visual Studio 2017系列产品的最低系统要求。Visual Studio 2017可在以下操作系统上安装并运行。

- Windows 10 1507版或更高版本：家庭版、专业版、教育版和企业版。
- Windows Server 2016：Standard和Datacenter。
- Windows 8.1(带有更新2919355)：核心版、专业版和企业版。
- Windows Server 2012 R2(带有更新2919355)：Essentials、Standard、Datacenter。
- Windows 7 SP1(带有最新Windows更新)：家庭高级版、专业版、企业版、旗舰版。

(2) 下载Visual Studio 2017。打开https://visualstudio.microsoft.com/zh-hans/vs/older-downloads/网站，出现如图1-3所示的下载界面。

单击“下载”按钮登录到Visual Studio(MSDN)，订阅或加入免费的Dev Essentials计划，获得较旧的版本，选择Visual Studio Community 2017版本下载。

(3) 安装Visual Studio Community 2017。双击下载的安装包，单击“继续”按钮，进入下一步，等待安装程序加载，安装程序加载完成后进入选择工作负载界面，如图1-4所示。

(4) 选定工作负载。根据个人需要勾选工作负载、组件和语言包，修改安装的位置，也可以使用默认安装位置，之后单击“安装”按钮进入组件安装进度界面。安装程序一边从网上获取包，一边应用包。整个安装过程时间较长，安装时间受网络速度和计算机环境影响。

(5) 设置开发环境。安装完毕后，提示在启动Visual Studio 2017前重启计算机。如果

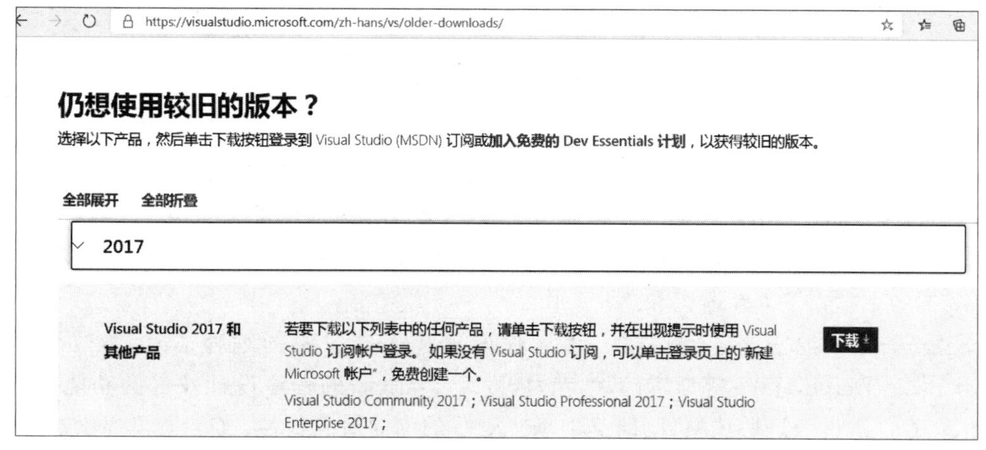

图 1-3　Visual Studio 旧版本下载界面

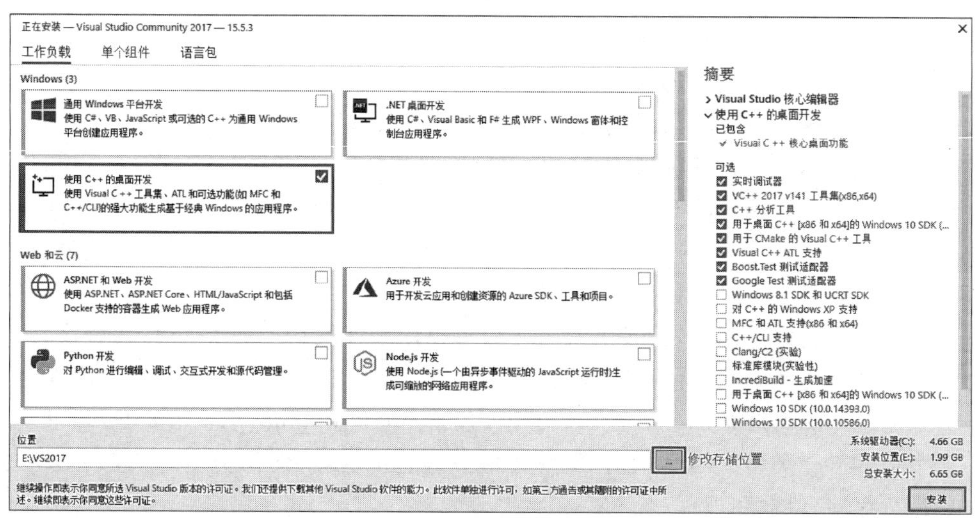

图 1-4　选择工作负载界面

计算机在执行其他任务，待其他重要任务完成后，单击"重启"按钮进入下一步，在出现的登录界面中选择"登录"或者"以后再说"，进入开发环境选择界面。

(6) 启动 Visual Studio 2017。在开发环境选择界面中，选择颜色主题之后单击"启动 Visual Studio"，进入 Visual Studio 2017 默认的开发界面。

知识链接

1.1.1　C# 语言——全能的现代编程语言

C# 是一个简单的、现代的、通用的面向对象编程语言，是微软公司发布的一种由 C 和 C++衍生出来的面向对象的编程语言，也是运行于.NET Framework 和.NET Core(完全开源、跨平台)之上的高级程序设计语言，并获得欧洲计算机制造商协会(ECMA)和国际标准化组织(ISO)的认可。

C#由原Borland公司的首席研发设计师安德斯·海尔斯伯格(Anders Hejlsberg)主持开发。安德斯·海尔斯伯格在为微软公司工作之前,在Borland公司设计了Delphi语言(一种面向对象的Pascal语言)。在进入微软公司后,安德斯·海尔斯伯格主要负责Visual J++的研发工作。借助深厚的编译器开发内功,Visual J++产生很大反响,使得不少人关注Visual J++,并且有不少软件开始由Java转向Visual J++开发。SUN公司认为Visual J++违反了Java开发平台的中立性,对微软公司提出了诉讼,微软公司停止了Visual J++的后续开发,将Visual J++改名为C#,并于2000年6月26日在奥兰多举行的"职业开发人员技术大会"(PDC 2000)上发布了C#语言和.NET平台。

C#语言是一种安全的、简洁的、多用途的现代面向对象的编程语言,吸收了C++、Visual Basic、Delphi、Java等语言的优点,体现了当今最新的程序设计技术的功能和精华。C#继承了C语言的语法风格,同时又继承了C++的面向对象特性。C#不再提供对指针类型的支持,使得程序不能随便访问内存地址空间,从而更加健壮。C#不再支持多重继承,避免了以往类层次结构中由于多重继承带来的可怕后果。C#语言具备如下特点:

- 语法简洁优雅,去掉了指针操作,不允许直接操作内存。
- 彻底地面向对象设计,支持数据封装、继承、多态和接口机制。
- 安全机制强大,垃圾回收器能够帮助开发者有效地管理内存资源。
- 完善的错误异常处理机制,程序更加健壮。
- 支持跨平台。最早的C#语言仅能在Windows平台上开发并使用,目前,C# 6.0及其以上版本已经能在多个操作系统上使用(如Mac OS、Linux等)。此外,还能将其应用到智能手机、PDA等设备上。
- 支持多种类型应用开发。C#语言不仅可以用来开发桌面和Web应用程序,还可以用来开发移动应用、游戏、物联网、机器学习以及企业应用等多种类型应用程序。
- 采用统一的类型系统。所有C#类型(包括int和double等基元类型)均继承自一个根object类型。因此,所有类型共用一组通用运算,任何类型的值都可以一致地进行存储、传输和处理。

C#语言自发布以来经历了几次修订,分别对应于每个.NET更新,表1-1列举了C#语言的主要版本与.NET Framework之间的关系。目前,C#已成为创建Windows程序和Web应用程序的最流行的编程语言之一。

表1-1 C#语言的更新情况

语言版本	发布时间	.NET Framework要求	Visual Studio版本
C# 1.0	2002.1	.NET Framework 1.0	Visual Studio .NET 2002
C# 2.0	2005.11	.NET Framework 2.0	Visual Studio 2005
C# 3.0	2007.11	.NET Framework 2.0\3.0\3.5	Visual Studio 2008
C# 4.0	2010.4	.NET Framework 4.0	Visual Studio 2010
C# 5.0	2012.8	.NET Framework 4.5	Visual Studio 2012\2013
C# 6.0	2015.7	.NET Framework 4.6	Visual Studio 2015
C# 7.0	2017.3	.NET Framework 4.6.2	Visual Studio 2017
C# 8.0	2019.4	.NET Framework 4.7.1	Visual Studio 2019

1.1.2 .NET 平台——免费跨平台的通用开发平台

2000 年，微软公司向全球宣布其革命性的软件和服务平台——Microsoft .NET。Microsoft.NET 是微软公司下一代互联网软件和服务战略，是微软公司用以创建 XML Web Services 的平台。该平台将信息、设备和人以一种统一的、个性化的方式联系起来，允许应用程序通过 Internet 进行通信及共享数据，不管所采用的是哪种操作系统、设备或编程语言。

Microsoft .NET 代表了一个集合、一个环境、一个可以作为平台支持下一代 Internet 的可编程结构。经过十几年的发展，.NET 体系发生了很多变化，特别是在最近两年，随着开源和跨平台的发展，衍生出很多概念，.NET 成为了一个免费、跨平台、开源的通用开发平台。图 1-5 给出了.NET 平台的完整图谱。使用.NET 平台，开发人员可以使用多种语言、编辑器和库来开发 Web 应用、移动应用、桌面应用、游戏、物联网等多种类型的应用程序。

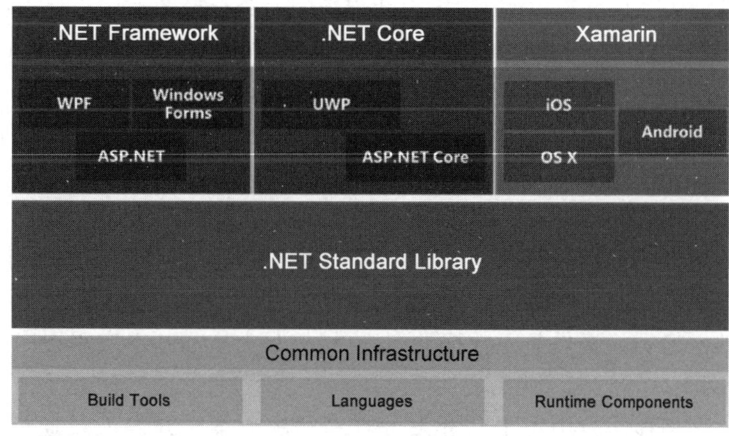

图 1-5 .NET 平台的完整图谱

从图 1-5 可以看出，.NET 应用开发用于并运行于一个或多个.NET 实现(.NET implementations)，所有的.NET 实现都有一个名为 .NET Standard 的通用 API 规范。.NET 实现包括.NET Framework、.NET Core 和 Xamarin，每个.NET 实现都具有以下组件：

(1) 一个或多个运行时。例如，用于 .NET Framework 的 CLR(Common Language Runtime，公共语言运行时)和用于.NET Core 的 Core CLR。

(2) 实现.NET Standard 并且可实现其他 API 的类库。例如，.NET Framework 基类库、.NET Core 基类库。

(3) 可选择包含一个或多个应用程序框架。如 ASP.NET、Windows 窗体和 Windows Presentation Foundation(WPF)包含在.NET Framework 中。

1. 公共语言运行时

公共语言运行时是所有.NET 应用程序的执行引擎，用于加载和执行.NET 应用程序，为每一个.NET 应用程序准备一个独立、安全、稳定的执行环境。可以将公共语言运行时看作一个在执行时管理代码的代理，它提供内存管理、线程管理和远程处理等核心服务，并且还强制实施严格的类型安全以及可提高安全性和可靠性的其他形式的代码准确性。

以公共语言运行时为环境(而不是直接由操作系统)的代码称为托管代码(Managed

Code)，而不以公共语言运行时为目标的代码称为非托管代码(Unmanaged Code)。托管代码应用程序可以获得公共语言运行时的服务，例如自动垃圾回收、运行库类型检查和安全支持等。这些服务帮助提供独立于平台和语言的、统一的托管代码应用程序行为。非托管应用程序不能使用公共语言运行时的服务，需要直接与底层的应用程序接口打交道，自己直接管理内存和安全等。

2. .NET Framework

.NET Framework 是为其运行的应用提供各种服务的托管执行环境。它包括两个主要组件：公共语言运行时和.NET Framework 类库(Framework Class Library，FCL)。

公共语言运行时是一个在执行时管理代码的代理，它提供内存管理、线程管理和远程处理等核心服务，并且还强制实施严格的类型安全以及可提高安全性和可靠性的其他形式的代码准确性。事实上，代码管理的概念是运行时的基本原则。

.NET Framework 类库是一个综合性的面向对象的可重用类型集合，开发人员可以使用它来开发多种应用程序，这些应用程序包括传统的命令行或图形用户界面应用程序，还包括基于 ASP.NET 提供的最新的应用程序(如 Web 窗体和 XML Web Services)。

3. .NET Core

.NET Core 是一个通用的、模块化的、具有跨平台能力的开源的应用程序开发框架，由 Microsoft 和 GitHub(https://github.com/microsoft/dotnet)的 .NET 社区共同维护，可以在 Windows、Mac OS 和 Linux 上运行，也可移植到其他操作系统。

.NET Core 包含一个运行时(CoreCLR)、基础框架类库、编译器和一些工具以支持不同的 CPU 和操作系统。运行时提供类型系统、程序集加载、垃圾回收器、本机互操作和其他基本服务。基础框架类库提供基元数据类型、应用编写类型和基本实用程序。

4. Xamarin

Xamarin 是未来移动应用跨平台开发的唯一解决方案。开发人员通过 Xamarin 开发工具与程序语言即可开发出 iOS、Android 与 Windows Phone 等平台的原生(Native)App 应用程序，无须个别使用各平台的开发工具与程序语言，不只是“编写一次，到处运行”的跨平台解决方案，更可达到“write your code once，and present native UIs on each platform”的跨平台开发能力。由于 Xamarin 可直接产生各平台的原生 App 应用程序，相较于其他跨平台方案，借由 Xamarin 所开发出来的 App 应用程序，更能发挥出各行动平台的功能与特性，且具有最佳的执行效能。

5. .NET Standard

.NET Standard 是一组由所有.NET 实现的基类库实现的 API，是一套正式的.NET API(.NET 的应用程序编程接口) 规范，为现有的.NET 实现提供一个坚实的底层基础，并为未来满足树莓派或 IoT(Internet of Things，物联网)等全新类型设备需求可能需要创建的分支提供支持。通过以.NET Standard 为目标，可以构建能够在所有.NET 应用程序之间共享的库，无论它们运行在哪个.NET 实现或在哪个操作系统上。

.NET Standard 规范了所有的.NET 实现都必须提供的 API，为.NET 家族带来了一致性，并使使用者能够生成可供所有.NET 实现使用的类库。.NET Standard 可实现以下重要功能：

• 为要实现的所有.NET 实现定义一组统一的、与工作负荷无关的基础类库 API。

- 使开发人员能够通过同一组 API 生成可在各种.NET 实现中使用的可移植库。
- 减少甚至消除由于.NET API 方面的原因而对共享源代码进行的条件性编译(仅适用于 OS API)。

在 Build 2019 开发者大会上,微软宣布了.NET 家族的下个版本——.NET 5。它将成为一个统一的平台,开发者可以利用这个平台开发各种平台的应用,包括 Windows、Linux、Mac OS、iOS、Android、TVOS、WatchOS 和 WebAssembly 等,这对.NET 来说是一个游戏规则的改变。

.NET 5 将是一个单一的产品,拥有一套统一的功能和 API,可用于 Windows 桌面应用、跨平台移动应用、控制台应用、云服务和网站。.NET 5 和所有未来的版本将继续支持.NET Standard 2.1 和此前版本。可以将.NET 5 视为.NET Standard vNext。

6. .NET 程序运行原理

为执行.NET 应用程序,必须把它们转换为本地计算机能够理解的语言,即本地代码(Native Code)。这种转换称为编译代码,通常由编译器来完成。在.NET 环境中,这个过程包括两个阶段。

(1) 使用某种.NET 兼容的语言(如 C#)编写应用程序源代码,编译器首先将代码编译为通用中间语言(Common Intermediate Language,CIL)代码(中间语言不是计算机识别语言,不能直接被计算机使用)和元数据,并存储在一个程序集(Assembly)中。程序集是指经由编译器编译得到的,供 CLR 进一步编译执行的中间产物,在 Windows 系统中,它一般表现为.dll 或者.exe 的格式,但是要注意,它们跟普通意义上的 Win32 可执行程序是完全不同的东西,程序集必须依靠 CLR 才能顺利执行。

(2) 应用程序执行时,由即时编译(Just-In-Time,JIT)把 CIL 编译成针对特定操作系统和目标机器结构的机器语言程序,这样程序就能在任意合理的计算机中运行并得出结果。JIT 的意思为"仅在运行时编译",整个代码的处理过程要编译两次。

> **【多学一招】** 在.NET 语言的测试版中,CIL 原本叫作微软中间语言(MSIL)。由于 C# 和通用语言架构的标准化,字节码已经正式地成为了 CIL。因此,CIL 仍旧经常与 MSIL 相提并论,特别是那些.NET 语言的老用户。

1.1.3 Visual Studio——智能化开发环境和工具

集成开发环境(Integrated Development Environment,IDE)是用于提供程序开发环境的应用程序,是集成了代码编写、分析、编译、调试等功能为一体的开发软件服务套件,一般包括代码编辑器、编译器、调试器和图形用户界面等工具,如微软的 Visual Studio 系列、开源的 Eclipse 等。

Visual Studio(简称 VS)是微软公司的开发工具包系列产品,是一个基本完整的开发工具集,它包括了整个软件生命周期中所需要的大部分工具,如 UML 工具、代码管控工具、集成开发环境等。Visual Studio 提供了社区版(Community)、专业版(Professional)和企业版(Enterprise)等多个版本。企业版和专业版是需要付费的,而社区版是免费的。只有企业版包含所有功能。企业版独享的功能包括智能跟踪、负载测试和一些架构工具。对于一般开发者和学生而言，社区版已经足够，它可以提供全功能的集成开发环境，而且完全免费。有关 Visual Studio 各个版本的具体细节比较可参考 https://www.visualstudio.com/zh-hans/vs/compare/。

Visual Studio 2019 是微软发布的迄今最新、最强大的集成开发环境，使用该环境，用户可以开发适用于 Android、iOS、Windows、Web 和云的应用。本书选择 Visual Studio Community 2017 作为开发工具。图 1-6 给出了 Visual Studio Community 2017 的典型编辑界面，包括代码编辑器、设计视图编辑器以及支撑窗口（根据用户的设置可能会有所不同）。代码编辑器是用来编写和调试程序的区域；设计视图编辑器提供工具箱等可视化设计工具；支撑窗口包括解决方案资源管理器、属性等工具以方便开发者从不同的视角对项目进行管理，提高开发效率。

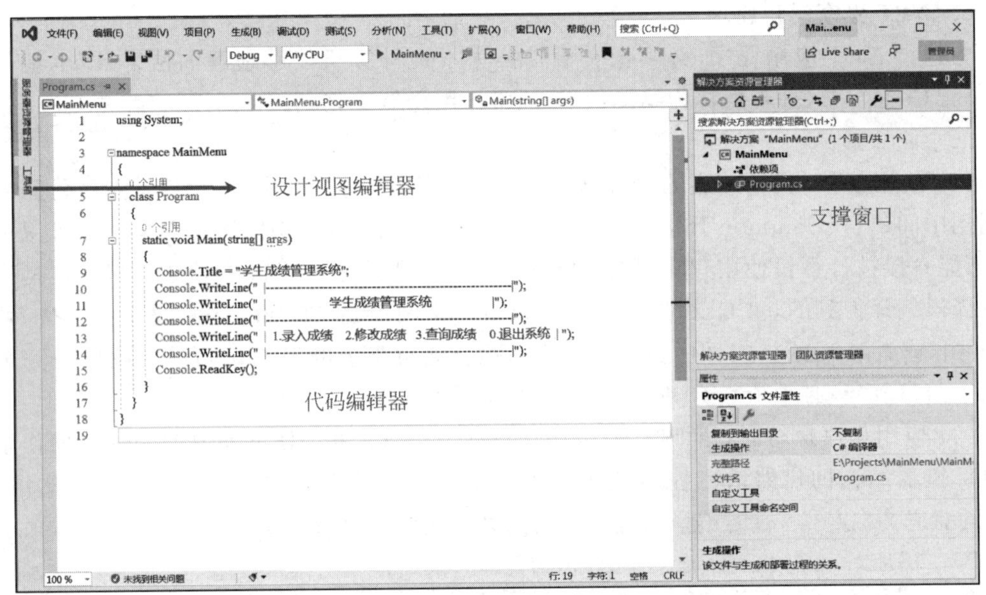

图 1-6 Visual Studio Community 2017 经典界面

1. 解决方案资源管理器

解决方案资源管理器窗口显示当前加载的解决方案的信息。在使用 Visual Studio 开发应用程序时，可以通过创建解决方案来完成。解决方案是一个包含所有项目的集合，它们组合成一个特定的软件包（应用程序）。项目是一个包含所有源代码和资源文件的集合，它们将编译成一个程序集，在某些情况下也可能编译成一个模块。例如，项目可能是一个类库或者一个 Windows 应用程序。

解决方案资源管理器窗口显示了解决方案中包含的各个项目的各种视图，例如项目中包含了哪些文件，这些文件又包含了哪些内容。如果在 Visual Studio 中没有改变任何默认设置，在屏幕的右上方就可以找到解决方案资源管理器。如果找不到它，则可以通过"视图"→"解决方案资源管理器"命令来打开它。默认情况下，解决方案资源管理器隐藏了一些文件，单击解决方案资源管理器工具栏中的"显示所有文件"按钮，可以显示所有隐藏文件。

1）设置启动项目

如果一个解决方案中有多个项目，就需要配置某个项目作为启动项目来运行。也可以配置多个同时启动的项目。在解决方案资源管理器中选择一个项目之后，上下文菜单(即右键菜单)会提供“设为启动项目”命令，它允许一次设置一个启动项目，也可以使用上下文菜单中的“调试”→“启动新实例”命令，在一个项目后启动另一个项目。如果要同时启动多个项目，右击解决方案资源管理器中的解决方案，并选择上下文菜单中的“属性”命令打开解决方案属性对话框。在该对话框中选择多个启动项目，可以定义启动哪些项目。

2）向项目中添加新项

在解决方案资源管理器中可以直接将不同的项添加到项目中。在解决方案资源管理器中选定项目，在上下文菜单中选择“添加”→“新建项”命令，打开“添加新项”对话框。该对话框中有很多不同类型，例如添加类或者接口的代码项、使用实体框架或者其他数据库访问技术的数据项等。打开“添加新项”对话框的另一种方式是使用主菜单“项目”→“添加新项”。

2. 代码编辑器

Visual Studio 代码编辑器是进行大部分开发工作的地方。在 Visual Studio 中，从默认配置中移除了一些工具栏，并移除了菜单栏、工具栏和选项卡标题的边框，从而增加了代码编辑器的可用空间。

Visual Studio 中的一个显著功能就是使用可折叠的编辑器作为默认的代码编辑器。图 1-7 给出了一个简单的控制台应用程序代码。注意窗口左侧的小减号，这些符号所标记的点就是编辑器认为新代码块(或者文档注释)的开始位置。可以单击这些图标来关闭相应代码块的视图。这意味着在编辑时可以只关注所需要的代码，隐藏不感兴趣的代码。如果不喜欢编辑器折叠代码的方式，可以使用 C# 预处理指令 #region 和 #endregion 来指定要折叠的代码。代码编辑器自动检测 #region 块，并通过 #region 指令放置一个新的减号标识，以允许关闭该区域。

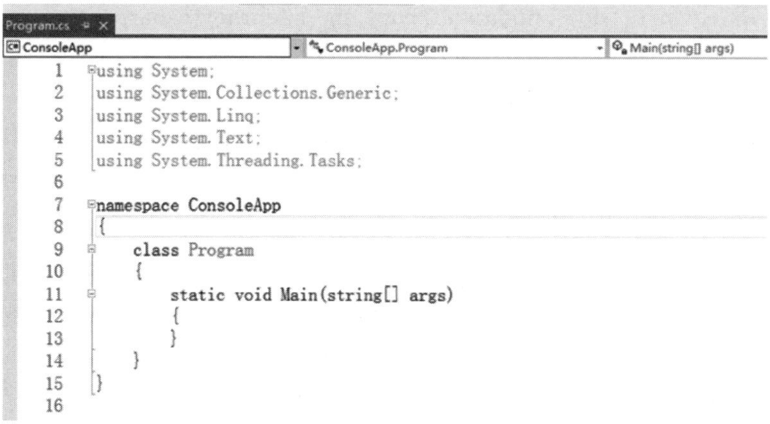

Program.cs | ConsoleApp | ConsoleApp.Program | Main(string[] args)

```
using System;
using System.Collections.Generic;
using System.Linq;
using System.Text;
using System.Threading.Tasks;

namespace ConsoleApp
{
    class Program
    {
        static void Main(string[] args)
        {
        }
    }
}
```

图 1-7　可折叠的代码编辑器

除了代码编辑器和解决方案资源管理器外，Visual Studio 还提供了许多其他窗口，允许从不同的角度来查看和管理项目。

1）使用设计视图窗口

如果设计一个用户界面应用程序，则可以使用设计视图窗口。这个窗口显示窗体的可视化概览。设计视图窗口经常和工具箱窗口一起使用。工具箱包含许多.NET 组件，可以将它们拖放到应用程序中。工具箱的组件会根据项目类型而有所不同。

2）使用属性窗口

属性窗口可用于项目、文件和使用设计视图选择的项。在这个窗口中，可以看到一些项的所有属性，并对其进行配置。一些属性可以通过在文本框中输入文本来改变，一些属性有预定义的选项，一些属性有自定义的编辑器。也可以在属性窗口中添加事件处理程序。

3）使用类视图窗口

在解决方案资源管理器中，可以显示类和类的成员，这是类视图的一般功能。要调出类视图，可选择"视图"→"类视图"命令。类视图显示代码中的名称空间和类的层次。它提供了一个树结构，可以展开该结构来查看名称空间下包含哪些类，类中包含哪些成员。

> **【多学一招】** Visual Studio 并不是开发 C#应用程序的必需工具，开发者仍然可以使用文本编辑器(如记事本)来编写 C#程序代码，然后使用命令行编译器将其编译成程序。使用开发工具可以提高开发效率。

拓展提高

1. MSDN 的用法

MSDN 的全称是 Microsoft Developer Network，是微软公司面向软件开发者的一种信息服务，是一个以 Visual Studio 和 Windows 平台为核心整合的开发虚拟社区，包括技术文档、在线电子教程、网络虚拟实验室、微软产品下载等一系列服务(https://msdn.microsoft.com/zh-cn/)。

2. .NET 技术学习网站资源

- ASP.NET 指南：https://docs.microsoft.com/zh-cn/aspnet/#pivot=core。
- Visual Studio IDE 指南：https://docs.microsoft.com/zh-cn/visualstudio/ide/。
- C#指南：https://docs.microsoft.com/zh-cn/dotnet/csharp/。
- .NET 指南：https://docs.microsoft.com/zh-cn/dotnet/standard/。
- 微软开发文档：https://docs.microsoft.com/zh-cn/。
- .NET Standard：https://docs.microsoft.com/zh-cn/dotnet/standard/net-standard#net-implementation-support。

3. CLI

CLI(Common Language Infrastructure，公共语言基础设施)定义了一个与平台无关的代码执行环境。也就是说，CLI 并没有要求执行的环境是 Windows，所以它也同样支持 Linux 等系统。CLI 的核心是定义一个通用中间语言(Common Intermediate Language，CIL)和一个类型系统。遵循 CLI 的编译器必须生成 CIL，而类型系统则定义了遵循 CLI 的所有语言都支持的数据类型。这种中间代码将编译为其主机操作系统的本地语言。

视频讲解

1.2 编写第一个 C#程序

任务描述

为了让用户了解软件信息，许多软件在进入系统之前会显示一个启动界面。在启动界面上显示的软件信息通常包括软件的名称、版权信息以及软件的简单介绍等。本任务完成控制台学生成绩管理系统启动界面的设计和开发，如图 1-8 所示。

图 1-8　控制台学生成绩管理系统启动界面

任务实施

（1）创建新项目。启动 Visual Studio 2017，在主窗口选择“文件”→“新建”→“项目”命令，打开如图 1-9 所示的“新建项目”对话框。

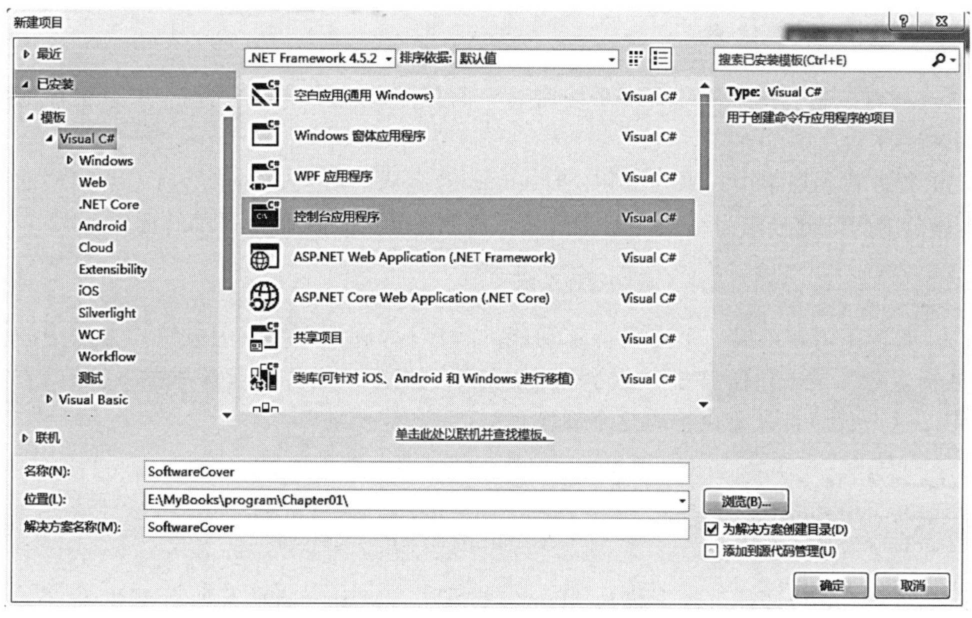

图 1-9　“新建项目”对话框

在显示的窗体的左侧选择 Visual C# 节点，在中间窗格选择“控制台应用程序”，并把“位置”文本框改为项目的保存位置，如 E:\Dotnet_Works（如果该目录不存在，会自动创建），在“名称”文本框输入项目名称，如 SoftwareCover，其他设置保持不变，单击“确定”按钮，创建一个控制台应用程序。

（2）修改 Program.cs 文件。修改生成的 C# 源文件 Program.cs 为如下代码：

```
using System;
namespace edu.xcu.SoftwareCover
{
    class Program
    {
```

```
            static void Main(string[] args)
            {
             //设置控制台应用程序的标题
             Console.Title = "控制台学生成绩管理系统";
             //输出软件名称和版权
             Console.WriteLine("\n\n                  学生成绩管理系统\n");
             Console.WriteLine("                 CopyRight@ 2017 - 2019");
             Console.ReadKey();              //等待输入
            }
        }
    }
```

(3) 编译和运行程序。选择"调试"→"开始执行(不调试)"命令运行应用程序。这将启动应用程序。

1.2.1 C#程序结构

通过查看控制台学生成绩管理系统启动界面程序,读者可以发现一个C#程序通常具有以下特点:

(1) 程序代码通常由一系列语句(Statements)组成。语句是构造所有C#程序的基本单位,每条语句以分号作为结束标记。例如下面的语句设置控制台程序的标题:

```
Console.Title = "控制台学生成绩管理系统";
```

(2) 若干条语句组成一个完成特定功能的程序块,该程序块称为方法。方法中的任何语句或指令定义了一项任务并构成方法的语句体。例如启动界面程序中的Main()方法的语句定义这个程序首先要执行的几个动作:

```
Console.Title = "控制台学生成绩管理系统";
Console.WriteLine("\n\n                  学生成绩管理系统\n");
Console.WriteLine("                 Copy Right@ 2017 - 2019");
```

(3) 每个C#程序都有一个称为Main()的方法。Main()方法是所有C# 程序的入口点,它的定义从一个开大括号"{"开始,到另一个闭大括号"}"结束。

```
static void Main(string[] args)
{
  //语句块
}
```

(4) 方法被封装到以Class标识的类中,如启动界面程序Program.cs代码中的Program类,这些语句行从第一个开大括号"{"开始,到最后一个闭大括号"}"结束。

```
class Program
{
  //方法的内容
}
```

(5) 类放在以 namespace 标识的容器中,该容器称为命名空间或者名称空间。如启动界面程序中的 edu.xcu.SoftwareCover。

```
namespace edu.xcu.SoftwareCover
{
   …
}
```

C#利用命名空间来组织程序代码,相关的代码放在一个命名空间中。如果需要访问其他命名空间的对象,需要使用 using 语句在程序的开始部分引入该命名空间。如启动界面程序中的第一条语句:

```
using System;
```

这条语句告诉编译器这个程序需要使用 System 命名空间中的类或者方法。

(6) C#程序可由一个或多个文件组成。每个文件均可包含 0 个或多个命名空间,一个命名空间可包含类、结构、接口、枚举、委托等类型以及其他命名空间。

下面是一个典型的 C#程序框架。

```
// C#程序的基本框架
using System;
namespace YourNamespace
{
    class YourClass
    {
     //类的内容
    }
    class YourMainClass
    {
        static void Main(string[ ] args)
        {
            //Your program starts here...
        }
    }
}
```

1.2.2 命名空间

命名空间是.NET 应用程序代码的一种容器,提供了一种组织程序代码及其内容的方式。命名空间类似于存放零件的仓库,各种零件存放在不同仓库中,方便管理和标识。使用命名空间,可以有效分割具有相同名称的相同代码,避免命名冲突,就好像你和我有相同的书和笔,但是它们分别属于不同的命名空间——“你”“我”,这样就可以很容易区分出你的书和笔以及我的书和笔。

C#利用命名空间来组织程序代码,相关的代码放在一个命名空间中。在 C#语言中,使用 namespace 来显式地定义一个新的命名空间。在默认情况下,该命名空间的其他代码通过代码中的项目名称就可以引用该命名空间的数据项。如果在命名空间代码外部使用命名空间的名称,就必须写出该命名空间的限定名称。限定名称包括它所有的分层信息,在不

同的级别命名空间级别之间使用句点符号(.),如下面代码所示:

```
namespace CustomerPhoneBook
{
    class Subscriber
    {
        string name;
        //其他代码
    }
}
```

这段代码定义了一个命名空间 CustomerPhoneBook 以及该命名空间的一个名称 name。在命名空间 CustomerPhoneBook 中可以直接使用 name 来引用该名称,但在其他命名空间中的代码必须使用限定名称 CustomerPhoneBook.Subscriber. name 来引用这个名称。

如果一个命名空间中的代码需要使用另一个命名空间中定义的名称,就必须包括对该命名空间的引用。在 C# 中,使用 using 引入其他命名空间到当前编辑单元,从而可以直接使用被导入命名空间的标识符,而不需要加上它完整的限定名称。using 指令好比一把钥匙,命名空间好比仓库,可以用钥匙打开指定仓库(命名空间),从而取出并使用仓库中的零件(名称)。using 指令的基本格式为:

```
using 命名空间;
```

下面的代码定义了命名空间 FirstName 和 SecondName,在命名空间 FirstName 中使用 using 引入命名空间 SecondName,从而可以使用简化的方式访问命名空间 SecondName 中的数据项。

```
//引入命名空间 SecondName
using SecondName;
namespace FirstName
{
    class Program
    {
        static void Main()(string[ ] args)
        {
            //实例化 SecondName 中的类 A
            A oa = new A();
            //调用 A 中的方法 Display()
            oa.Display();
        }
    }
}
//定义命名空间 SecondName
namespace SecondName
{
    class A                //定义类 A
    {
        public void Dispaly( )
        {
```

```
                Console.WriteLine("编程是一件很快乐的事情!");
            }
        }
    }
```

【多学一招】 应该在一个项目开始之前就计划好命名空间的层次结构。一般可接受的格式是：公司名称.项目名称，例如 xcu.SoftwareCover。

1.2.3 标识符和关键字

标识符(Identifier)是程序中拥有特殊含义的字符串，用来对程序中的元素进行标识，这些元素包括变量、常量、类、方法和其他各种用户定义对象。C#语言有自己的标识符命名规则，如果命名时不遵守这些规则，程序就会出错。C#标识符的命名规则如下：

(1) 标识符必须以字母、下画线(_)或@开头，后面可以跟一系列字母、数字(0～9)、下画线和@。

(2) 标识符中的第一个字符不能是数字。

(3) 标识符必须不包含任何嵌入的空格或符号，例如 ? - +! # % ^ & * ( ) [ ] { } . ; : " ' / \。

(4) 标识符不能是 C# 关键字，除非它们有一个@前缀。例如，@if 是有效的标识符，但 if 不是，因为 if 是关键字。

(5) 标识符必须区分大小写。大写字母和小写字母被认为是不同的标识符。

(6) 不能与 C#的类库名称相同。

关键字是 C#编译器预定义的保留字。这些关键字不能用作标识符，但是，如果开发者想使用这些关键字作为标识符，可以在关键字前面加上@字符作为前缀。

关键字更为详细的内容可参考 https://msdn.microsoft.com/zh-cn/library/x53a06bb(VS.80).aspx。

C#语言规范建议使用特定大小写约定创建标识符，常见的标识符命名规则如下：

(1) Pascal 大小写风格：标识符中每个单词首字母均大写，常用于类型名与成员名。例如：CarDeck、DealersHand。

(2) Camel 大小写风格：除第一个单词外，其余单词首字母均大写，常用于本地变量与方法参数。例如：totalCycleCount、randomSeedParam。

(3) 全大写风格：所有字母均大写(仅用于缩写词)。例如：IO、DMA、XML。

1.2.4 类和方法

C#是一种纯面向对象程序设计语言，类(Class)是 C#语言的核心和基本构成单元，C#中的所有语句都必须包含在某个类中，用 C#编程实际就是自定义类来解决实际问题。在使用任何新的类之前都必须声明它。在 C#中，类的声明使用 class 关键字，其后是类名和一对大括号，与类相关的代码都应放在这对大括号中，具体格式如下：

```
[修饰符] class <类名>
{
```

```
    //类的主体
}
```

在C#中,类名是一种标识符,必须符合标识符的命名规则。类名要体现类的含义和用途,一般采用第一个字母大写的名词,也可以采用多个词构成的组合词。例如控制台学生成绩管理系统的Program类的代码如下:

```
class Program  //类的定义
{
    static void Main(string[] args)
    {
        //程序代码
    }
}
```

方法是包含一系列语句的代码块。程序通过调用该方法并指定任何所需的方法参数使语句得以执行。在C#中,每个执行的指令均在方法的上下文中执行。Main()方法是每个C#应用程序的入口点,并在启动程序时由公共语言运行时(CLR)调用。每个C#程序中必须包含一个唯一的Main()方法(注意,M要大写,否则将不具有入口点的语义):

```
static void Main(string[] args)
{
  //Main()方法的代码
}
```

Main()方法要么没有返回值(void),要么返回一个整数(int)。Main()方法有如下四种形式:

```
static void Main() {       //... }
static int Main(){ //...    return 0;}
static void Main(string[] args){    //... }
static int Main(string[] args){    //... return 0;}
```

Main()方法是一个特别重要的方法,使用时需要注意以下几点:

(1) Main()方法是程序的入口点,程序控制在该方法中开始和结束。

(2) 该方法在类或者结构中的内部声明,它必须是静态方法,而且不能为公共方法(public)。

(3) 它可以返回int类型或者没有返回类型(void)。

(4) 声明Main()方法时可以使用参数,也可以不使用参数。

1.2.5 注释

在程序开发中,为了方便日后的维护和增强代码的可读性,开发人员必须养成在代码中加入注释的习惯。在代码的关键位置加入注释,可以帮助人们理解代码要实现的功能,使程序工作流程更加清晰明了。编译器在编译程序时不执行注释的代码和文字,其主要任务是对某行或某段代码进行说明,方便对代码的理解与维护,这一过程类似于展览馆中各展品下面的说明标签,该标签对展品进行简单介绍,方便参观者了解展品的基本信息。

C#语言中提供了多种注释类型,其中单行注释使用“//”表示,多行注释使用“/ * … * /”

表示,文档注释使用“///”表示,且文档的每一行都以“///”开头。如果注释的行数较少,通常使用单行注释。对于连续多行的大段注释,则使用多行注释。多行注释通常以“/＊”开始,以“＊/”结束,注释的内容放在它们中间。

下面的代码说明了在程序中如何使用注释。代码如下:

```
//程序的入口——Main()方法
static void Main(string[] args)
{
  /* 下面的代码是注释内容,不会被执行                    //多行注释开始
  Console.WriteLine("开启 C# 美妙之旅!");
  Console.ReadLine();                                  //等待从键盘输入数据
   */                                                  //多行注释结束
}
```

【多学一招】 在 Visual Studio 开发环境中,如果对一段代码整体进行注释,可以在其上方输入"///",这时会在相应位置自动编写注释语句,开发人员在其中输入相应文字即可。

1. C# 预处理指令

预处理器指令用来在编译开始之前给编译器指示预处理信息。所有预处理程序指令以符号 # 开头,并且只有空格字符在一行上,空格字符可在预处理器指令之前出现。预处理器指令不是语句,所以它们不以分号(;)结尾。在 C# 中,预处理指令用于指示条件编译。例如:

- #region: 允许在使用 Visual Studio 代码编辑器的概述功能时指定可以展开或折叠的代码块。
- #endregion: 用于标志 #region 块的结束。

2. 编程实践

请编写一个 C# 控制台程序,在屏幕上输出 Hello World,体会 C# 程序的基本结构。

1.3 常用程序类型和技术

在编写程序时,开发者通常需要根据实际问题选择合适的应用程序类型和相关技术。C# 语言作为一种全能型的现代程序设计语言,支持多种类型应用程序的开发。本任务完成控制台学生成绩管理系统功能菜单的开发,如图 1-10 所示。

(1) 创建新项目。启动 Visual Studio 2017,在主窗口选择“文件”→“新建”→“项目”命令,打开“新建项目”对话框,在显示的窗体的左侧选择 Visual C# 节点,在中间窗格选择“控

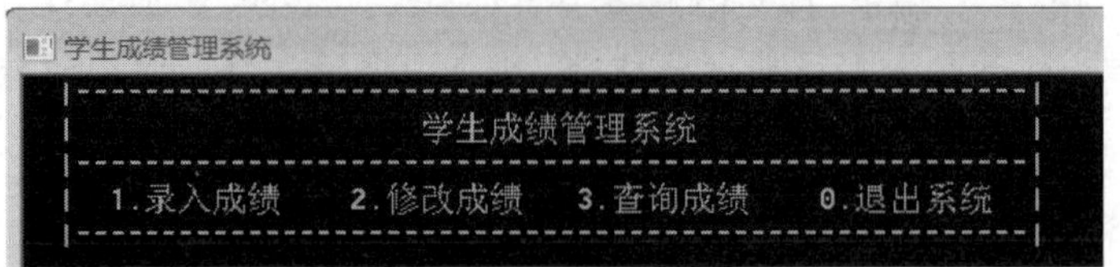

图 1-10 控制台学生成绩管理系统菜单

制台应用程序",并把"位置"文本框改为项目的保存位置,如 E:\Dotnet_Works(如果该目录不存在,会自动创建),在"名称"文本框输入项目名称 MainMenu,其他设置保持不变,单击"确定"按钮,创建一个控制台应用程序。

(2) 修改代码。修改生成的 C# 源文件 Program.cs 为如下代码:

```
class Program
{
    static void Main(string[] args)
    {
        Console.Title = "学生成绩管理系统";
        Console.WriteLine(" |---------------------------------------|");
        Console.WriteLine(" |              学生成绩管理系统             |");
        Console.WriteLine(" |---------------------------------------|");
        Console.WriteLine(" | 1.录入成绩 2.修改成绩 3.查询成绩 0.退出系统 |");
        Console.WriteLine(" |---------------------------------------|");
        Console.ReadKey();
    }
}
```

(3) 编译和运行程序。选择"调试"→"开始执行(不调试)"命令运行应用程序。这将启动应用程序,运行结果如图 1-10 所示。

知识链接

1.3.1 控制台应用程序

控制台应用程序是为了兼容 DOS(Disk Operating System)应用程序而设立的,这种程序的执行就好像在一个 DOS 窗口中执行一样,没有可视化的界面,只是通过字符串来显示或者监控程序。控制台应用程序常常被应用在测试、监控等用途,用户往往只关心数据,不在乎界面。

1. 控制台应用程序的输出

默认情况下,System 命名空间下的 Console 类公开了一系列静态成员,以帮助开发人员操作控制台应用程序。其中,Console 类定义了 Write()/WriteLine()方法向屏幕输出文本信息。Write()方法用来向控制台输出内容,但控制台的光标不会移到下一行,其定义如下:

```
public static void Write(XXX value);
public static void Write(string format, object o1,...);
```

WriteLine()方法也是用来向控制台输出内容,但在信息的尾部自动添加换行符,也就是说，每调用一次 WriteLine()方法，就输出一整行，其定义如下：

```
public static void WriteLine(XXX value);
public static void WriteLine(string format, object o1,...);
```

在 Write()/WriteLine()方法的第二个格式中，format 符号格式字符串用来在输出字符串中插入变量，其格式如下：

```
{N[,M][:formatstring]}
```

其中，字符 N 表示输出变量的序号，从 0 开始。M 表示输入变量在控制台中所占的字符空间，如果这个数字为负数，则按照左对齐方式输出；若为正数，则按照右对齐方式输出。格式字符串用来控制输出格式。表 1-2 给出了常用的格式控制符的含义及用法。

表 1-2　常用的格式控制符的含义及用法

格式字符	说　明	注　释	示　例	示例输出
C	区域指定的货币格式		Console.Write("{0:C}",3.1) Console.Write("{0:C}",-3.1);	￥3.1 ￥-3.1
D	整数，用任意个 0 填充	若给定精度指定符，如{0:D5}，输出将以前导 0 填充	Console.Wirte("{0:D5}",31);	00031
E	科学记数法	精度指定符设置小数位数，默认为 6 位，在小数点前面总是 1 位数	Console. Write (" { 0: E }", 310000);	3.100000E+005
F	定点表示	精度指定符控制小数位数，可接受 0	Console.Write("{0:F2}",31); Console.Write("{0:F0}",31);	31.00 31
G	普通表示	使用 E 或 F 格式取决于哪一种是最简洁的	Console.Write("{0:G}",3.1);	3.1
N	数字	产生带有嵌入逗号的值，如 3,100,000.00	Console. Write (" { 0: N }", 3100000);	3,100,000.00

C# 6.0 定义了一种新的字符串插值格式，用 $ 前缀来标记。对字符串加上 $ 前缀，就允许将大括号放在包含一个变量或者代码表达式的代码中。变量或代码表达式的结果放在字符串中大括号所在的位置，例如：

```
string s1 = "a string";
Console.WriteLine( $ "S1 is {s1}.");
```

2. 控制台应用程序的输入

Console 类公开了 ReadLine()、Read()和 ReadKey()三种方法来帮助开发者在控制台应用程序中获取用户的键盘输入。

ReadLine()方法从控制台读取一行字符。该方法将暂停程序执行，以便用户输入字符。一旦用户按 Enter 键，就会创建一个新行，程序就会继续执行。ReadLine()方法的输出(也称为返回值)就是用户输入的文本字符串。其定义如下：

```
Public static string ReadLine();
```

Read()方法返回的数据类型是与读取的字符值对应的一个整数，如果没有更多的字符可用，就返回-1。为了获取实际的字符，需要首先将整数转换为一个字符。Read()方法定义如下：

```
Public static int Read();
```

注意，除非用户按 Enter 键，否则 Read()方法不会返回输入。在按 Enter 键之前，不会开始对字符进行处理，即使用户已经输入了多个字符。

ReadKey()方法返回一个 ConsoleKeyInfo 结构的实例，通过 ConsoleKeyInfo 结构的几个属性可以获得有关按键的信息，因此，ReadKey()方法使用起来比 Read()方法更方便，它允许开发人员拦截用户的按键操作，并执行相应的行动，例如限制只能按数字键等。下面的代码说明了 ReadKey()方法的用法：

```
ConsoleKeyInfo keyinfo = Console.ReadKey();
Console.WriteLine("您按下了{0}键.", keyinfo.Key);
```

下面的示例演示了控制台应用程序输入/输出的用法。该程序接收用户输入并输出，程序运行结果如图 1-11 所示。

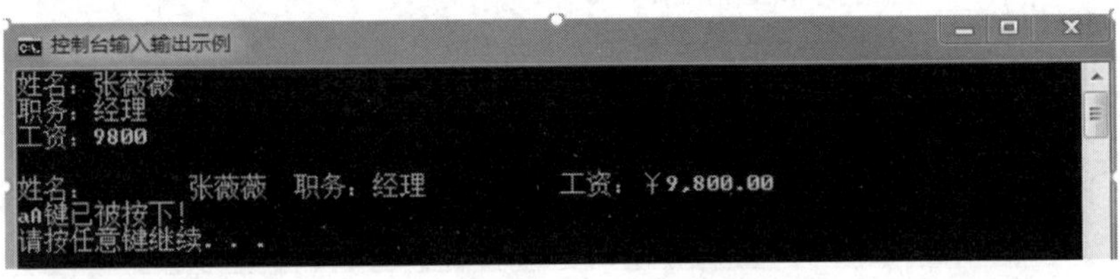

图 1-11　控制台输入输出示例

程序的主要代码如下：

```
static void Main(string[] args)
{
    string name;
    string duty;
    double salary;
    //数据的输入
    Console.Title = "控制台输入输出示例";
    Console.Write("姓名：");
    name = Console.ReadLine();
    Console.Write("职务：");
    duty = Console.ReadLine();
    Console.Write("工资：");
    salary = Convert.ToDouble (Console.ReadLine());
    //格式化输出信息
    Console.WriteLine("\n 姓名：{0,10}  职务：{1, - 10}  工资：{2:C} ",name,duty,salary);
    //等待输入
    ConsoleKeyInfo key = Console.ReadKey();
    Console.WriteLine("{0}键已被按下!", key.Key);
}
```

【指点迷津】 在 Visual Studio 中运行控制台应用程序时，有一个常见的错误，即需要在 Main()方法的最后一行添加 Console. ReadKey()语句来保持控制台窗口的打开。实际上，通过“调试”→“开始执行(不调试)”命令(或者按 Ctrl+F5 组合键)可以启动应用程序，而不必通过“调试”→“执行调试”命令(或者按 F5 键)来开启。这样可以保持窗口打开直到按下某个键。

1.3.2 Windows 窗体应用程序

Windows 窗体应用程序是在用户计算机上运行的客户端应用程序，可显示信息、请求用户输入以及通过网络与远程计算机进行通信。为了让读者了解 Windows 窗体应用程序，下面建立一个简单的 Windows 窗体应用程序，用来显示当前时间，如图 1-12 所示。

具体过程如下：

(1) 在 Visual Studio 2017 中选择“文件”→“新建”→ “项目”命令，打开“新建项目”对话框，选择“Windows 窗体应用程序”来创建 Windows 窗体应用程序 WinformDemo。

(2) 在创建项目后，会看到一个名为 Form1 的窗口。从该工具箱中拖入一个 Label 标签控件和一个 Timer 定时器组件，在“属性”中设置定时器 Interval 属性的值为 1000。

(3) 选中定时器，在“属性”窗口中单击闪电图标，给定时器添加 Tick 事件，在显示的 Form1. cs 文件中，输入如下代码：

```
private void timer1_Tick(object sender, EventArgs e)
{
    this.label1.Text = DateTime.Now.ToString();    //设置标签的内容为当前时间
}
```

(4) 选中窗体 Form1，在“属性”窗口中设置窗体 Form1 的 Text、StartPosition 属性的值分别为“Windows 窗体程序—时钟”和“ CenterScreen”。

(5) 选中窗体 Form1，在“属性”窗口中单击闪电图标，给窗体添加窗体装入事件 Load，在显示的 Form1. cs 文件中，输入如下代码：

```
private void Form1_Load(object sender, EventArgs e)
{
    this.label1.Text = DateTime.Now.ToString ();  //设置标签的文本为当前时间
    this.timer1.Enabled = true;                   //启动定时器
}
```

(6) 运行该应用程序，运行结果如图 1-12 所示。

图 1-12 Windows 窗体应用程序示例

1.3.3 WPF应用程序

WPF(Windows Presentation Foundation)是一个可创建桌面客户端应用程序的 UI 框架,是.NET Framework 的一个子集。使用 WPF,可以创建适用于 Windows 且具有非凡视觉效果的桌面客户端应用程序。它使用一种新的 XAML(Extensible Application Markup Language)来开发界面,真正做到了分离界面设计人员与开发人员的工作,同时它提供了全新的多媒体交互用户图形界面。

下面的示例程序介绍如何建立 WPF 应用程序,说明如何启动和运行桌面应用程序,并详细讨论应用程序实际完成的工作,后面会详细研究桌面应用程序以及 WPF 到底是什么以及它到底可以做什么。具体步骤如下:

(1) 在 Visual Studio 2017 中选择"文件"→"新建"→"项目"命令,打开"新建项目"对话框,选择"WPF 应用程序"来创建 WPF 应用程序 WpfAppDemo。

(2) 项目创建后,会看到一个分成两个窗格的选项卡。上面的窗格显示一个空窗体,称为 MainWindow,下面的窗格显示了一些文本。这些文本就是用来生成窗口代码的,在修改窗口界面时,会看到这些文本也发生了变化。

(3) 单击屏幕左上角的"工具箱"选项卡,然后双击"常用 WPF 控件"区域的 Label,在窗口添加一个标签。

(4) 在 MainWindow.xaml.cs 文件中添加如下代码:

```
public MainWindow()                                    //构造函数
{
    InitializeComponent();                             //初始化控件
    //设置标签的内容为当前时间
    this.label.Content = DateTime.Now.ToString();
    //建立定时器对象
    var _timer = new System.Windows.Threading.DispatcherTimer();
    _timer.Interval = new TimeSpan(0, 0, 1);
    _timer.Tick += new EventHandler(Timer_Tick);
    _timer.Start();
}
//定时器事件
private void Timer_Tick(object sender, EventArgs e)
{
    this.label.Content = DateTime.Now.ToString();      //设置标签的内容为当前时间
}
```

(5) 运行该应用程序,运行结果如图 1-13 所示。

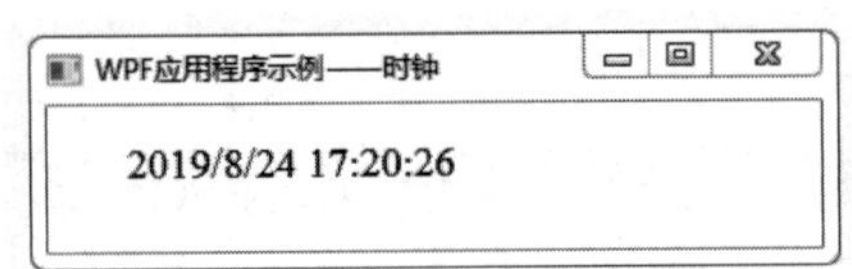

图 1-13　WPF 应用程序示例

1.3.4 Web应用程序

Web 应用程序是一种可以通过 Web 访问的应用程序,是典型的浏览器-服务器

(Browse/Server)架构的产物。在 C# 中，Web 应用程序实际上是 ASP.NET。ASP.NET 是一个开发框架，ASP.NET Core 是其最新的主要版本。ASP.NET Core 是一个新的开源和跨平台的框架，整合了原来 ASP.NET 中的 MVC 和 WebApi 框架，开发人员可以在 Windows、Mac OS 和 Linux 上跨平台地开发和运行 ASP.NET Core 应用。

下面的示例说明利用 Visual Studio 2017 开发 Web 应用程序的基本流程。

(1) 启动 Visual Studio 2017，选择"文件"→"新建"→"项目"命令，打开如图 1-14 所示的"新建项目"对话框。依次选择 Visual C# →.NET Core→"ASP.NET Core Web 应用程序"来创建新的 ASP.NET Core Web 应用程序。

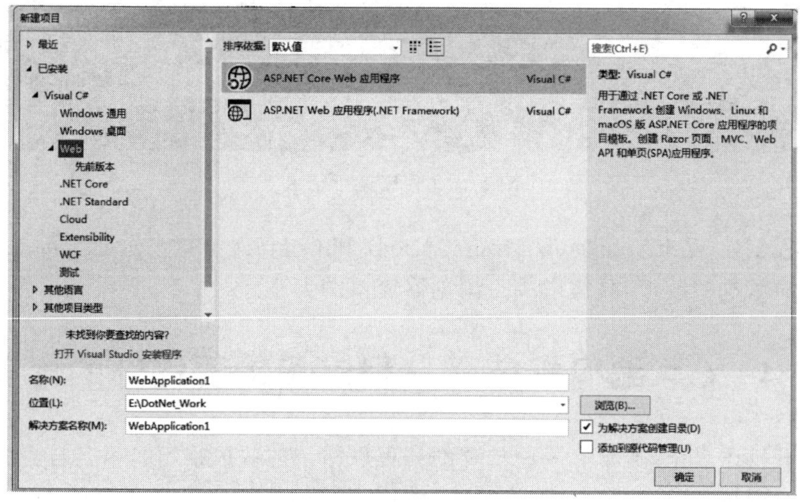

图 1-14　新建 Web 项目

(2) 选择 ASP.NET Core 2.1 下的"Web 应用程序"，然后单击"确定"按钮，如图 1-15 所示。Visual Studio 2017 模板为我们创建默认项目。

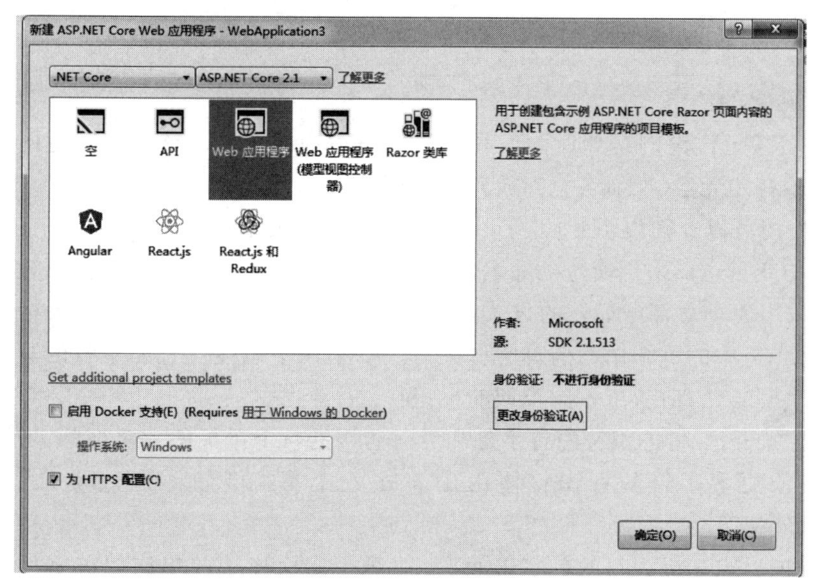

图 1-15　选择"Web 应用程序"类型

(3) 按下键盘中的 F5 键在调试模式下运行，或按 Ctrl+F5 组合键在不附加调试器的情况下运行，或者依次选择菜单栏中的“调试”→“开始运行(不调试)”命令，Visual Studio 启动 IIS Express 并运行，程序运行结果如图 1-16 所示。

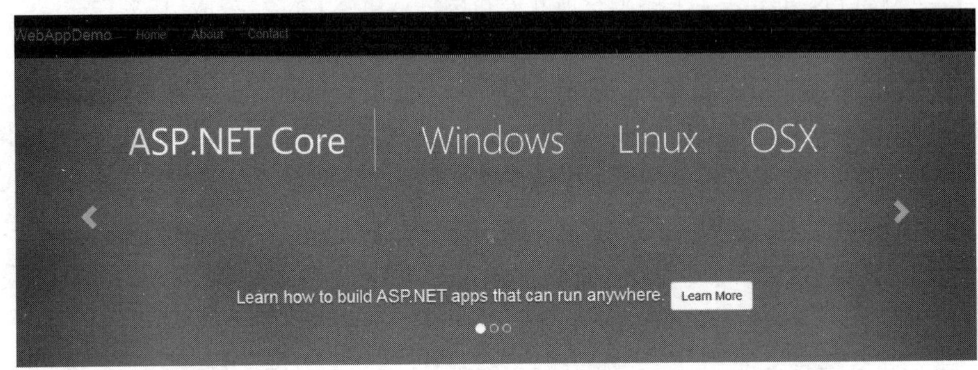

图 1-16　程序运行结果

默认模板创建 WebAppDemo、Home、About 和 Contact 链接和页面。可能需要单击导航图标才能显示这些链接，具体取决于浏览器窗口的大小。

1.4　C#编码规范——程序员需要提升的修养

在任何开发语言中，通常有一些传统的编程风格。这些风格不是语言自身的一部分，而是约定，例如，变量如何命名、类和方法如何使用等。如果使用某种语言的大多数开发人员都遵循相同的约定，不同的开发人员之间就很容易理解彼此的代码，这一般有助于程序的维护。对于 C#和整个.NET Framework，微软编写了非常详尽用法准则，读者可参考 MSDN 文档，本节只介绍一些比较重要的以及适合用户的准则。

1.4.1　命名的约定

1. 通用命名的约定

通用命名约定讨论的是如何为库元素选择最适当的名称。这些准则适用于所有标识符。后面讨论特定元素(如命名空间或属性)的命名。

(1) 要使用可以准确说明变量/字段/类的完整的英文描述符，如 firstName。对一些作用显而易见的变量可以采用简单的命名，如在循环里的递增(减)变量就可以被命名为 i。

(2) 要采用大小写字母混合的方式，以提高名字的可读性。为区分一个标识符中的多个单词，把标识符中的每个单词的首字母大写。不采用下画线作分隔字符的写法。有如下两种适合的书写方法，适应于不同类型的标识符。

- PasalCasing：将标识符的首字母和后面连接的每个单词的首字母都大写，可以对三字符或更多字符的标识符使用 Pascal 大小写。例如：BackColor、HelloWorld、SetName 等。
- camelCasing：标识符的首字母小写，而每个后面连接的单词的首字母都大写。例如：backColor、name、productId 等。

(3) 不要使用匈牙利表示法。匈牙利表示法是在标识符中使用一个前缀对参数的某些元数据进行编码,如标识符的数据类型。这种命名法在 C 和 C++ 中很流行,可以帮助程序员记住编写的数据类型。

2. 命名空间命名准则

(1) 所有命名空间都需以公司名或产品名为根命名空间。为命名空间选择的名称应指示命名空间中的类型所提供的功能。例如,System. Net. Sockets 命名空间包含的类型允许开发人员使用套接字通过网络进行通信。

(2) 命名空间名称的一般格式如下:(<公司>.<产品>.<技术>)[.<性质>][.<子命名空间>]。例如,ClearCost. Repository. Interface。

(3) 命名空间和其中的类型不要使用相同的名称。例如,不要在将 Debug 用作命名空间名称的同时,又在该命名空间中提供一个名为 Debug 的类。

3. 接口、类和结构命名

- 类的名字要用名词,避免使用单词的缩写,除非它的缩写已经广为人知,如 HTTP。
- 接口的名字要以字母 I 开头。保证对接口的标准实现名字只相差一个 I 前缀,例如对 IComponent 接口的标准实现为 Component。
- 泛型类型参数的命名要为 T 或者以 T 开头的描述性名字,例如:

```
public class List < T >
public class MyClass < Tsession >
```

- 对同一项目的不同命名空间中的类,命名应避免重复,避免引用时的冲突和混淆。

4. 类型成员的命名

类型包含以下几种成员:方法、属性、事件、字段。

1) 方法的名称

(1) 使用动词或动词短语作为方法的名称。通常,方法对数据进行操作,因此,使用动词描述方法的操作可使开发人员更易于了解方法所执行的操作。

(2) 定义由方法执行的操作时,应从开发人员的角度仔细选择明确的名称,不要选择描述方法如何执行其操作的动词,也就是说,不要使用实现细节作为方法名称。

2) 属性的名称

(1) 使用名词、名词短语或形容词作为属性的名称。名词短语或形容词适合于属性,因为属性保存数据。

(2) 不要使用与 Get()方法同名的属性。例如,不要将一个属性命名为 EmployeeRecord,又将一个方法命名为 GetEmployeeRecord。

(3) 可以为布尔值属性添加前缀(如 Is、Can 或 Has),但要注意使用得当。

3) 事件的名称

(1) 使用动词或动词短语作为事件的名称。在为事件命名时,使用现在时或过去时表示时间上的前后概念。例如,在窗口关闭之前引发的关闭事件可命名为 Closing,在窗口关闭之后引发的关闭事件可命名为 Closed。不要使用 Before 或 After 作为前缀或后缀来指示之前和之后发生的事件。

(2) 使用后缀 EventHandler 命名事件处理程序(用作事件类型的委托)。

(3) 在事件处理程序签名中使用命名为 sender 和 e 的两个参数。sender 参数的类型应为 Object,e 参数应是 EventArgs 的实例或继承自 EventArgs 的实例。

(4) 使用 EventArgs 后缀命名事件参数类。

4) 字段的名称

(1) 字段的命名准则适用于静态公共字段和静态受保护字段。不要定义公共实例字段。

(2) 在字段名称中使用 Pascal 大小写格式。

(3) 使用名词或名词短语作为字段的名称。

5) 参数名称

(1) 选择适当的参数名称可极大改善库的可用性。适当的参数名称应指示该参数会影响的数据或功能。

(2) 对参数名称使用 Camel 命名方法。

(3) 使用描述性参数名称。在大多数情况下,参数名称及其类型应足以确定参数的用法。考虑使用反映参数含义的名称而不是反映参数类型的名称。在开发人员工具和文档中,参数的类型通常都是可见的。

1.4.2 注释的约定

注释对于增加程序的易读性和可维护性非常重要,同时在编程的过程中,也有助于使程序员思路更加清晰,降低出现逻辑错误的概率。对于注释的风格,往往采取下面的策略。

1. 方法注释规范

(1) C# 提供一种机制,使程序员可以使用含有 XML 文本的特殊注释语法为他们的代码编写文档。在源代码文件中,具有某种格式的注释可用于指导某个工具根据这些注释和它们后面的源代码元素生成 XML。

(2) 事件不需要头注解,但包含复杂处理时(如循环、数据库操作、复杂逻辑等),应分割成单一处理函数,事件再调用函数。

(3) 所有的方法必须在其定义前增加方法注释,方法注释采用“///”形式自动产生 XML 标签格式的注释。

2. 代码行注释规范

(1) 如果处理某一个功能需要很多行代码实现,并且有很多逻辑结构块,此类代码应该在代码开始前添加注释,说明此块代码的处理思路及注意事项等。

(2) 注释从新行增加,与代码开始处左对齐。

(3) 双斜线与注释之间以空格分开。

3. 变量注释规范

(1) 定义变量时需添加变量注释,用以说明变量的用途。

(2) Class 级变量应以采用///形式自动产生 XML 标签格式的注释。

(3) 方法级的变量注释可以放在变量声明语句的后面,与前后行变量声明的注释左对齐,注释与代码间通过按 Tab 键隔开。

1.4.3 代码组织与风格

1. 声明

(1) 在声明类字段、实例字段或者局部变量时,每行只声明一个。而当一起进行几个声明时,需对准字段或者变量的名称。

(2) 对于局部变量来说,应该在声明变量时就进行初始化,除非在初始化变量时,还需要执行一些其他的动作,例如计算。

(3) 声明应该位于进行声明的类或者方法的顶部,这样就可以使未来对声明的查看变得更容易。该规则的一个例外就是 for 循环内局部变量的声明和初始化。

2. 缩进

可以将 Visual Studio 配置为使用制表符或者空格来进行缩进,同时还可设置缩进的字符单位。日常使用 4 个空格的缩进单位。

3. 语句

(1) C# 中有多种类型的语句。每一行代码包含的内容都不应该超过一个语句。

(2) 对于 if、if-else 和 if else-if else 语句来说,总是使用大括号,而对于 for、foreach、while 和 do-while 语句来说,也总是使用大括号(大括号两部分都应该独占一行)。

(3) 在 return 语句中,一般不要使用括号,除非为了使返回值更加明显。

4. 空行与空格

(1)尽管编译器可以忽略空行与空格,但是空行与空格可以将不同逻辑的代码单元分离,从而提高代码的可读性。

(2) 在方法之间、声明和语句之间、代码的逻辑段之间以及单行或者多行注释之前应该使用一个空行。

(3) 在带小括号的关键字之后、参数列表的逗号之后和数据操作符的前后应该使用一个空格。

1.5 知识点提炼

(1) .NET 是一个免费、跨平台、开源的通用开发平台,可以使用多种语言、编辑器和类库建立 Web 应用、移动应用、桌面应用、游戏和物联网等各种类型程序。

(2) .NET 实现包括.NET Framework、.NET Core 和 Xamarin。.NET Framework 是.NET 环境的基础和核心,它主要由 CLR 和类库组成。.NET Core 是一个开源的模块化框架,可以在不同的操作系统上运行,包括 Windows、Linux、Mac OS,实现了跨平台、跨设备。

(3) Visual Studio 是微软公司推出的软件开发环境,目前已成为.NET 软件开发的首选平台。它可以实现对软件生命周期的完整管理。

(4) C# 是微软专为.NET 平台量身定制的开发语言,是.NET 软件开发的首选语言,是一种类型安全、简单的纯面向对象程序设计语言,综合了 Visual Basic 的高效率和 C/C++ 的高行动力。

(5) 一个 C# 程序通常由命名空间、类、Main()方法等组成。Main()方法是 C# 程序唯一的入口点和启动点,每一个程序中都必须要有一个静态的 Main()方法。

(6) C# 编码规范虽然不是必须遵守的规范,但对于提高 C# 程序的开发效率,增强程序的统一性、可读性,方便团队开发具有重要意义。

1.6 思考与练习

1. 什么是.NET?.NET Framework 与.NET Core 之间有什么关系?
2. 什么是 CLR、托管代码和非托管代码? CLR 有什么作用?
3. 什么是通用中间语言(CIL)? 它和机器语言有何区别?
4. 什么是程序集?.NET 程序的运行原理是什么?
5. 编写一个 C#控制台程序,输入某人的出生年份,输出该人第 n 个生日出现的年份。
6. 编写一个 C#窗体应用程序,输入两个数,输出这两个数的和。

第2章　C#编程核心语法

情景导入

在控制台学生成绩管理系统中，用户输入正确的用户名和密码后，系统才能显示功能菜单，并提示用户输入功能号。用户输入正确的功能号，系统执行相应功能后，返回系统功能菜单。那么系统如何判断用户输入的信息是否正确，如何重复显示功能菜单呢？

学习目标

在学习完本章内容后，读者将能够：

- 列举C#的基本数据类型，定义变量、常量来保存数据。
- 解释常用运算符的含义，选择合适的运算符生成表达式。
- 选择合适的分支结构控制程序的流程。
- 选择合适的循环语句控制程序的迭代。
- 使用Visual Studio 2017调试程序。

2.1　变量和表达式

视频讲解

任务描述

在控制台学生成绩管理系统中，用户需要输入学生成绩等相关信息。本任务完成控制台学生成绩管理系统的学生信息输入和输出，如图2-1所示。

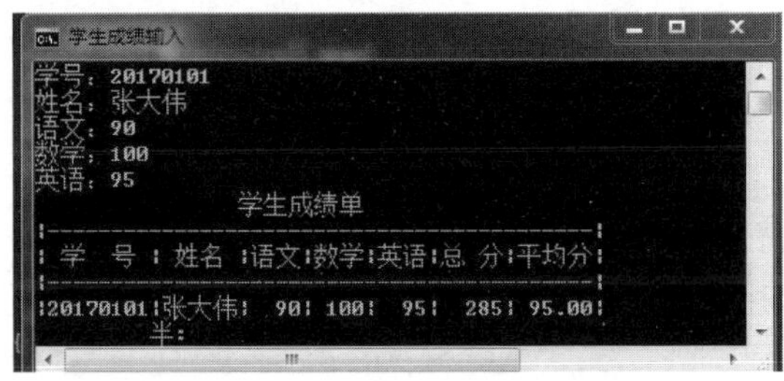

图2-1　学生信息的输入和输出

任务实施

(1) 新建项目。启动Visual Studio 2017，新建控制台程序InputStudent。

（2）修改代码。修改 Program.cs 文件为如下代码：

```
class Program
{
    static void Main(string[ ] args)
    {
        Console.Title = "学生成绩输入与输出";
        InputStudent();                    //调用输入学生信息方法
    }
    //输入学生成绩方法
    static void InputStudent()
    {
        //变量的声明
        string stuid;                      //学生学号
        string name;                       //学生姓名
        string chinese;                    //语文
        string math;                       //数学
        string english;                    //英语
        int total;                         //总分
        double average;                    //平均成绩
        //输入成绩
        Console.Write("学号：");
        stuid = Console.ReadLine();
        Console.Write("姓名：");
        name = Console.ReadLine();
        Console.Write("语文：");
        chinese = Console.ReadLine();
        Console.Write("数学：");
        math = Console.ReadLine();
        Console.Write("英语：");
        english = Console.ReadLine();
        //计算学生总成绩和平均成绩
        total = Int32.Parse(chinese) + Int32.Parse(math) + Int32.Parse(english);
        average = total / 3.0;
        //输出学生成绩
        Console.WriteLine("                学生成绩单");
        Console.WriteLine("|----------------------------------------------|");
        Console.WriteLine("|学   号 | 姓名 |语文|数学|英语|总 分|平均分|");
        Console.WriteLine("|----------------------------------------------|");
        Console.WriteLine("|{0,8}|{1,3}|{2,4}|{3,4}|{4,4}|{5,5}|{6,6:f2}|", stuid, name,
                    chinese, math,english, total, average);
        Console.WriteLine("|----------------------------------------------|");
    }
}
```

（3）编译和运行程序。选择“调试”→“开始执行(不调试)”命令或者按 Ctrl+F5 组合键运行程序，运行结果如图 2-1 所示。

2.1.1 变量

变量是程序运行过程中用于存放数据的临时存储单元，可以将变量看作一种容器。变量中的数字、字符以及其他数据项称为变量的值，这个值在程序的运行过程中是可以修改的。简单来说，变量就是内存中的一块存储区域的表示，会对应一个唯一的内存地址，但是在编写程序时，内存地址不好理解也不好记忆，那么怎么办呢？在日常生活中，为了区分不同的人，每个人都有一个名字，如“张三”“李四”等，这些名字就是为了便于记忆。同样，在应用程序中，为了区别多个变量，就需要为每个变量赋值一个简短、便于记忆的名字，这就是变量名。在计算机系统中，变量名代表存储地址。在定义变量时，首先必须给每一个变量起名，称为变量名，以便区分不同的变量。C＃中的变量名只能由字母、数字或下画线(_)组成，必须由字母或下画线(_)开头，不能以数字开头，也不能是C＃中的关键字，而且区分大小写。

1. 声明变量

C＃中的变量必须先声明，后使用。声明变量时要指定变量的类型，目的是让应用程序在运行时能够准确地分配内存空间，因此，变量的声明语法如下：

```
<数据类型>    <变量名>
```

例如，声明一个整型变量 age，代码如下：

```
int age;
```

如果使用未声明的变量，代码将无法编译，但此时编译器会告诉我们出现了什么问题，所以这不是一个灾难性的问题。另外，使用未赋值的变量也会产生一个错误，编译器会检测出这个错误。给一个变量赋值的语法如下：

```
变量名 = 表达式;
```

当然，也可以在声明变量的同时对变量赋值，这称为变量的初始化。变量初始化的语法如下：

```
类型标识符   变量名 = 表达式;
```

例如，声明一个整型变量 age 并赋值 18，代码如下：

```
int age = 18;
```

2. 类型推断

类型推断使用 var 关键字。声明变量的语法有些变化，使用 var 关键字代替实际的类型。编译器可以根据变量的初始化值“推断”变量的类型，例如：

```
int someNumber = 0;
```

就变成

```
var someNumber = 0;
```

即使 someNumber 从来没有声明为 int 类型，编译器也可以确定，只要 someNumber 在其作用域内，就是一个 int 类型。编译后，上面两个语句是等价的。下面是另外一个例子：

```
namespace Test
{
```

```
    class Program
    {
        static void Main(string[] args)
        {
        var name = "Bugs Bunny";
        var age = 25;
        var isRabbit = true;
        Type nameType = name.GetType();
        Type ageType = age.GetType();
        Type isRabbitType = isRabbit.GetType();
        Console.WriteLine("name is type " + nameType.ToString());
        Console.WriteLine("age is type  " + ageType.ToString());
        Console.WriteLine("isRabbit is type  " + isRabbitType.ToString());
        }
    }
}
```

编译并运行程序，输出如下结果：

```
name is type System.String
age is type System.Int32
isRabbit is type System.Boolean
```

使用 var 定义变量是需要一些规则的。变量必须初始化，否则，编译器就没有推断变量类型的依据。初始化器不能为空，且必须放在表达式中。不能把初始化器设置为一个对象，除非在初始化器中创建一个新对象。

3. 变量的作用域

变量的作用域就是可以访问变量的代码区域。一般情况下，确定变量的作用域遵循以下规则：

(1) 只要类在某个作用域内，其字段(也称为成员变量)也在该作用域内。

(2) 局部变量存在于表示声明该变量的语句块或方法结束的封闭大括号之前的作用域之内。

(3) 在 for、while 或类似语句中声明的局部变量存在于该循环体内。

在大型程序中，不同部分为不同的变量使用相同的变量名是很常见的。只要变量的作用域是程序的不同部分，就不会有问题，也不会产生歧义性。但要注意，同名的局部变量不能在同一作用域内声明两次。例如，不能使用下面的代码：

```
int x = 20;
//其他代码
int x = 30;
```

考虑下面的代码示例：

```
static int Main()
{
    for( int i = 0; i < 10; i++)
    {
        Console.WriteLine(i);
    } //变量 i 离开作用域
```

```
    for( int i = 9; i <= 0; i-- )
    {
        Console.WriteLine(i);
    } //变量 i 离开作用域
    return  0;
}
```

这段代码很简单,使用两个 for 循环语句分别正序和逆序地输出 0～9 的数字。关键是在同一个方法中,代码中的变量 i 声明了两次。可以这么做的原因是 i 在两个独立的循环体内部声明,所以每个变量 i 对各自的循环来说是局部变量。

2.1.2 常量

常量是其值在使用过程(生命周期)中不会发生变化的变量。在声明和初始化变量时,在变量的前面加上关键字 const,就可以把该变量指定为一个常量,具体格式如下:

```
const 类型标识符 常量名 = 表达式;
```

常量名必须是 C# 的合法标识符,在程序中通过常量名来访问该常量。类型标识符用来说明所定义的常量的数据类型,而表达式的计算结果是所定义的常量的值。如下面的语句定义了一个 double 型的常量 PI,它的值是 3.14159265。

```
const double PI = 3.14159265;            //PI 的值不能改变
```

常量有如下特点:

(1) 常量必须在声明时初始化,一旦赋予一个常量初始值,这个常量的值在程序的运行过程中就不允许改变,即无法对一个常量赋值。

(2) 常量的值必须在编译时用于运算,因此,不能从变量中提取值来初始化常量。如果需要这样做,应使用只读字段(详见第 4 章)。

在程序中使用常量有以下好处:

(1) 由于使用易于读取的名称(名称的值易于理解)代替了较难读取的数字和字符串,常量使程序变得易于阅读。

(2) 常量使程序易于修改。例如,在 C# 程序中有一个 SalesTax 常量,它的值是 6%。如果以后销售税发生变化,把新值赋给这个常量,就可以修改所有的税款计算结果,不必查找整个程序去修改税率为 0.06 的每个项。

(3) 常量更容易避免程序出现错误。如果在声明常量的位置以外的某个地方将另一个值赋给常量,编译器就会标记错误。

2.1.3 数据类型

C# 语言是一种强类型语言,在程序中用到的变量、表达式和数值等都必须有类型,编译器检查所有数据类型操作的合法性,非法数据类型操作不会被编译。数据类型的关键字(如 int、short 和 string)从编译器映射到.NET 数据类型。例如,在 C# 中声明一个 int 类型的数据时,实际上声明的是.NET 结构 System.Int32 的一个实例。

下面列举出 C# 内置数据类型以及它们的定义和对应的.NET 类型的名称。C# 有 15

个预定义类型，其中有 13 个值类型，2 个引用类型(string 和 object)。

1. 预定义的值类型

1) 整数类型

整数类型的数据值只能是整数。数学上的整数可以是负无穷大到正无穷大，但计算机的存储单元是有限的，因此计算机语言所提供的数据类型都是有一定范围的。C# 中提供了 8 种整数类型，它们的取值范围如表 2-1 所示。

表 2-1　C# 内置的整数类型

名　　称	.NET 类型	描　　述	可表示的数值范围
sbyte	System. SByte	8 位有符号整数	−128～+127
short	System. Int16	16 位有符号整数	−32 768～+32 767
int	System. Int32	32 位有符号整数	−2 147 483 648～+2 147 483 647
long	System. Int64	64 位有符号整数	−9 223 372 036 854 775 808～ +9 223 372 036 854 775 807
byte	System. Byte	8 位无符号整数	0～255
ushort	System. UInt16	16 位无符号整数	0～65 535
uint	System. UInt32	32 位无符号整数	$0\sim2^{32}-1$
ulong	System. UInt64	64 位无符号整数	$0\sim2^{64}-1$

【指点迷津】 每种类型都使用.NET Framework 中定义的标准类型之一，C# 为这些类型使用的名称是.NET Framework 中定义的类型的别名。表 2-1 列出了这些类型在.NET Framework 库中引用的名称。

2) 浮点类型

浮点类型变量主要用来处理含有小数的数值型数据。C# 浮点类型的数据包括 float、double 和 decimal 这 3 种数值类型，其区别在于取值范围和精度的不同。float 类型是 32 位单精度浮点数，其精度为 7 位数，取值范围为 $1.5\times10^{-45}\sim3.4\times10^{38}$；double 类型是 64 位双精度浮点数，其精度为 15、16 位数，取值范围为 $5.0\times10^{-324}\sim1.7\times10^{308}$；decimal 类型数据是高精度的类型数据，占用 16 字节(128 位)，主要为了满足需要高精度的财务和金融计算机领域。decimal 类型数据的取值范围为 $1.0\times10^{-28}\sim7.9\times10^{28}$，精度为 28 位数。

计算机对浮点数据的运算速度大大低于对整数的运算速度，数据的精度越高对计算机的资源要求越高，因此在对精度要求不高的情况下，可以采用单精度类型，而在精度要求较高的情况下可以使用双精度类型。如果不做任何设置，包含小数点的数值都被认为是 double 类型，例如 9.27 就是一个 double 类型，如果要将数值以 float 类型来处理，就应在数值的后面加上后缀 f 或者 F。例如：

```
float mySum = 9.27F;                    //使用 F 强制指定为 float 类型
float mySum = 9.27f;                    //使用 f 强制指定为 float 类型
```

【多学一招】 如果需要使用 float 类型变量，则必须在数值的后面跟随 f 或者 F，否则编译器会直接将其作为 double 类型处理。也可以在 double 类型的值前面加上(float)，对其进行强制类型转换。

3）字符类型

C#提供的字符类型数据按照国际上公认的标准，采用 Unicode 字符集。一个 Unicode 字符的长度为 16 位，它可以用来表示世界上大部分语言种类。所有 Unicode 字符的集合构成字符类型。

字符类型的类型标识符是 char，是.NET Framework 中的 System. Charl 类型的别名。在 C#程序中，在单引号中的一个字符，就是一个字符常数，例如'a'、'p'、'*'、'0'、'8'都是合法的 C#字符。在表示一个字符常数时，单引号内的有效字符数量必须且只能是一个，并且不能是单引号或者反斜杠(\)。

为了表示单引号和反斜杠等特殊的字符常数，C#提供了转义符，在需要表示这些特殊常数的地方，可以使用这些转义符来替代字符，如表 2-2 所示。

表 2-2　C#常用的转义字符

转义字符	意　　义
\a	响铃(BEL)
\b	退格(BS)，将当前位置移到前一列
\f	换页(FF)，将当前位置移到下页开头
\n	换行(LF)，将当前位置移到下一行开头
\r	回车(CR)，将当前位置移到本行开头
\t	水平制表(HT)（跳到下一个 Tab 位置）
\v	垂直制表(VT)
\\	代表一个反斜杠字符'\'
\'	代表一个单引号(撇号)字符
\"	代表一个双引号字符
\?	代表一个问号

4）布尔类型

布尔类型数据用于表示逻辑真和逻辑假。布尔类型的类型标识符是 bool，只有 true(代表“真”)和 false(代表“假”)两个值。不能将其他的值指定给布尔类型变量，布尔类型变量也不能与其他类型进行转换。

布尔类型数据主要应用在流程控制中。程序员往往通过读取或设定布尔类型数据的方式来控制程序的执行方向。

【指点迷津】 在定义全局变量时，如果没有特定的要求不用对其进行初始化，整数类型和浮点类型默认为 0，布尔类型默认为 false。

2. 预定义的引用类型

引用类型是 C#应用程序的主要对象类型数据。在程序执行过程中，预定义的对象类型存储在堆栈中。堆栈是一种系统弹性配置的内存空间，没有特定大小及存活时间。C#支持两种预定义的引用类型：object 和 string。

1）object 类型

object 类型是在.NET 中 Object 类的别名。在 C#的统一类型系统中，Object 类是所有类型的基类，C#中所有的类型都直接或间接派生于object类型。因此，对于任一个object变量，均可以赋以任何类型的值。

2）string类型

string类型表示0个或者多个Unicode字符组成的序列，它的字面量的值需要放在双引号(" ")中。如果试图把字符串放在单引号中，编译器会把它当成char类型，从而抛出错误。下面的代码定义了一个字符串：

```
string str = "Hello World!"
```

3. 自定义数据类型——结构

结构是可以包含数据成员和函数成员的数据结构，实际上是将多个相关变量包装成为一个整体使用。在结构体中的变量，可以是相同、部分相同或者完全不同的数据类型。例如公司的职员可以看作一个结构体，在该结构体中可以包含职工姓名、性别、籍贯等信息。

在C#中，使用关键字struct来声明结构。具体语法如下：

```
<结构限定符> struct <结构名称>
{
    //字段、属性、方法、事件
}
```

下面的代码定义了一个职工结构。该结构定义了职工信息，并定义了一个方法用来显示职工信息。具体代码如下：

```
public struct Employee              //定义结构 Employee
{
    public string name;             //职工姓名
    public string sex;              //职工性别
    public int age;                 //职工年龄
    //职工信息
    public Employee(string n,string s,int a)
    {
        name = n;
        sex = s;
        age = a;
    }
    //输出职工信息
    public void Show()
    {
        Console.WriteLine("{0} {1} {2}",name,sex,age);
    }
}
```

4. 自定义数据类型——枚举

枚举(enum)类型表示一组同一类型的常量，其用途是为一组在逻辑上有关联的值一次性提供便于记忆的符号，从而使代码的含义更清楚，也易于维护。例如，假设读者必须定义一个变量，该变量的值表示一周中的一天。该变量只能存储7个有意义的值。若要定义这些值，可以使用枚举类型。

枚举类型是使用enum关键字声明的，其具体形式如下：

```
enum <枚举名> {list1 = value1, ..., listN = valueN}
```

下面的代码定义一个名为 Days 的枚举类型，它包含 7 个常量名：Sunday，Monday，Tuesday，Wednesday，Thursday，Friday 和 Saturday。

```
enum Days { Sunday, Monday, Tuesday, Wednesday, Thursday, Friday, Saturday };
```

如果不为枚举数列表中的元素指定值，则它们的值将以 1 为增量自动递增。在前面的示例中，Days. Sunday 的值为 0，Days. Monday 的值为 1，以此类推。创建新的 Days 对象时，如果不显式为其赋值，则它将具有默认值 Days. Sunday (0)。创建枚举时，应选择最合理的默认值并赋给它一个 0。这便使得只要在创建枚举时未为其显式赋值，则所创建的全部枚举都将具有该默认值。

如果变量 meetingDay 的类型为 Days，则只能将 Days 定义的某个值赋给它(无须显式强制转换)。如果会议日期更改，可以将 Days 中的新值赋给 meetingDay。例如：

```
Days meetingDay = Days.Monday;
//...
meetingDay = Days.Friday;
Console.WriteLine("今天是{0}", meetingDay);
```

也可以将任意整数值赋给 meetingDay。例如，代码行 meetingDay＝(Days)42 不会产生错误。但不建议这样做，因为默认约定的是枚举变量只容纳枚举定义的值之一。将任意值赋给枚举类型的变量很有可能会导致错误。

5. 可空类型

C＃提供了一个特殊的数据类型——nullable 类型(可空类型)，可空类型可以表示其基础值类型正常范围内的值，再加上一个 null 值。例如，nullable < int32 >，读作“可空的 int32”，可以被赋值为－2 147 483 648～2 147 483 647 的任意值，也可以被赋值为 null 值。类似地，nullable< bool > 变量可以被赋值为 true、false 或 null。

声明一个 nullable 类型(可空类型)的语法如下：

```
< data_type > ?< variable_name > = null;
```

下面的实例演示了可空数据类型的用法：

```
int? num1 = null;
int? num2 = 45;
double? num4 = 3.14157;
```

在处理数据库和其他包含可能未赋值的元素的数据类型时，将 null 赋值给数值类型或布尔型的功能特别有用。例如，数据库中的布尔型字段可以存储值 true 或 false，或者，该字段也可以未定义。

2.1.4 类型的安全性

1. 类型转换

数据类型在一定条件下是可以相互转换的，如将 int 类型数据转换成 double 类型数据。C＃允许使用两种转换的方式：隐式转换(Implicit Conversions)和显式转换(Explicit

Conversions)。

隐式转换是系统默认的、不需要加以声明就可以进行的转换。只要保证值不会发生任何变化，类型转换就可以自动(隐式)进行。在隐式转换过程中，编译器不需要对转换进行详细的检查就能安全地执行转换。注意，只能从较小的整数类型隐式地转换为较大的整数类型，而不能从较大的整数类型隐式转换为较小的整数类型，也可以在整数和浮点数之间进行转换。例如：

```
int i = 10;
double d = i;                    //自动进行类型转换
```

显式转换又叫强制类型转换。与隐式转换相反，显式转换需要用户明确地指定转换类型，一般在不存在该类型的隐式转换时才使用。显式转换可以将一种数值类型强制转换成另一种数值类型，格式如下：

```
(类型标识符)表达式
```

例如：

```
(int)3.14                        //把 double 类型的 3.14 转换为 int 类型
```

需要提醒注意以下几点：

(1) 显式转换可能会导致错误。进行这种转换时编译器将对转换进行溢出检测。如果有溢出则说明转换失败，就表明原类型不是一个合法的目标类型，转换当然无法进行。

(2) 对于从 float、double、decimal 到整型数据的转换，将通过舍入得到最接近的整型值，如果这个整型值超出目标域，则出现转换异常。例如，如果将 float 的数据 3e25 转换为整数，则将产生溢出错误，因为 3e25 超过了 int 类型所能表示的范围。

在 C# 中可以使基本数据类型的 Parse()方法来实现字符转换为基本数据类型的操作，转换格式为：xx. Parse()，例如：

```
int i = int32.Parse("10");
double d = double.Parse("10.5");
bool b = bool.Parse("true");
```

另外，C# 的 Convert 类提供了很多更丰富的类型转换的方法，如：

```
int i = Convert.ToInt32("10");
DateTime time = Convert.ToDateTime("2000 - 2 - 2");
```

相反，如果将原始值转换为 string 类型，统一用 ToString()方法即可。下面的实例把不同值的类型转换为字符串类型：

```
namespace TypeConversionApplication
{
    class StringConversion
    {
        static void Main(string[] args)
        {
            int i = 75;
            float f = 53.005f;
```

```
            double d = 2345.7652;
            bool b = true;

            Console.WriteLine(i.ToString());
            Console.WriteLine(f.ToString());
            Console.WriteLine(d.ToString());
            Console.WriteLine(b.ToString());
            Console.ReadKey();
        }
    }
}
```

当上面的代码被编译和执行时，它会产生下列结果：

```
75
53.005
2345.7652
True
```

2. 装箱和拆箱

装箱(Boxing)和拆箱(Unboxing)是C#类型系统中重要的概念。它们允许将任何类型的数据转换为对象，同时也允许任何类型的对象转换为与之兼容的数据类型，其实拆箱是装箱的逆过程。装箱转换是指将一个值类型的数据隐式地转换为一个对象类型(object)的数据。把一个值类型装箱，就是创建一个object类型的实例，并把该值类型的值复制给该object类型。

例如，下面的两条语句就执行了装箱：

```
int k = 100;
object obj = k;
```

上面的两条语句中，第1条语句先声明一个整型变量k并对其赋值，第2条语句则先创建一个object类型的实例obj，然后将k的值复制给obj。在执行装箱转换时，也可以使用显式转换，如下面的代码：

```
int k = 100;
object obj = (object) k;
```

拆箱是指将一个对象类型的数据显式地转换为一个值类型数据。拆箱操作分为两步：首先检查对象实例，确保它是给定值类型的一个装箱值，然后把实例的值复制到值类型数据中。例如，下面两条语句就执行了拆箱转换：

```
object obj = 228;
int k = (int)obj;
```

拆箱需要(而且必须)执行显式转换，这是它与装箱转换的不同之处。

2.1.5 运算符和表达式

运算符是一种告诉编译器执行特定的数学或逻辑操作的符号。运算符针对操作数进行运算，同时产生运算结果。表达式是计算的基本组件，由运算符和操作数组成。运算符设置对操作数进行什么样的运算。例如,+、-、*和/都是运算符,操作数包括文本、常量、变量和表达式等。C#中的表达式主要包括以下几种。

- 算术表达式:用算术运算符连接,结果是数值类型。
- 赋值表达式:用赋值运算符连接,运算结果的类型取决于赋值运算符左侧的运算结果。
- 关系表达式:用关系运算符连接,结果是布尔类型。
- 逻辑表达式:用逻辑运算符连接,结果是布尔类型。

1. 算术运算符

算术运算符用于对操作数进行算术运算。C#的算术运算符同数学中的算术运算符是很相似的。表2-3列出了C#中允许使用的所有算术运算符。尽管+、-、*和/这些运算符的意义和数学上的运算符是一样的,但是在一些特殊的环境下,有一些特殊的解释。

表2-3 C#算术运算符

运算符	意　义	运算对象数目	运算对象类型	运算结果类型	实　例
+	取正或加法	1或2	任何数值类型	数值类型	+5、6+8+a
-	取负或减法	1或2			-3、a-b
*	乘法	2			3*a*b、5*2
/	除法	2			7/4、a/b
%	求余(求整数除法的余数,如7除以3的余数为2,则7%3等于2)	2			a%(2+5) a%b 3%2
++	自增运算	1			a++、++b
--	自减运算	1			a--、--b

当对整数进行"/"运算时,余数都被舍去了。例如,10/3在整数除法中等于3。可以通过求余运算符%来获得这个除法的余数。运算符%可以应用于整数和浮点类型,例如,10%3的结果是1,10.0%3.0的结果也是1。

下面的代码演示了数学运算符的用法,程序会提示读者输入一个字符串和两个数字,然后执行某些计算的结果。

【编程示例】 新建控制台程序MathSample,在Program.cs中添加如下代码:

```
static void Main(string[] args)
{
    double firstNumber, secondNumber;
    string userName;
    Console.Write("Enter your name:");
    userName = Console.ReadLine();
    Console.WriteLine($"Welcome {userName}!");
    Console.Write("Now give me a number:");
    firstNumber = Convert.ToDouble(Console.ReadLine());
    Console.Write("Now give me another number:");
    secondNumber = Convert.ToDouble(Console.ReadLine());
    Console.WriteLine($"The sum of {firstNumber} and {secondNumber} is {firstNumber +
                    secondNumber}.");
```

```
    Console.WriteLine( $  "The result of suntracting {firstNumber} from { secondNumber } is
                      { firstNumber - secondNumber }.");
    Console.WriteLine("The product  of { firstNumber} and { secondNumber } is { firstNumber *
                      secondNumber }.");
    Console.WriteLine( " The result of dividing { firstNumber } by { secondNumber } is
                      { firstNumber / secondNumber }.");
    Console.WriteLine ( " The remainder after dividing { firstNumber } by {secondNumber} is
                      { firstNumber % secondNumber }.");
    Console.ReadKey();
}
```

执行代码,程序的运行结果如图 2-2 所示。

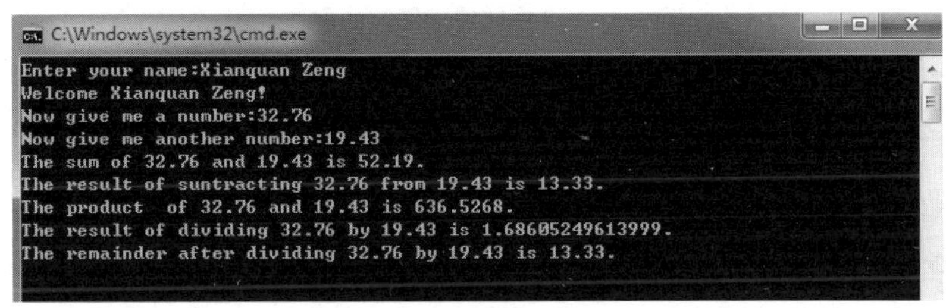

图 2-2　程序的运行结果

C#还有两种特殊的算术运算符:++(自增运算符)和--(自减速运算符),其作用是使变量的值自动增加 1 或者减少 1。因此,x=x+1 和 x++是一样的;x=x-1 和 x--是一样的。自增运算符和自减运算符既可以在操作数前面(前缀),也可以在操作数后面(后缀)。例如,“x=x+1;”可以被写成

```
++x;                          //前缀格式
```

或者

```
x++;                          //后缀格式
```

当自增运算符或自减运算符用在一个较大的表达式的一部分时,存在着重要的区别。当一个自增运算符或自减运算符在它的操作数前面时,C#将在取得操作数的值前执行自增或自减操作,并将其用于表达式的其他部分。如果运算符在操作数的后面,C#将先取得操作数的值,然后进行自增或自减运算。

例如:

```
x = 16; y = ++x;
```

在这种情况下,y 被赋值为 17,但是,如果代码如下所写:

```
x = 16; y = x++;
```

那么 y 被赋值为 16。在这两种情况下,x 都被赋值为 17,不同之处在于发生的时机。自增运算符和自减运算符发生的时机有非常重要的意义。

2. 赋值运算符

赋值运算符用于将一个数据赋予一个变量。赋值操作符的左操作数必须是一个变量,

赋值结果是将一个新的数值存放在变量所指示的内存空间中。其中“=”是简单的赋值运算符,它的作用是将右边的数据赋值给左边的变量,数据可以是常量,也可以是表达式。例如,x=8 或者 x=9-x 都是合法的,它们分别执行了一次赋值操作。

复合赋值运算符的运算非常简单,例如 x *=5 就等价于 x=x*5,它相当于对变量进行一次自乘操作。复合赋值运算符的结合方向为自右向左。同样,也可以把表达式的值通过复合赋值运算符赋予变量,这时复合赋值运算右边的表达式是作为一个整体参加运算的,相当于表达式有括号。

例如,a%=b*2-5 相当于 a%=(b*2-5),它与 a=a%(b*2-5)是等价的。

表 2-4 列出了 C# 中赋值运算符的用法。

表 2-4 C# 中赋值运算符的用法

类　　型	符　　号	说　　明
简单赋值运算符	=	x=1
复合赋值运算符	+=	x+=1 等价于 x=x+1
	-=	x-=1 等价于 x=x-1
	*=	x*=1 等价于 x=x*1
	/=	x/=1 等价于 x=x/1
	%=	x%=1 等价于 x=x%1

3. 关系运算符

关系运算符用于在程序中比较两个值的大小,关系运算的结果类型是布尔型,也就是说,结果不是 true 就是 false。表 2-5 给出了 C# 中常用关系运算符的用法。

表 2-5 C# 中常用关系运算符的用法

符　　号	意　　义	运算结果类型	运算对象个数	实　　例
>	大于	布尔型。如果条件成立,则结果为 true,否则结果为 false	2	3>6,x>2,b>a
<	小于			3.14<3,x<y
>=	大于或等于			3.26>=b
<=	小于或等于			PI<=3.1416
==	等于			3==2,x==2
!=	不等于			x!=y,3!=2

4. 逻辑运算符

逻辑运算符用于表示两个布尔值之间的逻辑关系,逻辑运算结果是布尔类型。表 2-6 给出了 C# 中逻辑运算符的用法。

表 2-6 C# 中逻辑运算符的用法

符号	意　　义	运算对象类型	运算结果类型	运算对象个数	实　　例
!	逻辑非	布尔类型	布尔类型	1	!(i>j)
&&	逻辑与			2	x>y&&x>0
||	逻辑或			2	x>y||x>0

逻辑非运算的结果是原先的运算结果的逆，即：如果原先运算结果为 false，则经过逻辑非运算后，结果为 true；若原先为 true，则结果为 false。

逻辑与运算的含义是，只有两个运算对象都为 true，结果才为 true；只要其中有一个是 false，结果就为 false。

逻辑或运算的含义是，只要两个运算对象中有一个是 true，结果就为 true；只有两个条件均为 false，结果才为 false。

当需要多个判定条件时，可以很方便地使用逻辑运算符将关系表达式连接起来。例如，在表达式 x>y&&x>0 中，只有当 x>y 并且 x>0 两个条件都满足时，结果才为 true，否则结果就为 false；在表达式 x>y||x>0 中，只要 x>y 或者 x>0 这两个条件中的任何一个成立，结果就为 true，只有在 x>y 并且 x>0 都不成立的条件下结果才为 false；在表达式!(x>y)中，如果 x>y 则返回 false；如果 x<=y 则返回 true。即表达式!(x>y)同表达式 x<=y 是等价的。

如果表达式中同时存在着多个逻辑运算符，则逻辑非的优先级最高，逻辑与的优先级高于逻辑或。

5. 运算符的优先级

当一个表达式包含多个运算符时，就会出现运算符的运算次序问题。在 C# 中，使用运算符的优先级来解决运算的次序问题。

运算符的优先级确定表达式中项的组合，这会影响到一个表达式如何计算。每一个运算符都有它自己一定的优先级，决定了它在表达式中的运算次序。在对包含多种运算符表达式求值时，如果有括号，先计算括号里面的表达式，然后先执行运算优先级别高的运算，再执行运算优先级别低的运算。当运算符两边的运算对象的优先级别一样时，由运算符的结合性来控制运算执行的顺序。除了赋值运算符，所有的二元运算符都是左结合，即运算按照从左到右的顺序来执行。赋值运行符和条件运算符是右结合的，即运算按照从右到左的顺序来执行。表 2-7 给出了 C# 运算符的优先级和结合性。

表 2-7　C# 运算符的优先级和结合性

优先级	说明	运算符	结合性
1	括号	( )	从左到右
2	自加/自减运算符	++/--	从右到左
3	乘法运算符 除法运算符 取模运算符	* / %	从左到右
4	加法运算符 减法运算符	+ -	从左到右
5	小于 小于或等于 大于 大于或等于	< <= > >=	从左到右
6	等于 不等于	= !=	从左到右 从左到右

续表

优 先 级	说 明	运 算 符	结 合 性
7	逻辑与	&&	从左到右
8	逻辑或	||	从左到右
9	赋值运算符	= += *= /= %= -=	从右到左

拓展提高

1.《C#语言规范》文档

在学习C#语言时,读者可以参考微软公司提供的《C#语言规范》文档。它是一个Word文档,随同Visual Studio一并安装,就在Visual Studio的安装目录下。如果在安装时保留了默认路径,就可以在Microsoft Visual Studio 14.0\VC#\Specifications\2052路径下找到一个名为CSharp Language Specification.docx的Word文档。该文档对C#语言的所有语法都有详细的说明。

2. 时间结构——DateTime

DateTime结构表示时间上的一刻,通常以日期和当天的时间表示。使用DateTime.Now属性则可获得当前时间。如果想按年、月、日分别统计数据,也可用DateTime.Now.Year,DateTime.Now.Month,DateTime.Now.Day获取。同理,当前的时、分、秒也可以以这样的方式获取。还可以在当前时间加上一个时间段等操作。

3. 编程实践

(1) 任意输入一个三位整数,将其加密后输出。方法是将该数每一位上的数字加9,然后除以10取余,作为该位上的新数字,将第一位上的数字和第三位上的数字交换组成加密后的新数(提示:采用整除和求余分离各位上的数字)。

(2) 从键盘输入圆的半径,定义常量PI的值为3.14159,计算并输出圆的周长和面积。

视频讲解

2.2 程序控制流:分支

任务描述

为了保证系统安全,在登录系统时,系统要求用户输入用户名和密码。只有用户名和密码都正确时,才能正常使用系统。否则,给出提示或者直接关闭系统。本任务实现控制台学生成绩管理系统的用户登录验证功能,如图2-3所示。

图2-3 用户登录

任务实施

(1) 新建项目。启动 Visual Studio 2017,新建控制台项目 UserLogin。

(2) 修改代码。项目初始化以后,在主窗口显示的 Program.cs 文件的 Main()方法中添加如下代码行:

```
static void Main(string[] args)
{
    string userName;                    //用户名
    string passwd;                      //密码
                                        //提示输入用户名和密码
    Console.WriteLine("\n" + " 欢迎登录学生成绩管理系统" + "\n");
    Console.Write("请输入用户名: ");
    userName =  Console.ReadLine();
    Console.Write("请输入密码: ");
    passwd  =  Console.ReadLine();
    //判断用户名和密码是否正确
    if(userName == "admin" && passwd == "123456")
    {
        Console.WriteLine("用户名和密码正确,按任意键继续!");
        //显示系统功能菜单
    }
    else
    {
        Console.WriteLine("用户名或和密码错误,请核对信息!");
    }
    Console.ReadKey();
}
```

(3) 编译和运行程序。选择"调试"→"开始执行(不调试)"命令或者按 Ctrl+F5 组合键运行程序,显示如图 2-3 所示的效果。

知识链接

2.2.1 if 语句

程序就像日常生活一样,有时候需要在两者中间做出选择。如果你的支票户头中有余额,银行将向你支付少量的利息。但如果你透支了支票户头,那么你的账户余额将会是负数,你将承担余额为负的后果。这一策略可以在银行的记账程序中反映出来,使用下述的 C# 语句实现,即 if-else 语句:

```
if(balance >= 0)
    balance = balance + (INTEREST_RATE * balance) / 12;
else
    balance = balance - OVERDRAW_PENALTY;
```

if-else 语句的意义与英文句子阅读时的意义基本一致。当程序执行 if-else 语句时,首先检查关键字 if 后面括号内的表达式,这个表达式经过计算后得到 true 或 false。如果表达式的值为 true,就执行 else 之前的语句；如果表达式的值为 false,就执行 else 后面的语句。在前面的例子中,如果 balance 为正数或者零,那么就执行下述语句：

```
balance = balance + ( INTEREST_RATE * balance) / 12;
```

但是,如果 balance 的值为负数,那么就执行下述语句：

```
balance = balance - OVERDRAW_PENALTY;
```

图 2-4 展示了这个 if-else 语句的操作。

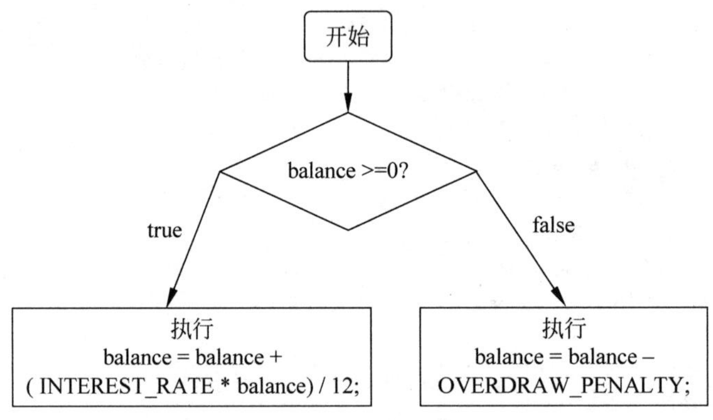

图 2-4　if-else 语句的操作流程

如果要在每个分支语句中包含多条语句,只需要使用大括号{}把它们括起来就可以了。用大括号把一系列语句括起来构成的语句块称为复合语句(Compound Statement)。一般很少单独使用这种语句,而是经常把它们用作可以把语句组合成一个块的 C# 结构(例如 if-else)的子语句。例如,前面支票余额的语句可以改写为如下更为完善的形式。

```
if(balance >= 0)
{
    Console.WriteLine("很好!你有一笔利息收入啦!");
    balance = balance + (INTEREST_RATE * balance) / 12;
}
else
{
    Console.WriteLine("你已经透支,请尽快还款!");
    balance = balance - OVERDRAW_PENALTY;
}
```

复合语句可以简化对 if-else 语句的描述。一旦掌握了复合语句的使用,那么就可以说,每一个 if-else 结构都具有如下形式：

```
if(关系表达式)
    语句 1;
else
    语句 2;
```

这里语句 1 或者语句 2 既可以是一条语句,也可以是多条语句组成的复合语句。在 if-else 语句中,还可以单独使用 if 语句,而不加最后的 else 语句。如果没有 else 语句,当 if 语句表达式的值为 false 时，程序简单地跳过 if 下面的语句，前进到下一行语句。例如，如果银行不对透支罚款的话，前面给出的语句可以简写为以下形式：

```
if(balance >= 0)
{
    Console.WriteLine("很好!你有一笔利息收入啦!");
    balance = balance + ( INTEREST_RATE * balance) / 12;
}
Console.WriteLine("你的账户余额是 ￥{0}",balance);
```

if-else 语句可以在其内包含任何类型的语句。特别地，可以把一条 if-else 语句嵌套在另一条 if-else 语句中，如下面的语句所示：

```
if(balance >= 0)
    if(INTEREST_RATE >= 0)
        balance = balance + (INTEREST_RATE * balance) / 12;
    else
        Console.WriteLine("利率不能为负数!");
else
    balance = balance - OVERDRAW_PENALTY;
```

如果 balance 的值大于或等于 0，执行下面整条 if-else 语句：

```
if(INTEREST_RATE >= 0)
    balance = balance + (INTEREST_RATE * balance) / 12;
else
    Console.WriteLine("利率不能为负数!");
```

通过添加大括号让嵌套语句结构更加清晰，例如：

```
if(balance >= 0)
{
    if(INTEREST_RATE >= 0)
        balance = balance + ( INTEREST_RATE * balance) / 12;
    else
        Console.WriteLine("利率不能为负数!");
}
else
    balance = balance - OVERDRAW_PENALTY;
```

在这个示例中，大括号有助于提高代码的清晰性。严格来讲，这里也可以不要。但在有些情况下，大括号却是不可缺少的。例如，如果省略了 else，那么事情就会变得有点棘手。下面两条语句外观上看起来它们的差别仅仅在于一条语句包含了一对大括号，但它们并不相同：

```
//第一个版本：带大括号
if(balance >= 0)
{
    if(INTEREST_RATE >= 0)
        balance = balance + (INTEREST_RATE * balance) / 12;
}
```

```
else
    balance = balance - OVERDRAW_PENALTY;
//第二个版本：无大括号
if(balance >= 0)
    if(INTEREST_RATE >= 0)
       balance = balance + (INTEREST_RATE * balance) / 12;
else
    balance = balance - OVERDRAW_PENALTY;
```

在 if-else 语句中，每一个 else 都与前面未匹配的 if 相匹配。在第二个版本中，else 是与第二个 if 相匹配的，尽管编写代码时给出了误导性的缩进，其意义等价于下面的代码：

```
if(balance >= 0)
{
    if(INTEREST_RATE >= 0)
        balance = balance + (INTEREST_RATE * balance) / 12;
    else
        balance = balance - OVERDRAW_PENALTY;
}
```

【多学一招】 在 if 语句中不使用大括号可能在维护代码时导致错误。在使用 if 语句时，通常是在 if 语句和 else 语句后使用大括号，甚至在只有一条语句时也使用大括号，并且对大括号内的语句使用缩进，从而增加代码的可读性，有助于避免错误。

使用嵌套的 if-else 语句可以实现多种比较，从而生成多个可能的分支路径。但随着嵌套层数的增加，程序之间的逻辑关系越来越复杂，代码的行数随之增多。通常采用的方式是缩短 else 子句的代码块，即在 else 后面使用一行代码，而不是代码块，这样就得到了 else if 语句。例如，下面的代码：

```
if(number < 10)
    Console.WriteLine("number < 10");
else if(number < 50 )
    Console.WriteLine("number >= 10 and number < 50");
else if(number < 100 )
    Console.WriteLine("number >= 50 and number < 100");
else
    Console.WriteLine("number >= 100");
```

【案例研究】 **身体质量指数**(Body Mass Index，BMI)是一种基于人们的身高与体重，评估与体重相关问题风险的一种方法。它由数学家阿道夫·凯特勒(Adolphe Quetelet)于 19 世纪设计，有时候也称为 Quetelet 指数。BMI 按下述公式计算：

$$BMI=体重/身高^2$$

在这个公式中，体重以千克为单位，身高以米为单位。按照中国人的体质特征，BMI 指数小于 18.5 为体重过轻，在 18.5～23.9 为正常，在 24～27.9 为超重，大于或等于 28 为肥胖。

请编写程序输入用户的体重和身高，输出 BMI 以及相应的健康风险。

身体质量指数计算程序的代码如下：

```
class Program
{
    static void Main(string[] args)
    {
        double height, weight, BMI;
        Console.Title = "身体质量指数计算程序";
        //输入身高和体重
        Console.Write("输入您的体重(千克): ");
        weight = Convert.ToDouble(Console.ReadLine());
        Console.Write("输入您的身高(米): ");
        height = Convert.ToDouble(Console.ReadLine());
        //计算 BMI
        BMI = weight / (height * height);
        //输出风险提示
        Console.WriteLine("你的 BMI 是: " + BMI);
        Console.Write("你的健康状况是: " );
        if(BMI < 18.5)
            Console.WriteLine("你有点偏瘦,请加强营养!");
        else if(BMI < 24)
            Console.WriteLine("你的体重正常,请注意保持!");
        else if(BMI < 28)
            Console.WriteLine("你有点超重,请注意锻炼!");
        else
            Console.WriteLine("你有点肥胖,请加强锻炼!");
    }
}
```

程序的运行结果如图 2-5 所示。

图 2-5　身体质量指数计算程序运行结果

2.2.2　条件运算符

条件运算符(Condition Operator)由“?”和“:”组成,条件运算符是一个三元运算符(Ternary Operator)。条件运算符的一般格式为:

```
操作数 1 ? 操作数 2: 操作数 3
```

其中,操作数 1 的值必须为布尔值。进行条件运算时,首先判断问号前面的布尔值是 true 还是 false,如果是 true,则条件运算表达式的值等于操作数 2 的值;如果为 false,则条件表达式的值等于操作数 3 的值。向这里展示的一样,条件运算符最普通的用法是依据布尔条件把变量设置为两个不同值之一。一定要注意条件运算符总是返回一个值,因此等价于某些特殊类型的 if-else 语句。

下面的示例展示了条件运算符的用法。假定员工的周工资为工作时间乘以小时工资。

但是,如果员工工作时间超过 40 小时,超过部分以平常小时工资的 1.5 倍计算。下面的 if-else 语句可以完成这个计算:

```
if(hoursWorked <= 40)
    pay = hoursWorked * payRate;
else
    pay = 40 * payRate + 1.5 * payRate * (hoursWorked - 40);
```

这条语句也可以使用条件运算符表达,如下所示:

```
pay = (hoursWorked <= 40)? hoursWorked * payRate : 40 * payRate + 1.5 * payRate *
(hoursWorked - 40);
```

2.2.3 switch 语句

switch 语句非常类似于 if 语句,它也是根据测试的值来有条件地执行代码,但是,switch 语句可以一次将测试变量与多个值进行比较,而不是仅测试一个条件。这种测试仅限于离散的值,而不是像"大于 X"这样的语句,所以它的用法与 if 语句有点不同。switch 语句的基本结构如下:

```
switch <测试变量>
{
    case <比较值 1>
        <语句块 1>
        break;
    case <比较值 2>
        <语句块 2>
        break;
        ...

    case <比较值 n>
        <语句块 n>
        break;
    default:
        <语句块 n+1>
        break;
}
```

switch 语句的执行流程是:测试变量中的值与每个比较值(在 case 语句中指定)进行比较,如果有一个匹配,就执行该匹配提供的语句。如果没有匹配,但有 default 语句,就执行 default 部分的代码,如图 2-6 所示。每个 case 语句的执行代码后面需要有 break 语句。在执行完一个 case 语句后,再执行第二个 case 语句是非法的。这里的 break 语句将中断 switch 语句的执行,而执行该结构后面的语句。

一个 case 语句处理完后,不能自由地进入下一个 case 语句,但这个规则有一个例外。如果把多个 case 语句放在一起,其后加一个代码块。实际上就是一次检查多个条件。如果满足这些条件中的任何一个,就会执行代码,例如:

```
switch <country>
```

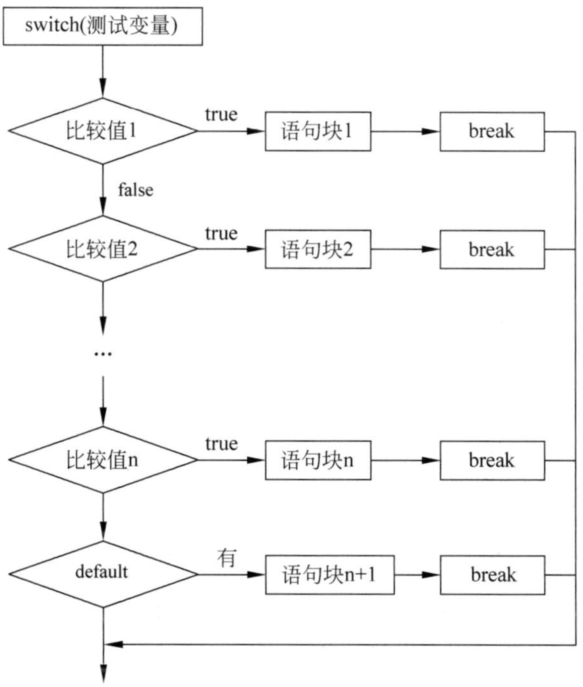

switch(测试变量)
比较值1
true
语句块1
break
false
比较值2
true
语句块2
break
…
比较值n
true
语句块n
break
default
有
语句块n+1
break

图 2-6 switch 语句执行流程

```
{
    case  "au":
    case  "us":
            language = "English";
            break;
    case "at":
    case "de":
            language = "German";
            break;
}
```

在 C# 语言中，switch 语句的一个有趣的地方是 case 子句的顺序无关紧要，甚至可以把 default 子句放在最前面。因此，任何两个 case 都不能相同，包括值相同的不同常量，所以下面的代码是错误的：

```
const string england = "uk";
const string britain = "uk";
switch (country)
{
    case england:
    case britain:                          //编译错误
        language = "English";
        break;
}
```

【编程示例】 等级转换程序。下面是一个包含了根据传统规则转换字母等级的程序：如果成绩≥90 分，则为 A 等；如果 80 分≤成绩<90 分，则为 B 等，如果 70 分≤成绩<80

分，则为 C 等，如果 60 分≤成绩<70 分，则为 D 等，如果成绩<60 分，则为 E 等。新建控制台程序 UseSwitch，将下列代码添加到 Program. cs 中：

```
static void Main(string[] args)
{
    Console.Write("输入学员成绩: ");
    int grade = Convert.ToInt32(Console.ReadLine());
    switch (grade / 10)
    {
        case 10:
        case 9:
            Console.WriteLine("分数: {0}   等级: A", grade);
            break;
        case 8:
            Console.WriteLine("分数: {0}   等级: B", grade);
            break;
        case 7:
            Console.WriteLine("分数: {0}   等级: C", grade);
            break;
        case 6:
            Console.WriteLine("分数: {0}   等级: D", grade);
            break;
        case 5:
        case 4:
        case 3:
        case 2:
        case 1:
        case 0:
            Console.WriteLine("分数: {0}   等级: E", grade);
            break;
        default:
            Console.WriteLine("分数只能在 0～100 之间!");
            break;
    }
}
```

按 Ctrl+F5 组合键运行该程序，结果如图 2-7 所示。

图 2-7 案例程序运行结果

拓展提高

1. 如何产生随机数

Random 类是一个产生伪随机数字的类，它的构造函数有两种：New Random()和

New Random(int32)。前者是根据触发那刻的系统时间作为种子来产生一个随机数字，后者可以自己设定触发的种子，一般都是用 UnCheck((int)DateTime. Now. Ticks) 作为参数种子。

Random 类中提供的 Next()、NextBytes()以及 NextDouble()方法可以生成整数类型、byte 数组类型以及双精度浮点类型的随机数，详细说明如下：

(1) Next()：每次产生一个不同的随机正整数。

(2) Next(int maxValue)：产生一个比 maxValue 小的正整数。

(3) Next(int minValue,int maxValue)：产生一个 minValue～maxValue 的正整数，但不包含 maxValue。

(4) NextDouble()：产生一个 0.0～1.0 的浮点数。

(5) NextBytes(byte[] buffer)：用随机数填充指定字节数的数组。

2. Math 类

Math 类主要用于一些与数学相关的计算，并提供了很多静态方法以方便使用，常用的方法如下：

(1) Abs()：取绝对值。

(2) Equals()：返回指定的对象实例是否相等。

(3) Max()：返回两个数中较大数的值。

(4) Min()：返回两个数中较小数的值。

(5) Sqrt()：返回指定数字的平方根。

(6) Round()：返回四舍五入后的值。

3. 编程实践

(1) 判断一个正整数是否为"水仙花数"。所谓"水仙花数"是指一个三位数，其各位数字立方和等于该数本身。

(2) 输入一个字母字符，如果是大写字母，则输出其小写字母；如果是小写字母，则输出其大写字母。

2.3 程序控制流：循环

视频讲解

在软件开发中，有时候需要对某个操作进行多次重复迭代。例如，编写程序计算一个银行账户在 10 年后的余额，需要将代码 balance *= interestRate 重复写 10 遍(balance 表示余额，interestRate 表示每年的利率)。如果把 10 年改成更长的时间，那就需要将该代码手工复制需要的次数，这是一件多么痛苦的事情！幸运的是，完全不需要这样做，使用循环结构就可以让相同的代码重复需要的次数。本任务进一步完善控制台学生成绩管理系统中的学生成绩输入功能，实现多个学生成绩的录入和输出，如图 2-8 所示。

(1) 新建项目。启动 Visual Studio 2017，新建控制台项目 InputGrade。

图 2-8　多个学生成绩的输入和输出

(2) 修改程序代码。项目初始化以后,在主窗口显示的 Program.cs 文件的 Main()方法中添加如下代码行:

```
static void Main(string[] args)
{
    //变量定义
    const int NUM = 5;                    //学生人数
    string id;                            //学生学号
    string name;                          //学生姓名
    string chinese;                       //语文
    string math;                          //数学
    string english;                       //英语
    int i;
    //信息输入
    for (i = 0; i < NUM; i++)             //开始迭代重复
    {
        Console.WriteLine("输入第{0}个学生的信息", i + 1);
        Console.Write("学号: ");
        id = Console.ReadLine();
        Console.Write("姓名: ");
        name = Console.ReadLine();
        Console.Write("语文: ");
        chinese = Console.ReadLine();
        Console.Write("数学: ");
        math = Console.ReadLine();
        Console.Write("英语: ");
        english = Console.ReadLine();
    }
}
```

(3) 编辑和运行程序。按 Ctrl+F5 组合键执行程序,显示如图 2-8 所示的效果。

2.3.1　while 语句

C#中构造循环(Loop)的一种方法是使用 while 语句,也称为 while 循环语句。只要条件表达式为 true，while 语句就会反复地重复执行某个语句或一组语句（循环中被重复执行的一条语句或者一组语句成为循环体（Body）。当条件表达式的值为 false 时，循环过程就结束。例如，下面的代码包含了 while 语句。该语句以关键字 while 开始，后跟一个放在括号中的条件表达式。在条件表达式为 true 期间，循环体被重复执行。通常情况下，循环体是放在大括号{}中的一条复合语句。循环体通常包含了可以控制条件表达式的值从 true 改变为 false 的动作，从而结束循环。

```
int count = 1;
while (count <= 10)
{
    Console.Write(count + ",");
    count++;
}
```

while 语句的基本结构如下：

```
while (条件表达式)
{
    //循环体
}
```

2.3.2 do-while 语句

do-while 语句或 do-while 循环语句类似于 while 语句，但有一个明显的区别：do-while 循环首先执行循环体，然后检测条件表达式。如果条件表达式为 true，就再执行一次循环体。只要条件表达式的值为 true，这个过程就会一直重复下去。如果条件表达式的值为 false，循环结束。因此，do-while 循环语句的循环体至少要执行一次，而 while 循环语句的循环体可以一次也不执行。do-while 循环语句的基本结构如下：

```
do
{
    //循环体
} while (条件表达式);          ←———— 注意这里有分号;
```

【编程示例】 你的家乡已经受到臭虫的攻击。这不是一个有趣的话题，幸运的是，当地一家称为调试专家的公司具有一种可以消灭房子中臭虫的方法。但问题是，该镇的居民十分满意当地的生活，或许在臭虫失控之前他们并不想灭绝臭虫。因此，这家公司在当地的购物中心安装了一台计算机，让人们知道在特定房间中问题的严重性。这个程序计算臭虫填满整个房间的时间。在 Visual Studio 2017 中新建控制台程序 BugTrouble，修改 Program.cs 中的代码为下面的代码：

```
class Program
{
    static void Main(string[] args)
    {
        const double GROWTH_RATE = 0.95;            //臭虫的增长率
        const double ONE_BUG_VOLUME = 0.002;        //臭虫的平均体积
```

```
            Console.Write("输入房间的面积: ");
            double houseVolume = Convert.ToDouble(Console.ReadLine());
            Console.Write("输入房间内臭虫的数量: ");
            double startPopulation = Convert.ToDouble(Console.ReadLine());
            int countWeeks = 0;
            double population = startPopulation;
            double totalBugVolume = population * ONE_BUG_VOLUME;
            //开始循环
            while(totalBugVolume < houseVolume)
            {
                double newBugs = population * GROWTH_RATE;
                double newBugVolumes = newBugs * ONE_BUG_VOLUME;
                population = population + newBugs;
                totalBugVolume = totalBugVolume + newBugVolumes;
                countWeeks++;
            }
            //输出运行结果
        Console.WriteLine( $"最初,在一个{houseVolume}平方英尺的房间仅有{startPopulation}个
臭虫.");
        Console.WriteLine( $"{countWeeks}周后,房间内共有{(int)population}个臭虫,它们的体积是
                        {(int)totalBugVolume}平方英尺.");
        }
    }
```

程序的运行结果如图 2-9 所示。

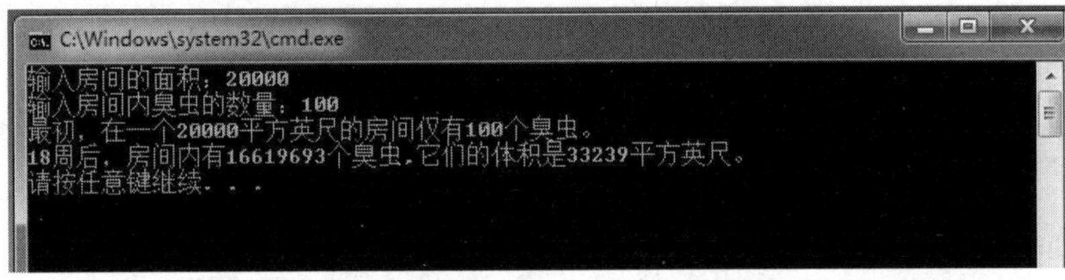

图 2-9　臭虫泛滥程序的运行结果

2.3.3　for 语句

for 语句或者 for 循环语句可以编写由某种类型计数器控制的循环,要求只有在对特定条件进行判断后才允许执行循环。这种循环用于将某个语句或语句块重复执行预定次数的情形。例如,下述的 C# 代码定义了一个由计数器 count 控制的迭代三次的循环:

```
for (count =1; count <= 3 ; count ++)
    Console.WriteLine(count);
```

从上面的代码可以看出,for 语句的基本语法如下:

```
for (初始化表达式; 条件表达式; 迭代表达式)
{
    //循环语句体
}
```

初始化表达式是在第一次执行之前要计算的表达式，通常由一个局部变量声明或者由一个逗号分隔的表达式列表组成。用初始化表达式声明的局部变量的作用域从变量的声明开始，一直到嵌入语句的结尾。条件表达式是在每次新的迭代之前要测试的布尔表达式，它必须等于 true 才能执行下一次迭代。迭代表达式是每次迭代完要计算的表达式，通常是递增循环计时器或者是一个用逗号分隔的表达式列表。

例如，下面一段代码利用 for 循环语句输出 1～10 的数字。

```
for (int i = 1;i < = 10;i++)
{
    Console.WriteLine("{0}",i);
}
```

for 循环执行的过程如下：

（1）如果有初始化表达式，则按照变量初始值设定项或语句表达式的书写顺序指定它们，此步骤只执行一次。

（2）如果存在条件表达式，则计算它。

（3）如果不存在条件表达式，则程序转移到循环体。如果程序到达了循环语句的结束点，按顺序计算 for 迭代表达式，然后从步骤(2)的 for 条件计算开始，执行另一次循环。

【多学一招】 假定程序中需要循环，那么应如何选择？这里给出了一些通用指南。除非可以肯定，对于程序中所有的可能输入，循环都应该至少迭代一次，否则不要使用 do-while 语句。如果知道循环总是至少迭代一次，那么 do-while 语句就是一个良好的选择。然而，更为常见的情况是循环可能存在零次迭代循环体，在这些情况下，必须使用 while 语句或者 for 语句。如果每次迭代都以相等数量修改某个数值量(例如计数器)，那么可以考虑选择 for 语句。如果 for 语句不够清晰，可以使用 while 语句。while 语句总是一种比较安全的选择，因为可以使用它来实现任意类型的循环。

2.3.4 foreach 语句

foreach 语句或者 foreach 循环语句用于枚举一个集合的元素，并对该集合中的每个元素执行一次相关的语句，但是，foreach 语句不应用于修改集合内容，以避免产生不可预知的错误。foreach 语句的基本格式为：

```
foreach (类型 迭代变量 in 集合类型表达式)
{
    //语句块
}
```

其中，类型和迭代变量名用于声明迭代变量，而且迭代变量类型一定要与集合类型相同。例如，如果遍历一个字符串数组中的每一个值，那么该变量类型就应该是 string 类型。

下面的示例展示了 foreach 语句的用法。在玩扑克牌的某个游戏中，可以把四个花色(梅花、方块、红桃、黑桃)定义为枚举类型，如下所示：

```
enum Suit {CLUBS, DIAMONDS, HERATS, SPADES}
```

要显示这些花色，可以编写下述 foreach 循环：

```
foreach ( Suit nextSuit in System.Enum.GetValues(typeof(Suit))
    Console.Write(nextSuit   + " ");
Console.WriteLine();
```

表达式 System. Enum. GetValues(typeof(Suit))表示获取枚举中的所有值。在迭代过程中，变量 nextSuit 每次获取这些值中的一个值。这样，上述循环中的输出为：

```
CLUBS  DIAMONDS  HERATS  SPADES
```

2.3.5 循环的嵌套

循环的循环体中可以包含任意类型的语句。特别地，可以在大循环语句的循环体中编写一个或多个循环语句，从而构成循环的嵌套，这种循环中再嵌套循环的现象叫作多重循环。

下面的程序使用 while 循环语句计算一系列非负数分数的平均值。该程序请求用户输入所有分数，后跟一个负的哨兵值来结束数据的输入。这个 while 循环语句放在一个 do-while 循环语句的内部，这样用户可以对下一次考试、再下一次考试重复整个过程，直到用户希望结束为止。程序的关键代码如下：

```
static void Main(string[] args)
{
    Console.Title = "学生成绩平均值计算器";
    double sum;
    int numberOfStudents;
    double next;
    string answer;
    do
    {
        Console.WriteLine("\n 注意: 请在输入所有学生成绩后输入一个负数.");
        sum = 0;
        numberOfStudents = 0;
        next = Convert.ToDouble(Console.ReadLine());
        while( next >= 0)
        {
            sum = sum + next;
            numberOfStudents++;
            next = Convert.ToDouble(Console.ReadLine());
        }
        if (numberOfStudents > 0)
            Console.WriteLine("平均值为: " + (sum/numberOfStudents));
        else
            Console.WriteLine("没有数据!");
        Console.Write("\n 需要继续计算吗(输入 yes 或者 no)?");
        answer = Console.ReadLine();
    } while (answer.ToLower().Equals("yes"));
}
```

程序的运行结果如图 2-10 所示。

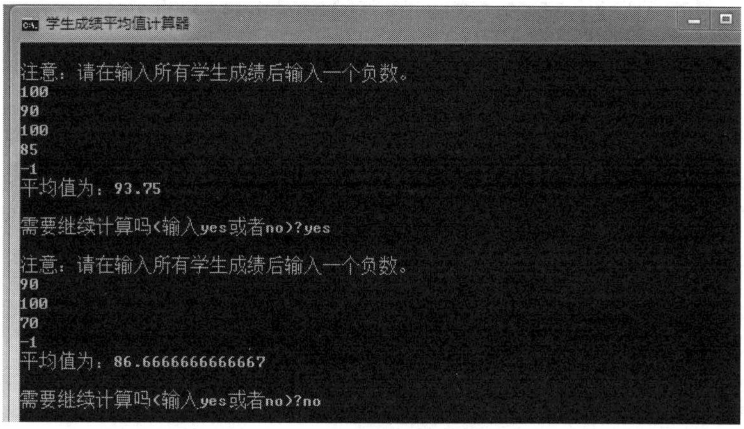

```
学生成绩平均值计算器

注意：请在输入所有学生成绩后输入一个负数。
100
90
100
85
-1
平均值为：93.75

需要继续计算吗(输入yes或者no)?yes

注意：请在输入所有学生成绩后输入一个负数。
90
100
70
-1
平均值为：86.6666666666667

需要继续计算吗(输入yes或者no)?no
```

图 2-10　计算成绩平均值

2.3.6　循环的中断

为了对循环语句进行精确控制以实现一些特殊的应用，C# 提供了 4 个命令：break、continue、goto 和 return。

（1）break 命令用于立即终止循环，继续执行循环后面的第一行代码；

（2）continue 命令用于终止当前的循环，继续执行下一次循环；

（3）goto 命令可以跳出循环到已标记好的位置上（通常不建议使用）；

（4）return 命令跳出循环及包含该循环的函数。

下面例子说明 break 和 continue 命令的用法。该程序输入若干个非负整数，输出奇数的平均数，当输入－1 时，程序结束。

```
int count = 0;                              //统计奇数的个数
float sum = 0;                              //奇数的和
int number;
bool flag = true;                           //循环结束标志
while(flag == true)                         //无限循环
{
    Console.Write("请输入整数：");
    number = Convert.ToInt32(Console.ReadLine());
    if (number == -1)
        break;                              //输入-1,结束循环
     else if (number % 2 == 0)
        continue;                           //如果是偶数,开始下一次循环
     count++;                               //计数器增加
     sum += number;                         //计算奇数和
}
Console.WriteLine("您一共输入了{0}个奇数,它们的平均值为{1:F2}.", count,sum / count);
```

拓展提高

1. 控制循环迭代次数

一个常见的程序缺陷就是永不结束、永远重复执行其循环体的循环（无限循环）。一个

循环通常包含三个要素：必须在任何循环执行之前执行初始化语句、循环体以及循环结束机制。循环结束机制是保证循环体不陷于无限循环的关键，目前，主要采用计数器、询问用户以及检测哨兵值的方法来实现。

2. 计算程序执行耗费的时间

在平时的开发调试工作中，时常会遇到程序执行效率非常慢，通过一般的经验只能判断出部分逻辑有问题，但判断并不直观且效率较低。这时我们就会用一些比较直观的方法来检查，例如看看某一段程序执行的时间，从而来判断是否比较耗时。在C#中实现该功能，首先要引用命名空间"System.Diagnostics;"，在该命名空间下有一个类StopWatch，可以使用该类完成计时功能。

若要统计程序的执行耗时时间，可参考如下代码：

```
Stopwatch sw = new Stopwatch();
sw.Start();
int s = 0;
for (int i = 0; i < 10000000; i++)
{
    s += i;
}
sw.Stop();
Console.WriteLine("执行完毕,停止计时.程序执行耗时{0}毫秒", sw.ElapsedMilliseconds);
```

3. 编程实践

从键盘上输入若干学生的成绩，当输入负数时结束输入，统计并输出最高成绩、最低成绩以及平均成绩。

2.4 调试与异常

任务描述

程序出错并不总是编程人员的原因，有时程序会因为用户的行为或运行环境变化而发生错误。例如，在学生成绩输入程序中，如果输入错误格式的学生成绩(如abc等)，程序就会退出。因此，在程序中应预测可能出现的错误，并进行相应的处理。本任务将对学生成绩输入功能进一步优化，防止因用户输入错误格式的数据而导致程序的异常退出，如图2-11所示。

图2-11　健壮的学生信息输入程序运行结果

任务实施

(1) 新建项目。启动 Visual Studio 2017,新建控制台项目 RobustDataInput。

(2) 修改程序代码。项目初始化以后,将主窗口显示的 Program.cs 文件的 Main()方法修改为如下代码:

```
static void Main(string[ ] args)
{
    const int NUM = 3;                          //学生人数
    string id;                                  //学生学号
    string name;                                //学生姓名
    int chinese;                                //语文
    int i;
    //异常处理
    try
    {
        //开始迭代重复
        for (i = 0; i < NUM; i++)
        {
            Console.WriteLine("输入第{0}个学生的信息", i + 1);
            Console.Write("学号: ");
            id = Console.ReadLine();
            Console.Write("姓名: ");
            name = Console.ReadLine();
            Console.Write("语文: ");
            chinese = Convert.ToInt32(Console.ReadLine());
        }
    }
    catch
    {
        //异常处理语句
        WriteLine("成绩输入格式错误!");
    }
}
```

(3) 编译和运行程序。按 Ctrl+F5 组合键运行程序,结果如图 2-11 所示。

知识链接

2.4.1 调试——软件开发必备技能

在软件开发周期中,测试和修正缺陷的时间远多于写代码的时间。通常,调试(Debugging)是指发现缺陷并改正的过程。修正缺陷紧随调试之后,或者说二者是相关的。如果代码中存在缺陷,首先要查找造成缺陷的根本原因,找到根本原因后,就可以修正缺陷。

在软件开发过程中,程序调试是检查代码并验证它能否正常运行的有效方法。程序调试就像组装完一辆汽车后对其进行测试,检查一下汽车各个部件能否正常工作。如果发生异常,要对其进行修正。那么如何调试代码呢? Visual Studio 提供了很多用于调试的工具,极大地提高了程序调试的效率。

1. 断点操作

断点是一个信号,它通知调试器在某个特定点上暂时将程序执行挂起。当程序执行在某个断点处挂起时,程序处于中断模式。进入中断模式并不会终止或结束程序的执行,执行可以在任何时候继续。断点提供了一种强大的工具,能够在需要的时间和位置挂起执行。与逐条语句检查代码不同,断点可以让程序一直执行,直到遇到下一断点,然后暂停。在Visual Studio 中,可以采用以下方法插入断点。

(1) 在需要设置断点的代码行旁边的灰色空白处单击,如图 2-12 所示。

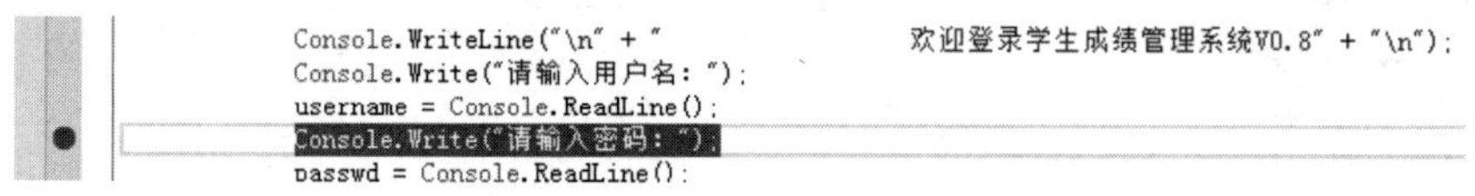

图 2-12　在代码行灰色处单击设置断点

(2) 选择某行代码,右击,在弹出的快捷菜单中选择"断点" →"插入断点"命令,如图 2-13 所示。

(3) 选中要设置断点的代码行,选择菜单中的"调试"→"切断断点"命令,如图 2-14 所示。

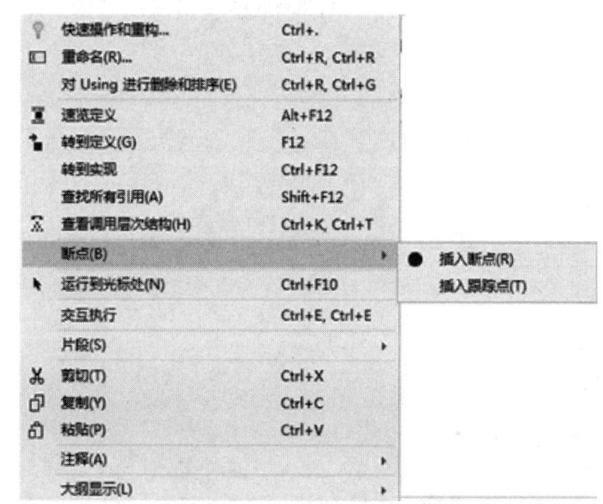

图 2-13　右键插入断点

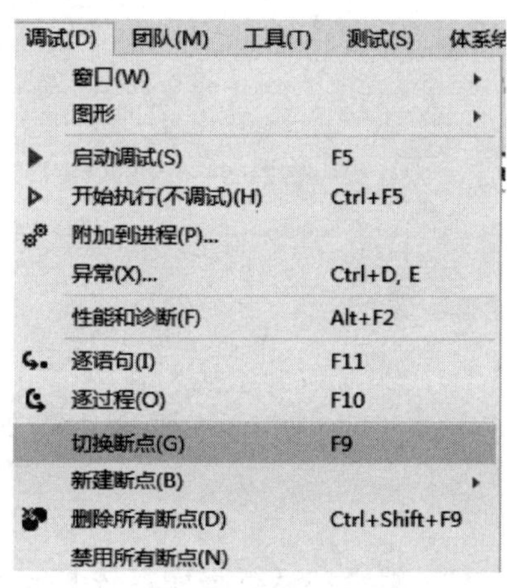

图 2-14　菜单插入断点

如果要删除设置的断点,可以单击设置了断点的代码行左侧的红色圆点或者在设置了断点的代码行上右击,在弹出的快捷菜单中选择"断点" →"删除断点"命令。

2. 使用断点进行调试

如果已经在想要暂停执行的地方设置了断点,按 F5 键启动调试。当程序执行到断点处时,自动暂停执行。此时有多种方式来检查代码。命中断点(Hit the Breakpoint)后,加断点的行变为黄色,意指下一步将执行此行。在中断模式下,有多条可使用的命令,使用相应命令进行进一步的调试。

1) 逐过程

调试器执行到断点后,可能需要一条一条地执行代码。"逐过程"命令用于一条一条地执行代码，快捷键为 F10。这将执行当前高亮的行，然后暂停。如果在一条方法调用语句高亮时按 F10 键，执行会停在调用语句的下一条语句上，如图 2-15 所示。

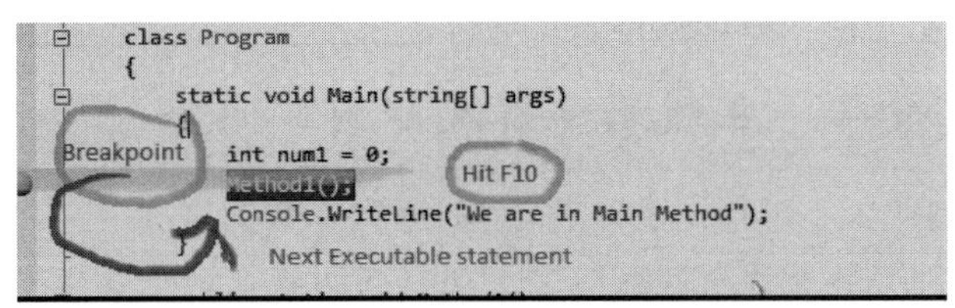

图 2-15　使用"逐过程"命令

2）逐语句

"逐语句"命令与"逐过程"命令有点相似，其快捷键为 F11。唯一的不同是，如果当前高亮语句是方法调用，调试器会进入方法内部，如图 2-16 所示。

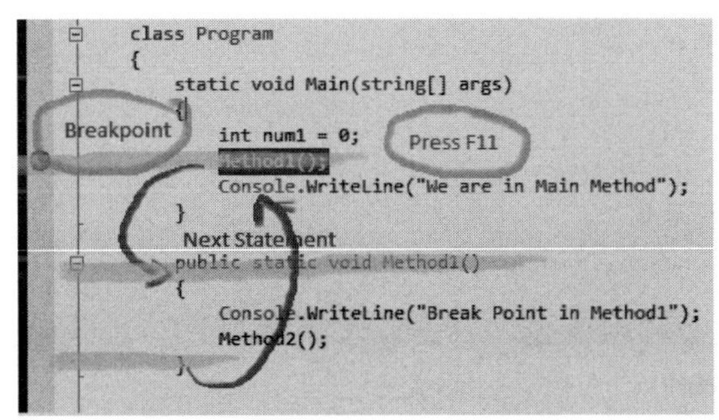

图 2-16　使用"逐语句"命令

3）跳出

当在一个方法内部调试时会用到"跳出"命令。如果当前方法内按 Shift+F11 组合键，调试器会完成此方法的执行，之后在调用此方法的语句的下一条语句处暂停。

4）继续

"继续"命令像是重新执行程序。它会继续程序的执行直到遇到下一个断点，它的快捷键是 F5。

3. 查看变量的值

数据便签是应用程序调试期间用于查看对象和变量的一种高级便签消息。当调试器执行到断点时，将鼠标指针移到对象或者变量上方时，会看到它们的当前值（见图 2-17），甚至可以看到一些复杂对象（如 dataset，datatable 等）的细节。数据便签左上角有一个"+"号用于展开它的子对象或者值。

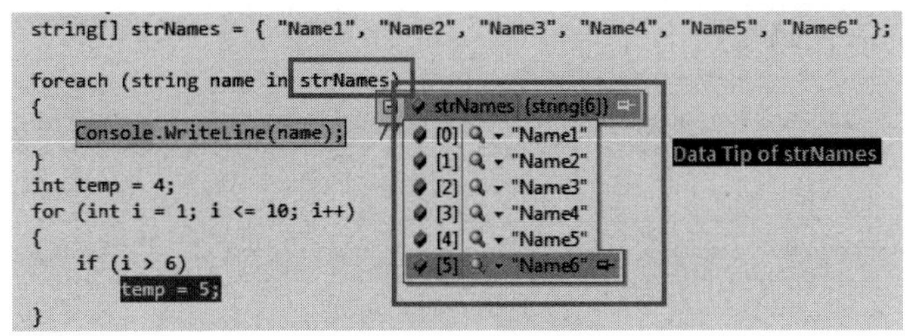

图 2-17　调试时的数据便签

当设置好断点，进行代码调试时，菜单栏中“调试”菜单的内容会发生相应的变化，利用“调试”→“窗口”命令可以打开一些窗口。其中，自动窗口自动显示当前范围内的可见变量的值，局部窗口中显示当前函数的局部变量的值。

2.4.2 异常处理——麻烦总得有人解决

由于种种可控制或者不可控制的原因，例如遇到除数为0、打开一个不存在的文件、网络断开等不可预料的情况，程序在执行时会出现一些问题。这些在程序执行期间出现的问题称为异常。异常是对程序运行时出现的特殊情况的一种响应，提供了一种把程序控制权从某个部分转移到另一个部分的方式。C#语言的异常处理使用try、catch和finally关键字进行某些操作，以处理失败情况，其基本语法如下：

```
try
{
    //可能出现异常的代码块
}
catch( ExceptionName e )
{
    //捕获异常并进行处理
}
finally
{
    //负责最终清理操作
}
```

catch块可以指定要捕捉的异常类型。这个类型称为“异常筛选器”，它必须是Exception类型，或者必须从此类型派生。应用程序定义的异常应当从ApplicationException派生。具有异常筛选器的多个catch块可以串联在一起。多个catch块的计算顺序是从顶部到底部，但是，对于所引发的每个异常，都只执行一个catch块。与所引发异常的准确类型或其基类最为匹配的第一个catch块将被执行。如果没有任何catch块指定匹配的异常筛选器，那么将执行没有筛选器的catch块(如果有的话)。

finally块允许清理在try块中执行的操作。如果存在finally块，它将在执行完try和catch块之后执行。finally块始终会执行，而与是否引发异常或者是否找到与异常类型匹配的catch块无关。可以使用finally块释放资源(如文件流、数据库链接和图形句柄)，而不用等待由运行库中的垃圾回收器来完成对象。

下面的程序使用一个方法检测是否有被0除的情况。如果有，则捕获该错误。如果没有异常处理，此程序将终止并产生“DivideByZeroException未处理”错误。新建控制台程序Exceptionalhandling，代码初始化后，在Program.cs中添加如下代码：

```
static void Main(string[] args)
{
    double a = 98, b = 0;
    double result = 0;

    try
    {
```

```
            result = SafeDivision(a, b);
            Console.WriteLine("{0} divided by {1} = {2}", a, b, result);
        }
        catch (DivideByZeroException e)
        {
            Console.WriteLine("除数为零!");
        }
            Console.ReadKey();
    }

    static double SafeDivision(double x, double y)
    {
        if (y == 0)
            throw new System.DivideByZeroException();
        return x / y;
    }
```

程序的运行结果如图 2-18 所示。

图 2-18　程序 Exceptionalhandling 的运行结果

拓展提高

1. 程序编译方式

程序的编译方式有 Debug 和 Release 两种。Debug 通常称为调试版本,它包含调试信息,并且不做任何优化,便于程序员调试程序。Release 称为发布版本,它往往是进行了各种优化,使得程序在代码大小和运行速度上都是最优的,以便用户很好地使用。Visual Studio 允许在两种方式下生成应用程序,默认是调试模式。这样,编译器能够知道每行代码执行时发生了什么,并调试和修改程序错误。当然,这些代码也要占用空间和时间,在程序调试完后,就可以正确运行了。完全可以去掉这些代码,这时候就应该用 Release 模式了。

2. 异常类 Exception

.NET Framework 类库中的所有异常都派生于 Exception 类,异常包括系统异常和应用异常。默认所有系统异常派生于 System. SystemException,所有的应用程序异常派生于 System. ApplicationException。系统异常包括 OutOfMemoryException、IOException、NullReferenceException。

2.5　知识点提炼

(1) 程序中的变量是用来存储数据的,在使用之前必须先声明。在 C# 中,声明变量需要指定变量的类型和变量的名称。

(2) 所有的变量都应该在使用之前给它们赋一个初始值。可以使用赋值语句完成这个任务,也可以与变量的声明一起编写。

(3) C#中数据类型分为值类型和引用类型两种。值类型表示实际数据,只是将值存放在内存中,引用类型表示指向数据的指针或引用。

(4) 变量的数据类型必须与值的数据类型相匹配,否则,必须使用类型强制转换。装箱是将值类型转换为引用类型,拆箱是将引用类型转换为值类型。

(5) 分支语句使用布尔逻辑控制程序流程。根据条件表达式的值来确定是否要执行某个代码块,可以使用 if 语句或者?(三元)运算符进行简单的分支,或者使用 switch 语句同时检查多个条件。

(6) 循环语句是一种编程结构,它允许根据指定条件多次执行代码块。所重复的部分称为循环体。循环语句的每次重复称为一次循环迭代。

(7) C#具有四种循环结构:while、do-while、for 和 foreach 循环语句。在重复次数不确定的情况下,通常使用 while 和 do-while 循环语句。foreach 循环语句用于列举一个集合的元素,并对该集合中的每个元素执行一次相关的操作。

(8) 程序调试和异常处理机制可以帮助程序开发出稳健的程序。C#使用 try、catch 和 finally 关键字来进行异常处理。

2.6 思考与练习

1. 在 C#中,下列 for 循环语句的运行结果是什么?

```
for(int i = 0; i < 5; i++)      {  Console.Write(++i);     }
```

2. 在 C#中,下列代码的运行结果是什么?

```
for(int i = 6 ;i > 0; i-- )
{     Console.Write(i-- );     }
```

3. 下面代码的输出结果是什么?

```
int x = 5;
int y = x++;
Console.WriteLine(y);
y = ++x;
Console.WriteLine(y);
```

4. 当 month 等于 6 时,下面代码的输出结果是什么?

```
int days = 0;
switch (month)
{
        case 2:
              days = 28;
              break;
        case 4:
        case 6:
        case 9:
        case 11:
```

```
            days = 30;
            break;
        default:
            days = 31;
            break;
}
```

5. 如果 x=35,y=80,下面代码的输出结果是什么?

```
if (x < -10 || x > 30)
{
    if (y >= 100)
        Console.WriteLine("危险");
    else
        Console.WriteLine("报警");
}
else
    Console.WriteLine("安全");
```

6. 下面代码运行后,s 的值是什么?

```
int s = 0;
for (int i = 1; i < 100;i++)
{
   if (s > 10)      break;
   if (i % 2 == 0)    s += i;
}
```

7. 打印出所有的“水仙花数”,所谓“水仙花数”是指一个三位数,其各位数字立方和等于该数本身。例如:153 是一个“水仙花数”,因为 $153=1^3+5^3+3^3$。

8. 判断 101~200 有多少个素数,并输出所有素数。提示:素数是只能被 1 和它自身整除的数。

9. 输入两个正整数 m 和 n,求其最大公约数和最小公倍数。

10. 编程求 $s=a+aa+aaa+aaaa+\cdots+aa\cdots a$ 的值,其中 a 是一个数字。例如 2+22+222+2222+22222(此时共有 5 个数相加),几个数相加由键盘控制。

11. 企业发放的奖金根据利润提成。利润低于或等于 10 万元时,奖金可提 10%;利润高于 10 万元且低于 20 万元时,低于 10 万元的部分按 10%提成,高于 10 万元的部分,可提成 7.5%;20 万元~40 万元时,高于 20 万元的部分,可提成 5%;40 万元~60 万元时高于 40 万元的部分,可提成 3%;60 万元~100 万元时,高于 60 万元的部分可提成 1.5%,高于 100 万元时,超过 100 万元的部分按 1%提成,从键盘输入当月利润,求应发放奖金总数。

12. 什么是异常?异常有什么作用?C# 中处理异常采用的结构化异常处理语句有哪些?

第3章 数组、字符串和集合

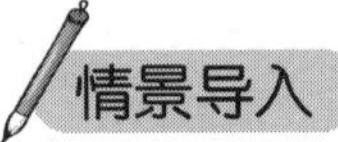

在控制台学生成绩管理系统中，学生信息需要保存起来以便进行后续操作，如计算平均成绩、修改成绩、成绩统计等。显而易见的做法就是把这些数据保存到变量中，然后再读取变量的值。使用这种方式处理需要声明很多变量。在一个程序中书写很多变量声明很烦琐，数组为我们提供了声明一组相关变量的优雅方法。

在学习完本章内容后，读者将能够：

- 定义和使用一维数组来组织数据。
- 定义和使用多维数组来组织数据。
- 选择合适的字符方法完成字符串处理。
- 列举常用集合。
- 选择合适集合组织数据。

视频讲解

3.1 数　　组

在控制台学生成绩管理系统中，用户不仅需要输入学生信息，而且也需要输出学生成绩或者统计学生成绩。本任务进一步完善控制台学生成绩管理系统的开发，完成学生信息的输入输出，如图3-1所示。

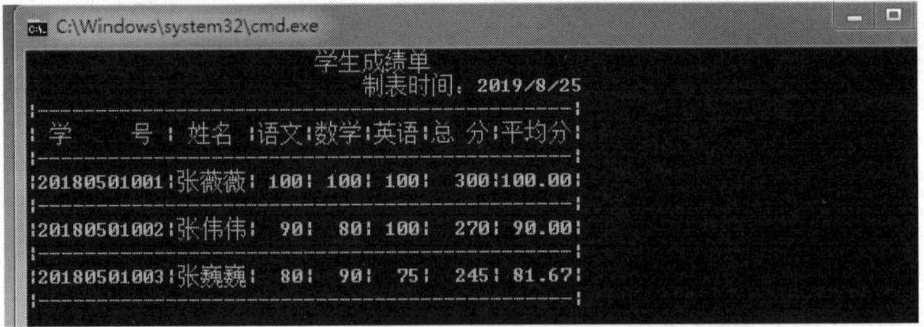

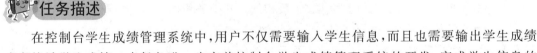

图3-1　控制台学生成绩管理系统信息输出

(1) 新建项目。启动 Visual Studio 2017,新建控制台程序 GradeManagement。

(2) 修改代码。项目初始化后,修改 Program.cs 文件为如下代码:

```
using System;
using static System.Console;
namespace GradeManagement
{
    class Program
    {
        static void Main(string[] args)
        {
            const int NUM = 3;                    //学生人数
            //声明二维数组,存放学生信息
            string[,] student = new string[NUM, 7];
            //方法调用
            InputStudents(student, NUM);
            OutputStudents(student, NUM);
            Console.ReadKey();
        }
        /// <summary>
        ///输入学生信息
        /// </summary>
        static void InputStudents(string[,] student, int num)
        {
            Console.Clear();

            for (int i = 0; i < num; i++)
            {
                WriteLine("请输入第{0}个学生的学号: ", i + 1);
                Write("学号: ");
                student[i, 0] = Console.ReadLine();
                Write("姓名: ");
                student[i, 1] = Console.ReadLine();
                Write("语文: ");
                student[i, 2] = Console.ReadLine();
                Write("数学: ");
                student[i, 3] = Console.ReadLine();
                Write("英语: ");
                student[i, 4] = Console.ReadLine();
                //计算总分
                int temp = Convert.ToInt32(student[i, 2]) + Convert.ToInt32(student[i, 3]) +
                           Convert.ToInt32(student[i, 4]);
                student[i, 5] = Convert.ToString(temp);
                student[i, 6] = string.Format("{0:F2}", temp / 3.0);
            }
        }
        /// <summary>
        ///输出学生信息
```

```
        /// </summary>
        static void OutputStudents(string[,] student, int num)
        {
            //输出学生成绩
            Clear();
            WriteLine("\t\t\t 学生成绩单");
            WriteLine("\t\t\t      制表时间: " + DateTime.Now.ToShortDateString());
            WriteLine("|------------------------------------------------|");
            WriteLine("| 学      号 | 姓名 |语文|数学|英语|总 分|平均分|");
            WriteLine("|------------------------------------------------|");
            for (int i = 0; i < num; i++)
            {
                WriteLine("|{0,8}|{1,3}|{2,4}|{3,4}|{4,4}|{5,5}|{6,6:F2}|",
                        student[i, 0], student[i, 1], student[i, 2], student[i, 3],
                        student[i, 4], student[i, 5], student[i, 6]);
                WriteLine("|------------------------------------------------|");
            }
        }
    }
}
```

(3) 编译和运行程序。按 Ctrl+F5 组合键运行该程序,运行结果如图 3-1 所示。

知识链接

3.1.1 数组基础

数组是一个存储相同类型元素的固定大小的顺序集合。数组是用来存储数据的集合,通常认为数组是一个同一类型变量的集合。例如,一组由 7 个 double 类型变量组成的数组可以按照下面的方法创建:

```
double[ ] temperature = new double[7];
```

这类似于声明下述 7 个有点怪异、类型为 double 的变量:temperature[0]、temperature[1]、temperature[2]、temperature[3]、temperature[4]、temperature[5]、temperature[6]。像这样在方括号[]中放置一个整数表达式的变量称为下标变量、索引变量或者数组元素。方括号中的整数表达式称为索引或者下标。注意,下标的编号是从 0 开始计数的,而不是从 1 开始计数的。

这 7 个变量中的每一个变量都可以像任何其他 double 类型的变量那样使用。例如,下面所有语句在 C# 中都是允许的:

```
temperature[3] = 32;
temperature[6] = temperature[3] + 5;
Console.WriteLine(temperature[6]);
```

当把这些下标变量看作一个整体,当作一个数据项时,就称它们为数组。在数组中,下标是数组元素的一部分,它并不一定是整数常量,也可以是任何整数表达式。由于下标可以是表达式,因此可以编写一个循环把各个值读入到数组 temperature 中:

```
Console.WriteLine("请输入一周的温度：");
for(int index = 0 ; index < 7 ; index++)
    temperature[index] = Convert.ToDouble(Console.ReadLine());
```

用户可以在多行上(中间用回车符分隔)输入 7 个值。在读入数组值后，可以使用如下方式显示它们：

```
Console.WriteLine("一周的温度情况如下：");
for (int index = 0 ; index < 7 ; index++)
    Console.Write(temperature[index] + " ");
Console.WriteLine();
```

1. 声明和创建数组

可以使用 new 运算符来创建数组。当创建元素类型为 Base_Type 的数组时，语法如下：

```
Base_Type[ ] Array_Name = new Base_Type[Length];
```

例如，下面的语句创建一个名为 pressure 的数组，它等价于 100 个 int 类型变量：

```
int[ ] pressure = new int[100];
```

作为一种替代的方法，前面的语句也可以拆分为两个步骤：

```
int[ ] pressure;
pressure = new int[100];
```

第一个步骤声明一个整数数组，第二个步骤为数组分配足够容纳 100 个整数的内存空间。数组的类型称为数组的基本类型，数组的基本类型可以是任何数据类型。在这个示例中，基本类型为 int。数组中元素的个数称为数组的长度、容量或者大小。因此，这个样本数组 pressure 的长度为 100，这意味着它具有下标变量 pressure[0]～pressure[99]。注意，由于下标从 0 开始，长度为 100 的数组(例如 pressure)没有下标变量 pressure[100]。

2. 初始化数组

数组可以在声明时初始化。要完成这个任务，可以把各个下标变量的值放在大括号{}中，并把它们放在赋值运算符=的后面，如下所示：

```
double[ ] reading = {3.3, 15.8, 9.7};
```

数组的大小(也就是它的长度)被设置为可以容纳给定值的最小值(例如 3)。因此，上述初始化声明等价于下述语句：

```
double[ ] reading = new double[3];
reading[0] = 3.3;
reading[1] = 15.8;
reading[0] = 9.7;
```

如果没有对数组进行初始化，它们或许会自动初始化为基本类型的默认值。例如，如果没有对整数数组进行初始化，那么数组的第一个元素将会被初始化为 0。但是，明确初始化数组将会使程序更为清晰。可以使用这两种方法中的一种初始化数组：或者使用大括号，就像前面描述的那样，直接将值读入数组元素；或者通过赋值，就像下面的 for 循环语句中所做的那样。

```
int[] count = new int[100];
for (int i = 0; i < 100;i++)
  count[i] = 0;
```

【编程示例】 使用随机数生成一个含有10个元素的整数数组，接收插入数据的位置和数据后，将数据插入到指定位置，然后输出新数组。新建控制台程序 UseArray，代码初始化后，在 Program. cs 文件中添加如下代码：

```
static void Main(string[] args)
{
    int[] myIntArray = new int[11];                              //声明数组
    Random ram = new Random();                                   //随机数对象
    //利用循环完成数组初始化
    for (int i = 0; i < 10; i++)
    {
        //随机生成[10,100]的整数
        myIntArray[i] = ram.Next(9, 99) + 1;
    }
    //显示数组
    DispalyArray(myIntArray, "before");
    Write("\n 输入插入位置(0-9): ");
    int pos = Convert.ToInt32(ReadLine());
    Write(" 输入插入数据: ");
    int number = Convert.ToInt32(ReadLine());
    for (int k = myIntArray.Length - 1; k > pos; k--)            //数组元素移位
    {
        myIntArray[k] = myIntArray[k - 1];
    }
    myIntArray[pos] = number;
    //输出插入数据后的数组
    DispalyArray(myIntArray, "after");
    Console.ReadKey();
}
//显示数组
static void DispalyArray(int[] array,string when)
{
    WriteLine("Array values " + when + " inserting");
    foreach (int m in array)                                     //遍历数组
    {
        Write("{0,4}", m);                                       //输出数组元素的值
    }
}
```

按Ctrl+F5组合键运行该程序，结果如图3-2所示。

3.1.2 多维数组

具有多个下标的数组有时也很有用。例如，在学生成绩管理系统中，如果要保存50个学生的信息，可以使用一个下标表示学生所在行，用另外一个下标表示学生的某个数据项，

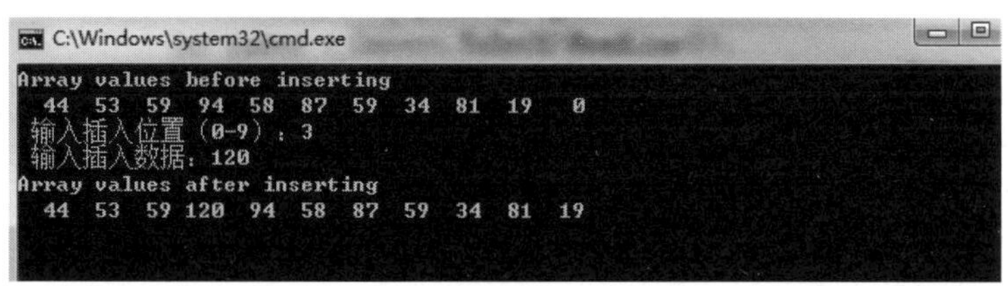

图 3-2　示例程序的运行结果

这样就可方便地跟踪所有的学生信息。包含两个下标的数组称为二维数组。二维数组元素的 C# 表示方法如下：

```
Array_Name[Row_index, Column_index]
```

例如，如果数组名为 table，并且具有两个下标，那么 table[2,2]是行下标为 2、列下标为 2 的数据项。

具有多个下标的数组通常称为多维数组，它们几乎可以采用与一维数组相同的方式处理。典型地，在 C# 程序中，声明和创建一个二维数组的语法如下：

```
Base_Type[,] Array_Name = new Base_Type[Length_1,Length_2];
```

下面的语句声明名为 student 的数组，并创建它：

```
string[,] student = new string[3,7];
```

这个声明等价于下述两条语句：

```
string[,] student;
student = new string[3,7];
```

注意，这个语法几乎与用于一维数组的语法相同。唯一的差别是，这里有两个下标。与一维数组中的下标变量相似，多维数组中的下标变量也是基本类型的变量，并且可以在具有基本类型变量允许使用的任何地方使用。

多维数组的初始化和一维数组类似，可以使用关键字 new 来动态初始化数组或者通过给定值的形式来指定数组中的全部内容。例如：

```
double[,] hillHeight = new double[3,4]{{1,2,3,4},{2,3,4,5},{3,4,5,6}};
double[,] hillHeight = {{1,2,3,4},{2,3,4,5},{3,4,5,6}};
```

3.1.3　交错数组

前面介绍的多维数组每一行的元素都相同，因此可称为矩形数组。如果多维数组中每一行的元素个数都不同，这样就构成了交错数组。交错数组被称为数组中的数组，因为它的每个元素都是另一数组。图 3-3 比较了有 3×3 个元素的二维数组和交错数组。图 3-3(b)中的交错数组有 3 行，第一行有 2 个元素，第二行有 6 个元素，第三行有 3 个元素。

在声明交错数组时，要依次放置开闭括号。在初始化交错数组时，先设置该数组包含的行数。定义各行中元素个数的第二个括号设置为空，因为这类数组的每一行都包含不同的元素数。然后，为每一行指定行中的元素个数。例如下面的代码：

1	2	3
4	5	6
7	8	9

(a) 二维数组

1	2				
3	4	5	6	7	8
9	10	11			

(b) 交错数组

图 3-3　二维数组与交错数组示例

```
int[][] jagged = new int[3][];
jagged[0] = new int[2] {1, 2};
jagged[1] = new int[6] {3, 4, 5, 6, 7, 8};
jagged[2] = new int[3] {9, 10, 11};
```

迭代交错数组中所有元素的代码可以放在嵌套的 for 循环语句中。在外层的 for 循环语句中,迭代每一行,内层的 for 循环语句迭代一行中的每个元素,例如:

```
for ( int row = 0; row < jagged.Length; row++ )
{
for ( int element = 0; element < jagged[row].Length; element++ )
{
    Console.WriteLine ( " row: {0}, element: [1], value: {2}", row, element, jagged[row].
[element]);
}
}
```

在某些情况下,使用不规则的交错数组比较有利,但是,绝大多数应用程序不需要它们。然而,如果理解了交错数组,将可以更好地理解多维数组在 C# 中是如何工作的。

拓展提高

1. Array 类

Array 类是 C# 中所有数组的基类,它是在 System 命名空间中定义的。Array 类提供了各种用于数组的属性和方法。Array 类的主要方法如下。

(1) Indexof(Array array,Object):返回第一次出现的下标。

(2) Sort(Array array):从小到大排序(仅支持一维数组)。

(3) Reverse(Array array):数组逆置。

(4) Clear(Array array,int index,int length):将某个范围内的所有元素设为初始值。

2. 编程实践

编写一个 Windows 窗体应用程序,在上面添加两个按钮,一个用来生成随机数组,一个用来排序,单击"生成随机数组"按钮,生成一个随机数组,并将数据显示在上方的输入框中,然后单击"排序数组"按钮,则对数组进行排序,并显示在下方的文本框中。

视频讲解

3.2　字　符　串

任务描述

在控制台学生成绩管理系统中,用户往往希望一次性地输入学生信息,然后再对数据进行处理和输出。本任务进一步优化学生成绩管理系统的开发,实现学生信息整体输入,如图 3-4 所示。

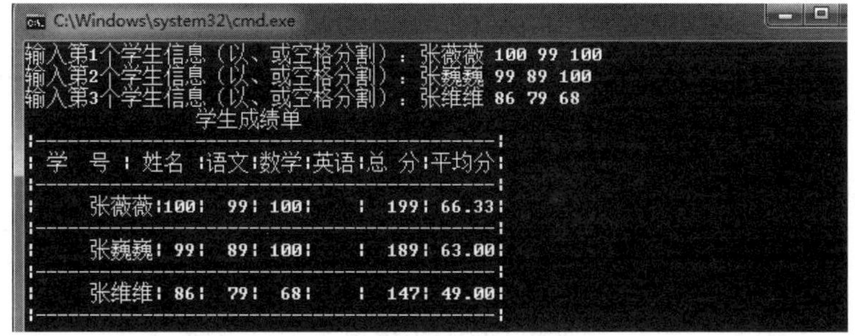

图 3-4　学生信息整体输入

(1) 新建项目。启动 Visual Studio 2017,新建控制台项目 InputStudent。

(2) 修改代码。项目初始化以后,在主窗口显示的 Program.cs 文件中添加如下代码行:

```
static void Main(string[] args)
{
    const int NUM = 3;                              //学生人数
    string[,] student = new string[NUM, 7];        //二维数组声明
    InputStudent(student, NUM);                     //调用学生信息输入方法
    OutputStudent(student, NUM);                    //调用学生信息输出方法
}
//学生信息输入方法
static void InputStudent(string[ ,] student, int num)
{
    int temp;
    string strStudent = string.Empty;              //初始时字符为空
    string[] strInfo;
    for (int i = 0; i < num; i++)                  //输入学生信息
    {
        Console.Write("输入第{0}个学生信息(以顿号或空格分隔): ", i + 1);
        strStudent = Console.ReadLine();
        strInfo = strStudent.Split('、');            //分隔字符串
        for (int j = 0; j < strInfo.Length; j++)
        {
            student[i, j] = strInfo[j];
        }
        //计算总分
        temp = Convert.ToInt32(student[i, 2]) + Convert.ToInt32(student[i, 3]) + Convert.
        ToInt32(student[i, 4]);
        student[i, 5] = Convert.ToString(temp);
        student[i, 6] = string.Format("{0:F2}", temp/3.0);
    }
}
//学生信息输出
static void OutputStudent(string[,] student, int num)
{
```

```
    //输出学生成绩
    Console.WriteLine("                   学生成绩单");
    Console.WriteLine("|-------------------------------------------|");
    Console.WriteLine("| 学   号 | 姓名 |语文|数学|英语|总 分|平均分|");
    Console.WriteLine("|-------------------------------------------|");
    for (int i = 0; i < num; i++)
    {
        //格式化字符串
        string tempString = string.Format("|{0,8}|{1,3}|{2,4}|{3,4}|{4,4}|{5,5}|{6,6:f2}|",
                            student[i, 0], student[i, 1], student[i, 2],
                            student[i, 3], student[i, 4], student[i, 5],
                            student[i, 6]);
        Console.WriteLine(tempString);
        Console.WriteLine("|-------------------------------------------|");
    }
}
```

(3) 编辑和运行程序。按 Ctrl+F5 组合键运行该程序,运行结果如图 3-4 所示。

知识链接

3.2.1 字符串基础

字符串是 C# 最重要的数据类型之一,是.NET Framework 中 String 类的对象。String 对象是 System.Char 对象的有序集合,它的值是该有序集合的内容,而且该值是不能改变的。System.Char 类只定义了一个 Unicode 字符。Unicode 字符是目前计算机中通用的字符编码,它为不同语言中的每个字符都设定了唯一的二进制编码,用于满足跨平台、跨语言的文本转换和处理要求。

由于字符串是由零个或多个字符组成的,可以根据字符在字符串的索引值来获取字符串中的某个字符。字符在字符串中的索引从 0 开始。例如,字符串"Hello C#!"中第一个字符是 H,它在字符串中的索引值为 0。字符串中可以包含转义字符对其中的内容进行转义,也可以在前面加@符号使其中的所有内容不再进行转义。例如:

```
string path = "C:\\xcu\\xcu.java";                //使用转义字符
string path = @"C:\xcu\xcu.java";                 //前面加上@
```

在 C# 中,string 关键字是 System.String 类的别名。因此,String 与 string 等效,用户可以根据自己的喜好选择命名约定。在程序开发中,可以通过以下方式来创建字符串:

(1) 通过给 String 变量指定一个字符串,例如:

```
string oldPath = "c:\\Program Files\\Microsoft Visual Studio 13.0";   //用转义字符初始化字符串
string newPath = @"c:\Program Files\Microsoft Visual Studio 9.0";     //用@来实现转义字符
```

(2) 使用 String 类构造函数,例如:

```
char[] letters = { 'H', 'e', 'l', 'l','o' };
string greetings = new string(letters);
Console.WriteLine("Greetings: {0}", greetings);
```

(3) 通过使用字符串串联运算符(+),例如:

```
string fname = "Rowan";
string lname = "Atkinson";
string fullname = fname + lname;
Console.WriteLine("Full Name: {0}", fullname);
```

3.2.2 字符串常用操作

1. 比较字符串

比较字符串时,产生的结果会是一个字符串大于或小于另一个字符串,或者两个字符串相等。根据执行的是序号比较还是区分区域性比较,确定结果时所依据的规则会有所不同。对特定的任务使用正确类型的比较十分重要。在 String 类中,常见的比较字符串的方法有 Compare()、CompareTo()、CompareOrdinal()以及 Equals()等。

1) Compare()方法

Compare()方法是 String 类的静态方法,用于全面比较两个字符串对象。它有多种重载方式,其中最常用的两种方法如下:

```
int Compare(string strA, string strB)
int Compare(string strA, string strB, bool ignoreCase)
```

其中,strA、strB 为待比较的两个字符串,ignoreCase 指定是否考虑大小写,当其值取 true 时忽略大小写。表 3-1 给出了 Compare()方法可能的返回值。

表 3-1 Compare ()方法可能的返回值

返 回 值	条 件
负整数	在排序顺序中,第一个字符串在第二个字符串之前,或者第一个字符串是 null
0	第一个字符串和第二个字符串相等,或者两个字符串都是 null
正整数	在排序顺序中,第一个字符串在第二个字符串之后或者第二个字符串是 null

下面的示例使用 Compare()方法来确定两个字符串的相对值。

```
string MyString = "Hello World!";
Console.WriteLine(String.Compare(MyString, "Hello World?"));  //此示例向控制台显示 -1
```

2) CompareTo()方法

CompareTo()方法将当前字符串对象与另一个字符串或字符串对象进行比较,并返回一个整数。该整数指示此字符串对象在排序顺序中的位置是位于指定字符串或对象之前、之后还是出现在同一位置。下面的示例使用 CompareTo()方法来比较 MyString 对象和 OtherString 对象。

```
string MyString = "Hello World";
string OtherString = "Hello World!";
int MyInt = MyString.CompareTo(OtherString);
Console.WriteLine( MyInt );                                  //向控制台显示 -1
```

3) CompareOrdinal()方法

CompareOrdinal()方法比较两个字符串对象而不考虑本地区域性。此方法将整个字符串每5个字符分成一组,然后逐个比较,找到第一个不相同的ASCII码后退出比较,并求出两者ASCII的差。下面的示例使用CompareOrdinal()方法来比较两个字符串的值。

```
string MyString = "Hello World!";
Console.WriteLine(String.CompareOrdinal(MyString, "hello world!"));  //向控制台显示 -32
```

4) Equals()方法

Equals()方法能够轻松确定两个字符串是否相等。这种区分大小写的方法返回true或false布尔值。它可以在现有类中使用,如下面示例所示。以下示例使用Equals()方法来确定一个字符串对象是否包含短语"Hello World"。

```
string MyString = "Hello World";
Console.WriteLine(MyString.Equals("Hello World"));            //此示例向控制台显示 true
```

此方法还可作为静态方法使用。以下示例使用静态方法比较两个字符串对象。

```
string MyString = "Hello World";
string YourString = "Hello World";
Console.WriteLine(String.Equals(MyString, YourString));       //向控制台显示 true
```

> **【指点迷津】** 在程序开发过程中,常常要判断字符串是否为空。在C# 中,通常有4种判断字符串是否为空的方法:str.Length==0、str==string.Empty、str=="" 以及string.IsNullOrEmpty(str)。在这4种方法中,使用str.Length==0效率是最高的,但容易产生异常。string.IsNullOrEmpty(str)比str==string.Empty稍快。

2. 查找字符串

若要在一个字符串中搜索另一个字符串,可以使用IndexOf()。如果未找到搜索字符串,IndexOf()返回-1;否则,返回它出现的第一个位置的索引(从零开始)。具体格式如下:

```
public int IndexOf(char value)
public int IndexOf(string value)
public int IndexOf(char value,int startIndex)
public int IndexOf(string value,int startIndex)
public int IndexOf(char value, int startIndex,int count)
public intIndexOf(string value,int start,int count)
```

以下示例使用IndexOf()方法搜索字符'l'在字符串中的第一个匹配项。

```
string MyString = "Hello World";
Console.WriteLine(MyString.IndexOf('l'));                     //向控制台显示 2
```

LastIndexOf()方法类似于IndexOf()方法,但它返回特定字符在字符串中的最后一个匹配项的位置。它不区分大小写,并且使用从零开始的索引。以下示例使用LastIndexOf()方法搜索字符'l'在字符串中的最后一个匹配项。

```
string MyString = "Hello World";
Console.WriteLine(MyString.LastIndexOf('l'));                 //向控制台输出 9
```

3. 格式化字符串

格式化字符串是内容可以在运行时动态确定的一种字符串。使用String类的静态方法 Format()并在大括号中嵌入占位符来格式化字符串，这些占位符将在运行时替换为其他值。Format()方法的基本语法如下：

```
public static string Format(string format,object obj);
```

其中，format 用来指定字符串要格式化的形式，由零个或多个固定文本段与一个或多个格式项混合组成，其中索引占位符称为格式项，对应于列表中的对象。obj 代表要格式化的对象列表。

下面的示例说明了格式字符串的用法：

```
//C2 表示货币,其中 2 表示小数点后位数
Console.WriteLine(string.Format("{0:C2}",2));
//D2 表示十进制位数,其中 2 表示位数,不足用 0 占位
Console.WriteLine(string.Format("{0:D2}",2));
//E3 表示科学记数法,其中 3 表示小数点后保留的位数
Console.WriteLine(string.Format("{0:E3}",22233333220000));
//N 表示用分号隔开的数字
Console.WriteLine(string.Format("{0:N}",2340000));
//X 表示十六进制
Console.WriteLine(string.Format("{0:X}",12345));
//常规输出
Console.WriteLine(string.Format("{0:G}",12));
//按提供的格式(000.00→012.00,0.0→12.0)格式化的形式输出
Console.WriteLine(string.Format("{0:000.00}",12));
//F 表示浮点型,其中 3 表示小数点位数
Console.WriteLine(string.Format("{0:F3}",12));
```

4. 截取字符串

截取字符串需要使用 String 类的 Substring()方法，该方法从原始字符串中指定位置截取指定长度的字符，返回一个新的字符串。该方法的基本语法如下：

```
Substring(int startindex, int length)
```

其中，参数 startindex 索引从 0 开始，且最大值必须小于原字符串的长度，否则会编译异常；参数 length 的值必须不大于原字符串索引指定位置开始之后的字符串字符总长度，否则会出现异常。例如：

```
string s4 = "VisualC#Express";
System.Console.WriteLine(s4.Substring(6,2)) ;             //outputs  "C#"
```

下面的示例演示了如何从文件全名中获取文件的路径和文件名。

```
string strAllPath = "D:\\DataFiles\\Test.mdb";              //定义一个字符串,存储文件全名
string strPath = strAllPath.Substring(0, strAllPath.LastIndexOf("\\") + 1);  //获取文件路径
string strPath = strAllPath.Substring(strAllPath.LastIndexOf("\\") + 1);      //获取文件名
```

5. 拆分字符串

String 类的 Split()方法用于拆分字符串，此方法的返回值是包含所有拆分子字符串的数组对象，可以通过数组取得所有分隔的子字符串，其基本语法如下：

```
public string[] split (params char[] separator)
```

下面的代码示例演示如何使用 Split()方法分析字符串。作为输入，Split()采用一个字符数组指示哪些字符被用作分隔符。本示例中使用了空格、逗号、句点、冒号和制表符。一个含有这些分隔符的数组被传递给 Split()，并使用结果字符串数组分别显示句子中的每个单词。

```
char[] delimiterChars = { ' ', ',', '.', ':', '\t' };
string text = "one\ttwo three:four,five six seven";
System.Console.WriteLine("Original text: '{0}'", text);
string[] words = text.Split(delimiterChars);
System.Console.WriteLine("{0} words in text:", words.Length);
```

6. 连接字符串

连接是将一个字符串追加到另一个字符串末尾的过程。若要串联字符串变量，可以使用+或+=运算符，也可以使用 Concat()、Join()或 Append()方法。"+"运算符容易使用，且有利于提高代码的直观性。

注意，在字符串串联操作中，C#编译器对 null 字符串和空字符串进行相同的处理，但它不转换原始 null 字符串的值。

1) Concat()方法

Concat()方法用于连接两个或多个字符串。Concat()方法也有多种重载形式，最常用的格式如下：

```
public static string Concat(params string[] values);
```

其中，参数 values 用于指定所要连接的多个字符串。例如：

```
newStr = String.Concat(strA," ",strB);
Console.WriteLine(newStr);        //"Hello World"
```

2) Join()方法

Join()方法利用一个字符数组和一个分隔符串构造新的字符串，常用于把多个字符串连接在一起，并用一个特殊的符号来分隔开。Join()方法的常用形式如下：

```
public static string Join(string separator,string[] values);
```

其中，参数 separator 为指定的分隔符，values 用于指定所要连接的多个字符串数组，下例用"^^"分隔符把"Hello"和"World"连起来。

```
newStr = "";
String[] strArr = {strA,strB};
newStr = String.Join("^^",strArr);
Console.WriteLine(newStr);        //"Hello^^World"
```

3) 连接运算符"+"

String 支持连接运算符"+"，可以方便地连接多个字符串，例如，下例把"Hello"和"World"连接起来。

```
newStr = "";
newStr = strA + strB;
Console.WriteLine(newStr);        //"HelloWorld"
```

7. 插入和填充字符串

String 类包含了在一个字符串中插入新元素的方法，可以用 Insert()方法在任意位置插入任意字符。Insert()方法用于在一个字符串的指定位置插入另一个字符串，从而构造一个新的字符串。Insert()方法也有多种重载形式，最常用的形式如下：

```
public string Insert(int startIndex,string value);
```

其中，参数 startIndex 用于指定所要插入的位置，从 0 开始索引；value 指定所要插入的字符串。下面的示例，在"Hello"的字符"H"后面插入"World"，构造一个串"HWorldello"。

```
newStr = "";
newStr = strA.Insert(1,strB);
Console.WriteLine(newStr);        //"HWorldello"
```

8. 删除和剪切字符串

1）Remove()方法

Remove()方法从一个字符串的指定位置开始删除指定数量的字符。最常用的形式为：

```
public string Remove(int startIndex,int count);
```

其中，参数 startIndex 用于指定开始删除的位置，从 0 开始索引；count 指定删除的字符数量。下例中，把"Hello"中的"ell"删掉。

```
newStr = strA.Remove(1,3);      Console.WriteLine(newStr);      //"Ho"
```

2）Trim()方法

若想把一个字符串首尾处的一些特殊字符剪切掉，如去掉一个字符串首尾的空格等，可以使用 String 的 Trim()方法。其形式如下：

```
public string Trim();
public string Trim(params char[] trimChars);
```

其中，参数 trimChars 数组包含了指定要去掉的字符，如果默认，则删除空格符号。下例中，实现了对"@Hello# $"的净化，去掉首尾的特殊符号。

```
newStr = "";
char[] trimChars = {'@','#','$',' '};
String strC = "@Hello#  $";
newStr = strC.Trim(trimChars);
Console.WriteLine(newStr);        //"Hello"
```

9. 复制字符串

String 类包括了复制字符串方法 Copy()和 CopyTo()，可以完成对一个字符串及其一部分的复制操作。

1）Copy()方法

若想把一个字符串复制到另一个字符数组中，可以使用 String 的静态方法 Copy()来实现，其形式为：

```
public string Copy(string str);
```

其中,参数 str 为需要复制的源字符串。该方法返回目标字符串。

2) CopyTo()方法

CopyTo()方法可以实现 Copy()同样的功能,但功能更为丰富,可以复制字符串的一部分到一个字符数组中。另外,CopyTo()不是静态方法,其形式为:

```
public void CopyTo(int sourceIndex,char[] destination,int destinationIndex,int count);
```

其中,参数 sourceIndex 为需要复制的字符起始位置,destination 为目标字符数组,destinationIndex 指定目标数组中的开始存放位置,而 count 指定要复制的字符个数。

下例中,把 strA 字符串"Hello"中的"ell"复制到字符数组 newCharArr 中,并在 newCharArr 中从第 2 个元素开始存放。

```
char[] newCharArr = new char[100];
strA.CopyTo(2,newCharArr,0,3);
Console.WriteLine(newCharArr);   //"Hel"
```

10. 替换字符串

要替换一个字符串中的某些特定字符或者某个子串,可以使用 Replace()方法来实现,其形式为:

```
public string Replace(char oldChar, char newChar);
public string Replace(string oldValue, string newValue);
```

其中,参数 oldChar 和 oldValue 为待替换的字符和子串,而 newChar 和 newValue 为替换后的新字符和新子串。下例把"Hello"通过替换变为"Hero"。

```
newStr = strA.Replace("ll","r");
Console.WriteLine(newStr);
```

由于字符串是不可变的,因此一个字符串对象一旦创建,值就不能再更改(在不使用不安全代码的情况下)。在使用其方法(如插入、删除操作)时,都要在内在中创建一个新的 String 对象,而不是在原对象的基础上进行修改,这就需要开辟新的内存空间。如果需要经常进行串修改操作,使用 String 类无疑是非常耗费资源的,这时需要使用 StringBuilder 类。

3.2.3 可变字符串

与 String 类相比,System.Text.StringBuilder 类可以实现动态字符串。此外,动态的含义是指在修改字符串时,系统不需要创建新的对象,不会重复开辟新的内存空间,而是直接在原 StringBuilder 对象的基础上进行修改。StringBuilder 类不像 String 类那样支持非常多的方法,在 StringBuilder 类上可以进行的处理仅限于替换、追加或删除字符串中的文本。

1. 创建可变字符串

StringBuilder 类位于命名空间 System.Text 中,使用时,可以在文件头通过 using 语句引入该空间。创建一个可变字符串 StringBuilder 对象需要使用 new 关键字,并可以对其进行初始化。下面的语句声明了一个 StringBuilder 对象 myStringBuilder,并初始化为"Hello":

```
StringBuilder myStringBuilder = new StringBuilder("Hello");
```

如果不使用 using 关键字在文件头引入 System.Text 命名空间，也可以通过空间限定来声明 StringBuilder 对象：

```
System.Text.StringBuilder  myStringBuilder = new StringBuilder("Hello");
```

在声明时，也可以不给出初始值，然后通过其方法进行赋值。

2. 设置可变字符串容量

StringBuilder 对象为动态字符串，可以对其设置好的字符数量进行扩展。另外，还可以设置一个最大长度，这个最大长度称为该 StringBuilder 对象的容量(Capacity)。为 StringBuilder 设置容量的意义在于，当修改 StringBuilder 字符串时，当其实际字符长度(即字符串已有的字符数量)未达到其容量之前，StringBuilder 不会重新分配空间；当达到容量时，StringBuilder 会在原空间的基础上，自动不进行设置，StringBuilder 默认初始分配 16 个字符长度。有两种方式来设置一个 StringBuilder 对象的容量。

1）使用构造函数

StringBuilder 构造函数可以接受容量参数，例如，下面声明一个 StringBuilder 对象 sb2，并设置其容量为 100。

```
//使用构造函数
StringBuilder sb2 = new StringBuilder("Hello",100);
```

2）使用 Capacity 读/写属性

Capacity 属性指定 StringBuilder 对象的容量，例如下面语句首先创建一个 StringBuilder 对象 sb3，然后利用 Capacity 属性设置其容量为 100。

```
//使用 Capacity 属性
StringBuilder sb3 = new StringBuilder("Hello");
sb3.Capacity = 100;
```

3. 追加操作

追加一个 StringBuilder 是指将新的字符串添加到当前 StringBuilder 字符串的结尾处，可以使用 Append()和 AppendFormat()方法来实现这个功能。

1）Append()方法

Append()方法实现简单的追加功能，其常用形式为：

```
public StringBuilder Append(object value);
```

其中，参数 value 既可以是字符串类型，也可以是其他的数据类型，如 bool、byte、int 等。下例中，把一个 StringBuilder 字符串"Hello"追加为"Hello World!"。

```
//Append()
StringBuilder sb4 = new StringBuilder("Hello");
sb4.Append(" World!");
```

2）AppendFormat()方法

AppendFormat()方法可以实现对追加部分字符串的格式化，还可以定义变量的格式，并将格式化后的字符串追加在 StringBuilder 后面。其常用的形式为：

```
StringBuilder AppendFormat(string format,params object[] args);
```

其中,args数组指定所要追加的多个变量。format参数包含格式规范的字符串,其中包括一系列用大括号括起来的格式字符,如{0:u}。这里,0代表对应args参数数组中的第0个变量,而u定义其格式。下例中,把一个StringBuilder字符串"Today is"追加"Today is 当前日期"。

```
//AppendFormat
StringBuilder sb5 = new StringBuilder("Today is ");
sb5.AppendFormat("{0:yyyy - MM - dd}",System.DateTime.Now);
Console.WriteLine(sb5);           //形如: "Today is 2008 - 10 - 20"
```

4. 插入操作

StringBuilder的插入操作是指将新的字符串插入到当前的StringBuilder字符串的指定位置,如"Hello"变为"Heeeello"。可以使用StringBuilder()类的Insert()方法来实现这个功能,其常用形式为:

```
public StringBuilder Insert(int index, object value);
```

其中,参数index指定所要插入的位置,并从0开始索引,如index=1,则会在原字符串的第2个字符之前进行插入操作;同Append()一样,参数value并不仅仅是只可取字符串类型。

5. 修改操作

可以使用StringBuilder类的Remove()方法从当前字符串中删除字符,也可以使用Replace()方法在当前字符串中用一个字符或者子字符串全部替换另一个字符或者字符串。

下面的代码演示了StringBuilder类的用法。该代码将当前字符串中的每个字符的ASCII值加1,形成非常简单的加密模式。详细代码如下所示:

```
StringBuilder greetingBuilder = new StringBuilder ( " Hello from all the guys at Xuchang
University,"150);
greetingBuilder.AppengFormat ( " We do hope you enjoy this book as much as we enjoyed
writing it.");

for(int i = 'z'; i>'a'; i -- )
{
    char old1 = (char)i;
    char new1 = (char)(i + 1);
    greetingBuilder = greetingBuilder.Replace(old1,new1);
}

for(int i = 'Z'; i>'A'; i -- )
{
    char old1 = (char)i;
    char new1 = (char)(i + 1);
    greetingBuilder = greetingBuilder.Replace(old1,new1);
}
```

这段代码也可以使用String.Replace()方法完成,但是由于Replace()需要分配一个新字符串,整个加密过程需要在堆上有一个能存储大约2800个字符的字符串对象,该对象最终等待被垃圾回收机制回收。在上述代码中,为存储字符串而分配的总的存储单元是用于StringBuilder实例的150个字符。

通过上面的介绍,可以看出StringBuilder与String在许多操作(如插入、删除、替换)上是非常相似的。在操作性能和内存效率方面,StringBuilder要比String好得多,可以避免产生太多的临时字符串对象,特别是对于经常重复进行修改的情况更是如此。另外,String类提供了更多的方法,可以使开发能够更快地实现应用。在两者的选择上,一般而言,使用StringBuilder类执行字符串的任何操作,而使用String类存储字符串或显示最终结果。

拓展提高

1. 正则表达式

在编写字符串的处理程序时,经常会有查找符合某些复杂规则的字符串的需要。正则表达式就是用于描述这些规则的工具。换句话说,正则表达式就是记录文本规则的代码。目前为止,许多编程语言和工具都包含对正则表达式的支持,C#也不例外,C#基础类库中包含有一个命名空间(System.Text.RegularExpressions)和一系列可以充分发挥规则表达式威力的类(Regex、Match、Group等)。借助网络资源,了解C#正则表达式的用法,可以提高程序设计技能。

2. 编码

众所周知,计算机只能识别二进制数字,如1010、1001。我们在屏幕所看到的文字,字符都是进行二进制转换后的结果。将文字按照某种规则转换为二进制存储在计算机上,这一个过程叫字符编码(Encoding),反之就是字符解码。目前存在多种字符编码方式,一组二进制数字根据不同的解码方式,会得到不同的结果,有时甚至会得到乱码。这也就是为什么我们打开网页时有时会是乱码,打开一个文本文件有时也是乱码,而换了一种编码就恢复正常了。CLR中的所有字符都是用16位Unicode来表示的。CLR中的Encoding就是用于字节和字符之间的转换的。

CLR中的Encoding是在System.Text命名空间下的,它是一个抽象类,所以不能被直接实例化,它主要有如下派生类:ASCIIEncoding、UnicodeEncoding、UTF32Encoding、UTF7Encoding和UTF8Encoding。可以根据需要选择一个合适的Encoding来进行编码和解码;也可以调用Encoding的静态属性ASCII、Unicode、UTF32、UTF7、UTF8来构造一个Encoding。其中Unicode是表示16位Encoding。调用静态属性和实例化一个子类的效果是一样的,如下代码。

```
Encoding encodingUTF8 = Encoding.UTF8;
Encoding encodingUTF8 = new UTF8Encoding(true);
```

视频讲解

3.3 集　　合

任务描述

在程序开发中,虽然可以使用数组来管理一组具有相同数据类型的数据,但是,数组的大小是事先确定的，不便于数据的动态编辑。例如，在学生成绩管理系统中，使用数组存储学生信息时，必须事先指定学生的人数，而在实际的系统，每个班的学生人数是不相同的，为了实现数据的动态添加，就需要使用集合来管理数据。本任务使用集合来进一步优化学生成绩管理系统的数据管理功能，如图 3-5 所示。

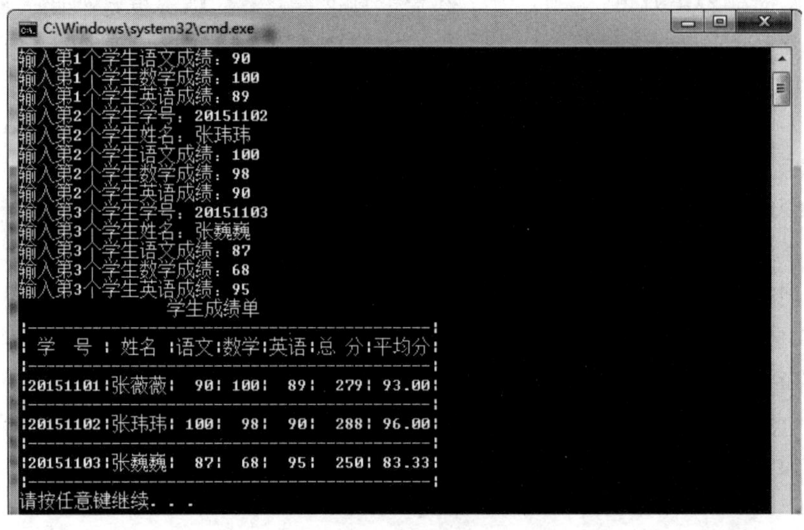

图 3-5　学生列表

任务实施

(1) 新建项目。启动 Visual Studio 2017，新建控制台项目 ImprovetStudent。

(2) 修改代码。项目初始化以后，在主窗口显示的 Program.cs 文件中添加如下代码行：

```
//学生结构体定义
public struct Student
{
    public string id;
    public string name;
    public string grade1;
    public string grade2;
    public string grade3;
    public int total;
    public int average;
}
//主函数
static void Main(string[] args)
{
    const int NUM = 3;              //学生人数
    Student stu;                    //声明学生结构
    //建立学生列表
    List<Student> listStudent = new List<Student>();
    //输入学生信息
    for (int i = 0; i < NUM; i++)
```

```
        {
            Console.Write("输入第{0}个学生学号：", i + 1);
            stu.id = Console.ReadLine();
            Console.Write("输入第{0}个学生姓名：", i + 1);
            stu.name = Console.ReadLine();
            Console.Write("输入第{0}个学生语文成绩：", i + 1);
            stu.grade1 = Console.ReadLine();
            Console.Write("输入第{0}个学生数学成绩：", i + 1);
            stu.grade2 = Console.ReadLine();
            Console.Write("输入第{0}个学生英语成绩：", i + 1);
            stu.grade3 = Console.ReadLine();
            //计算总分和平均分
            stu.total = Convert.ToInt32(stu.grade1) + Convert.ToInt32(stu.grade2) + Convert.
            ToInt32(stu.grade3);
            stu.average = stu.total / 3;
            listStudent.Add(stu);    //添加学生到学生列表
        }
        //输出学生成绩
        Console.WriteLine("                    学生成绩单");
        Console.WriteLine("|----------------------------------------------|");
        Console.WriteLine("| 学   号 | 姓名 |语文|数学|英语|总 分|平均分|");
        Console.WriteLine("|----------------------------------------------|");
        //遍历学生列表
    foreach (var s in listStudent)
        {
            Console.WriteLine("|{0,8}|{1,3}|{2,4}|{3,4}|{4,4}|{5,5}|{6,6:f2}|", s.id,
                              s.name, s.grade1, s.grade2, s.grade3, s.total, s.average);
            Console.WriteLine("|----------------------------------------------|");
        }
    }
```

(3) 编译和运行程序。按 Ctrl+F5 组合键运行该程序，运行结果如图 3-5 所示。

知识链接

3.3.1 集合基础

对于很多应用程序，需要创建和管理相关对象组。有两种方式可以将对象分组：创建对象数组以及创建对象集合。数组对于创建和处理固定数量的强类型对象最有用。集合提供一种更灵活的处理对象组的方法。与数组不同，处理的对象组可根据程序更改的需要动态地增长和收缩。

集合是类，因此必须声明新集合后，才能向该集合中添加元素。许多常见的集合是由.NET Framework 提供的，每一类型的集合都是为特定用途设计的。可以通过使用 System.Collections.Generic 命名空间中的类来创建泛型集合。在.NET Framework 2.0 之前，不存在泛型。现在泛型集合类通常是集合的首选类型。泛型集合类是类型安全的，如果使用值类型，是不需要装箱操作的。如果要在集合中添加不同类型的对象，且这些对象不是相互派生的，例如在集合中添加 int 和 string 对象，就只需基于对象的集合类。

表 3-2 列出了 System. Collections. Generic 命名空间中一些常用集合类的功能。

表 3-2　System. Collections. Generic 命名空间中一些常用集合类的功能

类	描　述
Dictionary < TKey, TValue >	表示根据键进行组织的键/值对的集合
List < T >	表示可通过索引访问的对象的列表。提供用于对列表进行搜索、排序和修改的方法
Queue < T >	表示对象的先进先出（FIFO）集合
SortedList < TKey, TValue >	表示根据键进行排序的键/值对的集合，而键基于的是相关的 IComparer < T > 实现
Stack < T >	表示对象的后进先出（LIFO）集合

在.NET Framework 4 中，System. Collections. Concurrent 命名空间中的集合可提供有效的线程安全操作，以便从多个线程访问集合项。当有多个线程并发访问集合时，应使用 System. Collections. Concurrent 命名空间中的类代替 System. Collections. Generic 和 System. Collections 命名空间中的对应类型。

System. Collections 命名空间中的类不会将元素存储为指定类型的对象，而是存储为 object 类型的对象。只要有可能，就应使用 System. Collections. Generic 或 System. Collections. Concurrent 命名空间中的泛型集合来替代 System. Collections 命名空间中的旧类型。

表 3-3 列出了一些 System. Collections 命名空间中常用的集合类的用法。

表 3-3　System. Collections 命名空间中常用的集合类的用法

类	描　述
ArrayList	表示大小根据需要动态增加的对象数组
Hashtable	表示根据键的哈希代码进行组织的键/值对的集合
Queue	表示对象的先进先出（FIFO）集合
Stack	表示对象的后进先出（LIFO）集合

3.3.2　列表

.NET Framework 为动态列表提供了类 ArrayList 和 List。ArrayList 代表了可被单独索引的对象的有序集合。它基本上可以替代一个数组。但是，与数组不同的是，可以使用索引在指定的位置添加和移除项目，动态数组会自动重新调整它的大小。它也允许在列表中进行动态内存分配、增加、搜索各项并排序。System. Collections. Generic 命名空间中的类 List 的用法非常类似于 System. Collections 命名空间中的 ArrayList 类，这个类实现了 IList、ICollection 和 IEnumerable 接口。

对于新的应用程序，通常可以使用泛型类 List < T >替代非泛型类 ArrayList，而且 ArrayList 类的方法与 List < T >非常相似，所以本节将只讨论如何使用 List < T >类。

1. 创建列表

调用默认的构造函数就可以创建对象列表。在泛型类 List < T >中，必须在声明中为列表的值指定类型。下面的代码说明了如何声明一个包含 int 和 string 的列表。

```
List<int> intList = new List<int>();
List<string> strList = new List<string>();
```

使用默认的构造函数创建一个空列表。元素添加到列表中后，列表的容量就会扩大为可接纳4个元素。如果添加了第5个元素，列表的大小就重新设置为包含8个元素。如果8个元素还不够，列表的大小就重新设置为16，每次都会将列表的容量重新设置为原来的2倍。为节省时间，如果事先知道列表中元素的个数，就可以用构造函数定义其容量。下面的代码创建一个容量为10个元素的集合。如果该容量不足以容纳要添加的元素，就把集合的大小重新设置为20或者40，每次都是原来的2倍。

```
List<int> intList = new List<int>(10);
```

使用Capacity属性可以获取和设置集合的容量。

```
intList.Capacity = 20;
```

容量与集合中元素的个数不同。集合中元素的个数可以用Count属性读取。当然，容量总是大于或等于元素个数。只要不把元素添加到列表中，元素个数就是0。

```
Console.WriteLine(intList.Count);
```

如果已经将元素添加到列表中，且不希望添加更多的元素，就可以调用TrimExcess()方法，去除不需要的容量。但是，重新定位是需要时间的，所以如果元素个数超过了容量的90%，TrimExcess()方法将什么也不做。

```
int List.TrimExcess();
```

2. 添加元素

使用Add()方法可以给列表添加元素。Add()方法将对象添加到列表的结尾处，例如：

```
List<int> intList = new List<int>();
intList.Add(1);
intList.Add(2);
List<string> strList = new List<string>();
strList.Add("one");
strList.Add("two");
```

使用List<T>类的AddRange()方法可以一次给集合添加多个元素。AddRange()方法的参数是IEnumerable<T>类型对象，所以也可以传送一个数组，例如：

```
strList.AddRange(new string[ ]{"one","two","three"});
```

3. 插入元素

使用Insert()方法可以在列表的指定位置插入元素，位置从0开始索引。例如：

```
intList.Insert(3,6);
```

方法InsertRange()提供了插入大量元素的容量，类似于前面的AddRange()方法。如果索引集大于集合中的元素个数，就抛出ArgumentOutOfRangeException类型的异常。

4. 访问元素

执行了IList和IList接口的所有类都提供了一个索引器，所以可以使用索引器，通过传送元素号来访问元素。第一个元素可以用索引值 0 来访问。例如指定 intList[3]，可以访问列表 intList 中的第 4 个元素：

```
int num = intList[3];
```

可以用 Count 属性确定元素个数，再使用 for 循环语句迭代集合中的每个元素，使用索引器访问每一项，例如：

```
for (int i = 0; i < intList.Count; i++)
{
    Console.WriteLine(intList[i]);
}
```

List 执行了接口 IEnumerable，所以也可以使用 foreach 语句迭代集合中的元素。编译器解析 foreach 语句时，利用了接口 IEnumerable 和 IEnumerator。

```
foreach (int i in intList)
{
    Console.WriteLine(i);
}
```

5. 删除元素

删除元素时，可以利用索引或传送要删除的元素。下面的代码把 3 传送给 RemoveAt()，删除第 4 个元素：

```
intList. RemoveAt(3);
```

也可以直接把对象传送给 Remove()方法，删除这个元素。例如：

```
intList.Remove(3);                //删除列表中元素 3
```

方法 RemoveRange()可以从集合中删除许多元素。它的第一个参数指定了开始删除的元素索引，第二个参数指定了要删除的元素个数。

```
int index = 3;
int count = 5;
intList. RemoveRange (index, count);
```

要删除集合中的所有元素，可以使用 ICollection<T>接口定义的 Clear()方法。

6. 搜索

有不同的方式在集合中搜索元素。可以获得要查找的元素的索引，或者搜索元素本身。可以使用的方法有 IndexOf()、LastIndexOf()、FindIndex()、FindLastIndex()、Find()和 FindLast()。如果只检查元素是否存在，List<T>类提供了 Exists()方法。

方法 IndexOf()需要将一个对象作为参数，如果在集合中找到该元素，这个方法就返回该元素的索引。如果没有找到该元素，就返回－1。IndexOf()方法使用 IEquatable 接口来比较元素。例如：

```
int index = intList. IndexOf(3);
```

使用方法 IndexOf()，还可以指定不需要搜索整个集合，但必须指定从哪个索引开始搜索以及要搜索的元素个数。

3.3.3 队列

队列是其元素以先进先出(FIFO)的方式来处理的集合。先放在队列中的元素会先读取。队列的例子有在机场排的队、人力资源部中等待处理求职信的队列、打印队列中等待处理的打印任务、以循环方式等待 CPU 处理的线程。另外,还常常有元素根据其优先级来处理的队列。例如,在机场的队列中,商务舱乘客的处理要优先于经济舱的乘客。这里可以使用多个队列,一个队列对应一个优先级。在机场,这是很常见的,因为商务舱乘客和经济舱乘客有不同的登记队列。打印队列和线程也是这样。可以为一组队列建立一个数组,数组中的一项代表一个优先级。在每个数组项中,都有一个队列,其处理按照 FIFO 的方式进行。

在.NET 的 System. Collections 命名空间中有非泛型类 Queue,在 System. Collections. Generic 命名空间中有泛型类 Queue<T>。这两个类的功能非常类似,但泛型类是强类型化的,定义了类型 T,而非泛型类基于 Object 类型。

在内部,Queue<T>类使用 T 类型的数组,这类似于 List<T>类型。另一个类似之处是它们都执行 ICollection 和 IEnumerable 接口。Queue 类执行 ICollection、IEnumerable 和 ICloneable 接口。Queue<T>类执行 IEnumerable 和 ICloneable 接口。Queue<T>泛型类没有执行泛型接口 ICollection<T>,因为这个接口用 Add()和 Remove()方法定义了在集合中添加和删除元素的方法。

队列与列表的主要区别是队列没有执行 IList 接口。所以不能用索引器访问队列。队列只允许添加元素,该元素会放在队列的尾部(使用 Enqueue()方法),从队列的头部获取元素(使用 Dequeue()方法)。

图 3-6 显示了队列的元素。Enqueue()方法在队列的一端添加元素,Dequeue()方法在队列的另一端读取和删除元素。用 Dequeue()方法读取元素,将同时从队列中删除该元素。再调用一次 Dequeue()方法,会删除队列中的下一项。

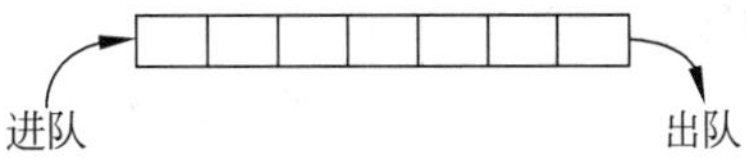

进队 出队

图 3-6 队列

Queue 和 Queue<T>类的方法如表 3-4 所示。

表 3-4 队列常用方法

方法	说明
Enqueue()	在队列一端添加一个元素
Dequeue()	在队列的头部读取和删除一个元素。如果在调用 Dequeue()方法时,队列中不再有元素,就抛出 InvalidOperationException 异常
Peek()	在队列的头部读取一个元素,但不删除它
Count	返回队列中的元素个数
TrimExcess()	重新设置队列的容量。Dequeue()方法从队列中删除元素,但不会重新设置队列的容量。要从队列的头部去除空元素,应使用 TrimExcess()方法
Contains()	确定某个元素是否在队列中,如果是,就返回 true
CopyTo()	把元素从队列复制到一个已有的数组中
ToArray()	ToArray()方法返回一个包含队列元素的新数组

下面的代码演示了 Queue <T>类的基本用法。

```
Queue<string> numbers = new Queue<string>();        //实例化队列对象
//向队列中添加元素
numbers.Enqueue("one");
numbers.Enqueue("two");
numbers.Enqueue("three");
numbers.Enqueue("four");
numbers.Enqueue("five");
//遍历队列中的元素
foreach( string number in numbers )
{
    Console.Write("{0} ",number);
}
//调用队列方法
Console.WriteLine("\nDequeuing '{0}'", numbers.Dequeue());
Console.WriteLine("Peek at next item to dequeue: {0}", numbers.Peek());
Console.WriteLine("Dequeuing '{0}'", numbers.Dequeue());
```

上面代码会产生如下的输出结果：

```
one two three four five
Dequeuing 'one'
Peek at next item to dequeue: two
Dequeuing 'two'
```

3.3.4 字典

字典(Dictionary)表示一种复杂的数据结构,这种数据结构允许按照某个键来访问元素。字典也称为映射或散列表。字典的主要特性是能根据键快速查找值,也可以自由添加和删除元素,这有点像 List<T>,但没有在内存中移动后续元素的性能开销。

Dictionary 泛型类提供了从一组键到一组值的映射。字典中的每个添加项都由一个值及其相关联的键组成。通过键来检索值的速度是非常快的,接近于 O(1),这是因为 Dictionary 类是作为一个哈希表来实现的。在 C# 中,Dictionary 提供快速的基于键值的元素查找。当有很多元素时可以使用它。它需要引用的命名空间是 System. Collection. Generic。下面的代码演示了字典的基本用法：

```
//定义
Dictionary<string, string> openWith = new Dictionary<string, string>();
//添加元素
openWith.Add("txt", "notepad.exe");
openWith.Add("bmp", "paint.exe");
//取值
Console.WriteLine("For key = \"rtf\", value = {0}.", openWith["rtf"]);
//更改值
openWith["rtf"] = "winword.exe";
//查看
Console.WriteLine("For key = \"rtf\", value = {0}.", openWith["rtf"]);
//遍历 Key
foreach (var item in openWith.Keys)
```

```
{
    Console.WriteLine("Key = {0}", item);
}
//遍历 value
foreach (var item in openWith.Values)
{
    Console.WriteLine("value = {0}", item);
}
```

拓展提高

1. 泛型

泛型(Generic)是 C# 2.0 推出的新语法,不是语法糖,而是 C# 2.0 由框架升级提供的功能。在编程程序时,开发人员经常会遇到功能非常相似的模块,只是它们处理的数据不一样。但我们没有办法,只能分别写多个方法来处理不同的数据类型。这个时候,那么问题来了,有没有一种办法,用同一个方法来处理传入不同种类型参数的办法呢?泛型的出现就是专门来解决这个问题的。

泛型允许开发人员延迟编写类或方法中的编程元素的数据类型的规范,直到在程序中使用它时。换句话说,泛型允许编写一个可以与任何数据类型一起工作的类或方法。可以通过数据类型的替代参数编写类或方法的规范。当编译器遇到类的构造函数或方法的函数调用时,它会生成代码来处理指定的数据类型。

2. 使用集合初始值设定项初始化字典

Dictionary<TKey,TValue> 包含键/值对集合。其 Add()方法采用两个参数:一个用于键;另一个用于值。若要初始化 Dictionary<TKey,TValue>,一种方法是将每组参数括在大括号中,另一种方法是使用索引初始值设定项。下面的代码示例中,使用类型 Dictionary<TKey,TValue> 的实例初始化 StudentName。第一个初始化使用具有两个参数的 Add()方法。编译器为每对 Add 键和 int 值生成对 StudentName 的调用。第二个初始化使用 Dictionary 类的公共读取/写入索引器方法:

```
var students = new Dictionary<int, StudentName>()
{
    { 111, new StudentName { FirstName = "Sachin", LastName = "Karnik", ID = 211 } },
    { 112, new StudentName { FirstName = "Dina", LastName = "Salimzianova", ID = 317 } },
    { 113, new StudentName { FirstName = "Andy", LastName = "Ruth", ID = 198 } }
};
var students2 = new Dictionary<int, StudentName>()
{
    [111] = new StudentName { FirstName = "Sachin", LastName = "Karnik", ID = 211 },
    [112] = new StudentName { FirstName = "Dina", LastName = "Salimzianova", ID = 317 } ,
    [113] = new StudentName { FirstName = "Andy", LastName = "Ruth", ID = 198 }
};
```

3.4 知识点提炼

(1) C#提供了能够存储多个相同类型变量的集合,这种集合就是数组。数组是同一数据类型的一组值,它属于引用类型。

(2) 数组在使用之前必须先定义。一个数组的定义必须包含元素类型、数组维数和每个维数的上下限。

(3) 数组在使用之前必须进行初始化。初始化数组有两种方法：动态初始化和静态初始化。动态初始化需要借助 new 运算符，为数组元素分配内存空间，并为数组元素赋初值。静态初始化数组时，必须与数组定义结合在一起，否则会出错。

(4) C# 中的字符包括数字字符、英文字母、表达符号等。C# 提供的字符类型按照国际上公认的标准，采用 Unicode 字符集。要得到字符的类型，可以使用 System. Char 命名空间中的内置静态方法。

(5) C#语言中，string 类型是引用类型，其表示零或更多个 Unicode 字符组成的序列。字符串常用的属性有 Length、Chars 等。利用字符串类的方法可以实现对字符串的处理操作。

(6) 可变字符串类 StringBuilder 创建了一个字符串缓冲区，允许重新分配个别字符，这些字符是内置字符串数据类型所不支持的。

(7) 集合提供一种动态对数据分组的方法。.NET Framework 提供了泛型和非泛型两大集合类型。

3.5 思考与练习

1. 下列关于数组访问的描述中，(　　)是不正确的。
   A. 数组元素索引是从 0 开始的
   B. 对数组元素的所有访问都要进行边界检查
   C. 如果使用的索引小于 0 或大于数组的大小，编译器将抛出一个 IndexOutOfRangeException 异常
   D. 数组元素的访问从 1 开始，到 Length 结束
2. 数组 pins 的定义如下：

```
int[] pins = new int[4]{9,2,3,1};
```

   则 pins[1] =(　　)。
   A. 1　　B. 2　　C. 3　　D. 9
3. 有说明语句"double[,] tab=new double[2,3];"，那么下面叙述正确的是(　　)。
   A. tab 是一个数组维数不确定的数组，使用时可以任意调整
   B. tab 是一个有两个元素的一维数组，它的元素初始值分别是 2,3
   C. tab 是一个二维数组，它的元素个数一共有 6 个
   D. tab 是一个不规则数组，数组元素的个数可以变化
4. 下列关于数组的描述中，(　　)是不正确的。
   A. String 类中的许多方法都能用在数组中
   B. System. Array 类是所有数组的基类
   C. String 类本身可以被看作是一个 System. Char 对象的数组
   D. 数组可以用来处理数据类型不同的批量数据

5. 下面代码实现数组 array 的冒泡排序，画线处应填入(　　)。

```
int[ ] array = { 20, 56, 38, 45 };
int temp;
for (int i = 0; i < 3; i++)
{
    for (int j = 0; j < ______; j++)
    {
        if (a[j] < a[j + 1])
        {
            temp = a[j];
            array[j] = a[j + 1];
            array[j + 1] = temp;
        }
    }
}
```

A. 4－i　　B. i　　C. i＋1　　D. 3－i

6. 在 C＃中，将路径名“C:\Documents\”存入字符串变量 path 中的正确语句是(　　)。

A. path＝"C:\\Documents\\";　　B. path＝"C://Documents//";

C. path＝"C:\Documents\";　　D. path＝"C:\/Documents\/";

7. 从控制台输入班级人数，将每个人的年龄放入数组，计算所有人的年龄总和和平均年龄，并输出年龄最大的学生。

8. 编写一个控制台程序获取字符串中相同的字符及其个数。

9. 分拣奇偶数。将字符串"1 2 3 4 5 6 7 8 9 10"中的数据按照“奇数在前、偶数在后”的格式进行调整。

第二部分

进 阶 篇

第4章 面向对象编程技术

情景导入

面向对象编程(Object-Oriented Programming,OOP)是一种很重要的程序设计模型,也是一种广泛应用的编程思想,已经成为当前软件开发方法的主流技术。面向对象编程认为,应用程序是由许多单个对象组成的,对象是由数据和对数据的操作封装成的一个不可分割的整体。面向对象编程思想不仅符合人们的思维习惯,而且可以提高软件的开发效率,方便后期的维护。本章以控制台学生信息管理系统开发为例,详细地讨论C#语言面向对象编程的技术、方法和原理。

学习目标

通过本章的学习,读者将能够:

- 定义类类型和实例化对象。
- 使用方法调用完成对象之间的信息交互。
- 选择合适的修饰符来限定数据的可访问范围和继承。
- 使用属性实现信息隐藏与封装。
- 解释委托和事件的工作原理,使用委托和事件来完成一些特殊任务。
- 根据需要定义接口来实现继承。

4.1 类和对象

视频讲解

任务描述

我们四周的世界是由各种对象组成的,这些对象都可以完成某些动作,每一个动作都可以影响周围其他对象的某些方面。为了更好地在程序中描述自然世界,人们引入了面向对象编程。面向对象编程是一种编程方法,它将程序看作是由对象组成的类似物品,这些对象可以与其他对象相互作用。例如,在控制台学生信息管理系统中,学生就是一个对象,它有诸如学号、姓名等属性,也可以有自己的行为,如信息输入等。本节采用面向对象的方法实现学生信息管理系统的学生信息输入和输出功能,如图4-1所示。

```
C:\Windows\system32\cmd.exe
学号：20190101001
姓名：张薇薇
学号：20190101002
姓名：张巍巍
-------------------------
|    学  号   | 姓名 |
|20190101001|张薇薇|
-------------------------
|20190101002|张巍巍|
-------------------------
```

图 4-1　学生对象的操作

任务实施

(1) 新建项目。启动 Visual Studio 2017，新建控制台程序 OOPStudent。在“解决方案资源管理器”窗口右击，在弹出的快捷菜单中选择“添加”→“类”命令，在弹出的对话框中的“名称”文本框中输入类名 Student。在生成的类文件 Student. cs 中添加如下代码：

```
//学生类
class Student
{
    string id;                  //学号
    string name;                //姓名
    //构造函数
    public Student(string id,string name)
    {
        this.id = id;
        this.name = name;
    }
    //输出学生信息
    public string GetStudent()
    {
        string info = string.Format("|{0:15}|{1:10}|", id, name);
        return info;
    }
}
```

(2) 修改 Program. cs 文件。在项目文件 Program. cs 中添加如下代码：

```
static void Main(string[] args)
{
    const int COUNT = 2;
    //定义学生列表
    List<Student> listStudent = new List<Student>();
    //输入学生信息
    for(int i = 0;i < COUNT;i++)
    {
        Console.Write("学号：");
        string id = Console.ReadLine();
        Console.Write("姓名：");
        string name = Console.ReadLine();
        //创建学生对象
```

```
            Student student = new Student(id, name);
            //添加学生对象到列表
            listStudent.Add(student);
        }
        //输出学生信息
        Console.WriteLine("--------------------");
        Console.WriteLine("|    学  号  |姓名|");
        Console.WriteLine("--------------------");
        foreach (Student temp in listStudent)
        {
            Console.WriteLine(temp.GetStudent());
            Console.WriteLine("--------------------");
        }

    }
```

(3) 编译和运行程序。按 Ctrl+F5 组合键运行该程序,运行结果如图 4-1 所示。

知识链接

4.1.1 定义类

类是最基本的 C#类型。类是封装数据的基本单元,可在一个单元中将状态(字段)和操作(方法和其他函数成员)结合起来。类为动态创建的类实例(也称为对象)提供了定义。在 C#语言中,类的定义以关键字 class 开始,后跟类的名称。类的主体包含在一对大括号内。下面是类定义的一般形式:

```
<访问修饰符>  class  <类名>
{
    //定义字段
    <访问修饰符>  <数据类型>  变量;
    ...
    //方法成员
    <访问修饰符>  <返回值类型> 方法名(参数列表)
    {
        //方法体
    }
    ...
}
```

默认情况下,类声明为内部的(internal),即只有当前项目中的代码才能访问它,也可以使用 internal 访问修饰符关键字来显式地指定这一点,如下所示(但这是不必要的):

```
internal class MyClass
{
  //类成员
}
```

另外,还可以用关键字 public 来指定类是公共的,可由其他项目中的代码来访问。例如:

```
public class MyClass
{
  //类成员代码
}
```

除了这两个类的访问修饰符关键字外，还可以用关键字 abstract 指定类是抽象的（不能实例化，只能继承，可以有抽象成员）或用关键字 sealed 指定类是密封的（不能继承）。例如：

```
public abstact class MyClass
{
  //类的成员，可以是抽象成员
}
```

表 4-1 给出了类定义中可以使用的访问修饰符及其含义。

表 4-1　类定义中可以使用的访问修饰符及其含义

修　饰　符	含　　义
无或者 internal	只能在当前项目中访问类
public	可以在任何地方访问类
abstract 或者 internal abstract	类只能在当前项目中访问，不能实例化，只能被继承
public abstract	类可以在任何项目中访问，不能实例化，只能被继承
sealed 或者 internal sealed	类只能在当前项目中访问，只能实例化，不能被继承
public sealed	类可以在任何项目中访问，只能实例化，不能被继承

【脚下留神】 类名是一种标识符，必须符合标识符的命名规则，类名应该能体现类的含义和用途。类名通常采用第一个字母大写的名词，也可以是多个词构成的组合词。如果类名由多个词组成，那么每个词的第一个字母都应该大写。在同一个命名空间内，类名不能重复。同时，类名不能以数字开头，也不能使用关键字作为类名，例如 string 等。

为了说明 C#类的定义方法，首先来设计一个表示狗的简单类——Dog 类。下面的程序清单给出了 Dog 类的定义。尽管该类很简洁，但它与几项重要的设计原则相冲突，后面再进行改进。

```
//Dog 类的定义
public class Dog
{
    public string name;
    public int age;

    public Dog(string name, int age,)
    {
        this.name = name;
        this.age = age;
    }
    public void WriteOutput()
    {
```

```
        Console.WriteLine("Name:" + name);
        Console.WriteLine("Age in human years:" + GetAgeInHumanYears());
    }
    public int GetAgeInHumanYears()
    {
        int humanYears = 0;
        if (age <= 2)
        {
            humanYears = age * 11;
        }
        else
        {
            humanYears = 22 + ((age - 2) * 5);
        }

        return humanYears;
    }
}
```

4.1.2 字段

字段是直接在类或结构中声明的任何类型的变量。也就是说，字段是整个类内部的所有方法和事件都可以访问的变量。字段是包含类型的"成员"，类或结构可以拥有实例字段或静态字段(在字段声明中使用关键字 static)，或同时拥有两者。实例字段特定于类型的实例。如果拥有类 T 和实例字段 F，可以创建类型 T 的两个对象，并修改每个对象中 F 的值，这不影响另一个对象中的该值。相比之下，静态字段属于类本身，在该类的所有实例中共享。从实例 A 所做的更改将立刻呈现在实例 B 和实例 C 上(如果它们访问该字段)。

字段通常存储必须可供多个类方法访问的数据，并且其存储期必须长于任何单个方法的生存期。例如，表示日历日期的类可能有 3 个整数字段：一个表示月份，一个表示日期，还有一个表示年份。不在单个方法范围外部使用的变量，应在方法体自身范围内声明为局部变量。字段是类的成员，局部变量是块的成员。

在类块中通过指定字段的访问级别，然后指定字段的类型，再指定字段的名称来声明字段。程序中一般应将私有变量或受保护的变量声明为字段，向类的外部代码公开的数据应通过方法、属性和索引器提供。下面的代码说明了如何定义字段：

```
public class CalendarEntry
{
    private DateTime date;                    //私有字段
    public string day;                        //公共字段 (通常不推荐)
}
```

若要访问对象中的字段，则在对象名称后面添加一个句点(.)，然后添加该字段的名称，例如 objectname.fieldname。举例如下：

```
CalendarEntry birthday = new CalendarEntry();
birthday.day = "Saturday";
```

声明字段时可以使用赋值运算符为字段指定一个初始值。例如，若要自动将"Monday"赋给 day 字段，需要按如下方式声明 day 字段：

```
public class CalendarDateWithInitialization
{
    public string day = "Monday";
    //...
}
```

字段的初始化紧靠调用对象实例的构造函数之前。如果构造函数为字段赋值，则该值将覆盖字段声明期间给出的任何值。字段初始值设定项不能引用其他实例字段。

字段可标记为 public、private、protected、internal 或 protected internal。这些访问修饰符定义类的使用者访问字段的方式，也可以选择将字段声明为 static。这使得调用方在任何时候都能使用字段，即使类没有任何实例。

可以将字段声明为 readonly，即只读字段。readonly 关键字用于声明在程序运行期间只能初始化"一次"的字段。只读字段只能在初始化期间或在构造函数中赋值，初始化以后，该字段的值就不能再更改，例如：

```
class MyClass
{
    public readonly int MyInt = 17;
}
```

字段也可以使用 static 声明为静态字段。静态字段是通过定义静态字段的类访问的，而不是通过该类的对象实例。例如：

```
class MyClass
{
    public static int MyInt;
}
```

4.1.3 方法

方法是类或结构的一种成员，用来定义类可执行的操作，是包含一系列语句的代码块。从本质上讲，方法就是和类相关联的动作，是类的外部界面，用户通过外部界面来操作类中的字段。在 C# 中，每个执行指令都是在方法的上下文中执行的。

1. 方法的声明

方法需要在类或结构中声明，声明时需要指定方法的访问级别(例如 public 或 private)、可选修饰符(例如 abstract 或 sealed)、返回值类型、名称和方法参数。方法参数括在括号中，并用逗号隔开。空括号表示方法不需要参数。方法声明的基本格式如下：

```
<修饰符> <返回值类型> <方法名> (参数列表)
{
    //方法体
}
```

每个参数都包括参数的类型名和在方法体中的引用名称。但如果方法有返回值，则

return 语句就必须与返回值一起使用，以指定出口点。例如：

```
public bool IsSquae(Rectangle rect)
{
    return (rect.Height == rect.Width);
}
```

如果方法没有返回值，就把返回类型指定为 void，因为不能省略返回类型。此时，return 语句就是可选的，因为到达右大括号}时，方法会自动返回。如果方法不带参数，仍需要在方法名的后面包含一对空的小括号()。

2. 方法的访问

在对象上调用方法类似于访问字段，在对象名称之后，依次添加句点、方法名称和括号。参数在括号内列出，并用逗号隔开。因此，可以按以下示例中的方式调用 Dog 类的方法：

```
static void Main()
{
    Dog dog = new Dog("John",2);
    //方法调用
    dog. WriteOutput();
}
```

3. 方法重载

同一个类中，可以定义多个名称相同但参数不同的方法，这就是方法重载(Method Overload)。方法重载可有效解决对不同数据执行相似功能的目的。为了重载方法，只需要声明同名但参数个数或者类型不同的方法即可：

```
Class Payment
{
    void PayBill(int telephoneNumber)
    {
        //此方法用于支付固定电话费
    }
    void PayBill(long consumerNumber)
    {
        //此方法用于支付电费
    }
    void PayBill(long consumerNumber, double amount)
    {
        //此方法用于支付移动电话费
    }
}
```

注意，对于方法重载，仅通过返回类型不足以区分重载的版本，仅通过参数名称也不足以区分它们，需要区分参数的数量或者类型。

当程序中按名称调用重载的方法时，编译器将根据参数的个数、类型和顺序，选择执行与之匹配的方法。

4.1.4 构造函数与析构函数

构造函数和析构函数主要用来对对象进行初始化和回收资源。一般来说，对象的生命周期从构造函数开始，以析构函数结束。如果一个类含有构造函数，在实例化该类的对象时就会调用。如果含有析构函数，在销毁对象时调用。构造函数和析构函数的名字和类名相同，但析构函数要在名字前加上一个波浪号(～)。

1. 构造函数

所有的类定义都至少包含一个构造函数。构造函数是用于初始化数据的函数。在类的构造函数中，可能有一个默认的构造函数，该函数没有参数，与类同名。类定义还可能包含几个带有参数的构造函数，成为非默认的构造函数。例如：

```
class CupCoffee
{
    string BeanType;                //品牌
    bool IsInstant;                 //是否速溶

    public CupCoffee()              //默认构造函数
    {
        BeanType = "";
        IsInstant = false;
    }
    public CupCoffee(string type)   //非默认构造函数
    {
        BeanType  =  type;
        IsInstant  =  false;
    }
}
```

构造函数可以是公共的或者私有的。在类外部的代码不能使用私有构造函数实例化对象，而必须使用公共构造函数。这样，通过把默认构造函数设置为私有的，就可以强制用户使用非默认构造函数。

2. 析构函数

.NET Framework 使用析构函数来清理对象。析构函数以类名加“～”来命名。一般情况下，不需要提供析构函数的代码，而是由默认的析构函数自动执行操作。但是，如果在删除对象之前，需要完成一些重要的操作，就需要提供具体的析构函数。例如，如果变量超出了范围，代码就不能访问它，但该变量仍然存在于计算机内存的某个地方。只有运行垃圾回收程序时，该实例才被彻底删除。例如：

```
class CupCoffee
{
    string BeanType;                //品牌
    bool IsInstant;                 //是否速溶

    public CupCoffee()              //默认构造函数
    {
        BeanType = " ";
        IsInstant = false;
    }
    ～ CupCoffee                    //析构函数
    {
```

```
            //信息清理工作
        }
    }
```

4.1.5 对象的声明

定义了一个类以后，就可以在项目中访问该定义的其他位置对该类进行实例化。通过实例化，就会创建类的一个实例——对象。在 C# 中，使用 new 关键字来实例化具体的对象。例如，可以以下面的方式通过类默认的构造函数实例化一个 CupCoffee 对象：

```
CupCoffee myCup = new CupCoffee();
```

还可以用非默认的构造函数来实例化对象，例如，CupCoffee 类有一个非默认的构造函数，它使用一个参数在初始化时设置咖啡的品牌：

```
CupCoffee myCup = new CupCoffee("BlueMountain");
```

创建了对象以后，就可以是用句点(.)来引用对象的数据，实现对象之间的交互。例如：

```
Console.WriteLine("我喜欢喝{0}牌咖啡!",myCup.BeanType);
```

下面的程序清单展示了如何使用 Dog 类以及如何处理定义对象来访问类中的成员。

```
static void Main(string[] args)
{
    //实例化对象
    Dog balto = new Dog();
    balto.name = "Balto";
    balto.age = 8;
    balto.breed =" Siberian Huasky";
    balto.WriteOutput();
    //实例化对象
    Dog scooby = new Dog();
    scooby.name = ""Scooby";
    scooby.age = 42;
    scooby.breed =" Great Dane";
    Console.WriteLine(scooby.name + "  is a " + scooby.breed + ".");
    Console.WriteLine("He is " + scooby.age + " years old.");
}
```

程序的输出结果如下：

```
Name:Balto
Breed:Siberian Husky;
Age in human years:52
Scooby is a Great Dane.
He is 42 yaers old.
```

拓展提高

1. 表达式体方法

在 C# 语言中提供了 Lambda 表达式，给编写程序带来了很多的便利，在 C# 6.0 中还提供了表达式体方法(Expression-bodied Method)的新功能,表达式体方法直接使用=>的形式来实现。具体的语法形式如下:

```
访问修饰符    修饰符    返回值类型    方法名(参数列表) => 表达式;
```

这里需要注意的是,如果在方法定义中定义了返回值类型,在表达式中不必使用 return 关键字,只需要计算值即可。这种形式只能用在方法中只有一条语句的情况下,方便方法的书写。例如:

```
class LambdaClass
{
    public static int Add(int a, int b) => a + b;
}
```

2. 部分类

在 C# 语言中提供了一个部分类(partial),它用于表示一个类中的一部分。一个类可以由多个部分类构成,定义部分类的语法形式如下:

```
访问修饰符    修饰符    partial class    类名{ … }
```

在这里,partial 即为定义部分类的关键字。部分类主要用于当一个类中的内容较多时将相似类中的内容拆分到不同的类中,并且部分类的名称必须相同。

4.2 属性和索引器

在面向对象的程序设计中,将数据和方法封装到类中,并提供接口供用户访问。本情景将进一步完善学生类的定义,以保证学生对象数据的合理性,如图 4-2 所示。

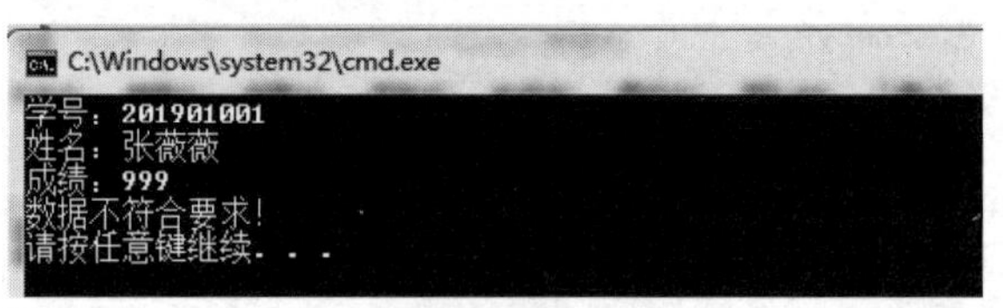

图 4-2 属性的用法

(1) 启动 Visual Studio 2017,新建控制台项目 UseProperty。在"解决方案资源管理器"窗口右击,在弹出的快捷菜单中选择"添加"→"类"命令,在弹出的对话框中的"名称"文本框中输入类名 Student,编译器自动生成类文件 Student. cs。修改类文件 Student. cs,添加如下代码:

```
class Student
{
    //字段定义
```

```
    string  _sid;
    string  _name;
    int    _grade;
    //属性定义
    public string SID
    {
        get { return _sid; }
        set {_sid = value; }
    }
    public string Name
    {
        get { return  _name; }
        set { _name = value; }
    }
    public int Grade
    {
        get { return _grade; }
        set
        {
            if (value >= 0 && value <= 100)
              _grade = value;
            else
            {
                Console.WriteLine("数据不符合要求!");
                return;
            }
        }
    }
}
```

(2) 在 Program.cs 中添加如下代码:

```
static void Main(string[] args)
{
    //实例化学生对象
    Student student = new Student();
    Console.Write("学号: ");
    student.SID = Console.ReadLine();
    Console.Write("姓名: ");
    student.Name = Console.ReadLine();
    Console.Write("成绩: ");
    student.Grade = Convert.ToInt32(Console.ReadLine());
}
```

(3) 编译和运行程序。按 Ctrl+F5 组合键运行该程序,运行结果如图 4-2 所示。

视频讲解

知识链接

4.2.1 属性——访问字段更优雅

属性是字段的扩展,提供灵活的机制来读取、编写或计算私有字段的值。属性可以为公共数据成员提供便利，而又不会带来不受保护、不受控制以及未经验证访问对象数据的风险。这是通过访问器来实现的：访问器是为基础数据成员赋值和检索其值的特殊方法。使用 set 访问器可以为数据成员赋值，使用 get 访问器可以检索数据成员的值。

属性的声明方式与字段类似，不同之处在于，属性声明在以分隔符“{”和“}”内写入的 get 访问器和/或 set 访问器结束，而不是以分号结束。属性的声明语法如下所示：

```
<访问修饰符>    <类型>  <属性名>
{
 get { get 访问器体; };
 set { set 访问器体; }
}
```

不具有 set 访问器的属性被视为只读属性，不具有 get 访问器的属性被视为只写属性，同时具有这两个访问器的属性是读写属性。当读取属性时，执行 get 访问器的代码块。当向属性分配一个新值时，执行 set 访问器的代码块。下面的代码演示了属性的用法。

```
public class Date
{
    private int month = 7;

    public int Month
    {
        get
        {
            return month;
        }
        set
        {
            if ((value > 0) && (value < 13))
            {
                month = value;
            }
        }
    }
}
```

在此示例中，Month 是作为属性声明的，这样 set 访问器可确保 Month 值设置为 1～12。Month 属性使用私有字段来跟踪实际值。属性数据的真实位置经常称为属性的“后备存储”。属性使用作为后备存储的私有字段是很常见的。将字段标记为私有可确保该字段只能通过调用属性来更改。

可将属性标记为 public、private、protected、internal 或 protected internal。这些访问修饰符定义类的用户如何才能访问属性。同一属性的 get 访问器和 set 访问器可能具有不同的访问修饰符。例如，get 可能是 public 以允许来自类型外的只读访问；set 可能是 private 或 protected。

当属性访问器中不需要其他逻辑时，自动实现的属性可使属性声明变得更加简洁。当使用如下面的示例所示声明属性时，编译器将创建一个私有的匿名后备字段，该字段只能通过属性的 get 访问器和 set 访问器进行访问。下面的示例演示了一个具有某些自动实现的属性的简单类：

```
class LightweightCustomer
{
    public double TotalPurchases { get; set; }
    public string Name { get; private set; }              //read - only
    public int CustomerID { get; private set; }           //read - only
}
```

自动实现的属性必须同时声明 get 访问器和 set 访问器。若要创建 readonly 自动实现属性，则给予它 private set 访问器。

4.2.2 索引器——聪明的数组

借助索引器成员，可以将对象像处理数组一样。索引器的声明方式与属性类似，不同之处在于，索引器成员名称格式为 this 后跟在分隔符“[”和“]”内写入的参数列表。这些参数在索引器的访问器中可用。索引器定义的格式如下：

```
<修饰符>  <类型>  this [参数表]
{
  //get 访问器和 set 访问器代码;
}
```

下面的示例说明了索引器的用法。新建控制台程序 IndexerSample，定义照片类 Photo，用来存放照片的信息。在类 Album 中定义索引器分别按索引和名称检索照片。关键代码如下：

```
class Photo                              //定义照片类
{
    string _title;                       //照片标题
    public Photo(string title)           //构造函数
    {
        this._title = title;
    }
    public string Title                  //只读属性
    {
        get
        {
            return _title;
        }
    }
}
class Album                              //类的定义
{
    Photo[ ] photos;                     //该数组用于存放照片
    public Album(int capacity)
    {
        photos = new Photo[capacity];
    }
    //带有 int 参数的 Photo 读写索引器
```

```
        public Photo this[int index]
        {
            get
            {   //验证索引范围
                if (index < 0 || index >= photos.Length)
                {
                    Console.WriteLine("索引无效");
                    //使用 null 表示失败
                    return null;
                }
                //对于有效索引,返回请求的照片
                return photos[index];
            }
            set
            {
                if (index < 0 || index >= photos.Length)
                {
                    Console.WriteLine("索引无效");
                    return;
                }
                photos[index] = value;
            }
        }
        //带有 string 参数的 Photo 只读索引器
        public Photo this[string title]
        {
            get
            {
                //遍历数组中的所有照片
                foreach (Photo p in photos)
                {
                    //将照片中的标题与索引器参数进行比较
                    if (p.Title == title)
                        return p;
                }
                Console.WriteLine("未找到");
                //使用 null 表示失败
                return null;
            }
        }
    }
    //主函数
    static void Main(string[] args)
    {
        Album family = new Album(3);        //创建一个容量为 3 的相册
        //创建 3 张照片
        Photo first = new Photo("Jeny");
        Photo second = new Photo("Smith");
        Photo third = new Photo("Lono");
        //向相册加载照片
        family[0] = first;
```

```
        family[1] = second;
        family[2] = third;
        //按索引检索
        Photo objPhoto1 = family[2];
        Console.WriteLine(objPhoto1.Title);
        //按名称检索
        Photo objPhoto2 = family["Jeny"];
        Console.WriteLine(objPhoto2.Title);
    }
```

程序的运行结果如图 4-3 所示。

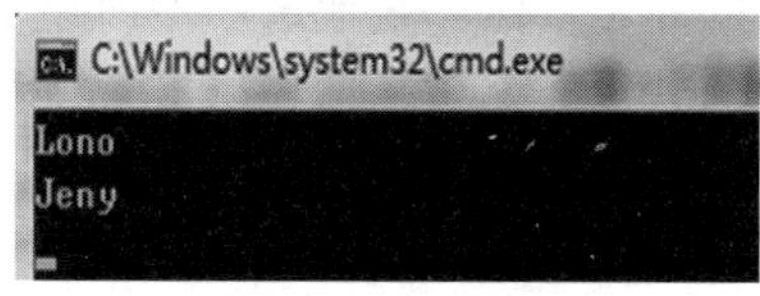

图 4-3　索引器的用法

4.2.3　静态类和静态成员

静态类和类成员用于创建无须创建类的实例就能够访问的数据和方法。静态类成员可用于分离独立于任何对象标识的数据和行为：无论对象发生什么更改，这些数据和方法都不会随之变化。当类中没有依赖对象标识的数据或行为时，就可以使用静态类。

1. 静态类

类可以声明为 static，以指示它仅包含静态成员。不能使用 new 关键字创建静态类的实例。静态类在加载包含该类的程序或命名空间时由.NET Framework 公共语言运行库(CLR)自动加载。静态类的主要功能如下：

- 它们仅包含静态成员。
- 它们不能被实例化。
- 它们是密封的。
- 它们不能包含实例构造函数。

因此，创建静态类与创建仅包含静态成员和私有构造函数的类大致一样。私有构造函数阻止类被实例化。使用静态类的优点在于，编译器能够执行检查以确保不致偶然地添加实例成员。编译器将保证不会创建此类的实例。

静态类是密封的，因此不可被继承。静态类不能包含构造函数，但仍可声明静态构造函数以分配初始值或设置某个静态状态。

使用静态类作为不与特定对象关联方法的组织单元。例如，创建一组不操作实例数据并且不与代码中的特定对象关联的方法是很常见的要求。此外，静态类能够使实现更简单、迅速，因为不必创建对象就能调用其方法。

假设有一个类 CompanyInfo，它包含用于获取有关公司名称和地址信息的方法，不需要将这些方法附加到该类的具体实例。因此，可以将它声明为静态类，而不是创建此类的不必要实例，如下所示：

```
static class CompanyInfo
```

```
{
    public static string GetCompanyName() { return "CompanyName"; }
    public static string GetCompanyAddress() { return "CompanyAddress"; }
    //...
}
```


2. 静态成员

静态成员被类的所有实例共享,所有实例都访问同一内存位置,即使没有创建类的实例,也可以调用该类中的静态成员。如果创建了该类的任何实例,则不能使用实例来访问静态成员。静态成员通常用于表示不会随对象状态变化而变化的数据或计算。例如,数学库可能包含用于计算正弦和余弦的静态方法。在成员的返回类型之前使用 static 关键字来声明静态类成员。例如:

```
public class Automobile
{
    public static int NumberOfWheels = 4;                //静态字段
    public static int SizeOfGasTank                      //静态属性
    {
        get {  return  15; }
    }
    public static void Drive() { }                       //静态方法
    public static event EventType RunOutOfGas;           //静态事件
    //其他非静态字段和属性
}
```

静态成员在第一次被访问之前并且在任何静态构造函数(如调用的话)之前初始化。若要访问静态类成员,应使用类名而不是变量名来指定该成员的位置。例如:

```
Automobile.Drive();
int i = Automobile.NumberOfWheels;
```

视频讲解

4.2.4 值参数和引用参数

参数是在方法开始执行时把数据传入方法的特殊变量,用于将值或变量引用传递给方法。方法参数从调用方法时指定的变量中获取其实际值。有 4 类参数:值参数、引用参数、输出参数和参数数组。下面介绍前 3 种。

1. 值参数

使用值参数,通过将实参(初始化形参的变量或表达式)的值复制到形参(声明在方法的参数列表中的变量)的方式把数据传递给方法,修改形参不会影响为其传递的值的实参。值参数的形参不一定是变量,可以是任何能计算成相应数据类型的表达式。值参数也可以指定默认值,从而省略相应的参数变量,这样值参数就是可选的。下面的示例展示了值参数的用法。

```
//交换两个数的值
class ValueExample
{
    static void Swap( int x, int y)
    {
        int temp = x;
```

```
        x = y;
        y = temp;
    }
    public static void SwapExample()
    {
        int i = 1, j = 2;
        Swap( i, j);
        Console.WriteLine( $ "{i} {j}");                    //输出结果为: "1 2"
    }
}
```

2. 引用参数

使用引用参数,必须在方法的声明和调用中使用 ref 修饰符。引用参数的实参必须是具有确定值的变量。如果是引用类型变量,则可以赋值为一个引用或 null。下面的代码展示了引用参数的声明和调用语法。

```
//交换两个数的值
class RefExample
{
    static void Swap(ref int x, ref int y)
    {
        int temp = x;
        x = y;
        y = temp;
    }
    public static void SwapExample()
    {
        int i = 1, j = 2;
        Swap(ref i, ref j);
        Console.WriteLine( $ "{i} {j}");                    //输出结果为: "2 1"
    }
}
```

3. 输出参数

输出参数用于从方法体内把数据传出到调用代码,输出参数与引用参数类似,不同之处在于,不要求向调用方提供的实参显式赋值。输出参数在声明和调用中都使用 out 修饰符。下面的示例演示如何使用输出参数。

```
class OutExample
{
    static void Divide(int x, int y, out int result, out int remainder)
    {
        result = x / y;
        remainder = x % y;
    }
    public static void OutUsage()
    {
        Divide(10, 3, out int res, out int rem);
        Console.WriteLine("{0} {1}", res, rem);             //输出"3 1"
    }
}
```

1. C#对象初始化器

在 C# 3.0 中增加了一个名为“对象初始化器”(Object Initializer)的特性,它能初始化一个对象中所有允许访问的字段和属性。具体地说,在创建对象的构造器调用之后,现在可以增加一对大括号,并在其中添加一个成员初始化列表。每个成员的初始化操作都是一个赋值操作,等号左边是一个允许访问的字段属性,右边则是具体要赋的值。例如,创建一个 Student 对象,通过其属性初始化对象。

```
Student str = new Student();
stu.Name = "张三";
stu.Sex = "男";
stu.Age = "25";
```

可以用对象初始化器简化上面的代码:

```
Student stu = new Student {Name = "张三",Sex = "男",Age = 25};
```

这段代码和上边的代码具有完全相同的功能,只是更简洁和易用。

2. 参数数组

有时,当声明一个方法时,不能确定要传递给函数作为参数的参数数目。C#参数数组解决了这个问题,参数数组通常用于传递未知数量的参数给函数。在使用数组作为形参时,C#提供了 params 关键字,使调用数组为形参的方法时,既可以传递数组实参,也可以传递一组数组元素。params 的使用格式为:

```
public 返回类型 方法名称( params 类型名称[] 数组名称 )
```

下面的例子演示了参数数组的用法:

```
static int SumVals(params int[] vals)
{
    int sum = 0;
    foreach (int val in vals)  {     sum += val;  }
    return sum;
}
```

函数 SumVals 有一个参数数组,即 vals,在定义该参数时,需要使用 params 参数。在调用该函数时,可以给参数输入多个实参。

视频讲解

4.3 继承、多态和接口

任务描述

某企业的管理人员、销售人员和计件工人的工资计算方法各不相同。管理人员采用固定月薪,销售人员的工资是固定工资加上销售提成,计件工人的工资取决于其生产的产品数量。请结合上述描述,使用面向对象的方法开发一个简单的工资管理系统,如图 4-4 所示。

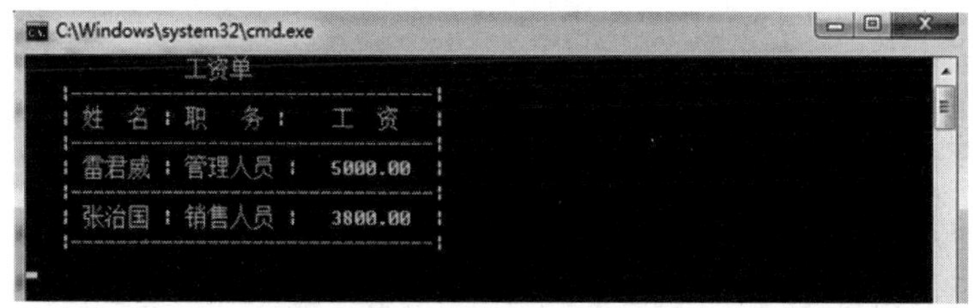

图 4-4 简单工资管理系统

任务实施

(1) 新建项目。启动 Visual Studio 2017，新建控制台项目 EmployeeSalary，并将项目保存到指定文件夹。

(2) 添加类文件。在项目中添加类 Employee、Boss 和 CommissionWorker。在生成的类文件中添加下列代码：

```
//声明类 Employee
class Employee
{
    protected string name;                      //姓名
    protected float salary;                     //工资
    public Employee(string name)
    {
        this.name = name;
        salary = 0F;
    }
    //计算工资虚方法
    public virtual void Earnings() {      }
    //输出工资
    public void PrintSalary()
    {
        Console.WriteLine("              工资单");
        Console.WriteLine("  |--------------------------------|");
        Console.WriteLine("  |姓  名|职   务|    工  资    |");
        Console.WriteLine("  |--------------------------------|");
    }
}
//声明 Boss 类
class Boss:Employee
{
    public Boss(string name) : base(name) { }
    //重写基类同名虚方法
    public override void Earnings()
    {
        this.salary = 5000.00F;
    }
    //隐藏基类同名方法
    new public void PrintSalary()
    {
```

```
            Console.WriteLine("    |{0,3}|管理人员|   {1,8:F2}  |",name,salary);
            Console.WriteLine("    |---------------------------------|");
        }
    }
    //声明 CommissionWorker
    class CommissionWorker : Employee
    {
        private int quantity;
        public CommissionWorker(string name, int quantity)
            : base(name)
        {
            this.quantity = quantity;
        }
        public override void Earnings()             //重写基类同名虚方法
        {
            this.salary = (float) (2000 + quantity * 12.00 * 0.05);
        }
        new public void PrintSalary()
        {
            Console.WriteLine("    |{0,3}|销售人员|   {1,8:F2}  |", name, salary);
            Console.WriteLine("    |---------------------------------|");
        }
    }
```

(3) 修改 Program.cs 文件。在 Program.cs 文件的 Main()方法中添加如下代码:

```
static void Main(string[] args)
{
    //实例化对象
    Boss boss = new Boss("雷君威");
    CommissionWorker comm = new CommissionWorker("张治国", 3000);     //实例化对象
    Employee e = boss as Employee;                                  //子类转换为基类
    //调用方法,计算工资
    boss.Earnings();
    comm.Earnings();
    //输出工资
    e.PrintSalary();
    boss.PrintSalary();
    comm.PrintSalary();
}
```

(4) 编译和运行程序。按 Ctrl+F5 组合键运行该程序,运行结果如图 4-4 所示。

知识链接

4.3.1 继承

在现实世界中,许多实体之间不是相互孤立的,它们往往具有共同的特征,也存在内在的差别,可以采用层次结构来描述这些实体之间的相似之处和不同之处。为了用软件语言对现实世界中的层次结构进行模型化,面向对象的程序设计技术引入了继承的概念。继承

是面向对象程序设计的主要特征之一，它可以实现重用代码，节省程序设计的时间。继承就是在类之间建立一种相交关系，使得新定义的派生类的实例可以继承已有的基类的特征和能力，而且可以加入新的特性或者是修改已有的特性建立起类的新层次。

C＃中提供了类的继承机制，但只支持单继承，而不支持多继承，即在C＃中一次只允许继承一个类，不能同时继承多个类。C＃中的继承符合下列规则：

- 继承是可传递的。如果C从B中派生，B又从A中派生，那么C不仅继承了B中声明的成员，同样也继承了A中的成员。Object类作为所有类的基类。
- 派生类应当是对基类的扩展。派生类可以添加新的成员，但不能除去已经继承的成员的定义。
- 构造函数和析构函数不能被继承。除此之外的其他成员，不论对它们定义了怎样的访问方式，都能被继承。基类中成员的访问方式只能决定派生类能否访问它们。
- 派生类如果定义了与继承而来的成员同名的新成员，就可以覆盖已继承的成员。但这并不因为派生类删除了这些成员，只是不能再访问这些成员。
- 类可以定义虚方法、虚属性以及虚索引指示器，它的派生类能够重写这些成员，从而实现类可以展示出多态性。

在C＃语言中，可以采用以下方式来实现一个类从其他类继承：在声明类时，在类名称后放置一个冒号，然后在冒号后指定要从中继承的类(即基类)。例如：

```
public class A                    //基类
{
    public A() { }
}
public class B : A                //派生类
{
    public B() { }
}
```

新类(即派生类)将获取基类的所有非私有数据和行为以及新类为自己定义的所有其他数据或行为。因此，新类具有两个有效类型：新类的类型和它继承的类的类型。

下面的代码描述了交通工具之间的继承关系。Vehicle作为基类，体现了“汽车”这个实体具有的公共性质：汽车都有轮子和质量。Car类继承了Vehicle的这些性质，并且添加了自身的特性：可以搭载乘客。

```
class Vehicle                      //定义交通工具(汽车)类
{
    protected int wheels ;         //保护成员：轮子个数
    protected float weight ;       //保护成员：质量

    public Vehicle(int w,float g)
    {
        wheels = w ;
        weight = g ;
    }
    public void Speak( )
```

```
        {
            Console.WriteLine("交通工具的轮子个数是可以变化的！");
        }
    }
    //定义轿车类：从汽车类中继承
    class Car:Vehicle
    {
        int passengers ;            //私有成员：乘客数
        public Car(int w , float g , int p) : base(w, g)
        {
            passengers = p ;
        }
    }
```

1. 派生类对基类成员的访问

定义一个类从其他类派生时，派生类隐式获得基类的除构造函数和析构函数以外的所有成员。派生类可以访问基类的公共成员，不能访问基类的私有成员。但是，所有这些私有成员在派生类中仍然存在，且执行与基类自身中相同的工作。为了解决基类成员访问问题，C#还提供了另外一个可访问成员：protected 成员。只有子类（派生类）才能访问 protected 成员，基类和外部代码都不能访问 protected 成员。

除了成员的保护级别外，还可以为成员定义其继承的行为。基类的成员可以是虚拟的（Virtual），成员可以由继承它的类重写（Override）。子类（派生类）可以提供成员的其他执行代码，这种执行代码不会删除原来的代码，仍可以在类中访问原来的代码，但外部代码不能访问它们。如果没有提供其他执行方式，外部代码就直接访问基类中成员的执行代码。

另外，基类还可以定义为抽象类。抽象类不能直接实例化。抽象类的用途是提供多个派生类可共享的基类的公共定义。例如，类库可以定义一个作为其多个函数的参数的抽象类，并要求程序员使用该库通过创建派生类来提供自己的类实现。要使用抽象类就必须继承这个类，然后再实例化。

在 C#中使用关键字 abstract 来定义抽象类和抽象方法。抽象方法没有实现，所以方法定义后面是分号，而不是常规的方法块。抽象类的派生类必须实现所有抽象方法。当抽象类从基类继承虚方法时，抽象类可以使用抽象方法重写该虚方法。例如：

```
public class D
{
    public virtual void DoWork(int i)     { //原始应用 }
}
public abstract class E : D
{
    public abstract override void DoWork(int i);
}

public class F : E
{
    public override void DoWork(int i)   { //新应用 }
}
```

2. 访问基类成员

在派生类中,可以通过 base 关键字访问基类的成员,调用基类上已被其他方法重写的方法或者指定创建派生类实例时应调用的基类构造函数。但是,基类访问只能在构造函数、实例方法或实例属性访问器中进行。在静态方法中使用 base 关键字是错误的。下面程序中基类 Person 和派生类 Employee 都有一个名为 Getinfo 的方法。通过使用 base 关键字,可以从派生类中调用基类上的 Getinfo()方法。

```
//基类定义
public class Person
{
    protected string ssn = "111 - 222 - 333 - 444" ;
    protected string name = "张三" ;
    public virtual void GetInfo()
    {
        Console.WriteLine("姓名: {0}", name) ;
        Console.WriteLine("编号: {0}", ssn) ;
    }
}
//派生类定义
class Employee: Person
{
    public string id = "ABC567EFG23267" ;
    public override void GetInfo()
    {
        base.GetInfo();  //调用基类的 GetInfo()方法
        Console.WriteLine("成员 ID: {0}", id) ;
    }
}
```

3. 隐藏基类成员

使用 new 修饰符可以显式隐藏从基类继承的成员。若要隐藏继承的成员,则使用相同名称在派生类中声明该成员,并用 new 修饰符修饰它。例如:

```
public class MyBase                          //基类
{
    public int x ;
    public void MyVoke() ;
}
```

在派生类中用 MyVoke 名称声明成员会隐藏基类中的 MyVoke()方法,即

```
public class MyDerived: MyBase
{
    new public void MyVoke ();
}
```

但是,因为字段 x 不是通过类似名称隐藏的,所以不会影响该字段。

4. 密封类

继承机制可以实现代码重用,但是如果滥用继承也会造成类的层次体系庞大,各个类之

间的关系变得杂乱无章，从而影响类的理解和使用。为了防止一个类被继承，C#提出密封类的概念。

密封类在声明中使用 sealed 修饰符，这样就可以防止该类被其他类继承。如果试图将一个密封类作为其他类的基类，C#将提示出错。理所当然，密封类不能同时是抽象类，因为抽象总是希望被继承的。

在哪些场合下使用密封类呢？密封类可以阻止其他程序在无意中继承该类，而且密封类可以起到运行时优化的效果。实际上，密封类中不可能有派生类。如果密封类实例中存在虚成员函数，则该成员函数可以转换为非虚成员函数，函数修饰符 virtual 不再生效。例如：

```
abstract class A                        //抽象类 A
{
    public abstract void F();
}
sealed class B: A                       //定义密封类 B,从 A 继承
{
    public override void F() { //F 的具体实现代码 }
}
```

如果尝试写下面的代码：

```
class C: B{ }
```

C#会指出这是一个错误，告诉用户 B 是一个密封类，不能试图从 B 中派生任何类。

4.3.2 多态——同一问题不同结果

多态常被视为自封装和继承之后面向对象的编程的第三个支柱。Polymorphism（多态）是从一个希腊单词来的，指“多种形态”。在 C#中，多态是指同一操作作用于不同的类的实例，不同的类将进行不同的解释，最后产生不同的执行结果。C#支持两种类型的多态：

1. 编译时的多态

编译时的多态是通过重载来实现的。对于非虚的成员来说，系统在编译时根据传递的参数、返回的类型等信息决定实现何种操作。

2. 运行时的多态

运行时的多态就是指直到系统运行时，才根据实际情况决定实现何种操作。C#中，运行时的多态通过在派生类重写基类虚方法来实现。

虚方法允许以统一方式处理多组相关的对象。例如，假定有一个绘图应用程序，允许用户在绘图画面上创建各种形状。在编译时不知道用户将创建哪些特定类型的形状。但应用程序必须跟踪创建的所有类型的形状，并且必须更新这些形状以响应用户的鼠标操作。可以使用多态来解决这一问题。

【编程示例】 新建控制台程序 PolymorphismSample，创建一个名为 Shape 的基类，并创建一些派生类，例如 Rectangle、Circle 和 Triangle。为 Shape 类提供一个名为 Draw 的虚方法，并在每个派生类中重写该方法以绘制该类表示的特定形状。创建一个 List < Shape >

对象，并向该对象添加 Circle、Triangle 和 Rectangle。若要更新绘图画面，则使用 foreach 循环语句对该列表进行循环访问，并对其中的每个 Shape 对象都调用 Draw()方法。虽然列表中的每个对象都具有声明类型 Shape，但调用的将是运行时类型（该方法在每个派生类中的重写版本）。关键代码如下：

```
public class Shape
{
    public virtual void Draw()          //定义虚方法
    {
        Console.WriteLine("完成基类的画图任务!");
    }
}
//圆形类
class Circle : Shape
{
    public override void Draw()         //重写虚方法
    {
        //画圆的代码
        Console.WriteLine("正在绘制圆形!");
        base.Draw();
    }
}
//矩形类
class Rectangle : Shape
{
    public override void Draw()
    {
        //画矩形的代码
        Console.WriteLine("正在绘制矩形!");
        base.Draw();
    }
}
//多边形类
class Triangle : Shape
{
    public override void Draw()
    {
        //画多边形的代码
        Console.WriteLine("正在绘制多边形!");
        base.Draw();
    }
}
//主程序类
class Program
{
    static void Main(string[] args)
    {
        System.Collections.Generic.List<Shape> shapes = new System.Collections.Generic.
List<Shape>();
        shapes.Add(new Rectangle());
```

```
            shapes.Add(new Triangle());
            shapes.Add(new Circle());
            //多态机制：调用每个派生类重写的虚方法
            foreach (Shape s in shapes)
            {
                s.Draw();
            }
            Console.ReadKey();
        }
    }
```

程序的运行结果如图 4-5 所示。

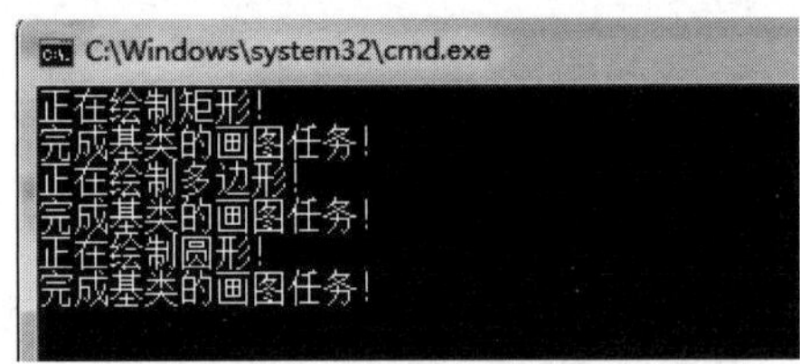

图 4-5　多态示例

仅当基类成员声明为 virtual 或 abstract 时，派生类才能重写基类成员。派生成员必须使用 override 关键字显式指示该方法将参与虚调用。字段不能是虚拟的，只有方法、属性、事件和索引器才可以是虚拟的。当派生类重写某个虚拟成员时，即使该派生类的实例被当作基类的实例访问，也会调用该成员。例如：

```
//基类定义
public class BaseClass
{
    public virtual void DoWork() { }
    public virtual int WorkProperty
    {
        get { return 0; }
    }
}
//派生类定义
public class DerivedClass : BaseClass
{
    public override void DoWork() { }
    public override int WorkProperty
    {
        get { return 0; }
    }
}
//实例化对象
DerivedClass B = new DerivedClass();
B.DoWork();                                    //调用新方法

BaseClass A = (BaseClass)B;
A.DoWork();                                    //也调用新方法
```

如果希望派生成员具有与基类中的成员相同的名称，但又不希望派生成员参与虚调用，则可以使用 new 关键字。new 关键字放置在要替换的类成员的返回类型之前。通过将派生类的实例强制转换为基类的实例，仍然可以从客户端代码访问隐藏的基类成员。例如：

```
public class BaseClass
{
    public void DoWork() { WorkField++; }
    public int WorkField;
    public int WorkProperty
    {
        get { return 0; }
    }
}

public class DerivedClass : BaseClass
{
    public new void DoWork() { WorkField++; }
    public new int WorkField;
    public new int WorkProperty
    {
        get { return 0; }
    }
}
DerivedClass B = new DerivedClass();
B.DoWork();                              //调用新方法

BaseClass A = (BaseClass)B;
A.DoWork();                              //调用老方法
```

4.3.3 接口——让类信守承诺

C#不支持多重继承，但是客观世界出现多重继承的情况又比较多，为了避免传统的多重继承给程序带来的复杂性等问题，C#提出了接口的概念，通过接口可以实现多重继承的功能。

接口包含类或结构可以实现的一组相关功能的定义。实现接口的类或结构要与接口的定义严格一致。接口中只能包含方法、属性、索引器和事件的声明。不允许声明成员上的修饰符，即使是 pubilc 都不行，因为接口成员总是公有的，也不能声明为虚拟的和静态的。如果需要修饰符，最好让实现类来声明。在 C#中，可以使用 interface 关键字定义接口，具体语法如下：

```
修饰符 interface 接口名称 : 继承的接口列表
{
  //接口内容
}
```

其中，除 interface 和接口名称外，其他都是可选项。例如，下面的代码声明了银行账户的接口。

```
public interface IBankAccount
{
    void PayIn(decimal amount);
    bool Withdraw(decimal amount);
    decimal Balance    {    get;    }
}
```

接口也可以彼此继承，就像类的继承一样。例如，下面的代码声明了一个接口ITransferBankAccount，它继承于IBankAccount接口。

```
interface ITransferBankAccount : IBankAccount
{
    bool TransferTo(IBankAccount destination, decimal amount);
}
```

类和结构可以像类继承基类或结构一样从接口继承，而且可以继承多个接口。当类或结构继承接口时，它继承成员定义但不继承实现。若要实现接口成员，类中的对应成员必须是公共的、非静态的，并且与接口成员具有相同的名称和签名。类的属性和索引器可以为接口上定义的属性或索引器定义额外的访问器。例如，接口可以声明一个带有get访问器的属性，而实现该接口的类可以声明同时带有get访问器和set访问器的同一属性。但是，如果属性或索引器使用显式实现，则访问器必须匹配。

接口可以继承其他接口。类可以通过其继承的基类或接口多次继承某个接口。在这种情况下，如果将该接口声明为新类的一部分，则类只能实现该接口一次。如果没有将继承的接口声明为新类的一部分，其实现将由声明它的基类提供。基类可以使用虚拟成员实现接口成员，在这种情况下，继承接口的类可通过重写虚拟成员来更改接口行为。

下面的例子说明了接口的用法。一个银行账户的接口(声明如上)和两个不同银行账户的实现类都继承于这个接口。两个账户类的定义如下：

```
//定义账户类 SaverAccount
class SaverAccount : IBankAccount
{
    private decimal balance;
    public decimal Balance
    {
        get    { return balance;  }
    }
    public void PayIn(decimal amount)
    {
        balance += amount;
    }
    public bool Withdraw(decimal amount)
    {
        if (balance >= amount)
        {
            balance -= amount;
            return true;
        }
        Console.WriteLine("Withdraw failed.");
```

```
            return false;
        }
        public override string ToString()
        {
            return String.Format("Venus Bank Saver:Balance = {0,6:C}", balance);
        }
    }
    //定义账户类 GoldAccount
    class GoldAccount : IBankAccount
    {
        private decimal balance;
        public decimal Balance
        {
            get   {   return balance;   }
        }
        public void PayIn(decimal amount)
        {
            balance += amount;
        }
        public bool Withdraw(decimal amount)
        {
            if (balance >= amount)
            {
                balance -= amount;
                return true;
            }
            Console.WriteLine("Withdraw failed.");
            return false;
        }
        public override string ToString()
        {
            return String.Format("Jupiter Bank Saver:Balance = {0,6:C}", balance);
        }
    }
```

可见，这两个实现类都继承了 IBankAccount 接口，因此它们必须要实现接口中的所有声明的方法。否则，编译就会出错。让我们来测试一下，下面是测试代码：

```
    static void Main(string[] args)
    {
        IBankAccount venusAccount = new SaverAccount();
        IBankAccount jupiterAccount = new GoldAccount ();
        venusAccount.PayIn(200);
        jupiterAccount.PayIn(500);
        Console.WriteLine(venusAccount.ToString());
        jupiterAccount.PayIn(400);
        jupiterAccount.Withdraw(500);
        jupiterAccount.Withdraw(100);
        Console.WriteLine(jupiterAccount.ToString());
    }
```

注意开头两句,我们把它们声明为 IBankAccount 引用的方式,而没有声明为类的引用,为什么呢?因为这样就可以让它指向执行这个接口的任何类的实例了,比较灵活。但这也有一个缺点,如果我们要执行不属于接口的方法,例如这里重载的 ToString()方法,就要先把接口的引用强制转换为合适的类型。

拓展提高

1. is 和 as 运算符

由于对象是多态的,因此基类类型的变量可以保存派生类型。若要访问派生类型的方法,需要将值强制转换回该派生类型。不过,在这些情况下,如果只尝试进行简单的强制转换,会导致引发 InvalidCastException 的风险。为了避免异常导致的低效和代码的不简洁,C# 提供 is 和 as 运算符来进行转换。可以使用这两个运算符来测试强制转换是否会成功,而没有引发异常的风险。

is 运算符检查对象是否与给定类型兼容。例如,if(obj is MyObject)将检查对象 obj 是否为 MyObject 类型的一个实例,或者是从 MyObject 派生的一个类型的实例。

as 运算符用于在兼容的引用类型之间执行类似于强制类型转换的操作。与强制类型转换不同的是,如果无法进行转换,as 运算符将返回 null 而不是引发异常。

2. 编程实践

设计一个抽象基类 Worker,并从该基类中派生出计时工人类 HourlyWorker 和计薪工人类 SalariedWorker。每名工人都具有姓名(name)、年龄(age)、性别(sex)和小时工资额(pay_per_hour)等属性和周薪计算成员函数 void Compute_pay(double hours),其中,参数 hours 为每周的实际工作时数。工人的薪金等级以小时工资额划分:计时工人的薪金等级分为 10 元/h、20 元/h 和 40 元/h 三个等级;计薪工人的薪金等级分为 30 元/h 和 50 元/h 两个等级。

不同类别和等级工人的周薪计算方法不同,计时工人周薪的计算方法是:如果每周的工作时数在 40h 以内,则周薪=小时工资额×实际工作时数;如果每周的工作时数超过 40h,则周薪=小时工资额×40+1.5×小时工资额×(实际工作时数-40)。

而计薪工周薪的计算方法是:如果每周的实际工作时数不少于 35h,则按 40h 计周薪(允许有半个工作日的事/病假),超出 40h 部分不计薪,即周薪=小时工资额×40;如果每周的实际工作时数少于 35h(不含 35h),则周薪=小时工资额×实际工作时数+0.5×小时工资额×(35-实际工作时数)。

要求:定义 Worker、HourlyWorker 和 SalariedWorker 类,并实现它们的不同周薪计算方法。在主函数 Main()中使用 HourlyWorker 和 SalariedWorker 类完成如下操作。

① 通过控制台输入输出操作顺序完成对 5 个工人的基本信息(姓名、年龄、性别、类别和薪金等级)的注册。注意,5 个工人应分属于两类工人的 5 个等级。

② 通过一个菜单结构实现在 5 个工人中可以任意选择一个工人,显示该工人的基本信息,根据每周的实际工作时数(通过控制台输入)计算并显示该工人的周薪。直至选择退出操作。

4.4 委托和事件

视频讲解

任务描述

本任务编写一个简单的热水器报警模拟程序，即热水器开始对水加热，当水加热到95摄氏度(以下简称度)以上时，热水器的报警器开始报警，并且在屏幕上显示当前的水温，如图4-6所示。

```
C:\Windows\system32\cmd.exe
嘟嘟，水温95度，快开啦!
当前温度95度。
嘟嘟，水温96度，快开啦!
当前温度96度。
嘟嘟，水温97度，快开啦!
当前温度97度。
嘟嘟，水温98度，快开啦!
当前温度98度。
嘟嘟，水温99度，快开啦!
当前温度99度。
```

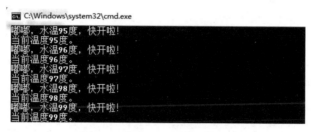

图4-6　热水器烧水模拟程序

任务实施

(1) 启动 Visual Studio 2017，新建控制台项目 EventHandler，并将项目保存到指定文件夹。

(2) 在项目中添加热水器类 Heater、报警器类 Alarm 和显示器类 Display。各个类的关键代码如下：

```
///<summary>
///热水器类
///</summary>
class Heater
{
    private int temperature;                                                  //水温
    public delegate void BoilEventHandler(object sender, BoilEventArgs e);   //定义委托
    public event BoilEventHandler boil;                                       //自定义事件
    //水温达到一定温度后开始执行事件
    public void OnBoil(BoilEventArgs e)
    {
      if (boil != null)
          boil(this, e);
    }
    //水从0度开始烧，当达到95度时开始报警
    public void BoilWater()
    {
        for (int i = 0; i < 100; i++)
        {
            temperature = i;
            if (temperature >= 95)
            {
```

```
                    BoilEventArgs e = new BoilEventArgs(temperature);
                    OnBoil(e);
                }
            }
        }
    }

    ///<summary>
    ///自定义事件参数,此类必须继承 EventArgs 类
    ///</summary>
    class BoilEventArgs : EventArgs
    {
        public readonly int temperature;                                    //水温
        public BoilEventArgs(int temperature)
        {
            this.temperature = temperature;
        }
    }

    ///<summary>
    ///报警器类,当水温达到一定程度时,发出声响提示用户水已开
    ///</summary>
    class Alarm
    {
        public void MakeAlarm(object sender, BoilEventArgs e)
        {
            Console.WriteLine(string.Format("嘟嘟,水温{0}度,快开啦!", e.temperature.ToString()));
        }
    }

    ///<summary>
    ///显示器类,当水温达到一定程度时,在屏幕上显示当前温度给用户看
    ///</summary>
    class Display
    {
        public static void ShowMessage(object sender, BoilEventArgs e)
        {
            Console.WriteLine(string.Format("当前温度{0}度.", e.temperature.ToString()));
        }
    }
```

(3) 在 Program.cs 文件的 Main()方法中添加如下代码:

```
static void Main(string[] args)
{
    Heater heater = new Heater();
    Alarm alarm = new Alarm();
    heater.boil += alarm.MakeAlarm;                                         //注册事件
    heater.boil += Display.ShowMessage;
    heater.BoilWater();
}
```

（4）按 Ctrl＋F5 组合键运行该程序，运行结果如图 4-6 所示。

知识链接

4.4.1 委托——函数也能当变量

在 C＃中，委托(Delegate)是一种引用类型，它实际上是一个能够持有对某个方法的引用的类，在委托对象中存放的不是对数据的引用，而是存放对方法的引用。通过使用委托把方法的引用封装在委托对象中，然后将委托对象传递给调用引用方法的代码。与其他的类不同，Delegate 类能够拥有一个签名(Signature)，并且它“只能持有与它的签名相匹配的方法的引用”。它所实现的功能与 C/C++ 中的函数指针十分相似。它允许你传递一个类 A 的方法 m()给另一个类 B 的对象，使得类 B 的对象能够调用这个方法 m()。

1. 委托的定义

委托类型的声明语法如下：

```
delegate  <返回类型>  <委托名> (<参数列表>)
```

其中，参数列表用来指定委托所匹配的方法的参数列表，是可选项，而返回值类型和委托名是必需项。下面的语句定义了一个委托 CheckDelegate：

```
public delegate void CheckDelegate(int number);
```

2. 委托的实例化

委托在.NET Framework 内相当于声明了一个类。类如果不实例化为对象，很多功能是没有办法使用的，委托也是如此。委托实例化的语法格式如下：

```
<委托类型>  <实例化名>  = new <委托类型>(<注册函数>)
```

下面的代码用函数 CheckMod 实例化上面的 CheckDelegate 委托为_checkDelegate：

```
CheckDelegate _checkDelegate = new CheckDelegate(CheckMod);
```

在.NET Framework 2.0 开始可以直接用匹配的函数实例化委托：

```
<委托类型>  <实例化名> = <注册函数>
```

例如，用函数 CheckMod 实例化上面的 CheckDelegate 委托为_checkDelegate，也可以采用下列代码：

```
CheckDelegate _checkDelegate = CheckMod;
```

实例化委托对象以后，就可以像使用其他类型一样来使用委托了，既可以把方法作为实体变量赋给委托，也可以将方法作为委托参数来传递。在上面的例子中执行_checkDelegate()就等同于执行 CheckMod()，最关键的是现在函数 CheckMod 相当于放在了变量当中，它可以传递给其他的 CheckDelegate 引用对象，而且可以作为函数参数传递到其他函数内，也可以作为函数的返回类型。

3. 用匿名方法初始化委托

上面为了初始化委托要定义一个方法是不是感觉有点麻烦？另外被赋予委托的方法一

般都是通过委托实例来调用的，很少会直接调用方法本身。在.NET Framework 2.0 时考虑到这种情况，于是匿名方法就诞生了，由于匿名方法没有名字，所以必须要用一个委托实例来引用它，定义匿名方法就是为了初始化委托。匿名方法初始化委托的原型如下：

```
<委托类型>  <实例化名> = new <委托类型>(delegate(<参数列表>){方法体});
```

当然在.NET Framework 2.0 后可以用：

```
<委托类型> <实例化名> = delegate(<参数列表>){方法体};
```

例如：

```
delegate void Func1(int i);
static Func1 t1  = new Func1(delegate(int i)    {    Console.WriteLine(i);  });
```

下面的程序代码说明了委托的定义与使用方法。首先定义一个类，在该类中定义了两个方法求两个数的最大值和最小值。具体代码如下：

```
class TestClass
{
    public void Max(int a, int b)
    {
        Console.WriteLine("now call max({0},{1})",a,b);
        int t  =  a > b?a:b;
        Console.WriteLine(t);
    }
    public void Min(int a, int b)
    {
        Console.WriteLine("now call min({0},{1})",a,b);
        int t  =  a < b?a:b;
        Console.WriteLine(t);
    }
}
```

在主函数中定义并实例化委托来调用这两个方法，输出两个数的最大值和最小值。具体代码如下：

```
Class Program
{
    //定义一个委托用来引用 Max(),Min()
    public delegate void MyDelegeate(int a, int b);
    static void Main(string[] args)
    {
        TestClass tc = new TestClass();
        int i  =  10;
        int j  =  55;
        MyDelegeate my = tc.Max;
        my(i,j);
        my = tc.Min;
        my(i,j);
        Console.ReadLine();
    }
}
```

程序的运行结果如图 4-7 所示。

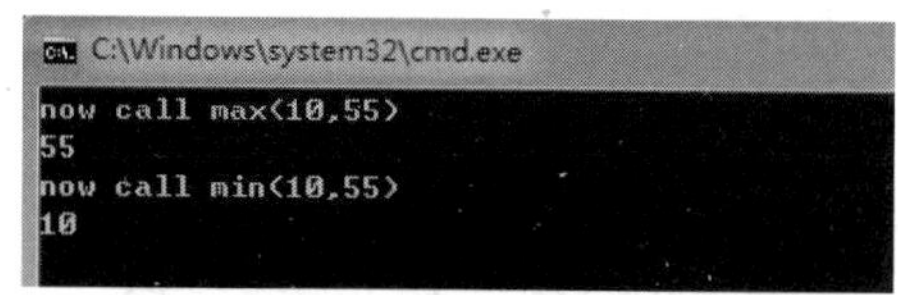

图 4-7　委托用法程序的运行结果

注意,任何类或对象中方法都可以通过委托来调用,唯一的要求是方法的参数类型和返回值必须与委托的参数类型和返回值完全匹配。

4.4.2　事件——悄悄地告诉你

事件(Event)可以理解为某个对象所发出的消息,以通知特定动作(行为)的发生或状态的改变。行为的发生可能是来自用户交互,如单击;也可能源自其他的程序逻辑。在这里,触发事件的对象被称为事件(消息)发出者,捕获和响应事件的对象被称作事件接收者。

在事件(消息)通信中,负责事件发起的类对象并不知道哪个对象或方法会接收和处理这一事件。这就需要一个中介(类似指针处理的方式),在事件发起者与接收者之间建立关联。这个中介就是委托。无论哪种应用程序模型,事件在本质上都是利用委托来实现的。

1. 事件的声明

由于事件是利用委托来实现的,因此,在声明事件之前,需要先定义一个委托。例如:

```
public delegate void MyEventHandler();
```

定义了委托以后,就可以用 event 关键字声明事件。例如下面的代码声明了一个叫做 handler 的事件。

```
public event MyEventHandler handler;
```

注意,事件是一个类成员,必须声明在一个类中。

若要引发该事件,可以定义引发该事件时要调用的方法。例如:

```
public void onHandler    {   handler();   }
```

在程序中,可以通过"+="或者"-="运算符向事件添加委托,来注册或取消对应的事件。例如:

```
myEvent.Handler += new MyEventHandler(myEvent.Method);
myEvent.Handler -= new MyEventHandler(myEvent.Method);
```

2. 通过事件使用委托

事件在类中声明且生成,且通过使用同一个类或其他类中的委托与事件处理程序关联。包含事件的类用于发布事件。这被称为发布器(Publisher)类。其他接受该事件的类被称为订阅器(Subscriber)类。事件使用发布-订阅(Publisher-Subscriber)模型。

发布器是一个包含事件和委托定义的对象。事件和委托之间的联系也定义在这个对象中。发布器类的对象调用这个事件,并通知其他对象。

订阅器是一个接受事件并提供事件处理程序的对象。发布器类中的委托调用订阅器类中的方法(事件处理程序)。

通常情况下,在事件中使用的代码有5部分,如图4-8所示。这些组件的含义如下。

- 委托类型声明:事件和事件处理程序必须有共同的签名和返回类型,它们通过委托类型进行描述。
- 事件处理程序声明:订阅器类中会在事件触发时执行的方法声明。它们不一定是显式声明的方法,还可以是匿名方法或者Lambda表达式。
- 事件声明:发布器类必须声明一个订阅器类可以注册的事件成员。
- 事件注册:订阅器必须订阅事件才能在它触发时得到通知。
- 触发事件的代码:发布器类中触发事件并导致调用注册的所有事件处理程序的代码。

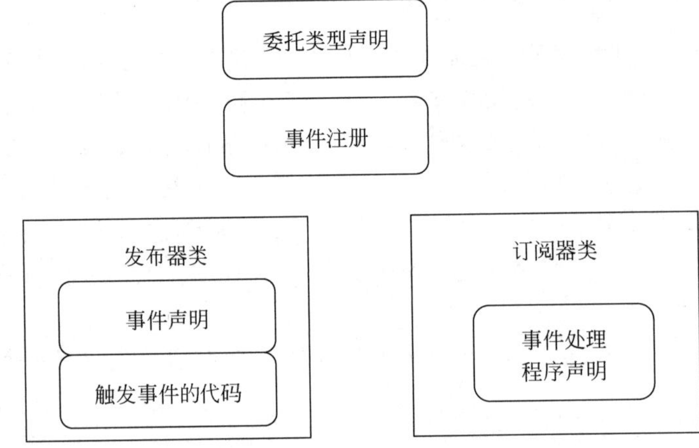

图4-8　使用事件时的5个源代码组件

根据上面的描述和委托的含义,使用自定义事件,需要完成以下步骤:

(1) 声明(定义)一个委托类(型),或使用.NET Framework程序集提供的委托类(型);

(2) 在一个类(事件定义和触发类,即事件发起者)中声明(定义)一个事件绑定到该委托,并定义一个用于触发自定义事件的方法;

(3) 在事件响应类(当然发起和响应者也可以是同一个类,不过一般不会这样处理)中定义与委托类型匹配的事件处理方法;

(4) 在主程序中订阅事件(创建委托实例,在事件发起者与响应者之间建立关联);

(5) 在主程序中触发事件。

下面通过具体的例子来说明如何定义事件和自动引发事件。启动Visual Studio 2017,新建控制台项目,修改Program.cs,添加如下代码:

```
public delegate void MyDelegate(string name);                    //声明委托
public class PersonManager
{
    public event MyDelegate MyEvent;                             //声明事件
    //执行事件
    public void Execute(string name)
    {
        if (MyEvent != null)
            MyEvent(name);
```

```
        }
    }
    class Program
    {
        static void Main(string[] args)
        {
            PersonManager personManager = new PersonManager();
            //绑定事件处理方法
            personManager.MyEvent += new MyDelegate(GetName);
            personManager.Execute("Leslie");
            Console.ReadKey();
        }
        public static void GetName(string name)
        {
            Console.WriteLine("My name is " + name);
        }
    }
```

程序的运行结果如图 4-9 所示。

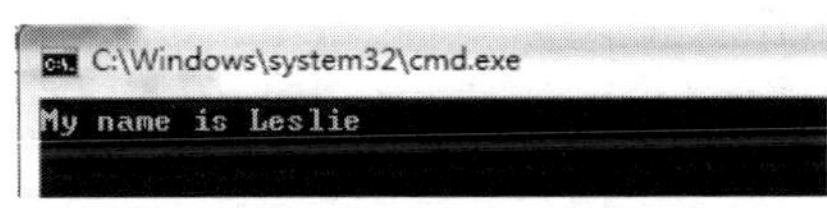

图 4-9　事件用法程序的运行结果

3. 具有标准签名的事件

在实际的应用开发中，绝大多数情况下，实际上使用的都是具有标准签名的事件。具有标准签名的事件的格式为：

```
public delegate void MyEventHandler (object sender, MyEventArgs e);
```

其中，参数 sender 代表事件发送者，参数 e 是事件参数类。MyEventArgs 类用来包含与事件相关的数据，所有的事件参数类都必须从 System. EventArgs 类派生。当然，如果事件不含参数，那么可以直接用 System. EventArgs 类作为参数。

下面通过一个具体的例子来说明具有标准签名的事件的用法。具体步骤如下：

(1) 定义一事件类用来存储消息，代码如下：

```
//定义事件引发时，需要传的参数
class NewMailEventArgs:EventArgs
{
    private readonly string m_from;
    private readonly string m_to;
    private readonly string m_subject;
    public NewMailEventArgs(string from, string to, string subject)
    {
        m_from = from;
        m_to = to;
        m_subject = subject;
    }
```

```
    public string From      {   get   {return m_from;}  }
    public string To        {   get   {return m_to;}      }
    public string Subject   {   get   {return m_subject;}   }
}
```

(2) 定义提供事件类,代码如下:

```
delegate void NewMailEventHandler(object sender, NewMailEventArgs e);    //事件所用的委托
class MailManager                                                        //提供事件的类
{
    public event NewMailEventHandler NewMail;
    //通知已订阅事件的对象
    protected virtual void OnNewMail(NewMailEventArgs e)
    {
        NewMailEventHandler temp = NewMail;      //MulticastDelegate是一个委托链表
        //通知所有已订阅事件的对象
        if(temp != null)
            temp(this,e);          //通过事件 NewMail(一种特殊的委托)逐一回调客户端的方法
    }
    //提供一个方法,引发事件
    public void SimulateNewMail(string from, string to, string subject)
    {
        NewMailEventArgs e = new NewMailEventArgs(from,to,subject);
        OnNewMail(e);
    }
}
```

(3) 定义使用事件的类,代码如下:

```
class Fax
{
    public Fax(MailManager mm)
    {   //订阅
        mm.NewMail += new NewMailEventHandler(Fax_NewMail);
    }
    private void Fax_NewMail(object sender, NewMailEventArgs e)
    {
        Console.WriteLine("Message arrived at Fax...");
        Console.WriteLine("From = {0}, To = {1}, Subject = '{2}'",e.From,e.To,e.Subject);
    }
    public void Unregister(MailManager mm)
    {
        mm.NewMail -= new NewMailEventHandler(Fax_NewMail);
    }
}
class Print
{
    public Print(MailManager mm)
    {   //Subscribe ,在 mm.NewMail 的委托链表中加入 Print_NewMail()方法
        mm.NewMail += new NewMailEventHandler(Print_NewMail);
    }
```

```
    private void Print_NewMail(object sender, NewMailEventArgs e)
    {
        Console.WriteLine("Message arrived at Print...");
        Console.WriteLine("From = {0}, To = {1}, Subject = '{2}'",e.From,e.To,e.Subject);
    }
    public void Unregister(MailManager mm)
    {
        mm.NewMail -= new NewMailEventHandler(Print_NewMail);
    }
}
```

(4) 在主方法中,输入如下代码:

```
MailManager mm = new MailManager();
if(true)
{
    Fax fax = new Fax(mm);
    Print prt = new Print(mm);
}
mm.SimulateNewMail("Zeng Xianquan","Cao Yusong","事件测试");
Console.ReadLine();
```

运行该程序,结果如图 4-10 所示。

```
C:\Windows\system32\cmd.exe
Message arrived at Fax...
From=Zeng Xianquan, To=Cao Yusong, Subject='事件测试'
Message arrived at Print...
From=Zeng Xianquan, To=Cao Yusong, Subject='事件测试'
```

图 4-10 事件测试程序运行结果

拓展提高

1. 匿名方法

匿名方法(Anonymous Methods) 提供了一种传递代码块作为委托参数的技术。匿名方法是没有名称只有主体的方法。在匿名方法中不需要指定返回类型,它是从方法主体内的 return 语句推断的。匿名方法是通过使用 delegate 关键字创建委托实例来声明的。例如:

```
delegate void NumberChanger(int n);
NumberChanger nc = delegate(int x)
{
    Console.WriteLine("Anonymous Method: {0}", x);
};
```

代码块“Console.WriteLine("Anonymous Method: {0}",x);”是匿名方法的主体。

委托可以通过匿名方法调用,也可以通过命名方法调用,即通过向委托对象传递方法参数。

2. Lambda 表达式

Lambda 表达式是一个匿名函数,是一种高效的类似于函数式编程的表达式,Lambda

简化了开发中需要编写的代码量，它可以包含表达式和语句，并且可用于创建委托或表达式目录树类型，支持带有可绑定到委托或表达式树的输入参数的内联表达式。

所有 Lambda 表达式都使用 Lambda 运算符=>，该运算符读作 goes to。Lambda 运算符的左边是输入参数(如果有)，右边是表达式或语句块。Lambda 表达式 x => x * x 读作 x goes to x times x。可以将此表达式分配给委托类型，如下所示：

```
delegate int del(int i);
static void Main(string[ ] args)
{
    del myDelegate = x => x * x;
    int j = myDelegate(5);   //j = 25
}
```

Lambda 表达式是采用以下任意一种形式的表达式：

1) 表达式 Lambda

表达式位于=>运算符右侧的 Lambda 表达式称为“表达式 Lambda”。表达式 Lambda 会返回表达式的结果，并采用以下基本形式：

```
(input parameters) => expression
```

仅当 Lambda 只有一个输入参数时，括号才是可选的；否则括号是必需的。括号内的两个或更多输入参数使用逗号加以分隔：

```
(x, y) => x == y
```

2) 语句 Lambda

语句 Lambda 与表达式 Lambda 类似，只是语句括在大括号中：

```
(input - parameters) => { <sequence - of - statements> }
```

语句 Lambda 的主体可以包含任意数量的语句；但是，实际上通常不会多于三个。

4.5 知识点提炼

(1) 面向对象编程是软件开发的一种新思想、新方法，其精要就是“一切皆为对象”。面向对象的基本特征是封装、继承和多态。

(2) 类是对象概念在面向对象编程语言中的反映。类描述了一系列在概念上有相同含义的对象，并为这些对象统一定义了编程语言的属性和方法。

(3) 类是一种数据结构，它可以包含字段、函数成员(方法、属性、事件、索引器、构造函数和析构函数)和嵌套类型。

(4) 对象是具有数据、行为和标识的编程结构，是类的具体实例，是面向对象程序的重要组成部分。应用程序通过调用对象的方法来进行对象之间的通信，完成计算任务。

(5) 字段、属性和索引器是类中用来存储数据的重要成员。字段是成员变量，属性提供了一种安全访问对象数据的机制，索引器是聪明的数组，是一种特殊的属性。

(6) 继承和多态是面向对象两个重要支柱。继承机制可以实现代码重用，多态机制使不同的对象对同一行为可以做出不同的反应。

(7) 委托是一种引用类型，它存储方法的引用。事件是一种受限的委托。当触发某个事件时，事件被转交给委托，委托再转交给事件处理方法进行处理。

4.6 思考与练习

1. 创建一个 Student 类，要求：

(1) 该类封装学生的姓名、性别和成绩等信息。

(2) 通过构造函数给姓名和性别信息赋值。

(3) 姓名和性别信息只能读不能写，成绩信息通过属性进行读写，对成绩属性进行赋值时，若成绩大于 100 分则赋 100 分，若成绩低于 0 分则赋 0 分。

(4) 具有一个判断成绩等级的方法

2. 声明一个用于检查用户合法性及用户级别的类 CheckUser，具体要求如下：

(1) 该类包含 UserName(用户名)和 UsePwd(密码)两个 string 类型的属性。

(2) 包含一个带有两个 string 类型参数的构造函数。

(3) 包含一个返回值为 int 类型的 UserLevel()方法，返回值为 0 表示高级用户，返回值为 1 表示普通用户，返回值为 2 表示用户不存在。若用户名为 zhangsan，密码为 123456，则为高级用户。若用户名为 lisi，密码为 654321，则为普通用户。所有其他用户均为不合法用户。

3. 声明一个名为 MyCar 的类，具体要求如下：

(1) MyCar 类可以被任何类访问。

(2) 该类包含有两个属性：string 类型的 CarType 和 double 类型的 CarPrice。

(3) 该类具有两个重载构造函数：一个无参数；另一个包含两个参数(对应 CarType 和 CarPrice 属性)。使用无参数构造函数初始化 MyCar 类对象时，CarType 属性值默认为 SUV，CarPrice 属性值默认为 24.5。

4. 创建一个名为 Person 的类，具体要求如下：

(1) 含有静态字段 total(存放学生总数)、实例字段 id(学号)、name(姓名)、sex(性别)。

(2) 创建构造函数，为新实例设置字段值，并记录实例个数。

(3) 创建静态方法，显示当前学生总数。

(4) 创建实例方法，显示学生的学号、姓名和性别。

(5) 在主函数中调用实例化 Person 类，并调用静态方法和实例方法，要求第一次实例化显示自己的学号和姓名等。

5. 设计一个控制台应用程序，编程计算 0～100 中所有能被 7 整除的整数。要求：将输出结果的命令置于事件处理程序中，每找到一个符合条件的数，就通过触发事件来执行输出程序。

6. 编写一个控制台应用程序项目，实现学生和教师数据输入和显示功能。学生类 Student 有编号、姓名、班号和成绩等字段，教师类有编号、姓名、职称和部门等字段。要求将编号、姓名输入和显示设计成一个类 Person，并作为 Student 和 Teacher 的基类。需用相关数据进行测试。

7. 定义一个 Shape 抽象类，在该类中定义两个抽象方法 GetArea()和 GetPerim()。然后以 Shape 抽象类作为基类派生出 Rectangle 和 Circle 类，在这两个类中分别对 GetArea()和 GetPerim()方法进行重写，实现求特定形状的面积和周长。

8. 设计一个控制台应用程序，定义如下接口 Ia：

```
interface Ia                    //声明接口 Ia
{
    float getarea();            //求面积
}
```

从它派生 Rectangle(长方形类)和 Square(正方形)两个类，包含 getarea()方法的实现。并分别输出长为 2、宽为 3 的长方形和边长为 5 的正方形的面积。

9. 编写一个通用的人员类 Person，该类具有姓名(Name)、年龄(Age)、性别(Sex)等字段。然后通过对 Person 类的继承得到一个学生类 Student。学生类能够存放学生 5 门课的成绩，具有重载构造函数用于对学生的信息进行赋值(构造函数进行重载，至少给出三种形式)，并有求平均成绩的方法和显示学生信息的方法，最后编程对 Student 类的功能进行验证。

10. 设计一个控制台应用程序项目，输入若干个学生的英语和数学成绩，求出总分，并按总分从高到低排序。要求设计一个学生类 Student，所有学生对象存放在一个 Student 对象数组中，通过一个方法对其按照总分进行降序排序，最出输出排序后的结果。要求比较采用继承 IComparable 接口的方式实现。

第5章 阶段项目：自动取款机模拟程序

软件工程师小明需要开发一个基于控制台的自动取款机(Automatic Teller Machine，ATM)模拟程序。该系统支持以下功能。

(1) 开户：用户可以使用ATM开设账户，开设账户需要提供用户姓名、密码和存入金额等信息。

(2) 登录：用户可以通过ATM登录账户，对账户进行管理。用户登录账户时，需要验证账号的合法性。

(3) 管理账户：用户登录到自己的账户，可以进行如下操作。

- 存款：将一定金额的款项存储到当前账户。
- 取款：从当前账户中取出一定数量的款项。
- 转账：将一定数额的款项从当前账户转到另外一个账户。
- 查询余额：查询当前账户的余额。

学习目标

在学习完本章内容后，读者将能够：

- 了解软件开发的基本流程。
- 使用Visual Studio开发和调试C#程序。
- 利用C#语言编写简单的应用程序。

5.1 项目概述

视频讲解

5.1.1 工作流程

ATM模拟程序是一个控制台应用程序，其工作流程如图5-1所示。

程序运行时首先让用户输入账号和密码。如果账号不存在，则跳转到开户界面。开户成功后，显示服务菜单。如果用户名和密码不匹配，则提示重新输入，连续输入三次不成功，退出应用程序。用户名和密码正确，显示服务菜单，用户输入相应的功能号，执行对应模块。图5-2给出了程序服务界面。

开始
输入账号、密码
账号是否存在?
账号与密码是否匹配?
N
Y
开户
管理账户
结束

图 5-1　ATM 模拟程序工作流程

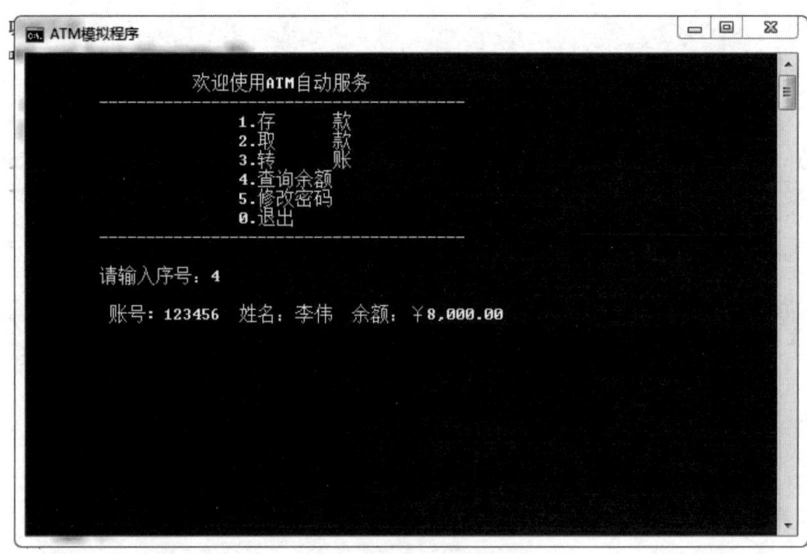

图 5-2　程序服务界面

5.1.2　系统类图

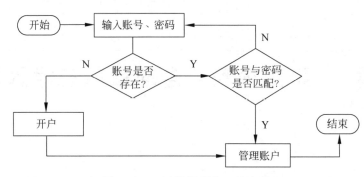

在 ATM 模拟程序中，需要建立账户类 Account、账户管理类 AccountManager 和 ATM 类。其中，ATM 类提供用户交互界面，AccountManager 类提供账户管理逻辑，Account 类用来保存账户的信息，图 5-3 给出了这三个类的详细信息。

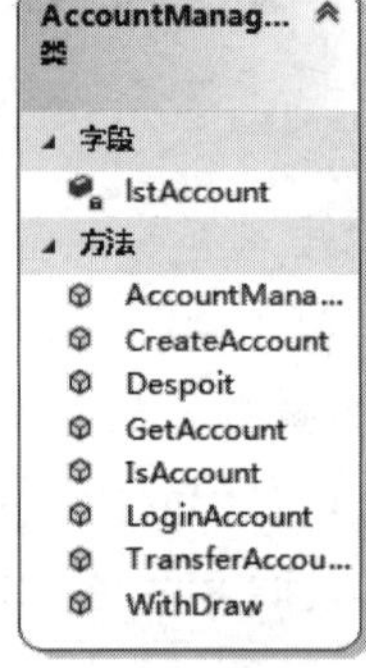

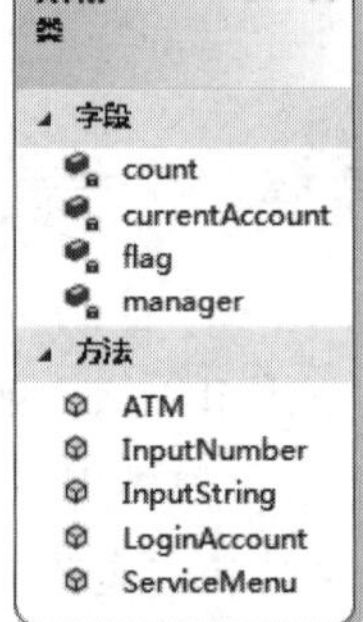

图 5-3　系统类图

5.2 项目的实现

5.2.1 账户类

在 ATM 模拟程序中，账户类用来保存账户信息，包括账号、姓名、密码和余额 4 个属性。具体代码如下：

```
class Account
{
    public string No { set; get; }                  //账号
    public string Name { set; get; }                //姓名
    public string Password { set; get; }            //密码
    public double Balance { set; get; }             //余额
}
```

5.2.2 账户管理类

账户管理类用来管理账户，包括账户列表字段以及对账户进行管理的方法，如开户、登录、存款、取款、转账和查询余额等。具体代码如下：

```
class AccountManager
{
    //账户列表
    private List<Account> lstAccount = new List<Account>();
    //构造函数
    public AccountManager()
    {
        lstAccount.Add(new Account() { No = "123456", Name = "李伟", Password =
"123456" });
        lstAccount.Add(new Account() { No = "654321", Name = "李明", Password =
"123456" });
    }
    //账户是否存在
    public bool IsAccount(string id)
    {
        foreach(var ac in lstAccount)
        {
            if (ac.No.Equals(id))
                return true;
        }
        return false;
    }
    //账户登录验证
    public bool LoginAccount(string id,string pass)
    {
        bool isSucced = false;
        if (IsAccount(id))
        {
```

```
            foreach(var ac in lstAccount)
            {
                if (ac.Password.Equals(pass))
                {
                    isSucced = true;
                    break;
                }
            }
        }
        return isSucced;
    }
    //开户
    public bool CreateAccount(Account ac)
    {
        bool succed = true;
        try
        {
            lstAccount.Add(ac);
        }
        catch(Exception cx)
        {
            Console.WriteLine(cx.ToString());
            succed = false;
        }

        return succed;
    }
    //存款
    public void Despoit(string id, double money)
    {
        foreach(var ac in lstAccount)
        {
            if(ac.No.Equals(id) && money > 0)
            {
                ac.Balance = ac.Balance + money;
                break;
            }
        }
    }
    //取款
    public void WithDraw(string id,double money)
    {
        foreach (var ac in lstAccount)
        {
            if (ac.No.Equals(id) && money > 0 && ac.Balance > money)
            {
                ac.Balance = ac.Balance - money;
                break;
            }
        }
    }
```

```
    //查询
    public Account GetAccount(string id)
    {
        Account obj = null;

        foreach (var ac in lstAccount)
        {
            if (ac.No.Equals(id))
            {
                obj = ac;
                break;
            }
        }

        return obj;
    }
    //转账
    public bool TransferAccount(string sid,string did,double money)
    {
        bool isSucced = false;
        bool flag1 = false;
        bool flag2 = false;
        if(IsAccount(did))
        {
            foreach (var ac in lstAccount)
            {
                if(ac.No.Equals(sid) && money > 0 &&ac.Balance > money)
                {
                    ac.Balance = ac.Balance - money;
                    flag1 = true;
                }

                if (ac.No.Equals(did) && money > 0)
                {
                    ac.Balance = ac.Balance + money;
                    flag2 = true;
                }

                if(flag1 && flag2)
                {
                    isSucced = true;
                    break;
                }
            }
        }

        return isSucced;
    }
}
```

5.2.3 ATM 类

ATM 类提供用户与 ATM 交互的界面,实现用户与系统的交互,包括账户管理对象属性和服务菜单显示等方法,具体代码如下:

```
class ATM
{
    AccountManager manager;                          //账户管理对象
    Account currentAccount;                          //当前账户
    int count;                                       //计数器,统计输入密码次数
    bool flag;                                       //控制服务菜单显示

    //构造函数
    public ATM()
    {
        manager = new AccountManager();
        currentAccount = new Account();
        count = 0;
        flag = true;
    }
    //信息输入
    public string InputString(string msg)
    {
        Console.Write(msg);
        string str = Console.ReadLine();
        return str;
    }
    //信息输入(数字)
    public double InputNumber(string msg)
    {
        Console.Write(msg);
        string number = Console.ReadLine();
        return Convert.ToDouble(number);
    }
    //功能菜单
    public void ServiceMenu(string ID)
    {
        while(flag)
        {
            Console.Clear();
            Console.WriteLine("\n\t\t 欢迎使用 ATM 自动服务");
            Console.WriteLine("\t ---------------------------------------- ");
            Console.WriteLine("\t\t       1.存       款");
            Console.WriteLine("\t\t       2.取       款");
            Console.WriteLine("\t\t       3.转       账");
            Console.WriteLine("\t\t       4.查询余额");
            Console.WriteLine("\t\t       0.退出");
            Console.WriteLine("\t ---------------------------------------- ");
            Console.Write("\n\t 请输入序号: ");
            string choice = Console.ReadLine();
```

```
            switch(choice)
            {
                case "0":
                    flag = false;
                    break;
                case "1":
                    double number = InputNumber("输入存款金额: ");
                    manager.Despoit(ID, number);
                    break;
                case "2":
                    double num = InputNumber("输入取款金额: ");
                    manager.WithDraw(ID, num);
                    break;
                case "3":
                    string did = InputString("\t转账账户: ");
                    double money = InputNumber("\t转账金额: ");
                    Account tmpAccount  =  manager.GetAccount(ID);
                    Console.Write($"\t账号: {tmpAccount.No} \t\n姓名: {tmpAccount.Name} \n\t
                                        确认转账吗(Y/N)?");
                    string ok = Console.ReadLine();
                    if(ok.ToUpper().Equals("Y"))
                    {
                       if(manager.TransferAccount(ID, did, money))
                        {
                            Console.WriteLine("\n转账成功!");
                        }
                    }
                    break;
                case "4":
                    Account ac = manager.GetAccount(ID);
                    Console.Clear();
                    Console.WriteLine($"\t账号: {ac.No}  姓名: {ac.Name}  余额:
                                        {ac.Balance:C2}");
                    Console.ReadKey();
                    break;
            }
        }
}
//用户登录
public void LoginAccount()
{
    Console.Clear();
    Console.WriteLine("\n----------欢迎使用ATM自助服务----------");
    string no = InputString("\t账号: ");
    if (!manager.IsAccount(no))
    {
        Console.Write("用户不存在,需要开户吗(Y/N)?");
        string choice = Console.ReadLine();
        if (choice.ToUpper().Equals("Y"))
        {   //开户
```

```
                    Console.Clear();
                    //建立账户对象
                    Account ac = new Account();
                    Console.WriteLine("\t 欢迎使用 ATM 柜员机\n");
                    ac.No = InputString("输入账号: ");
                    ac.Name = InputString("输入密码: ");
                    ac.Balance = InputNumber("存款金额: ");
                    if (manager.CreateAccount(ac))
                    {
                        Console.WriteLine("开户成功!");
                        currentAccount = ac;
                        //进入服务菜单
                        ServiceMenu(ac.No);
                    }
                }
                else
                {
                    return;
                }
            }
            else
            {
                string pwd = InputString("\t 密码: ");
                if (!manager.LoginAccount(no, pwd))
                {
                    count++;
                    while (count < 3)
                    {
                        Console.Clear();
                        no = InputString("账号: ");
                        pwd = InputString("密码: ");
                        if (manager.LoginAccount(no, pwd))
                        {
                            break;
                        }
                        count++;
                    }
                    if (count >= 3)      return;
                }
                //记录当前账号
                currentAccount.No = no;
                //显示服务菜单
                ServiceMenu(currentAccount.No);
            }
        }
    }
```

运行上述程序,输入正确的账号和密码,显示如图 5-2 所示的程序服务界面,选择相应的功能代码,可以进行存款、取款、转账和查询余额等功能,运行结果如图 5-4 所示。

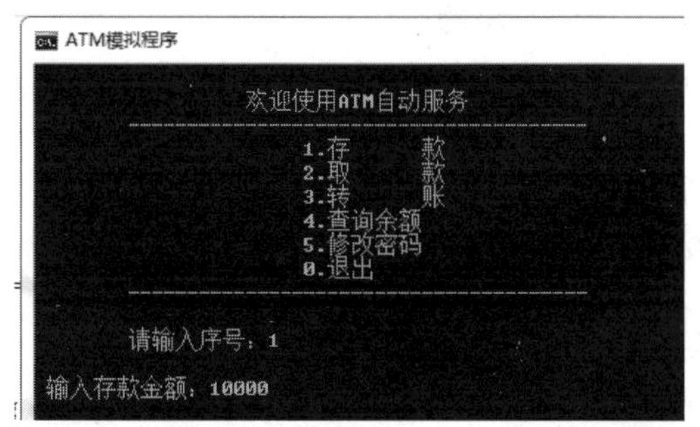

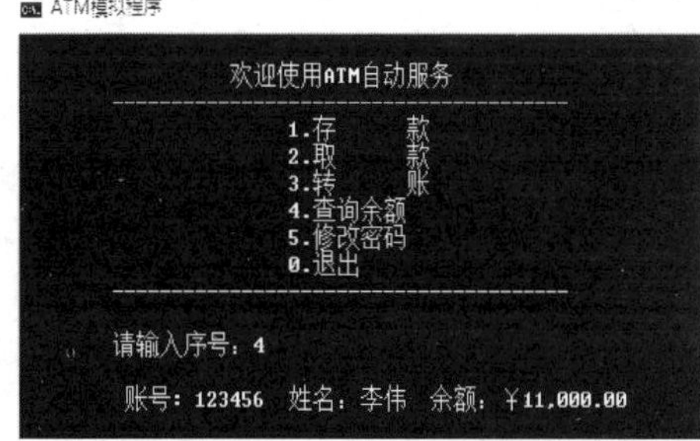

(a) 存款和查询余额界面

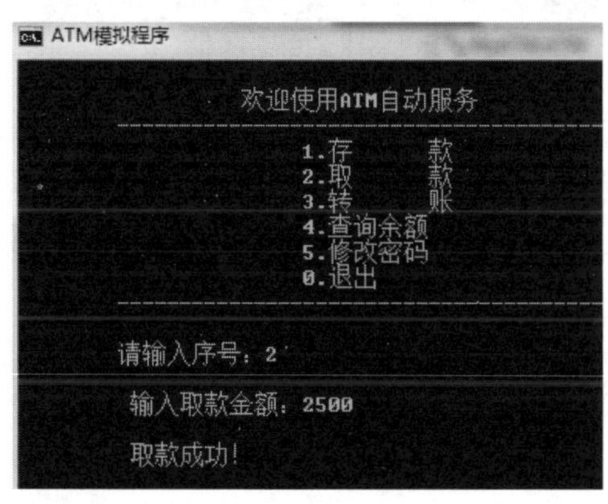

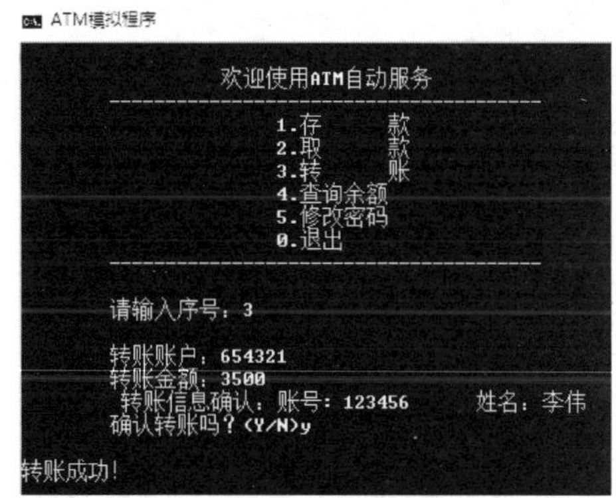

(b) 取款和转账界面

图 5-4　ATM 程序运行结果

5.3　知识点提炼

(1) 使用 C# 开发应用程序时，首先根据程序的业务流程确定程序的功能以及程序中的类以及类的成员。

(2) 类是一个封装了数据成员和函数成员的数据单元，是面向对象编程的基本结构。在 C# 程序中，通过 Class 关键字来定义类的类型。

(3) 在面向对象编程中，通过方法调用完成业务逻辑的处理。方法调用时，需要为方法提供相匹配的参数。

(4) 利用 Visual Studio 2017 解决方案视图中的类视图可以直观地查看项目中类的结构以及它们的可见范围。

5.4　思考与练习

在本章银行 ATM 示例的基础上，利用所学的面向对象的思想及语法进行改进。要求如下：

1. 使用面向对象的编程思想模拟真实世界中的银行、账号和 ATM 等对象，其中类中有字段、方法。

2. 在程序中适当的地方使用属性、索引器等面向对象的高级特征。

3. 使用事件。在程序中适当位置使用事件,例如当取款金额超过 10 000 元时,向用户发送提示信息。

4. 设计一个工具类,用来生成随机的银行账号。

5. 使用继承。继承账号(Account 类)得到一个子类(如信用账号),增加字段(如信用额度)、属性、方法,覆盖(override)一些方法(如 WithdrawMoney)。

6. 根据程序的需要,使用 C# 的其他语法成分,如接口、结构、枚举等。

第三部分
提　高　篇

第 6 章　Windows 窗体应用程序

情景导入

在 Windows 环境中，主流的应用程序都是 Windows 窗体应用程序，如记事本、画图、计算器和写字板等。这类程序提供了友好的操作界面、完全可视化的操作，使用起来简单方便，容易让用户理解。本章将向读者介绍利用 C# 语言开发 Windows 窗体应用程序的基础知识。

学习目标

在学习完本章内容后，读者将能够：

- 使用 Visual Studio 建立 Windows 窗体应用程序。
- 熟悉窗体的常用属性、事件和方法。
- 利用窗体设计器添加或者删除窗体。
- 向窗体中添加菜单、工具栏和状态栏。
- 选择合适的控件设计应用程序界面，实现应用程序逻辑。

6.1　认识 Windows 窗体应用程序

任务描述

在学生成绩管理系统中，用户成功登录系统后，系统将显示一个主窗体。本任务完成学生成绩管理系统主界面的初步设计，如图 6-1 所示。

任务实施

（1）新建 Winform 项目。启动 Visual Studio 2017，在菜单栏中选择“文件”→“新建”→“项目”命令，弹出“新建项目”对话框，如图 6-2 所示。在应用程序模板中选择“Windows 窗体应用程序”选项，在“名称”文本框中输入应用程序名称 StudenAchievement，选择保存位置后，单击“确定”按钮，创建一个 Windows 窗体应用程序。

（2）设置窗体属性。选中窗体，右击，在弹出的快捷菜单中选择“属性”命令，打开窗体属性面板，按照表 6-1 设置窗体的属性。

图 6-1　学生成绩管理系统主界面的初步设计

图 6-2　新建 Windows 项目

表 6-1　学生成绩管理系统窗体属性设置

属　　性	属　性　值	说　　明
(Name)	MainForm	窗体名称
StartPosition	CenterScreen	窗体显示位置
Text	学生成绩管理系统	窗体的标题

6.1.1 认识 Windows 窗体

在 Windows 窗体应用程序中，窗体(Form)是屏幕上与一个应用程序相对应的矩形区域，是用户与产生该窗口的应用程序之间的可视界面，是 Windows 窗体应用程序的基本单元。每当用户开始运行一个应用程序时，应用程序就创建并显示一个窗口。当用户操作窗口中的对象时，程序会做出相应反应。用户通过关闭一个窗口来终止一个程序的运行；通过选择相应的应用程序窗口来选择相应的应用程序。窗体都具有自己的特征，开发人员可以通过编程方式来设置。

通常一个新建的窗体包含一些基本的组成元素，如图标、标题、位置、背景等。设置这些元素可以通过 Visual Studio 2017 窗体设计器的属性面板进行(见图 6-3)，也可以通过代码实现。在 Visual Studio 中，开发人员可以使用 Windows 窗体设计器轻松创建 Windows 窗体应用程序。只需用光标选中控件，然后将它们添加到窗体中所需的位置即可。设计器提供诸如网格线和对齐线的工具，以便简化对齐控件的操作。

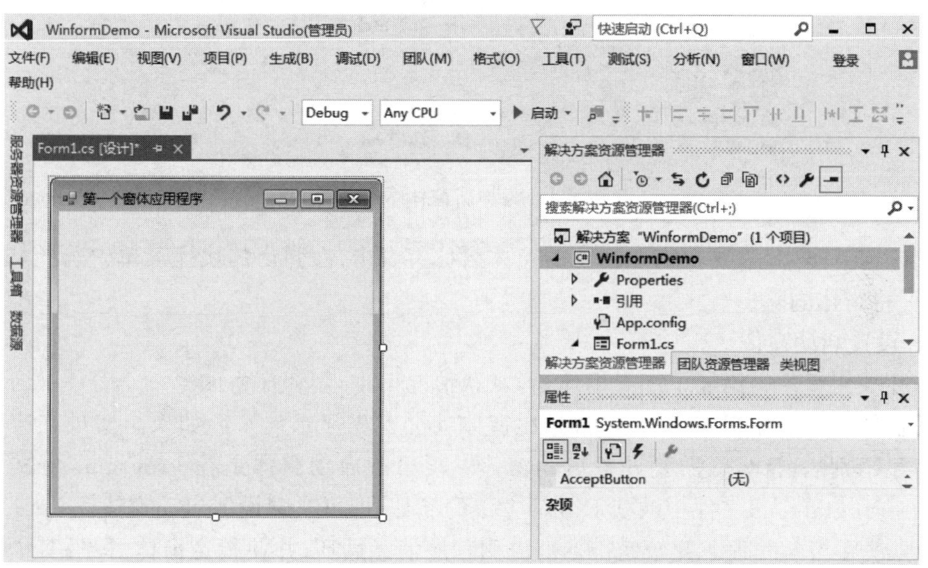

图 6-3　Visual Studio 2017 开发环境中默认窗体及属性面板

在 C# 中，窗体可分为单文档界面窗体(Single Document Interface，SDI)和多文档界面窗体(Multiple Document Interface，MDI)。在 SDI 应用程序一次只能打开一个文档，每个窗体和其他的窗体都是对等的，如记事本。单文档窗体又分为模式窗体和无模式窗体。模式窗体在屏幕上显示后用户必须响应，只有在它关闭后才能操作其他窗体或程序。而无模式窗体在屏幕上显示后用户可以不必响应，可以随意切换到其他窗体或程序进行操作。通常情况下，当建立新的窗体时，都默认设置为无模式窗体。多文档窗体用于同时显示多个文档，每个文档显示在各自的窗体中，如 Word 和 Photoshop 等 Windows 应用程序。

1. 添加和删除窗体

一个完整的 Windows 应用程序是由多个窗体组成的。多窗体即是向项目中添加多个窗体,在这些窗体中实现不同的功能。

如果要向一个项目中添加一个新窗体,可在项目名称上右击,在弹出的快捷菜单中选择"添加"→"Windows 窗体"或者"添加"→"新建项"命令,如图 6-4 所示。在出现的"添加新项"对话框中选中"Windows 窗体",输入相应的窗体名称,单击"添加"按钮,即可向项目中添加一个新的窗体。

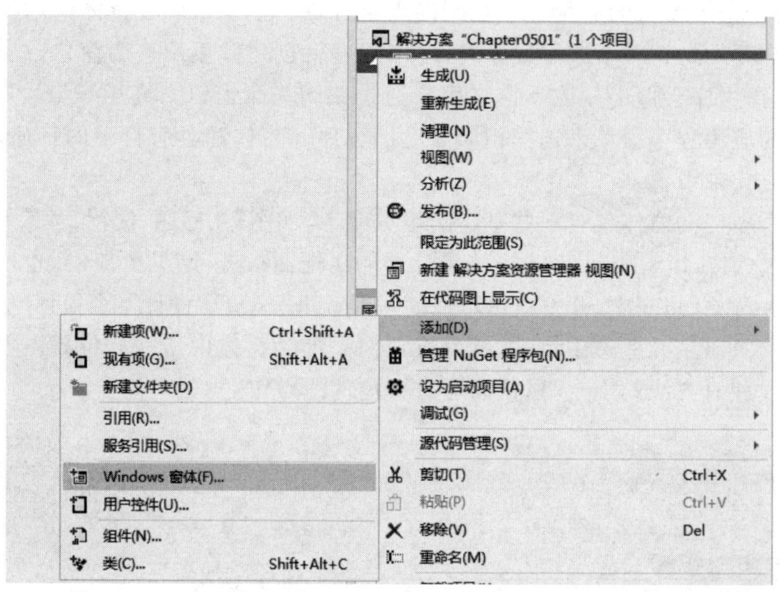

图 6-4　添加新窗体右键菜单

删除窗体时,只需要在需要删除的窗体名称上右击,在弹出的快捷菜单中选择"删除"命令,即可将窗体删除。

2. 设置启动窗体

当在应用程序中添加了多个窗体后,默认情况下,应用程序中的第一个窗体被自动指定为启动窗体。在应用程序开始运行时,此窗体就会首先显示出来。如果想实现在应用程序启动时显示别的窗体,就需要设置启动窗体。项目的启动窗体是在 Program. cs 文件中设置的,在 Program. cs 文件中改变 Run()方法的参数,即可实现设置启动窗体。Application. Run()方法在当前线程上开始运行标准应用程序消息循环,并使指定窗体可见,其语法格式如下:

```
Application.Run(Form);
```

例如,下面的代码设置登录窗体 LoginForm 为启动窗体:

```
Application.Run(new LoginForm());                    //设置启动窗体
```

6.1.2　窗体的属性和方法

在.NET 环境中,窗体也是对象,窗体类定义了生成窗体的模板,每实例化一个窗体类,就产生一个窗体。.NET Framework 类库的 System. Windows. Forms 命名空间中定义的 Form 类是所有窗体类的基类。编写窗体应用程序时,首先要设计窗体的外观和在窗体中添加控件或组件。虽然可以通过编写代码来实现，但是不直观，也不方便，而且很难精确地控制界面。如果要编写窗体应用程序，推荐使用集成开发环境 Visual Studio。Visual Studio 提供了一个图形化的可视化窗体设计器，可以实现所见即所得的设计效果，以便快速开发窗体应用程序。

1. 窗体的属性

每个窗体都包含一些基本的组成要素，包括图标、标题、位置和背景等属性。窗体的属性决定了窗体的外观和操作，表 6-2 给出了 Windows 窗体常用属性及其说明。

表 6-2　Windows 窗体常用属性及其说明

属　　性	说　　明
Name	用来获取或设置窗体的名称。窗体的名称是用来标识该对象的属性的。任何对窗体的引用都需要使用窗体名称(在实际代码中引用属性时如果省略，默认为窗体名)。对象名不同于其他属性，在代码中窗体名称是不能修改的，只能在设计阶段设置对象名，在程序代码中通过对象名来引用对象及其属性、方法和事件
WindowState	用来获取或设置窗体的窗口状态。其属性有 Normal (正常，默认值)、Minimized (最小化)和 Maximized (最大化)
StartPosition	用来获取或设置运行时窗体的起始位置
Text	该属性是一个字符串属性，用来设置或返回在窗口标题栏中显示的文字
Width	用来获取或设置窗体的宽度
Height	用来获取或设置窗体的高度
Left	用来获取或设置窗体的左边缘的 x 坐标(以像素为单位)
Top	用来获取或设置窗体的上边缘的 y 坐标(以像素为单位)
ControlBox	用来获取或设置一个值，该值指示在该窗体的标题栏中是否显示控制框。控制框可以包含"最小化"按钮、"最大化"按钮、"帮助"按钮和"关闭"按钮
MaximumBox	用来获取或设置一个值，该值指示是否在窗体的标题栏中显示"最大化"按钮
MinimizeBox	用来获取或设置一个值，该值指示是否在窗体的标题栏中显示"最小化"按钮
Enabled	用来获取或设置一个值，该值指示控件是否可以对用户交互做出响应。如果控件可以对用户交互做出响应，则为 true；否则为 false。默认值为 true
Font	该属性用来获取或设置控件显示的文本的字体。Font 属性实际上是返回一个 Font 对象，然后通过设置 Font 的属性来改变对象的字体
ForeColor	用来获取或设置控件的前景色
ShowInTaskbar	该属性用来获取或设置一个值，该值指示是否在 Windows 任务栏中显示窗体
Visible	该属性获取或设置一个值，该值指示是否显示该窗体或控件。该属性只有在运行阶段才起作用
IsMdiChild	获取一个值，该值指示该窗体是否为多文档界面子窗体
IsMdiContainer	获取或设置一个值，该值指示窗体是否为多文档界面中的子窗体的容器
MdiParent	该属性用来获取或设置此窗体的当前多文档界面父窗体
Icon	该属性用于获取或设置窗体的图标
FormBorderStyle	设置窗体边框的外观(以前叫窗体的风格)
ContextMenu	该属性用于获取或设置与控件关联的快捷菜单
Opacity	该属性主要用来获取或设置窗体的不透明度，其默认值为 100%
AcceptButton	该属性用来获取或设置一个值，该值是一个按钮的名称，当用户按 Enter 键时就相当于单击了窗体上的该按钮。注意，窗体上必须至少有一个按钮时，才能使用该属性

续表

属　　性	说　　明
CancelButton	该属性用来获取或设置一个值,该值是一个按钮的名称,当用户按 Esc 键时就相当于单击了窗体上的该按钮
BackColor	该属性用来获取或设置窗体的背景色。用户可以直接在背景属性文本框中输入颜色值,也可以通过系统颜色列表和调色板来选择。系统颜色列表和调色板可以通过单击文本框右侧的下拉箭头显示出来
AutoScroll	用来获取或设置一个值,该值指示窗体是否实现自动滚动
BackgroundImage	用来获取或设置窗体的背景图像
KeyPreview	用来获取或设置一个值,该值指示在将按键事件传递到具有焦点的控件前窗体是否将接收该事件。值为 true 时,窗体将接收按键事件；值为 false 时,窗体不接收按键事件

窗体属性可以通过窗体的"属性"面板进行设置,也可以通过代码实现。例如,下面的代码将窗体的位置设置为在父窗体的中间显示。

```
this.StartPosition = FormStartPosition.CenterParent;
```

但是为了快速开发窗体应用程序,通常都是通过"属性"面板进行设置。

2. 窗体的常用方法和事件

窗体的常用方法如表 6-3 所示。

表 6-3　窗体的常用方法

方　　法	说　　明
Activate()	激活窗体并给予其焦点。其调用格式为：窗体名.Activate()；
Close()	关闭窗体。其调用格式为：窗体名.Close()；
Hide()	把窗体隐藏出来。其调用格式为：窗体名.Hide()；
Refresh()	刷新并重画窗体。其调用格式为：窗体名.Refresh()；
Show()	让窗体显示出来。其调用格式为：窗体名.Show()；
ShowDialog()	将窗体显示为模式对话框。其调用格式为：窗体名.ShowDialog()；

Windows 应用程序的一个主要特点就是事件驱动,所以在开发 Windows 应用程序时,必须先处理各种各样的事件。窗体类中包含许多事件成员。例如,Click 事件、Load 事件和 FormClosed 事件等。在窗体事件中,有的事件由用户操作触发,有的事件则由系统触发。表 6-4 给出了窗体的常用事件。

表 6-4　窗体的常用事件

事　　件	说　　明
Activated	当使用代码激活或用户激活窗体时发生
Click	在单击窗体时发生
Closed	关闭窗体后发生
Closing	关闭窗体时发生
Deactivate	当窗体失去焦点并不再是活动窗体时发生
KeyDown	在窗体有焦点的情况下按下键时发生
KeyPress	在窗体有焦点的情况下按字符键、空格键或退格键时发生
Load	在第一次显示窗体前发生

6.1.3 窗体事件处理机制

Windows 窗体应用程序是典型的事件驱动(Event Driven)程序,每个窗体和控件都公开一组预定义事件。在 Windows 窗体应用程序中,事件可由用户操作(例如单击鼠标或按某个键)、程序代码或系统生成。如果发生一个事件并且在相关联的事件处理程序中有代码,则调用该代码。

事件处理程序是绑定到事件的方法。当触发事件时,执行事件处理程序内的代码。每个事件处理程序提供两个使程序得以正确处理事件的参数:第一个参数 sender 提供对触发事件的对象的引用;第二个参数 e 传递特定于要处理的事件的对象。通过引用对象的属性(有时引用其方法)可获得一些信息,如鼠标事件中鼠标的位置或拖放事件中传输的数据。例如,窗体中一个命令按钮 button1 的 Click 事件的处理程序如下:

```
private void button1_Click(object sender, System.EventArgs e)
{
  //事件处理程序代码
}
```

事件处理程序用于确定事件(例如用户单击按钮或消息队列收到消息)发生时要执行的操作。触发事件时,将执行收到该事件的一个或多个事件处理程序。可以将事件分配给多个处理程序,也可以动态更改处理特定事件的方法,还可以使用 Windows 窗体设计器来创建事件处理程序。

1. 使用 Windows 窗体设计器添加事件处理程序

在 Windows 窗体设计器中创建事件处理程序的过程如下:

(1) 单击要为其创建事件处理程序的窗体或控件,在属性窗口中单击"事件"图标⚡。

(2) 在可用事件的列表中,单击要为其创建事件处理程序的事件。

(3) 在"事件名称"文本框中,输入处理程序的名称,然后按 Enter 键。

(4) 将代码添加到该事件处理程序中。

2. 手动添加 Windows 窗体事件处理程序

在运行时创建事件处理程序的过程如下:

(1) 在代码编辑器中打开要向其添加事件处理程序的窗体。

(2) 对于要处理的事件,将带有其方法签名的方法添加到窗体上。例如,如果要处理命令按钮 button1 的 Click 事件,则需创建如下方法:

```
private void button1_Click(object sender, System.EventArgs e)
{
//输入相应的代码
}
```

(3) 将适合应用程序的代码添加到事件处理程序中。

(4) 确定要创建事件处理程序的窗体或控件。

(5) 打开对应窗体的 Designer.cs 文件,添加指定事件处理程序的代码处理事件。例如,以下代码指定事件处理程序 button1_Click 处理命令按钮控件的 Click 事件:

```
button1.Click += new System.EventHandler(button1_Click);
```

3. 将多个事件连接到同一个事件处理程序

在应用程序设计中，可能需要将单个事件处理程序用于多个事件或让多个事件执行同一过程，例如，如果菜单命令与窗体上的按钮的功能相同，则让它们引发同一事件常常可以节省很多时间。在C#中将多个事件连接到单个事件处理程序的过程如下：

(1) 选择要将事件处理程序连接到的控件。在“属性”窗口中，单击“事件”按钮。

(2) 单击要处理的事件的名称。在“事件名称”旁边的“值”区域中，单击下拉按钮显示现有事件处理程序列表，这些事件处理程序会与要处理的事件的方法签名相匹配。

(3) 从该列表中选择适当的事件处理程序。

完成后代码将添加到该窗体中，以便将该事件绑定到现有事件处理程序。

6.1.4 Windows窗体应用程序的生命周期

Windows窗体应用程序和控制台应用程序的基本结构基本一样，程序的执行总是从Main()方法开始的，主函数Main()必须在一个类中，但Windows应用程序使用图形界面，一般由一个主窗体和若干个窗体组成。用户通过窗体来与应用程序进行交互，完成计算任务。因此，Windows应用程序的生命周期与主窗体的生命周期是一致的。

当Windows应用程序运行时，首先显示一个主窗体，然后等待事件的发生。当用户关闭主窗体时，应用程序终止，释放资源。图6-5描述了一个典型Windows应用程序的生命周期。

```
static void Main()
{
    Application.EnableVisualStyles();
    Application.SetCompatibleTextRenderingDefault(false);
    Application.Run(new Form1());
}

public Form1()
{
    InitializeComponent();
}
//窗体装入事件
1 个引用
private void Form1_Load(object sender, EventArgs e)
{
    MessageBox.Show("正在进行窗体初始化！","窗体初始化");
}

1 个引用
private void Form1_Click(object sender, EventArgs e)
{
    MessageBox.Show("开始响应窗体事件！","单击窗体");
}
//关闭窗
1 个引用
private void Form1_FormClosing(object sender, FormClosingEventArgs e)
{
    MessageBox.Show("正在关闭窗体","关闭窗体");
}
//窗体关闭后事件
1 个引用
private void Form1_FormClosed(object sender, FormClosedEventArgs e)
```

① 执行Application.Run()方法，调用主窗体构造函数

② 执行主窗体构造函数，完成窗体及其控件初始化，触发窗体Load事件，激活窗体，执行Show()方法显示主窗体

③ 捕获窗体或者控件事件，并处理

④ 用户关闭主窗体，依次触发窗体FormClosing和FormClosed事件，应用程序结束

图6-5 典型Windows应用程序的生命周期

(1) 运行 Main()方法中的 Application.Run(),实例化一个主窗体。

(2) 触发窗体的 Load 事件,激活并显示主窗体。

(3) 主窗体显示,等待并捕获窗体或控件引发的事件,并进行事件处理。

(4) 关闭主窗体,依次触发窗体的 FormClosing 和 FormClosed 事件,主窗体关闭,释放资源,应用程序随之结束。

拓展提高

1. 窗体中的鼠标事件

当处理鼠标输入时,通常想要知道鼠标指针的位置和鼠标按钮的状态。MouseEventArgs 将发送到与单击鼠标按钮和跟踪鼠标指针移动相关的鼠标事件处理程序。MouseEventArgs 提供有关当前鼠标状态的信息,包括鼠标指针在客户端坐标中的位置、按下的鼠标按钮是哪一个以及是否已经滚动鼠标滚轮。几个鼠标事件(例如通知鼠标指针进入或离开控件边界的事件)会向事件处理程序发送 EventArgs,但不提供详细信息。按下鼠标按钮(不论哪个鼠标按钮)并释放时,所有 Windows 窗体控件将以如下的顺序引发单击事件:MouseDown→Click→MouseClick→MouseUp。

2. 窗体的自动缩放

借助自动缩放功能,在某台计算机上以某种显示分辨率或系统字体设计的窗体及其控件可以在其他计算机上以不同的显示分辨率或系统字体适当显示。它确保窗体及其控件将以智能方式调整大小,以便与本机 Windows 以及用户和其他开发人员的计算机上的其他应用程序保持一致。由于.NET Framework 支持自动缩放和视觉样式,使得.NET Framework 应用程序在与每个用户计算机的本机 Windows 应用程序进行比较时可以保持一致的外观。

6.2 文本类控件

视频讲解

任务描述

"用户登录"模块是学生成绩管理系统的必不可少的功能模块。用户只有输入正确的用户名和密码,才能使用学生成绩管理系统。本任务完成学生成绩管理系统的"用户登录"界面,如图 6-6 所示。

图 6-6 "用户登录"界面

任务实施

(1) 添加用户登录窗体。启动 Visual Studio 2017,打开学生成绩管理系统项目文件 StudenAchievement. sln,向项目中添加一个窗体,拖动窗体到合适位置,并按照表 6-5 设置窗体的属性。

表 6-5 "用户登录"窗体属性设置

属 性	值	属 性	值
(Name)	LoginForm	Text	用户登录
StartPosition	CenterScreen	FormBorderStyle	Fixed3D
MaxmizeBox	False		

(2) 向窗体中添加控件。在窗体中加入合适的控件,并按照表 6-6 来修改控件的属性。

表 6-6 "用户登录"界面控件属性设置

控 件 名	属 性	值	控 件 名	属 性	值
Label1	Text	用户名	Button1	Text	确定
Label2	Text	密码	Button2	Text	取消
TextBox2	PasswordChar	*	PictureBox1	Image	选择图片

(3) 添加事件处理程序。为 Button1 和 Button2 的 Click 事件分别生成事件处理函数,实现用户身份验证流程(假设正确的用户名为 admin,密码为 123),关键代码如下:

```
//"登录"按钮的事件处理代码
private void btnLogin_Click(object sender, EventArgs e)
{
    string username = this.txtUserName.Text.Trim();        //用户名
    string passwd = this.txtPasswd.Text.Trim();            //密码
    //如果用户名和密码正确
    if (username.Equals("admin") && passwd.Equals("123"))
    {
        MainForm mainform = new MainForm();                //建立主窗体
        this.Hide();                                       //隐藏登录窗体
        mainform.Show();                                   //显示主窗体
    }
    else
    {
        MessageBox.Show("用户名或密码错误,请重新输入!","登录提示"); }
    }
}

//"退出"按钮事件处理方法
private void btnExit_Click(object sender, EventArgs e)
{
    Application.Exit();                                    //退出应用程序
}
```

知识链接

6.2.1 控件基础

控件是指在.NET平台下用户可与之交互以输入或操作数据的对象。在C#中,所有的窗体控件,例如标签控件、文本框控件、按钮控件等全部都继承于System.Windows.Forms.Control。作为各种窗体控件的基类,Control类实现了所有窗体交互控件的基本功能。Control类的属性、方法和事件是所有窗体控件所公有的,而且其中很多是在编程中经常会遇到的。

1. 控件的添加

在开发Windows应用程序时,首先要向项目中添加窗体,然后再向窗体中添加各种控件以实现用户与程序之间的交互。向窗体中添加控件有如下几种方法:

(1) 双击"工具箱"中要使用的控件,此时会在窗体的默认位置(客户区的左上角)添加默认大小的控件。

(2) 在"工具箱"中选定一个控件,鼠标指针变成与该控件对应的形状,把鼠标指针移到窗体中要摆放控件的位置,按下鼠标左键并拖动鼠标画出控件大小后,松开鼠标即可在窗体的指定位置绘制指定大小的控件。

(3) 直接把控件从"工具箱"拖到窗体中,控件为默认大小。

(4) 直接使用代码来控制添加。例如,下面的代码向窗体中添加一个按钮。

```
Button btnExample = new Button();
btnExample.Text = "按钮示例";
this.Controls.Add(btnExample);
```

2. 控件调整

选中要调整的控件,使用"格式"菜单、快捷菜单中的命令或者工具栏上的格式按钮进行调整。在调整控件的格式时,将按照基准控件对选择的多个控件进行调整。

使用Ctrl键或者Shift键选择多个控件,也可以拖动鼠标选择一个控件范围,此时最先进入窗体的控件将作为调整的基准控件。被选中的控件中,基准控件周围是白色方框,其他控件周围是黑色方框。

3. 控件的锚定和停靠

.NET Framework允许对子控件设置属性,在调整父窗体大小时,可以使用Dock和Anchor属性来控制子控件和父窗体的关系。Dock和Anchor通过将控件连接到它们父窗体的某个位置,而免除了使应用程序具有不可预知界面的麻烦。

1) Anchor属性

Anchor属性是用来确定控件与其容器控件的固定关系的。所谓容器控件就是像一般的容器一样可以存放别的控件的控件。例如,窗体控件中会包含很多控件,像标签、文本框等控件。这时,称包含控件的控件为容器控件或父控件,而里面的控件为子控件。显然,这必然涉及一个问题,即子控件与父控件的位置关系问题。即当父控件的位置、大小变化时,子控件按照什么样的原则改变其位置、大小。Anchor属性就用于设置此原则。

对于Anchor属性,可以设定Top、Bottom、Right、Left中任意的几种。使用Anchor属

性使控件的位置相对于窗体某一边固定。改变窗体的大小时，控件的位置会随之改变以保持此距离不变。

- Top——表示控件中与父窗体(或父控件)相关的顶边应该保持固定。
- Bottom——表示控件中与父窗体(或父控件)相关的底边应该保持固定。
- Left——表示控件中与父窗体(或父控件)相关的左边缘应该保持固定。
- Right——表示控件中与父窗体(或父控件)相关的右边缘应该保持固定。

2) Dock 属性

Dock 属性迫使控件紧贴父窗体(或控件)的某个边缘。虽然 Anchor 属性也可以实现这一点，但是 Dock 属性使得能够在父窗体中让子窗体可以在上方(或旁边)互相堆叠。如果某个子窗体改变了大小，其他停驻在它旁边的子窗体也会随之改变。和 Anchor 属性不同的是，可以将 Dock 属性设置为一个单值。

Dock 属性有效值如下：

- Top——迫使控件位于父窗体(或控件)的顶部。如果有同一个父窗体的其他子控件也被设置为停驻在顶部，那么控件将在彼此上方相互堆叠。
- Bottom——迫使控件位于父窗体(或控件)的底部。如果有同一个父窗体的其他子控件也被设置为停驻在底部，那么控件将在彼此上方相互堆叠。
- Left——迫使控件位于父窗体(或控件)的左边。如果有同一个父窗体的其他子控件也被设置为停驻在左边，那么控件将在彼此旁边相互堆叠。
- Right——迫使控件位于父窗体(或控件)的右边。如果有同一个父窗体的其他子控件也被设置为停驻在右边，那么控件将在彼此旁边相互堆叠。
- Fill——迫使控件位于父窗体(或控件)的上方。如果有同一个父窗体的其他子控件也被设置为停驻在上方，那么控件将在彼此上方相互堆叠。
- None——表示控件将会正常运转。

6.2.2 标签控件

标签控件(Label 控件)是最简单、最基本的一个控件，主要用于显示不能编辑的静态文本，例如为其他控件显示描述性信息或者根据应用程序状态显示相应的提示信息，一般不需要对标签进行事件处理。如果添加一个标签控件，系统会自动创建标签控件的对象。标签控件具有与其他控件相同的许多属性，但在程序中一般很少直接对其进行编程，表 6-7 给出了 Label 控件的常用属性、事件及其说明。

表 6-7 Label 控件的常用属性、事件及其说明

项目		说明
属性	Text	用来设置或返回标签控件中显示的文本信息
	AutoSize	用来获取或设置一个值，该值指示是否自动调整控件的大小以完整显示其内容。取值为 true 时，控件将自动调整到刚好能容纳文本时的大小；取值为 false 时，控件的大小为设计时的大小。默认值为 false
	Enabled	用来设置或返回控件的状态。值为 true 时允许使用控件；值为 false 时禁止使用控件，此时标签呈暗淡色。一般在代码中设置
事件	Click	用户单击该控件时发生该事件

6.2.3 按钮控件

按钮控件(Button 控件)允许用户通过单击来执行操作。按钮控件既可以显示文本,又可以显示图像。当该控件被单击时,先被按下,然后释放。表 6-8 给出了 Button 控件的常用属性、事件及其说明。

表 6-8 Button 控件的常用属性、事件及其说明

项目		说明
属性	Enabled	用来设置或返回控件的状态。值为 true 时允许使用控件;值为 false 时禁止使用控件,此时按钮呈暗淡色。一般在代码中设置
	Image	用来设置显示在按钮上的图像
事件	Click	当用户单击按钮控件时,将发生该事件
	MouseDown	当用户在按钮控件上按下鼠标按钮时,将发生该事件
	MouseUp	当用户在按钮控件上释放鼠标按钮时,将发生该事件

在任何 Windows 窗体上都可以指定某个 Button 控件为接受按钮(也称默认按钮)。每当用户按下 Enter 键时,即单击默认按钮,而不管当前窗体上其他哪个控件具有焦点。在窗体设计器中指定接受按钮的方法是:选择按钮所驻留的窗体,在属性窗口中将属性的 AcceptButton 属性设置为 Button 控件的名称,也可以通过编程的方式指定接受按钮,在代码中将窗体的 AcceptButton 属性设置为适当的 Button。例如:

```
this.AcceptButton = this.btnLogin;
```

在任何 Windows 窗体上都可以指定某个 Button 控件为“取消”按钮。每当用户按 Esc 键时,即单击“取消”按钮,而不管当前窗体上其他哪个控件具有焦点。通常设计这样的按钮可以允许用户快速退出操作而无须执行任何动作。在窗体设计器中指定“取消”按钮的方法是:选择按钮所驻留的窗体,在属性窗口中将窗体的 CancelButton 属性设置为 Button 控件的名称;也可以通过编程的方式指定“取消”按钮,在代码中将窗体的 CancelButton 属性设置为适当的 Button。例如:

```
this.CancelButton = this.btnExit;
```

6.2.4 文本框控件

文本框控件(TextBox 控件)用于获取用户的输入数据或者显示文本。文本框控件通常用于可编辑文本,也可以使其成为只读控件。文本框可以显示多个行,开发人员可以使文本换行以便符合控件的大小。表 6-9 给出 TextBox 控件的常用属性、方法及其说明。

表 6-9　TextBox 控件的常用属性、方法及其说明

项　　目		说　　明
属性	Text	设置或获取文本控件中输入的文本
	MaxLength	用来设置文本框允许输入字符的最大长度，该属性值为 0 时，不限制输入的字符数
	MultiLine	用来设置文本框中的文本是否可以输入多行并以多行显示。值为 true 时，允许多行显示；值为 false 时不允许多行显示
	ReadOnly	用来获取或设置一个值，该值指示文本框中的文本是否为只读。值为 true 时为只读；值为 false 时为可读可写
	PasswordChar	允许设置一个字符，运行程序时，将输入到 Text 的内容全部显示为该属性值，从而起到保密作用。通常用来输入口令或密码
方法	Clear()	从文本框控件中清除所有文本
	Focus()	为文本框设置焦点。如果焦点设置成功，值为 true，否则为 false

6.2.5　图片控件

图片控件（PictureBox 控件）用于显示位图、GIF、JPEG、图元文件或图标格式的图形。PictureBox 控件的常用属性及其说明如表 6-10 所示。

表 6-10　PictureBox 控件的常用属性及其说明

属　　性	说　　明
Image	在 PictureBox 中显示的图片
SizeMode	图片在控件中的显示方式，有 5 种选择： • AutoSize：自动调整控件 PictureBox 大小，使其等于所包含的图片大小 • CenterImage：将控件的中心和图片的中心对齐显示。如果控件比图片大，则图片将居中显示。如果图片比控件大，则图片将居于控件中心，而外边缘将被剪裁掉 • Normal：图片被置于控件的左上角。如果图片比控件大，则图片的超出部分被剪裁掉 • StretchImage：控件中的图像被拉伸或收缩，以适合控件的大小，完全占满控件 • Zoom：控件中的图片按照比例拉伸或收缩，以适合控件的大小，占满控件的长度或高度

下面的一段代码说明了 PictureBox 控件的用法。

```
private voidbutton1_Click(object sender, EventArgs e)
{
    //如果需要,改变一个有效的位图图像的路径
    string path = @"C:\Windows\Waves.bmp";
    //调整图像以适应控件
    PictureBox1.SizeMode = PictureBoxSizeMode.StretchImage;
    //加载图像到控件中
    PictureBox1.Image = Image.FromFile(path);
}
```

6.2.6　多格式文本框控件

Windows 窗体多格式文本框控件（RichTextBox 控件）用于显示、输入和操作带有格式

的文本。与 TextBox 控件一样，RichTextBox 控件也可以显示滚动条，但与 TextBox 控件不同的是，默认情况下，该控件将同时显示水平滚动条和垂直滚动条，并具有更多的滚动条设置。RichTextBox 控件除了执行 TextBox 控件的所有功能之外，它还可以显示字体、颜色和超链接，从文件加载文本和嵌入的图像，撤销和重复编辑操作以及查找指定的字符。另外，RichTextBox 控件还可以打开、编辑和存储 RTF 格式文件、ASCII 码文本格式文件及 Unicode 码格式的文件。下面简单介绍 RichTextBox 控件的常用属性与方法。

(1) Text 属性：RichTextBox 控件的 Text 属性用于返回或设置多格式文本框的文本内容。设置时可以使用属性窗口，也可以使用代码，代码示例如下：

```
rtxtNotepad.Text = "C# 5.0";
```

(2) SelectionColor 属性：用来获取或设置当前选定文本或插入点处的文本颜色。

(3) SelectionFont 属性：用来获取或设置当前选定文本或插入点处的字体。

(4) MaxLength 属性：用于获取或设置在多格式文本框控件中能够输入或者粘贴的最大字符数。

(5) MultiLine 属性：用于获取或设置多格式文本框控件的文本内容是否可以显示为多行。MultiLine 属性有 true 和 false 两个值，默认值为 true，即默认以多行形式显示文本。

(6) ScrollBars 属性：用来设置文本框是否有垂直或水平滚动条。它有 7 种属性值：

- None，没有滚动条；
- Horizontal，多格式文本框具有水平滚动条；
- Vertical，多格式文本框具有垂直滚动条；
- Both，多格式文本框既有水平滚动条又有垂直滚动条；
- ForceHorizontal，不管文本内容多少，始终显示水平滚动条；
- ForceVertical，不管文本内容多少，始终显示垂直滚动条；
- ForceBoth，不管文本内容多少，始终显示水平滚动条和垂直滚动条。

其默认值为 Both，显示水平滚动条和垂直滚动条。

(7) Anchor 属性：用于设置多格式文本框控件绑定到容器(例如窗体)的边缘，绑定后多格式文本框控件的边缘与绑定到的容器边缘之间的距离保持不变。可以设置 Anchor 属性的 4 个方向分别为 Top、Bottom、Left 和 Right。

(8) Undo()方法：用于撤销多格式文本框中的上一个编辑操作。Undo()方法使用的代码示例如下：

```
rtxtNotepad.Undo();
```

(9) Copy()方法：用于将多格式文本框中被选定的内容复制到剪贴板中。Copy()方法使用的代码示例如下：

```
rtxtNotepad.Copy();
```

(10) Cut()方法：用于将多格式文本框中被选定的内容移动到剪贴板中。Cut()方法使用的代码示例如下：

```
rtxtNotepad.Cut();
```

(11) Paste()方法：用于将剪贴板中的内容粘贴到多格式文本框中光标所在的位置。Paste()方法使用的代码示例如下：

```
rtxtNotepad.Paste();
```

(12) SelectAll()方法：用于选定多格式文本框中的所有内容。SelectAll()方法使用的代码示例如下：

```
rtxtNotepad.SelectAll();
```

(13) LoadFile()方法：用于将文件加载到 RichTextBox 对象中，其一般格式为：

```
RichTextBox 对象名.LoadFile(文件名,文件类型)
```

其中，文件类型是 RichTextBoxStreamType 枚举类型的值，默认为 RTF 格式文件。例如，使用“打开文件”对话框选择一个文本文件并加载到 richTextBox1 控件中，代码如下：

```
openFileDialog1.Filter = "文本文件(*.txt)|*.txt|所有文件(*.*)|*.*";
if (openFileDialog1.ShowDialog() == DialogResult.OK)
{
    string fName = openFileDialog1.FileName;
    richTextBox1.LoadFile(fName,RichTextBoxStreamType.PlainText);
}
```

(14) SaveFile()方法：用于保存 RichTextBox 对象中的文件，其一般格式如下：

```
RichTextBox 对象名.SaveFile(文件名,文件类型);
```

例如，使用“保存文件”对话框选择一个文本文件，并将 richTextBox1 控件的内容保存到该文件，代码如下：

```
//保存为 RTF 格式文件
saveFileDialog1.Filter = "RTF 文件(*.rtf)|*.rtf";
saveFileDialog1.DefaultExt = "rtf";                    //默认的文件扩展名
if (saveFileDialog1.ShowDialog() == DialogResult.OK)
richTextBox1.SaveFile(saveFileDialog1.FileName,RichTextBoxStreamType.RichText);
```

【编程示例】 新建一个 Windows 应用程序 RichTextBoxSample，在默认窗体中添加 4 个 Button 控件和一个 RichTextBox 控件，其中 Button 控件用来执行打开文件、设置字体、插入图片和保存文件操作，RichTextBox 控件用来显示文件和图片。程序的关键代码如下：

```
private void Form1_Load(object sender, EventArgs e)
{
    //设置边框样式
    this.richTextBox1.BorderStyle = BorderStyle.Fixed3D;
    //设置自动识别超链接
    this.richTextBox1.DetectUrls = true;
    //设置滚动条
    this.richTextBox1.ScrollBars = RichTextBoxScrollBars.Both;
}

//打开文件
```

```
private void button1_Click(object sender, EventArgs e)
{
    //实例化"打开文件"对话框
    OpenFileDialog openFile = new OpenFileDialog();
    //设置文件筛选器
    openFile.Filter = "rtf 文件(*.rtf)|*.rtf";
    //判断是否选中文件
    if (openFile.ShowDialog() == DialogResult.OK)
    {
        this.richTextBox1.Clear();                //清空文本框
        //加载文件
        this.richTextBox1.LoadFile(openFile.FileName, RichTextBoxStreamType.RichText);
    }
}

//设置字体属性
private void button2_Click(object sender, EventArgs e)
{
    //设置文本字体字号
    this.richTextBox1.SelectionFont = new Font("楷体", 12, FontStyle.Bold);
    //设置文本字体颜色
    this.richTextBox1.SelectionColor = System.Drawing.Color.Red;
}

//插入图片
private void button3_Click(object sender, EventArgs e)
{
    //实例化"打开文件"对话框
    OpenFileDialog openFile = new OpenFileDialog();
    openFile.Filter = "bmp 文件(*.bmp)|*.bmp|jpg 文件(*.jpg)|*.jpg";
    openFile.Title = "打开图片";
    //判断是否选中文件
    if (openFile.ShowDialog() == DialogResult.OK)
    {
        //使用选择图片实例化 Bitmap
        Bitmap bmp = new Bitmap(openFile.FileName);
        //将图像放入系统剪贴板
        Clipboard.SetDataObject(bmp, false);
        //判断控件是否可以粘贴图片信息
        if (this.richTextBox1.CanPaste(DataFormats.GetFormat(DataFormats.Bitmap)))
            this.richTextBox1.Paste();            //粘贴图片
    }
}
```

程序运行结果如图 6-7 所示。

拓展提高

1. MaskedTextBox 控件

MaskedTextBox 控件是一种特殊的文本框，它可以通过 Mask 属性设置格式标记符。在应用程序运行后，用户只能输入 Mask 属性所允许的内容，例如日期、电话号码等。

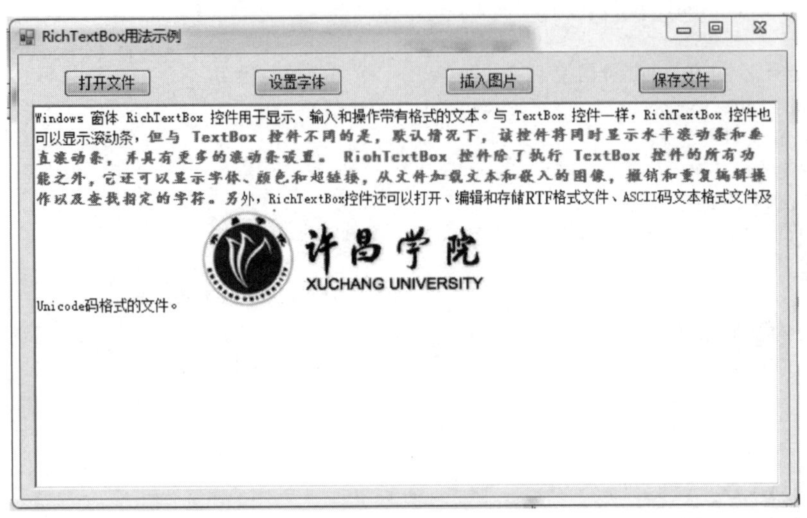

图 6-7　RichTextBox 控件的用法

2. 用户自定义控件

为了避免将所有的控件堆在 MainForm 上，导致整个视图和逻辑特别复杂，可以使用 UserControl 将相关的控件组合起来，独立成一个个小的视图。

用户控件将快速控件开发与标准 Windows 窗体控件功能以及自定义属性和方法的多功能综合在了一起。开始创建用户控件时，系统会提供一个可视设计器，可以将标准 Windows 窗体控件置于该可视设计器中。这些控件保留其所有的继承功能以及标准控件的外观和行为。但是，这些控件一旦被置入用户控件，就不能再通过代码来使用。用户控件执行其自身的绘图工作，同时也处理与控件相关联的所有基本功能。

3. 编程实践

创建一个 Windows 应用程序，添加 RichText 控件、Button 控件和文本框控件。运行程序，打开一个文本文件，在文本框中输入查找的字符串，单击“查找”按钮开始在文本文件中查找。如果找到字符串，则设置找到字符串的颜色为红色；如果没有找到，则给出提示信息。

视频讲解

6.3　选择类控件

在学生成绩管理系统中需要添加学生的基本信息，如学号、姓名等。本任务完成“添加学生信息”界面设计，如图 6-8 所示。

任务实施

（1）添加学生窗体。启动 Visual Studio 2017，打开学生成绩管理系统项目文件 StudenAchievement.sln，向项目中添加一个窗体，拖动窗体到合适位置，并按照表 6-10 设置窗体的属性。

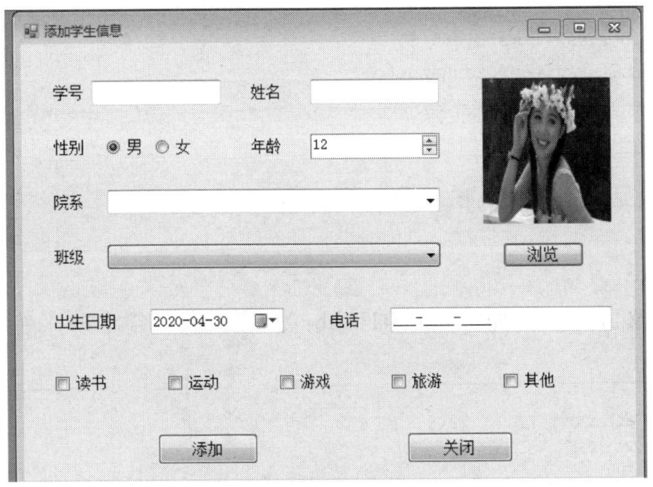

图 6-8 “添加学生信息”界面

表 6-10 添加窗体属性设置

属　　性	值	属　　性	值
(Name)	frmAddStudent	MaxmizeBox	false
StartPosition	CenterParent	Text	添加学生信息

(2) 向窗体中添加控件。在窗体中添加标签、文本框、单选按钮、数值选择、组合框、日期选择、复选框、图片和按钮等控件,并按照图 6-8 调整控件到合适位置,设置控件的属性。

(3) 添加窗体的 Load 事件处理程序。在窗体的 Load 事件中添加院系信息,主要代码如下:

```
private void frmAddStudent_Load (object sender, EventArgs e)
{
    //设置性别
    this.rdoMale.Checked = true;
    //添加院系
    this.cmbCollege.Items.Add("通信工程学院");
    this.cmbCollege.Items.Add("机电工程学院");
    this.cmbCollege.Items.Add("信息工程学院");
}
```

(4) 添加院系组合框事件。为院系组合框添加事件 SelectedValueChanged,用来向“班级”组合框中添加相应院系的班级,关键代码如下:

```
private void cmbCollege_SelectedIndexChanged (object sender, EventArgs e)
{
    if(this.cmbCollege.SelectedIndex >= 0)
    {
        //获取选择文本
        string collegeName = this.cmbCollege.Text.Trim();
        string[] c = new string[]{ "2019 计算机科学", "2019 软件工程" , "2019 网络工程" };
        if(collegeName.Equals("信息工程学院"))
```

```
    {
        This.cmbClass.Items.Clear();
        this.cmbClass.Items.AddRange(c);
    }
    else
    {
        MessageBox.Show("请选择院系", "院系选择");
    }
}
```

(5) 添加自定义方法。添加方法 GetHobby(),用来获取学生的兴趣和爱好。参考代码如下：

```
private string GetHobby( )
{
    if (this.checkBox1.Checked == true)
    {
        hobby = hobby + this.checkBox1.Text.Trim() + "、";
    }
    if (this.checkBox2.Checked == true)
    {
        hobby = hobby + this.checkBox2.Text.Trim() + "、";
    }
    if (this.checkBox3.Checked == true)
    {
        hobby = hobby + this.checkBox3.Text.Trim() + "、";
    }
    if (this.checkBox4.Checked == true)
    {
        hobby = hobby + this.checkBox4.Text.Trim() + "、";
    }
    if (this.checkBox5.Checked == true)
    {
        hobby = hobby + this.checkBox5.Text.Trim() + "、";
    }
    return hobby.Substring(0, hobby.Length - 1);
}
```

(6) 添加“添加”按钮的单击事件,显示添加的学生信息,关键代码如下：

```
private void btnConfirm_Click(object sender, EventArgs e)
{
    //获取输入值
    string id = this.txtID.Text.Trim();
    string name = this.txtName.Text.Trim();
    string gender = this.rdoMale.Checked ? "男" : "女";
    int age = Convert.ToInt32(this.nudAge.Value);
    string college = this.cmbCollege.Text.Trim();
    string grade = this.cmbClass.Text.Trim();
    string birthday = this.dtpBirthday.Value.ToString("yyyy-MM-dd");
    string phone = this.mtxNumber.Text.Trim();
```

```
    string hobby = GetHobby();
    //拼接学生信息
    string stuinfo = "学号：" + id + "  姓名：" + name + "   性别：" + gender  + "  年龄：" + age + "   院系：" + college + "  班级：" + grade + "  出生日期：" + birthday + "  电话：" + phone + "   兴趣和爱好：" + hobby.Substring(0, hobby.Length - 1);
    //显示学生信息
    MessageBox.Show(stuinfo, "学生信息");
}
```

知识链接

6.3.1 单选按钮控件

单选按钮控件(RadioButton 控件)为用户提供由两个或多个互斥选项组成的选项集。当用户选中某单选按钮时，同一组中的其他单选按钮不能同时选定，该控件以圆圈内加点的方式表示选中。通常情况下，单选按钮显示为一个标签，左边是一个圆点，该点可以是选中或未选中。

单选按钮用来让用户在一组相关的选项中选择一项，因此单选按钮控件总是成组出现。直接添加到一个窗体中的所有单选按钮将形成一个组。若要添加不同的组，必须将它们放到面板或分组框中。将若干 RadionButton 控件放在一个 GroupBox 控件内组成一组时，当这一组中的某个单选按钮控件被选中时，该组中的其他单选控件将自动处于不选中状态。表 6-11 给出了 RadioButton 控件的常用属性、事件及其说明。

表 6-11 RadioButton 控件的常用属性、事件及其说明

项目		说明
属性	Appearance	RadioButton 可以显示为一个圆形选中标签，放在左边、中间或右边，或者显示为标准按钮。当它显示为按钮时，控件被选中时显示为按下状态，否则显示为弹起状态
	AutoCheck	如果这个属性为 true，用户单击单选按钮时，会显示一个选中标记；如果该属性为 false，就必须在 Click 事件处理程序的代码中手工检查单选按钮
	CheckAlign	使用这个属性，可以改变单选按钮的复选框的对齐形式，默认是 ContentAlignment. MiddleLeft
	Checked	表示控件的状态。如果控件有一个选中标记，它就是 true，否则为 false
事件	CheckedChanged	当 RadioButton 的选中选项发生改变时，引发这个事件
	Click	每次单击 RadioButton 时，都会引发该事件。这与 CheckedChanged 事件是不同的，因为连续单击 RadioButton 两次或多次只改变 Checked 属性一次，且只改变以前未选中的控件的 Checked 属性。而且，如果被单击按钮的 AutoCheck 属性是 false，则该按钮根本不会被选中，只引发 Click 事件

6.3.2 复选框控件

复选框与单选按钮一样，也给用户提供一组选项供其选择。但它与单选按钮有所不同，每个复选框都是一个单独的选项，用户既可以选择它，也可以不选择它，不存在互斥的问题，还可以同时选择多项。

复选框控件(CheckBox 控件)显示为一个标签,左边是一个带有标记的小方框。在希望用户可以选择一个或多个选项时,就应使用复选框。表 6-12 给出了 CheckBox 控件的常用属性、事件及其说明。

表 6-12　CheckBox 控件的常用属性、事件及其说明

项　目		说　明
属性	CheckState	与 RadioButton 不同,CheckBox 有 3 种状态: Checked、Indeterminate 和 Unchecked。复选框的状态是 Indeterminate 时,控件旁边的复选框通常是灰色的,表示复选框的当前值是无效的,或者无法确定(例如,如果选中标记表示文件的只读状态,且选中了两个文件,则其中一个文件是只读的,另一个文件不是),或者在当前环境下没有意义
	ThreeState	这个属性为 false 时,用户就不能把 CheckState 属性改为 Indeterminate。但仍可以在代码中把 CheckState 属性改为 Indeterminate
	Checked	表示复选框是否被选择。true 表示复选框被选中,false 表示复选框未被选中
事件	CheckedChanged	当复选框的 Checked 属性发生改变时,就引发该事件。注意,在复选框中,当 ThreeState 属性为 true 时,单击复选框不会改变 Checked 属性。在复选框从 Checked 变为 Indeterminate 状态时,就会出现这种情况
	CheckedStateChanged	当 CheckedState 属性改变时,引发该事件。CheckedState 属性的值可以是 Checked 和 Unchecked。只要 Checked 属性改变了,就引发该事件。另外,当状态从 Checked 变为 Indeterminate 时,也会引发该事件

6.3.3　列表框控件

列表框控件(ListBox 控件)用于显示一个列表,用户可以从中选择一项或多项。如果选项总数超过可以显示的项数,则控件会自动添加滚动条。

在列表框内的项目称为列表项,列表项的加入是按一定的顺序进行的,这个顺序号称为索引号。列表框内列表项的索引号是从 0 开始的,即第一个加入的列表项索引号为 0,其余索引项的索引号以此类推。表 6-13 给出了 ListBox 控件的常用属性、事件及其说明。

表 6-13　ListBox 控件的常用属性、事件及其说明

项　目		说　明
属性	Items	用于存放列表框中的列表项,是一个集合。通过该属性,可以添加列表项、移除列表项和获得列表项的数目
	MultiColumn	用来获取或设置一个值,该值指示 ListBox 是否支持多列。值为 true 时表示支持多列;值为 false 时不支持多列
	SelectionMode	设置列表条目的选择方法。 • SelectionMode. None 表示不允许选中。 • SelectionMode. One 表示只允许用户选择一项。 • SelectionMode. MultiExtended 表示允许选择多项,但选中的条目必定相连(相邻)。 • SelectionMode. MultiSimple 表示允许选择多项,可以任意选中多个条目

续表

项目		说明
属性	SelectedIndex	用来获取或设置 ListBox 控件中当前选定项的从零开始的索引。如果未选定任何项，则返回值为 1。对于只能选择一项的 ListBox 控件，可使用此属性确定 ListBox 中选定的项的索引。如果 ListBox 控件的 SelectionMode 属性设置为 SelectionMode. MultiSimple 或 SelectionMode. MultiExtended，并在该列表中选定多个项，此时应用 SelectedIndices 来获取选定项的索引
	SelectedItem	获取或设置 ListBox 中的当前选定项
	SelectedItems	获取 ListBox 控件中选定项的集合，通常在 ListBox 控件的 SelectionMode 属性值设置为 SelectionMode. MultiSimple 或 SelectionMode. MultiExtended(它指示多重选择 ListBox)时使用
	ItemsCount	用来返回列表项的数目
	Text	该属性用来获取或搜索 ListBox 控件中当前选定项的文本。当把此属性值设置为字符串值时，ListBox 控件将在列表内搜索与指定文本匹配的项并选择该项。若在列表中选择了一项或多项，该属性将返回第一个选定项的文本
事件	SelectedIndexChanged	列表框中改变选中项时发生

列表框还提供了一些方法来操作列表框中的选项，由于列表框中的选项是集合形式的，列表项的操作都是用 Items 属性进行的。例如：

(1) Items. Add()方法：用来向列表框中增添一个列表项。其调用格式如下：

```
ListBox 对象.Items.Add(s);
```

(2) Items. Insert()方法：用来在列表框中指定位置插入一个列表项。其调用格式如下：

```
ListBox 对象.Items.Insert(n,s);
```

其中，参数 n 代表要插入的项的位置索引，参数 s 代表要插入的项。其功能是把 s 插入到"listBox 对象"指定的列表框的索引为 n 的位置处。

(3) Items. Remove()方法：用来从列表框中删除一个列表项。其调用格式如下：

```
ListBox 对象.Items.Remove(k);
```

(4) Items. Clear()方法：用来清除列表框中的所有项。其调用格式如下：

```
ListBox 对象.Items.Clear();
```

(5) BeginUpdate()和 EndUpdate()方法：这两个方法均无参数。其调用格式分别如下：

```
ListBox 对象.BeginUpdate();
ListBox 对象.EndUpdate();
```

这两个方法的作用是保证使用 Items. Add()方法向列表框中添加列表项时，不重绘列表框。即在向列表框添加项之前，调用 BeginUpdate()方法，以防止每次向列表框中添加项时都重新绘制 ListBox 控件。完成向列表框中添加项的任务后，再调用 EndUpdate()方法使 ListBox 控件重新绘制。当向列表框中添加大量的列表项时，使用这种方法添加项可以防止在绘制 ListBox 时的闪烁现象。

【编程示例】 新建一个 Windows 应用程序 ListBoxSample，在默认窗体中添加 2 个 ListBox 控件，4 个 Button 控件，其中一个 ListBox 控件用来显示课程列表，另一个 ListBox 控件演示选择的课程列表，4 个 Button 控件分别用来实现添加全部、删除全部、添加选定和删除选定。关键代码如下：

```
private void Form1_Load(object sender, EventArgs e)
{
    //设置控件的特征
    this.lstLeft.HorizontalScrollbar = true;                          //显示水平滚动条
    this.lstLeft.ScrollAlwaysVisible = true;                          //使垂直滚动条可见
    this.lstLeft.SelectionMode = SelectionMode.MultiExtended;         //可以在控件中选择多项
    this.lstRight.HorizontalScrollbar = true;                         //显示水平滚动条
    this.lstRight.ScrollAlwaysVisible = true;                         //使垂直滚动条可见
    this.lstRight.SelectionMode = SelectionMode.MultiExtended;        //可以在控件中选择多项

    //向列表控件中添加选项
    this.lstLeft.Items.Clear();
    this.lstLeft.Items.Add("高级语言程序设计");
    this.lstLeft.Items.Add("数据结构与算法");
    this.lstLeft.Items.Add("操作系统原理");
    this.lstLeft.Items.Add("计算机网络");
    this.lstLeft.Items.Add("计算机系统结构");
    this.lstLeft.Items.Add("数据库原理");
}
//"全选"按钮事件
private void btnAllSelction_Click(object sender, EventArgs e)
{
    //清除右边内容
    this.lstRight.Items.Clear();
    //循环遍历左边列表
    for (int i = 0; i < this.lstLeft.Items.Count; i++)
    {
        //将左边选定的内容添加到右边列表
        this.lstRight.Items.Add(lstLeft.Items[i]);
    }
}
//"移除所有项"按钮事件
private void btnClearAll_Click(object sender, EventArgs e)
{
    this.lstRight.Items.Clear();
}
//"添加选定项"按钮事件
private void btnAddSelcted_Click(object sender, EventArgs e)
{
    for (int i = 0; i < lstLeft.SelectedItems.Count; i++)
    {
```

```
            this.lstRight.Items.Add(lstLeft.SelectedItems[i]);
            //将左边选定的内容表添加到右边列表
        }
    }
    //"删除选定项"按钮事件
    private void btnClearSelected_Click(object sender, EventArgs e)
    {
        for (int i = this.lstRight.SelectedItems.Count - 1; i >= 0; i-- )
        {
            //移除选定项
            this.lstRight.Items.Remove(this.lstRight.SelectedItems[i]);
        }
    }
```

程序的运行结果如图 6-9 所示。

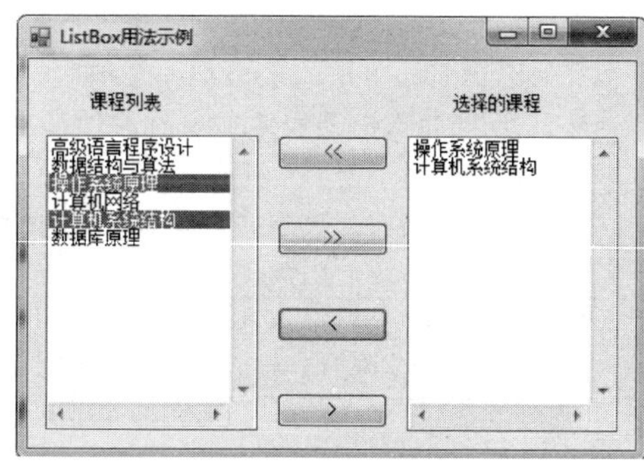

图 6-9　ListBox 控件用法

6.3.4　组合框控件

组合框控件(ComboBox 控件)用于在下拉组合框中显示数据。ComboBox 控件是一个文本框和一个列表框的组合,结合 TextBox 控件和 ListBox 控件的功能。在默认情况下,ComboBox 控件分两部分显示:一部分在顶部,是一个允许用户输入列表项的文本框;另一部分是一个列表框,它显示一个项列表,用户可从中选择一项。与列表框相比,组合框不能多选,它无 SelectionMode 属性。表 6-13 给出了 ComboBox 控件的常用属性、方法及其说明。

表 6-13　ComboBox 控件的常用属性、方法及其说明

项　　目		说　　明
属性	DropDownStyle	获取或设置指定组合框样式的值,确定用户能否在文本部分中输入新值以及列表部分是否总显示。有 3 种可选值: • Simple:没有下拉列表框,所以不能选择,可以输入,和 TextBox 控件相似。 • DropDown:具有下拉列表框,可以选择,也可以直接输入选择项中不存在的文本。该值是默认值。 • DropDownList:具有下拉列表框,只能选择已有可选项中的值,不能输入其他的文本。 默认值为 DropDown

续表

项目		说明
属性	Items	获取一个对象,该对象表示该 ComboBox 中所包含项的集合
	MaxDropDownItems	下拉部分中可显示的最大项数。该属性的最小值为 1,最大值为 100
	Text	ComboBox 控件中文本框中显示的文本
	SelectedIndex	返回一个表示与当前选定列表项的索引的整数值,可以编程更改它,列表中相应项将出现在组合框的文本框内。如果未选择任何项,则 SelectedIndex 为-1;如果选择了某个项,则 SelectedIndex 是从 0 开始的整数值
	SelectedItem	与 SelectedIndex 属性类似,但是 SelectedItem 属性返回的是项
	SelectedText	表示组合框中当前选定文本的字符串。如果 DropDownStyle 设置为 ComboBoxStyle.DropDownList,则返回值为空字符串。可以将文本分配给此属性,以更改组合框中当前选定的文本。如果组合框中当前没有选定的文本,则此属性返回一个零长度字符串
方法	BeginUpdate()和EndUpdate()	当使用 Add()方法一次添加一个项时,则可以使用 BeginUpdate()方法,以防止每次向列表添加项时控件都重新绘制 ComboBox。完成向列表添加项的任务后,调用 EndUpdate()方法来启用 ComboBox 进行重新绘制。当向列表添加大量的项时,使用这种方法添加项可以防止绘制 ComboBox 时闪烁
	Add()	Items 属性的方法之一,通过该方法可以向控件中添加项,还可以使用 Items 属性的 Clear()方法来清除所有的列表项

6.3.5 数值选择控件

数值选择控件(NumericUpDown 控件)是用于输入数字和调节数字的一个控件,该控件提供一对上下箭头,用户可以单击上下箭头选择数值,也可以直接输入。该控件中的数字储存为 decimal 类型,但是数字必须是整数而不能是小数。表 6-14 给出了 NumericUpDown 控件的常用属性、事件及其说明。

表 6-14 NumericUpDown 控件的常用属性、事件及其说明

项目		说明
属性	Value	控制数字输入框的数字值(可以用控件的向上或者向下符号对数字进行调节,也可以自己输入)
	Maxmum	控制数字输入框的最大值(当输入的值大于最大值或者调节到大于最大值时数字输入框显示的是最大值,超过最大值也只显示最大值)
	Minimum	控制数字输入框的最小值(可以为负数)
	UpDownAlign	控制数字调节按钮是在控件的左边还是右边,有两个值:Left 和 Right
	Increment	控制单击一次向上或者向下按钮数字输入框值的增减大小
事件	ValueChanged	在数字输入框的值改变后引发这个事件

1. 分组控件

分组控件主要包括容器控件(Panel)、分组框控件(GroupBox)和选项卡控件(TabControl)等。

Panel 控件是由 System. Windows. Forms. Panel 类提供的，主要作用就是将其他控件组合一起放在一个面板上，使这些控件更容易管理。当 Panel 控件面板上要显示很多的控件时，可设置 AutoScroll 属性为 true。Panel 控件在默认情况下不显示边框，如把 BorderStyle 属性设置为不是 none 的其他值，就可以使用面板可视化地组合相关的控件。

GroupBox 控件是由 System. Windows. Forms. GroupBox 类提供的，主要作用是为其他控件提供可识别的分组，通常，使用分组框按功能细分窗体。

TabControl 控件是由 System. Windows. Forms. TabControl 类提供的，作用就是将相关的组件组合到一系列选项卡页面上。TabControl 控件管理 TabPages 集合，TabControl 控件的 MultiLine 属性用来设置是否显示多行选项卡。如果 MultiLine 属性设置为 false，而有多个选项卡不能一次显示出来，就提供组箭头查看剩余的选项卡。

2. 日期和时间控件

日期和时间控件(DateTimePicker)主要用于在界面上显示当前的时间。日期和时间控件中常用的属性是设置其日期显示格式的 Format 属性。Format 属性提供了 4 个属性值，如下所示。

- Short：短日期格式，例如 2017/3/1；
- Long：长日期格式，例如 2017 年 3 月 1 日；
- Time：仅显示时间，例如，22:00:01；
- Custom：用户自定义的显示格式。

如果将 Format 属性设置为 Custom，则需要通过设置 CustomFormat 属性值来自定义显示日期和时间的格式。

3. 编程实践

根据 ListBox 控件的特点，编写程序实现拒绝向 ListBox 控件中添加重复信息。

6.4 通用对话框

许多日常任务都要求用户指定某些形式的信息。例如，假如用户想打开或保存一个文件，那么通常会打开一个对话框，询问要打开哪个文件或者要将文件保存到哪里。在学生成绩管理系统的“信息”界面中，为了添加学生照片，通常需要打开一个对话框让用户选择图片，如图 6-10 所示。

(1) 启动 Visual Studio 2017，打开学生成绩管理系统项目 StudenAchievement。

(2) 选择添加学生窗体，为“浏览”按钮添加 Click 事件处理程序，主要代码如下：

```
//"浏览"按钮单击事件
private void btnImage_Click(object sender, EventArgs e)
{
    //新建"打开文件"对话框
```

图 6-10　选择学生照片

```
    OpenFileDialog ofdImage = new OpenFileDialog();
    //设置对话框属性
    ofdImage.Title = "选择照片";
    ofdImage.Filter= "所有文件 (*.*) | *.*|JPG图片(*.jpg)|*.jpg|PNG图片(*.png)|
*.png";

    if (ofdImage.ShowDialog() == DialogResult.OK)
    {
        //从对话框中选择图片PictureBox的设置Image属性
        oldFileName = ofdImage.FileName;
        picImage.Image = Image.FromFile(oldFileName);
    }
}
```

知识链接

6.4.1 “打开文件”对话框

“打开文件”(OpenFileDialog)对话框是一个选择文件的组件,该组件允许用户浏览文件夹和选择要打开的文件,指定组件的 Filter 属性可以过滤文件类型。OpenFileDialog 组件的常用属性、方法和事件及其说明如表 6-15 所示。

表 6-15　OpenFileDialog 组件的常用属性、方法和事件及其说明

项　目		说　明
属性	InitialDirectory	获取或设置文件对话框显示的初始目录
	Filter	获取或设置当前文件名筛选器字符串,例如,"文本文件(*.txt)|*.txt|所有文件(*.*)|*.*"
	FilterIndex	获取或设置文件对话框中当前选定筛选器的索引。注意,索引项是从 1 开始的

续表

项　目		说　明
属性	FileName	获取在文件对话框中选定打开的文件的完整路径或设置显示在文件对话框中的文件名。注意，如果是多选(Multiselect)，获取的将是在选择对话框中排第一位的文件名(不论选择顺序)
	Multiselect	设置是否允许选择多个文件(默认为 false)
	Title	获取或设置文件对话框标题(默认值为"打开")
	CheckFileExists	在对话框返回之前，如果用户指定的文件不存在，对话框是否显示警告(默认为 true)
	CheckPathExists	在对话框返回之前，如果用户指定的路径不存在，对话框是否显示警告(默认为 true)
方法	ShowDialog()	弹出文件对话框
事件	FileOk	当用户单击文件对话框中的"打开"或"保存"按钮时发生

下面的代码说明了 OpenFileDialog 组件的用法。

```
//建立"打开文件"对话框对象
OpenFileDialog ofd = new OpenFileDialog();
//设置对话框属性
ofd.InitialDirectory = @"D:\";          //对话框初始路径
ofd.Filter = "C#文件(*.cs)|*.cs|文本文件(*.txt)|*.txt|所有文件(*.*)|*.*";
ofd.FilterIndex = 2;                    //默认选择在文本文件(*.txt)过滤条件上
ofd.Title = "打开对话框";
ofd.RestoreDirectory = true;            //每次打开都回到 InitialDirectory 设置的初始路径
ofd.ShowHelp = true;                    //对话框多了个"帮助"按钮
ofd.ShowReadOnly = true;                //对话框多了"只读打开"的复选框
ofd.ReadOnlyChecked = true;             //默认勾选"只读打开"复选框
//判定"打开文件"对话框中单击了哪个按钮
if(ofd.ShowDialog() == DialogResult.OK)
{
    string filePath = opd.FileName;      //文件完整路径
    string fileName = opd.SafeFileName;  //文件名
}
```

6.4.2 "保存文件"对话框

"保存文件"(SaveFileDialog)对话框是显示一个预先配置对话框的组件，用户可以使用该对话框将文件保存到指定位置。SaveFileDialog 对话框继承了 OpenFileDialog 对话框的大部分属性、方法和事件。表 6-16 给出了 SaveFileDialog 组件的常用属性及其说明。

表 6-16　SaveFileDialog 组件的常用属性及其说明

属　性	说　明
DefaultExt	指定默认文件扩展名。用户在提供文件名时，如果没有指定扩展名，就可以使用这个默认扩展名
AddExtension	将这个值设为 true，允许对话框在文件名之后附加由 DefaultExt 属性指定的文件扩展名(如果用户省略了扩展名的话)

续表

属　　性	说　　明
FileName	当前选定的文件的名称。可以填充这个属性来指定一个默认文件名。如果不希望输入默认文件名，就删除该属性的值
InitialDirectory	对话框使用的默认目录
OverwritePrompt	如果该属性为 true，那么试图覆盖现有的同名文件时，就向用户发出警告。为了启用这个功能，ValidateNames 属性也必须设为 true
Title	对话框标题栏上显示的一个字符串
ValidateNames	该属性指出是否对文件名进行校验。它由其他一些属性使用，例如 OverwritePrompt。如果该属性为 true，对话框还要负责校验用户输入的文件名是否只包含有效的字符

下面的代码演示了如何创建一个 SaveFileDialog 对象来保存文件。关键代码如下：

```
SaveFileDialog sfd = new SaveFileDialog();          //建立 SaveFileDialog 对象
//设置文件类型
sfd.Filter = "数据库备份文件(*.bak)|*.bak|数据文件(*.mdf)|*.mdf;
sfd.FilterIndex = 1;                                //设置默认文件类型显示顺序
sfd.RestoreDirectory = true;                        //保存对话框是否记忆上次打开的目录
//单击"保存"按钮进入
if (sfd.ShowDialog() == DialogResult.OK)
{
    string localFilePath = sfd.FileName.ToString();    //获得文件路径
    //获取文件名,不带路径
    string fileNameExt = localFilePath.Substring(localFilePath.LastIndexOf("\\") + 1);
}
```

6.4.3　消息对话框

在程序中，我们经常使用消息对话框（MessageBox）给用户一定的信息提示，如在操作过程中遇到错误或程序异常，经常会使用这种方式给用户以提示。在.NET Framework 中，使用 MessageBox 类来封装消息对话框。在 C# 中，消息对话框位于 System. Windows. Forms 命名空间中，一般情况，一个消息对话框包含信息提示文字内容、消息对话框的标题文字、用户响应的按钮及信息图标等内容。C# 中允许开发人员根据自己的需要设置相应的内容，创建符合自己要求的消息对话框。

消息对话框只提供了一个方法 Show()，用来把消息对话框显示出来。此方法提供了不同的重载版本，用来根据自己的需要设置不同风格的消息对话框。此方法的返回类型为 DialogResult 枚举类型，包含用户在此消息对话框中所做的操作（单击了什么按钮），其可能的枚举值如表 6-17 所示。开发人员可以根据这些返回值判断接下来要做的事情。

在 Show()方法的参数中使用 MessageBoxButtons 来设置消息对话框要显示的按钮及内容，此参数也是一个枚举值，其成员如表 6-17 所示。在设计中，可以指定表 6-17 中的任何一个枚举值所提供的按钮，单击任何一个按钮都会对应 DialogResult 中的一个值。

在 Show()方法中使用 MessageBoxIcon（消息对话框图标）枚举类型定义显示在消息框中的图标类型，其可能的取值和形式如表 6-18 所示。

表 6-17 DialogResult 枚举值

成员名称	说　　明
AbortRetryIgnore	在消息框对话框中提供“终止”“重试”和“忽略”三个按钮
OK	在消息框对话框中提供“确定”按钮
OKCancel	在消息框对话框中提供“确定”和“取消”两个按钮
RetryCancel	在消息框对话框中提供“重试”和“取消”两个按钮
YesNo	在消息框对话框中提供“是”和“否”两个按钮
YesNoCancel	在消息框对话框中提供“是”“否”和“取消”三个按钮

表 6-18 消息对话框图标枚举值

成员名称	图标形式	说　　明
Asterisk		圆圈中有一个字母 i 组成的提示符号图标
Error		红色圆圈中有白色 X 组成的错误警告图标
Exclamation		黄色三角中有一个！组成的符号图标
Hand		红色圆圈中有一个白色 X 组成的图标符号
Information		信息提示符号
Question		由圆圈中一个问号组成的符号图标
Stop		背景为红色圆圈中有白色 X 组成的符号
Warning		由背景为黄色的三角形中有个！组成的符号图标

除上面的参数之外，还有一个 MessageBoxDefaultButton 枚举类型的参数，指定消息对话框的默认按钮。下面是一个运用消息对话框的例子。新建一个 Windows 应用程序，并从“工具箱”中拖曳一个按钮到窗口里，把按钮和窗口的 Text 属性修改为“测试消息对话框”，双击该按钮，添加如下代码：

```
DialogResult dr;
dr = MessageBox.Show("测试消息对话框!","消息框",MessageBoxButtons.YesNoCancel,
MessageBoxIcon.Warning,MessageBoxDefaultButton.Button1);
if(dr == DialogResult.Yes)
{
    MessageBox.Show("你选择的为"是"按钮","系统提示 1");
}
else if(dr == DialogResult.No)
{
    MessageBox.Show("你选择的为"否"按钮","系统提示 2");
}
else if(dr == DialogResult.Cancel)
{
    MessageBox.Show("你选择的为"取消"按钮","系统提示 3");
}
```

```
else
{
    MessageBox.Show("你没有进行任何的操作!","系统提示 4");
}
```


6.4.4 对话框综合示例——图片浏览器

为了帮助读者理解通用对话框的用法，下面编写一个图片浏览器程序。该程序能够实现图片的打开、保存以及设置字体和颜色等功能。

【编程示例】 新建一个 Windows 窗体应用程序 DialogSample，在默认的窗体中添加一个 PictureBox 控件、一个 RichTextBox 控件和 4 个 Button 控件，用来打开图片、保存图片、设置文本字体和颜色。程序的运行结果如图 6-11 所示。程序中关键代码如下：

```
//"打开"按钮单击事件
private void button1_Click(object sender, EventArgs e)
{
    var dlg = new OpenFileDialog()                  //新建"打开文件"对话框
    {
        ///设置打开对话框显示的初始目录
        InitialDirectory = Environment.GetFolderPath(Environment.SpecialFolder.MyPictures),
        //设定筛选器字符串
        Filter = "bmp 文件(*.bmp)|*.bmp|gif 文件(*.gif)|*.gif|jpeg 文件(*.jpg)|*.jpg",
        //设置"打开文件"对话框中当前筛选器的索引
        FilterIndex = 3,
        RestoreDirectory = true,                    //关闭对话框还原当前目录
        Title = "选择图片"
    };
    if (dlg.ShowDialog() == DialogResult.OK)
    {
        this.pictureBox1.SizeMode = PictureBoxSizeMode.StretchImage;  //图像伸缩
        string path = dlg.FileName;                                   //获取打开文件路径
        this.pictureBox1.Image = Image.FromFile(path);                //加载图片
        this.richTextBox1.Text = "文件名：" + dlg.FileName.Substring(path.LastIndexOf
    ("\\") + 1);
    }
```

图 6-11 图片浏览器程序运行结果

```
}
//"保存"按钮单击事件
private void button2_Click(object sender, EventArgs e)
{
  if (this.pictureBox1.Image != null)
  {
      SaveFileDialog dlg = new SaveFileDialog()
      {
          Filter = "JPEG 图像(*.jpg)|*.jpg|Bitmap 图像(*.bmp)|*.bmp|Gif 图像(*.gif)|*.
gif",
          Title = "保存图片",
          CreatePrompt = true,
          OverwritePrompt = true,
      };
      //弹出"保存文件"对话框
      dlg.ShowDialog();
      if (dlg.FileName != "")
      {
          System.IO.FileStream fs = (System.IO.FileStream)dlg.OpenFile();
          switch (dlg.FilterIndex)                              //选择保存文件类型
          {
              case 1:
                  //保存为 JPEG 文件
                  this.pictureBox1.Image.Save(fs, System.Drawing.Imaging.ImageFormat.Jpeg);
                  break;
              case 2:
                  //保存为 BMP 文件
                  this.pictureBox1.Image.Save(fs, System.Drawing.Imaging.ImageFormat.Bmp);
                  break;
              case 3:
                  //保存为 GIF 文件
                  this.pictureBox1.Image.Save(fs, System.Drawing.Imaging.ImageFormat.Gif);
                  break;
          }
          fs.Close();                                           //关闭文件流
      }
      else
      {
          MessageBox.Show("请选择保存的图片", "提示");
      }
 }
//"字体"按钮单击事件
private void button3_Click(object sender, EventArgs e)
{
    FontDialog dlg = new FontDialog()
    {
        AllowVerticalFonts = true,
        FixedPitchOnly = true,
        ShowApply = true,
        AllowScriptChange = true,
        ShowColor = true
    };
    this.richTextBox1.SelectAll();
    if (dlg.ShowDialog() == DialogResult.OK)
```

```
        {
            //设置文本框中的字体为选定字体
            this.richTextBox1.Font = dlg.Font;
        }
    }
    //"颜色"按钮单击事件
    private void button4_Click(object sender, EventArgs e)
    {
        this.colorDialog1.AllowFullOpen = true;     //可以自定义颜色
        this.colorDialog1.AnyColor = true;          //显示颜色集中所有可用颜色
        this.colorDialog1.FullOpen = true;          //创建自定义颜色的控件在对话框打开时可见
        this.colorDialog1.SolidColorOnly = true;    //不限制只选择纯色
        this.colorDialog1.ShowDialog();
        //设置文本框字体颜色为选定颜色
        this.richTextBox1.ForeColor = this.colorDialog1.Color;
    }
```

拓展提高

1. "浏览文件夹"对话框

在.NET应用程序中,用户可以直接使用System. Windows. Forms. FolderBrowserDialog类来完成"浏览文件夹"对话框的功能。"浏览文件夹"对话框的基本用法如下:

```
//新建文件夹对话框
FolderBrowserDialog folder = new FolderBrowserDialog();
folder.Description = "选择目录";
if (folder.ShowDialog( ) == DialogResult.OK)
{
    //文件夹路径
    string folderPath = folder.SelectedPath;
}
```

2. 窗体的DialogResult属性

在程序中,经常会弹出一个对话框来让用户填写一些信息。用户填写完成后,单击"确定"按钮后,可以使用DialogResult的枚举值向主窗体返回对话框的值。主窗体根据这个返回值来确定用户是否单击了"确定"按钮,从而确定后续的处理。下面的示例将"学生成绩管理系统"登录窗体显示为对话框。验证通过,将对话框的DialogResult设为DialogResult. OK。

```
//验证用户名和密码
if (username.Equals("admin") && passwd.Equals("123"))
{
    //设置登录窗体的 DialogResult 值
    this.DialogResult = DialogResult.OK;
    //关闭登录窗体
    this.Close();
    //建立主窗体
    MainForm mainform = new MainForm();
    //显示主窗体
    mainform.Show();
}
```

```
else
{
    MessageBox.Show("用户名或密码错误,请重新输入!","登录提示"); }
}
```

6.5 菜单、工具栏和状态栏

视频讲解

在标准的 Windows 应用程序中,用户可以通过菜单、工具栏方便地与系统进行交互。本任务向学生成绩管理主窗体中添加菜单、工具栏以及状态栏,实现用户交互和信息显示等功能,如图 6-12 所示。

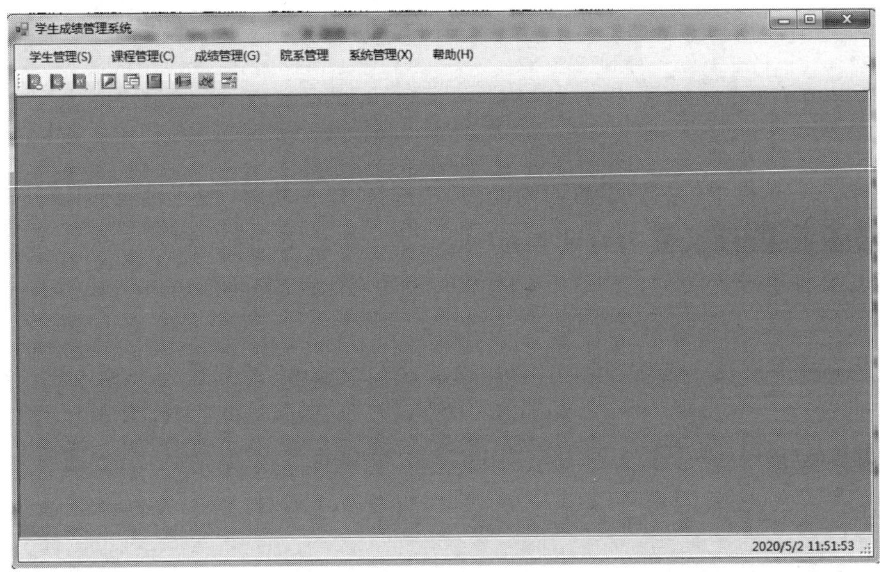

图 6-12　学生成绩管理系统主界面

(1) 启动 Visual Studio 2017,打开学生成绩管理系统项目 StudenAchievement,选中主窗体 MainForm,然后在主窗体中添加菜单控件 MenuStrip、工具栏控件 ToolStrip 和状态栏控件 StatusStrip。

(2) 菜单的制作。依据图 6-12 设置学生成绩管理系统的顶层菜单项和二级菜单,并为每个二级菜单项添加相应的单击事件。

(3) 工具栏的制作。首先将工具栏控件 ToolStrip 的 Name 属性设为 tlsStudentGrade,打开其属性窗口,然后单击属性 Items (Collection) ... 右边的 ... 按钮,弹出"项集合编辑器"对话框,在下拉列表中选择默认的 Button 选项,依次添加 11 个 Button 并重命名,再在下拉列表中选择 Separator 选项,添加 3 个分隔符,并上移至适当的位置,设置各子项的属性,如图 6-13 所示。

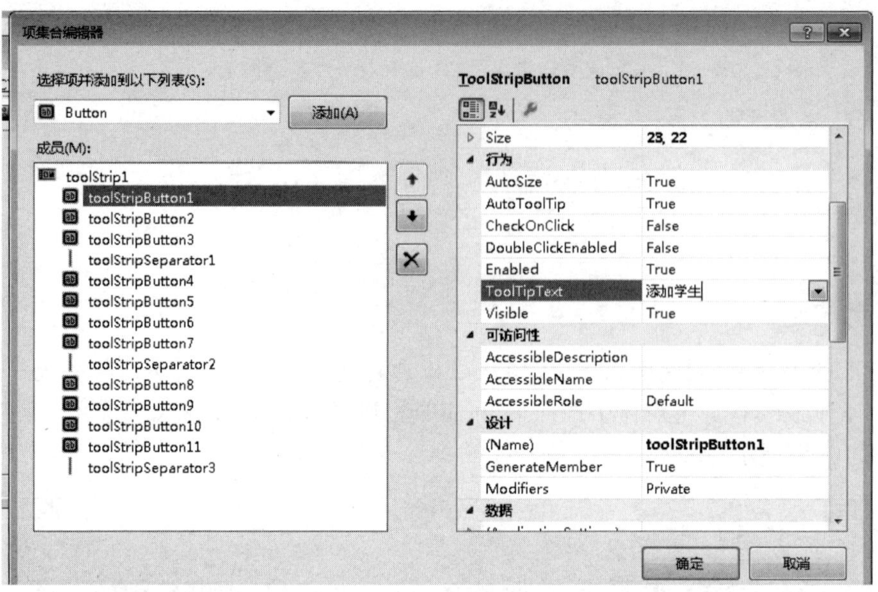

图 6-13　工具栏“项集合编辑器”对话框

接下来为工具栏中的按钮设置不同的图片，选择“添加院系”按钮，在右边属性窗口中找到 Image System.Drawin 属性，弹出“选择资源”对话框，从本地磁盘或者项目资源文件中导入图片，完成工具栏图片设置；然后，按同样的方法设置其他按钮的 Image 属性。

(4) 状态栏的实现。选中 StatusStrip 控件，将其 Name 属性设为 stsStudentGrade，将 Dock 属性设为 Bottom，再将 Anchor 属性设为 Bottom，Left，Right。然后单击 Items (Collection) 右边的按钮，弹出“项集合编辑器”对话框，如图 6-14 所示。

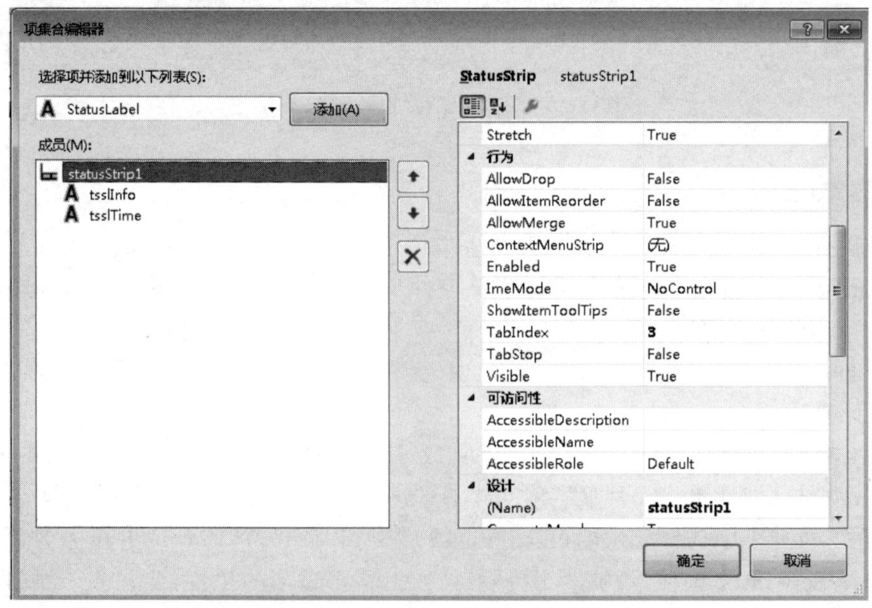

图 6-14　状态栏“项集合编辑器”对话框

下拉列表中保留默认的选择 StatusLabel，然后单击“添加”按钮，依次添加 2 个 StatusLabel，分别命名为 tsslInfo 和 tsslTime，并将 tsslTime 的 Spring 属性设为 True，以填充整个状态栏区域。

(5) 定时器组件属性设置。在状态栏中显示的时钟需要使用一个 Timer 组件来实现。Timer 组件的 Enabled 属性设为 True，Interval 属性设为 1000，表示每秒触发一次 Tick 事件，即 1s 改变一次时钟。

(6) 编写程序代码，实现相应功能。关键代码如下：

```
public partial class MainForm : Form
{
    //窗体装入事件代码
    private void MainForm_Load(object sender, EventArgs e)
    {
        this.IsMdiContainer = true;                        //设置窗体为主窗体容器
        this.tssTimme.Text = DateTime.Now.ToString();
    }
    //添加学生
    private void 添加学生 AToolStripMenuItem_Click(object sender, EventArgs e)
    {
        frmAddStudent newStudent = new frmAddStudent();  //新建添加学生窗体
        newStudent.MdiParent = this;                     //设置窗体的父窗体为当前窗体
        newStudent.Show();                               //显示学生添加窗体
    }
    //退出系统菜单事件
    private void 退出系统 ToolStripMenuItem_Click(object sender, EventArgs e)
    {
        Application.Exit();
    }
    //定时器事件
    private void timer1_Tick(object sender, EventArgs e)
    {
        this.tsslTime.Text = DateTime.Now.ToString();    //设置状态栏信息为系统时间
    }
```

知识链接

6.5.1 菜单控件

在 C# 应用程序中，可以使用 MenuStrip 控件轻松创建 Microsoft Office 中那样的菜单。使用 MenuStrip 控件设计菜单栏的具体步骤如下：

(1) 从“工具箱”中拖放一个 MenuStrip 控件置于窗体中，如图 6-15 所示。

(2) 为菜单栏中的各个菜单项设置名称，如图 6-16 所示。在输入菜单项名称时，系统会自动产生输入下一个菜单项名称的提示。

(3) 选中菜单项，单击其“属性”窗口中 DropDownItems 属性后面的按钮，弹出“项集合编辑器”对话框，如图 6-17 所示。在该对话框中可以为菜单项设置 Name(名称)，也可以继续通过单击其 DropDownItems 属性后面的按钮添加子项。

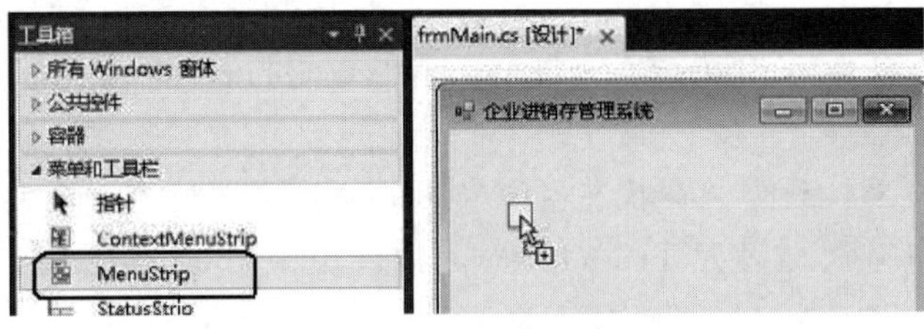

图 6-15　拖放 MenuStrip 控件

图 6-16　为菜单栏中的菜单项设置名称

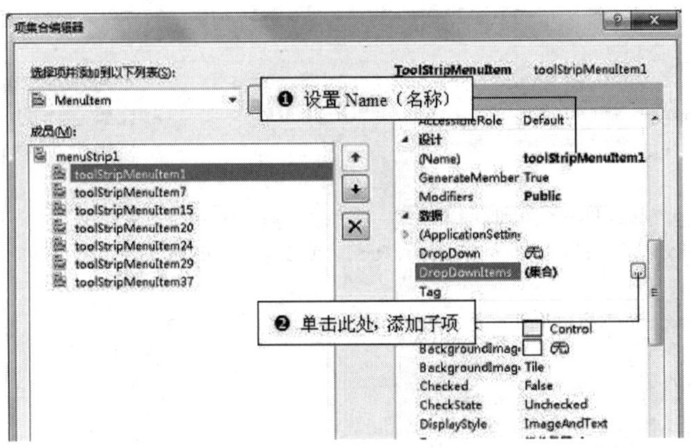

图 6-17　为菜单栏中的菜单项命名并添加子项

表 6-19 给出了 ToolStripMenuItem 控件的常用属性及其说明，在创建菜单时应了解这些属性。表 6-19 并不完整，如果需要完整的列表，可参阅.NET Framework SDK 文档说明。

表 6-19　ToolStripMenuItem 控件的常用属性及其说明

属　　性	说　　明
Text	获取或设置一个值，通过该值指示菜单项标题。当使用 Text 属性为菜单项指定标题时，还可在字符前面加一个"&"来指定热键(访问键，即加下画线的字符)
ShortcutKeys	获取或设置与菜单项相关联的快捷键
Checked	表示菜单是否被选中
CheckOnClick	这个属性是 true 时，如果菜单项左边的复选框没有打上标记，就打上标记，如果该复选框已打上了标记，就去除该标记，否则，该标记就被一个图像替代，使用 Checked 属性确定菜单项的状态
Enabled	值为 false 时，菜单项就会灰显，不能被选中
DropDownItems	返回一个集合，用作与菜单项相关的下拉菜单

(4) 给菜单添加功能。为了响应用户做出的选择,就应为 ToolStripMenuItems 发送的两个事件之一提供处理程序。表 6-20 给出了 ToolStripMenuItem 控件的事件及其说明。

表 6-20 ToolStripMenuItem 控件的事件及其说明

事　件	说　明
Click	在用户单击菜单项时,引发该事件。大多数情况下这就是要响应的事件
CheckedChanged	当单击带 CheckOnClick 属性的菜单项时,引发这个事件

6.5.2 上下文菜单

上下文菜单也称为弹出式菜单、右键菜单或快捷菜单。该菜单不同于固定在菜单栏中的主菜单,它是在窗体上面的浮动式菜单,通常在右击时显示。菜单会因用户右击位置的不同而不同。在 C# 应用程序中,可使用 ContextMenuStrip 控件为对象创建快捷菜单,具体步骤如下:

(1) 从“工具箱”中选取 ContextMenuStrip 控件并添加到窗体上,即为该窗体创建了快捷菜单。

(2) 单击窗体设计器下方窗格中的 ContextMenuStrip 控件,窗体上显示提示文本“请在此处输入”。单击此文本,然后输入所需菜单项的名称,如图 6-18 所示。

图 6-18 添加上下文菜单

(3) 设置窗体或控件的 ContextMenuStrip 属性为前面定义的 ContextMenuStrip 控件的名称,使上下文菜单与窗体或控件关联。

通常情况下,一个窗体只需要一个 MenuStrip 控件,但可以使用多个 ContextMenuStrip 控件,这些控件既可以与窗体本身相关联,也可以与窗体上的其他控件相关联。使上下文菜单与窗体或控件关联的方法是使用窗体或控件的 ContextMenuStrip 属性。

6.5.3 工具栏控件

通过菜单可以访问应用程序中的大多数功能,把一些菜单项放在工具栏中和放在菜单中有相同的作用。工具栏提供了单击访问程序中常用功能的方式,如 Open 和 Save。图 6-19 显示了 Word 2016 中可见的工具栏部分。

图 6-19 Word 2016 中可见的工具栏

工具栏上的按钮通常包含图片,不包含文本,但它可以既包含图片又包含文本。例如Word中的工具栏按钮就不包含文本。包含文本的工具栏按钮有Internet Explorer中的工具栏。除了按钮之外,工具栏上偶尔也会有组合框和文本框。如果把鼠标指针停留在工具栏的一个按钮上,就会显示一个工具提示,给出该按钮的用途信息,特别是只显示图标时,这是很有帮助的。

在C#程序中,可以使用ToolStrip控件及其关联的类来创建具有Windows XP、Microsoft Office、Internet Explorer或自定义的外观和行为的工具栏及其他用户界面元素。这些元素支持溢出及运行时项的重新排序。ToolStrip控件提供丰富的设计时体验,包括就地激活和编辑、自定义布局、漂浮(即工具栏共享水平或垂直空间的能力)。

ToolStrip控件的属性管理着控件的显示位置和显示方式,表6-20给出了ToolStrip控件的常用属性及其说明。

表6-20 ToolStrip控件的常用属性及其说明

属 性	说 明
GripStyle	控制4个垂直排列的点是否显示在工具栏的最左边。隐藏手柄后,用户就不能移动工具栏了
LayoutStyle	控制工具栏上的项如何显示,默认为水平显示
Items	包含工具栏上所有项的集合
ShowItemToolTip	确定是否显示工具栏上某项的工具提示
Stretch	默认情况下,工具栏比包含在其中的项略宽或略高。如果把Stretch属性设置为true,工具栏就会占据其容器的总长

使用ToolStrip控件设计工具栏的具体步骤如下:

(1) 创建一个Windows应用程序,从"工具箱"中将ToolStrip控件拖曳到窗体,如图6-20所示。

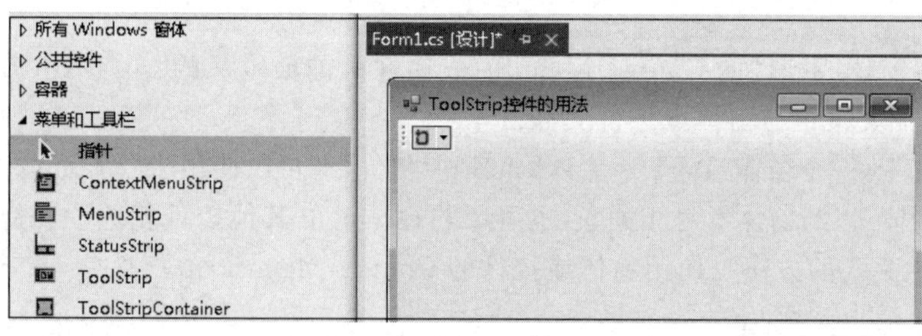

图6-20 拖曳ToolStrip控件到窗体中

(2) 单击"工具栏"上向下箭头的图标,添加工具栏项目,如图6-21所示。

从图6-21可以看出,当单击"工具栏"中向下箭头的图标来添加工具栏项目时,在下拉菜单中有8种不同类型,下面分别介绍。

- Button:包含文本和图像中可让用户选择的项。
- Label:包含文本和图像的项,不可以让用户选择,可以显示超链接。
- SplitButton:在Button的基础上增加了一个下拉菜单。
- DropDownButton:用于下拉菜单选择项。

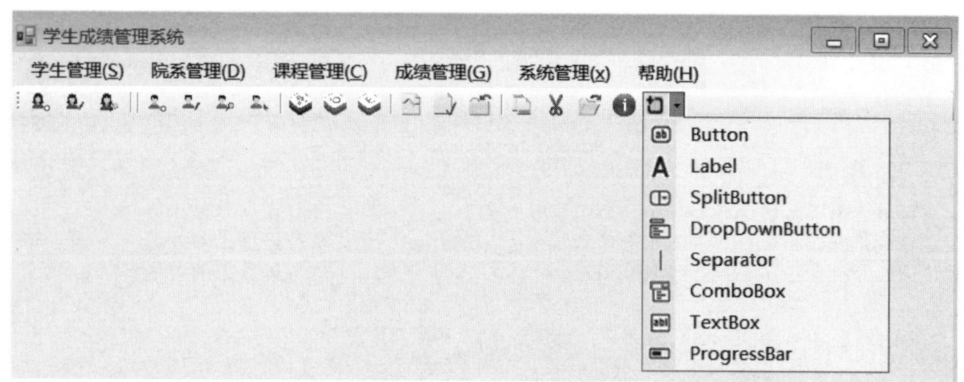

图 6-21 添加工具栏条目

- Separator：分隔符。
- ComboBox：显示一个组合框的项。
- TextBox：显示一个文本框的项。
- ProgressBar：显示一个进度条的项。

（3）添加相应的工具栏按钮后，可以设置其要显示的图像。具体方法是：选中要设置图像的工具栏按钮，右击，在弹出的快捷菜单中选择“设置图像”命令。

> **【多学一招】** 工具栏中的按钮默认只显示图像，如果要以其他方式（例如只显示文本，同时显示图像和文本等）显示工具栏按钮，可以选中工具栏按钮，右击，在弹出的快捷菜单中选择 DisplayStyle 菜单项下面的各个子菜单项。

6.5.4 状态栏控件

Windows 窗体的状态栏（StatusStrip）通常显示在窗口的底部，用于显示窗体上对象的相关信息，或者可以显示应用程序的信息。StatusStrip 控件上可以有状态栏面板，用于显示指示状态的文本或图标，或者一系列指示进程正在执行的动画图标（如 Microsoft Word 指示正在保存文档）。例如，在鼠标滚动到超链接时，Internet Explore 使用状态栏指示某个页面的 URL。Microsoft Word 使用状态栏提供有关页位置、节位置和编辑模式（如修改和修订跟踪）的信息。

状态栏控件 StatusStrip 中可以包含 ToolStripStatusLabel、ToolStripDropDownButton、ToolStripSplitButton 和 ToolStripProgressBar 等对象，这些对象都属于 ToolStrip 控件的 Items 集合属性。Items 集合属性是状态栏控件 StatusStrip 的常用属性。状态栏控件也有许多事件，一般情况下，不在状态栏的事件过程中编写代码，状态栏的主要作用是用来显示系统信息。通常在其他的过程中编写代码，通过实时改变状态栏中对象的 Text 属性来显示系统信息。

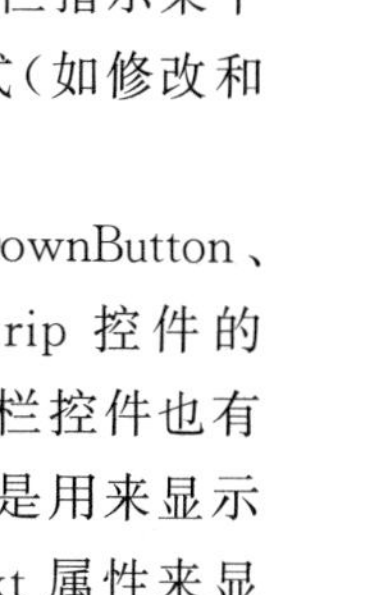

下面的实例演示了如何使用 StatusStrip 控件。

【编程示例】 创建一个 Windows 应用程序 StatusStripSample，在状态栏中显示当前日期和进度条。关键代码如下：

```
//窗体装入事件
private void Form1_Load(object sender, EventArgs e)
{
    this.toolStripStatusLabel1.Text = "当前日期为: " + DateTime.Now.ToShortDateString();
    this.label1.Text = DateTime.Now.ToShortDateString();
    //设置进度条属性
    this.toolStripProgressBar1.Minimum = 0;          //进度条最小值
    this.toolStripProgressBar1.Maximum = 5000;       //进度条最大值
    this.toolStripProgressBar1.Step = 2;             //进度条的增值

    for (int i = 0; i < 5000; i++)
    {
        this.toolStripProgressBar1.PerformStep();    //增加进度条当前位置
    }
}
```

程序的运行结果如图 6-22 所示。

图 6-22　状态栏的用法示例

6.5.5　计时器组件

计时器组件(Timer 组件)可以按照用户指定的时间间隔来触发事件,时间间隔的长度由其 Interval 属性定义,其属性值以毫秒为单位。如果启动该组件,则每个事件间隔会引发一次 Tick 事件。开发人员可以在 Tick 事件中添加要执行操作的代码。

Timer 组件的常用属性、方法和事件及其说明如表 6-21 所示。

表 6-21　Timer 组件的常用属性、方法和事件及其说明

项　目		说　明
属性	Enabled	获取或设置计时器是否正在运行
	Interval	获取或设置计时器触发事件的时间间隔,单位是毫秒
方法	Start()	启动计数器
	Stop()	停止计时器
事件	Tick	当计时器处于运行状态时,每当到达指定时间间隔,就触发该事件

下面通过一个例子来说明如何使用 Timer 组件来实现图片的移动。

【编程示例】 新建一个 Windows 应用程序 TimerSample,在默认窗体中添加 PictureBox 控件、一个 Timer 组件和两个 Button 控件,其中 PictureBox 控件用来显示图片,设置其 SizeMode 属性为 StretchImage。关键代码如下:

```
//定时器事件
private void timer1_Tick(object sender, EventArgs e)
{
```

```
        //图片坐标移动
        int i = pictureBox1.Location.X + 10;

        if (i > this.Width)
        {
            i = 0;
        }

        int startY = pictureBox1.Location.Y;
        //设置图片位置
        pictureBox1.Location = new Point(i, startY);
        pictureBox1.Refresh();                                  //不断刷新
    }
    //窗体装入事件代码
    private void Form1_Load(object sender, EventArgs e)
    {
        //开始计时
        this.timer1.Enabled = true;
    }
    //"开始"按钮事件处理程序
    private void button1_Click(object sender, EventArgs e)
    {
        this.timer1.Start();
    }
    //"停止"按钮事件处理程序
    private void button2_Click(object sender, EventArgs e)
    {
        this.timer1.Stop();
    }
```

程序的运行结果如图 6-23 所示。

图 6-23　Timer 组件的用法示例

拓展提高

1. 多文档应用程序

多文档界面(Multiple Document Interface,MDI)应用程序能够同时显示多个文档,每个文档都显示在自己的窗口中。多文档界面的典型例子是 Microsoft Office 中的 Word 和 Excel,在那里允许用户同时打开多个文档,每个文档占用一个窗体,用户可以在不同的窗体间切换,处理不同的文档。

多文档界面应用程序由一个应用程序(MDI 父窗体)中包含多个文档(MDI 子窗体)组

成，父窗体作为子窗体的容器，子窗体显示各自文档，它们具有不同的功能。处于活动状态的子窗体的最大数目是 1，子窗体本身不能成为父窗体，而且不能将其移动到父窗体的区域之外。除此之外，子窗体的行为与任何其他窗体一样（如可以关闭、最大化或调整大小）。

1）创建多文档容器窗体

只要将窗体的 IsMdiContainer 属性设置为 true，它就是容器窗体。为此在窗体的 Load 事件中加入以下语句：

```
this.IsMdiContainer = true;
```

2）添加子窗体

MDI 子窗体就是一般的窗体，其上可以设计任何控件，此前设计过的任何窗体都可以作为 MDI 子窗体。只要将某个窗体实例的 MdiParent 属性设置到一个 MDI 父窗体，它就是那个父窗体的子窗体，语法为：

```
窗体实例名.MdiParent = 父窗体对象;
```

例如，下一段代码编写在一个 MDI 父窗体的某个事件处理程序中，创建一个子窗体实例 formChild1 并将其显示在 MDI 父窗体的客户区中：

```
FormChild formChild1 = new FormChild();
formChild1.MdiParent = this;
formChild1.Show();
```

2. 数据显示控件 TreeView 和 ListView

使用 Windows 窗体的 TreeView 控件，可以为用户显示节点层次结构，就像在 Windows 操作系统的资源管理器左窗格中显示文件和文件夹一样。树视图中的每个节点可能包含其他节点（称为子节点），可以按展开或折叠的方式显示父节点或包含子节点的节点。

列表视图控件（ListView 控件）主要用于显示带图标的项列表，其中可以显示大图标、小图标和数据。列表视图通常用于显示数据，用户可以对这些数据和显示方式进行某些控制，还可以把包含在控件中的数据显示为列和行（像网格那样），或者显示为一列，或者显示为图标。

3. 存储图像控件 ImageList

ImageList 控件提供一个集合，可以用于存储在窗体的其他控件中使用的图像资源。可以在图像列表中存储任意大小的图像，但每个空间中，每个图像的大小必须相同。对于 ListView 控件，则需要两个 ImageList 控件才能显示大图像和小图像。

ImageList 是一个无法在窗体中直接显示的控件。在将其拖放到窗体上时，它并不会显示在窗体上，而是在窗体的内部以代码的形式存在，并且包括所有需要存储的组件。这个功能可以防止非用户界面组成的控件遮挡窗体设计器。ImageList 控件的位置是固定的，无法由 Top 等属性更改其坐标。

ImageList 控件的主要属性是 Images，它包含关联控件将要使用的图片。每个单独的图像可通过其索引值或键值来访问。开发人员可以在设计和执行程序时为 ImageList 控件添加图像。

6.6 知识点提炼

（1）在 Windows 窗体应用程序中，窗体实现用户显示信息的可视化界面，它是 Windows 窗体应用程序的基本单元。

（2）窗体通常由一系列控件组成。所有的可见控件都是由 Control 类派生而来的，Control 基类包括了许多为控件所共享的属性、事件和方法的基本实现。

（3）Label 控件主要用来显示用户不能编辑的文本，标识窗体上的对象。

（4）TextBox 控件主要用于获取用户输入的数据或显示文本，它通常用于可编辑文本，也可以使其成为只读控件。

（5）Button 控件允许用户通过单击来执行一些操作。RadioButton 控件只能选择一个，选项之间互斥，显示为一个标签，左边是一个原点。

（6）CheckBox 控件可以实现多个选项同时选择，CheckBox 显示为一个标签，左边是一个带有标记的小方框。

（7）ComboBox 控件用于在下拉组合框中显示数据。组合框控件结合了文本框和列表框控件的特点，用户可以在组合框内输入文本，也可以在列表框中选择项目。

（8）ListBox 控件显示一个项列表，用户可从中选择一项或多项。

（9）菜单控件 MenuStrip 主要用来设计应用程序的菜单，方便用户与应用程序的交互。用户可以在设计时直接建立菜单，也可以通过程序动态建立菜单。

（10）工具栏控件 ToolStrip 可以创建标准的 Windows 应用程序的工具栏或者自己定义外观和行为的工具栏以及其他用户界面元素。

（11）状态栏控件 StatusStrip 通常放置在窗体的底部，用于显示窗体上一些对象的相关信息，或者可以显示应用程序的信息。

（12）通用对话框允许用户执行常用的任务，提供执行相应任务的标准方法。通用对话框的屏幕显示是由代码运行的操作系统提供的。

6.7 思考与练习

1. 如果需要将一个文本框用作密码输入框，应该如何设置它的属性？
2. 关闭窗体与隐藏窗体有什么区别？
3. 模式窗体和非模式窗体有什么区别？
4. 简述 Lable、Button 和 TextBox 控件的作用。
5. 简述 Lable 和 TextBox 控件的主要区别。
6. 简述消息框的作用。
7. 简述 PictureBox 和 ImageList 控件的作用。
8. 简述 RadioButton 和 CheckBox 控件的作用。
9. 简述 GroupBox 和 TabControl 控件的作用。
10. 简述 ListBox 和 ComboBox 控件的作用。
11. 简述 Timer 组件和 ProgressBar 控件的作用。

第 7 章　WPF 应用程序

WPF(Windows Presentation Foundation)是微软推出的基于 Windows 用户界面框架，属于.NET Framework 3.0 的一部分。它提供了统一的编程模型、语言和框架，真正做到了分离界面设计人员与开发人员的工作，从而让美工(界面设计)和开发人员(代码实现)可同步工作。开发在 Windows 7 及其以上的操作系统上运行的桌面应用程序时，使用 WPF 应用程序能够发挥最大的运行性能。本章主要学习 WPF 应用程序开发的基础知识。

在学习完本章内容后，读者将能够：

- 熟悉 XAML 的基本语法。
- 理解 WPF 应用程序的结构。
- 使用 WPF 布局和控件完成应用程序界面设计。
- 使用资源和样式格式化 WPF 应用程序。
- 理解数据绑定的实现机制。

视频讲解

7.1　WPF 程序开发入门

在典型的 Windows 应用程序中，通常需要先登录系统。用户输入正确的认证信息后，才能正常使用系统功能，因此，用户登录模块通常是一个应用系统的标配。本任务完成基于 WPF 技术的图书管理系统的登录界面设计，如图 7-1 所示。

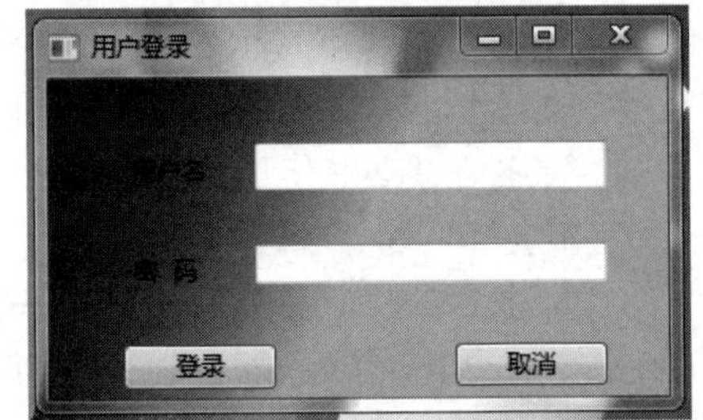

图 7-1　用户登录窗口设计

任务实施

(1) 启动 Visual Studio 2017，在主窗口选择“文件→“新建”→“项目”命令，弹出“新建项目”对话框，在显示的窗体的左侧选择 Visual C# 节点，在中间窗格选择“WPF 应用程序”项目类型，将位置改为希望存放项目的文件夹位置，名称和解决方案名称文本框均改为 BookDemo，其他设置保持不变，单击“确定”按钮。

（2）从“工具箱”向窗体设计界面中拖放两个标签 Label 控件、一个文本框 TextBox 控件、一个密码框 PasswordBox 控件和两个按钮 Button 控件，并按照图 7-1 设计好控件的位置。注意，WPF 设计默认采用拆分模式，上方是设计界面，下方是 XMAL 代码。

（3）将 MainWindow. xaml 文件重命名为 LoginWindow. xaml，将其代码修改为下面的代码：

```
<Window x:Class = "BookDemo.LoginWindow"
    xmlns = "http://schemas.microsoft.com/winfx/2006/xaml/presentation"
    xmlns:x = "http://schemas.microsoft.com/winfx/2006/xaml"
    xmlns:d = "http://schemas.microsoft.com/expression/blend/2008"
    xmlns:mc = "http://schemas.openxmlformats.org/markup-compatibility/2006"
    xmlns:local = "clr-namespace:BookDemo"
    mc:Ignorable = "d"
    Title = "用户登录" Height = "200" Width = "320" WindowStartupLocation = "CenterScreen">
<Grid>
    <Grid.Background>
        <LinearGradientBrush>
            <GradientStop Offset = "0" Color = "Blue"></GradientStop>
            <GradientStop Offset = "0.5" Color = "LightBlue"></GradientStop>
        </LinearGradientBrush>
    </Grid.Background>
    <Grid.RowDefinitions>
        <RowDefinition Height = "60*"/>
        <RowDefinition Height = "60*"/>
        <RowDefinition Height = "60*"/>
    </Grid.RowDefinitions>
    <Label Content = "用户名" HorizontalAlignment = "Left" Margin = "36, 20, 0, 0"
VerticalAlignment = "Top" Grid.Row = "0"/>
    <TextBox Name = "txtName" HorizontalAlignment = "Left" Height = "23" Margin = "90,20,0,0"
  Text = "" VerticalAlignment = "Top" Width = "160" Grid.Row = "0"/>
    <Label Content = "密  码" HorizontalAlignment = "Left" VerticalAlignment = "Top" Margin = "36,
20,0,0" Grid.Row = "1"/>
    <PasswordBox HorizontalAlignment = "Left" Margin = "90,20,0,0" Grid.Row = "1"
VerticalAlignment = "Top" Width = "160"  PasswordChar = " * " Name = "txtPass"/>
    <Button Name = "btnLogin" Content = "登录" HorizontalAlignment = "Left" Margin = "41,20,0,0"
        Grid.Row = "2" VerticalAlignment = "Top" Width = "65" Height = "22" />
    <Button Name = "btnCancel" Content = "取消" HorizontalAlignment = "Left" Margin = "199,20,0,0"
        Grid.Row = "2" VerticalAlignment = "Top" Width = "65" />
    </Grid>
</Window>
```

（4）在属性窗体中，单击闪电图标，为按钮“登录”和“取消”分别添加 Click 事件，自动在 LoginWindow. xaml. cs 中添加相应的代码。

```
//"登录"按钮 Click 事件处理方法
```

```
private void btnLogin_Click(object sender, RoutedEventArgs e)
{
    string name = this.txtName.Text.Trim();              //获取用户名
    string pass = this.txtPass.Password.ToString();      //获取用户密码
    //如果用户和密码分别为 admin 和 103456
    if (name.Equals("admin") && pass.Equals("103456"))
    {
        MessageBox.Show("用户名和密码正确!", "登录提示");
    }
    else
    {
        MessageBox.Show("用户名和密码错误!", "登录提示");
    }
}
//"取消"按钮单击事件
private void btnCancel_Click(object sender, RoutedEventArgs e)
{
    this.Close();
}
```

知识链接

7.1.1 WPF 概述

WPF 是一个可创建桌面客户端应用程序的 UI(User Interface,用户界面)框架,是微软公司利用.NET Framework 解决 GUI 框架的方案,用于生成能带给用户震撼视觉体验的 Windows 客户端应用程序。图 7-2 给出的 Contoso 公司的卫生保健样本应用程序就是一个典型 WPF 应用程序。

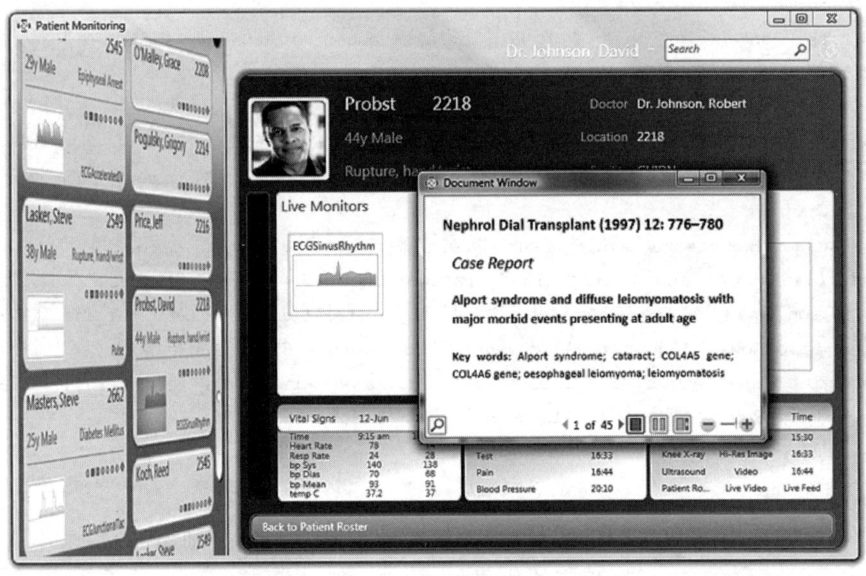

图 7-2　Contoso 公司的卫生保健样本应用程序

WPF的核心是一个与分辨率无关且基于矢量的呈现引擎，旨在充分利用现代图形硬件。它提供了超丰富的.NET UI框架，集成了矢量图形、丰富的流动文字支持(Flow Text Support)、3D视觉效果和强大无比的控件模型框架。传统的GUI界面都是由Windows消息通过事件传递给程序，程序根据不同的操作来表达出不同的数据体现在UI上，这样数据在某种程度上受到很大的限制。WPF实现了UI与代码逻辑的分离，设计人员和开发人员可以很好地协同工作，提高开发效率。使用WPF技术开发产品，程序的"皮"，也就是UI，是使用XAML语言来"画"出来的；而程序的"瓤"，也就是功能逻辑，可以由程序员来选择使用C#/Visual Basic.NET/C++等语言来实现。对于程序员们来说，C#/Visual Basic.NET/C++等语言已经耳熟能详。

WPF之前，无论是Win32 API编程、使用MFC编程还是Windows Form编程，美工(设计人员)设计出来的界面都需要由程序员使用Visual Studio来实现。程序员不是美工，Visual Studio也比不过Photoshop……越俎代庖永远是高效分工的大敌。如今，为了支持WPF程序设计，微软推出了专门的、使用XAML语言进行UI设计工具——Expression Studio，使用它就像使用Photoshop和Dreamweaver一样，设计出来的结果保存为XAML文件，程序员可以直接拿来用；当UI有变更时，程序员用新版XAML文件替换旧版即可。

实际上，大多数WPF程序将同时包含XAML代码和程序代码，首先使用XAML定义的程序界面，然后再用.NET语言编写相应的逻辑代码。逻辑代码既可以直接嵌入XAML文件中，也可以将它保存为独立的代码文件。尽管XAML并非设计WPF程序所必需，按照传统方式使用程序代码来实现界面依然有效，但是如果使用XAML，界面设计和逻辑设计可以完全分离，不但使程序的开发和维护更加方便，而且在团队开发中，可以使程序员专注于业务逻辑的实现，而将界面设计交由专业人员来完成，从而使各类人员在项目中各显其能，开发出功能强大、界面一流的WPF程序。

7.1.2 XAML基础

XAML是eXtensible Application Markup Language的首字母的缩写。它本质上和XML相近，是一种声明性标记语言，如同应用于.NET Framework编程模型一样，XAML简化了为.NET Framework应用程序创建UI的过程。用户可以在声明性XAML标记中创建可见的UI元素，然后使用代码隐藏文件(通过分部类定义与标记相连接)将UI定义与运行时逻辑相分离。XAML直接以程序集中定义的一组特定后备类型表示对象的实例化。这与大多数其他标记语言不同，后者通常是与后备类型系统没有此类直接关系的解释语言。XAML实现了一个工作流，通过此工作流，各方可以采用不同的工具来处理应用程序的UI和逻辑。

以文本表示时，XAML文件是通常具有.xaml扩展名的XML文件，可通过任何XML编码对文件进行编码，但通常以UTF-8编码。

为了帮助读者理解XAML的用法，下面先给出一个简单的利用XAML构造应用程序UI的示例。该示例的运行结果如图7-3所示，相关代码如下：

```
<Window x:Class = "Chapter181.MainWindow"
    xmlns = "http://schemas.microsoft.com/winfx/2006/xaml/presentation"
    xmlns:x = "http://schemas.microsoft.com/winfx/2006/xaml"
```

```
    Title = "MainWindow" Height = "350" Width = "525">
<Grid>
    <TextBlock HorizontalAlignment = "Center" VerticalAlignment = "Center" FontSize = "72">
        Hello, WPF!
    </TextBlock>
</Grid>
</Window>
```

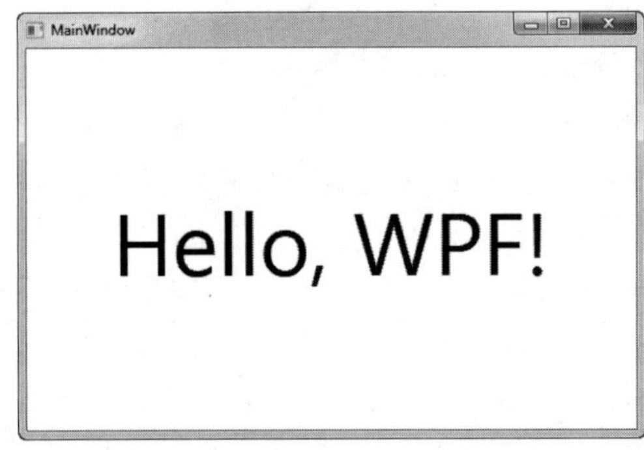

图 7-3　XAML 程序的运行结果

1. XML 根元素和 XML 命名空间

一个 XAML 文件只能有一个根元素，这样才能成为格式正确的 XML 文件和有效的 XAML 文件。通常，应选择属于应用程序模型一部分的元素（例如，为页面选择 Window 或 Page，为外部字典选择 ResourceDictionary，或为应用程序定义根选择 Application）。

根元素还包含属性 xmlns 和 xmlns：x。这些属性向 XAML 处理器指明哪些命名空间包含标记将要引用的元素定义。XAML 中的命名空间与 C# 语言中的命名空间的用途是一样的，就是为了避免命名冲突。XAML 继承了 XML 的引入方式，使用 xmlns 引入命名空间。例如：

```
<Object xmlns = http://test/>
```

或者

```
<Object xmlns:doc = http://test/>
```

第一种方法引入命名空间 http://test 后不分配别名，在当前文档其他地方使用该命名空间就不必添加前缀；而第二种方法引入命名空间并分配一个别名 doc，在当前文档的其他地方使用该命名空间下的内容时需要添加前缀。例如：

```
<doc:Text>Hello, WPF</doc:Text>
```

这里的命名空间使用 http 开头只是一种习惯，它并不指某个真实的 URL 地址，仅仅是一个标识符，其实可以使用其他命名方式。例如：

```
<Object xmlns = "MyNamespace" />
```

在大多数 XAML 文件的根元素中，有两个 xmlns 声明。第一个声明将一个 XAML 命名空间映射为默认命名空间：

```
xmlns = "http://schemas.microsoft.com/winfx/2006/xaml/presentation"
```

该命名空间用于映射 System.Windows.Markup 命名空间中的类型，也定义了 XAML 编译器或解析器中的一些特殊的指令，而且它也是其他使用 XAML 作为 UI 定义标记格式的预处理器微软技术中使用的相同 XAML 命名空间标识符。

第二个声明映射 XAML 定义的语言元素的一个独立的 XAML 命名空间，(通常)将它映射到"x:" 前缀："xmlns:x=http://schemas.microsoft.com/winfx/2006/xaml"，其目的是通过 X:前缀编程构造来声明可被其他 XAML 和 C# 代码引用的对象。

2. 使用自定义.NET 类

在 xmlns 前缀声明内使用一系列标记可将 XML 命名空间映射到自定义的.NET 类，其方法类似于将标准 WPF 和 XAML 内部函数 XAML 命名空间映射到前缀。此语法采用以下可能的已命名标记和值：

clr-namespace：在程序集中声明的 CLR 命名空间，此程序集包含要作为元素公开的公共类型。

assembly=包含部分或全部引用 CLR 命名空间的程序集。此值通常为程序集的名称而不是路径，且不包含扩展名(例如 .dll 或 .exe)。程序集路径必须创建为包含要映射的 XAML 的项目文件中的项目引用。为了合并版本控制和强名称签名，assembly 值可以是定义的 AssemblyName 字符串，而不是简单的字符串名称。

注意，分隔 clr-namespace 标记和其值的字符是冒号(:)，而分隔 assembly 标记和其值的字符为等号(=)。这两个标记之间应使用的字符是分号。此外，在声明中的任何位置都不包含任何空格。

为了说明这个过程，下面定义一个简单的 Person 类及其 FirstName 和 LastName 属性。

```
namespace SDKSample
{
    public class Person
    {
        public stirng FirstName{get;set;}
        public string LastName{set;get;}
        public override string ToString()  => $ {FisetName} {LastName}
    }
}
```

此自定义类随后编译为库，库按项目设置命名为 SDKSampleLibrary。为引用此自定义类，还需将其添加为当前项目的引用(通常可使用 Visual Studio 中的解决方案资源管理器 UI 完成此操作)，将如下前缀映射到 XAML 中的根元素中：

```
xmlns:custom = "clr - namespace:SDKSample;assembly = SDKSampleLibrary"
```

在 XAML 代码中添加一个列表框，其中包含 Person 类型的项。使用 XAML 特性设置 FirstName 和 LastName 属性的值，运行该应用程序，ToString()方法的输出会显示在列表框中，代码如下：

```
< Windows x:Class = "XamlIntroWPF.MainWindow"
```

```
        xmlns = "http://schemas.microsoft.com/winfx/2006/xaml/presentation"
        xmlns:x = "http://schemas.microsoft.com/winfx/2006/xaml"
        xmlns:custom = "clr - namespace:SDKSample;assembly = SDKSampleLibrary"
        Title = "XAML 基础" Height = "350" Width = "525">
    < StackPanel >
        < ListBox >
            < custom:Person  FirstName = "Stephanie"  LastName = "Nagel"/>
            < custom:Person  FirstName = "Matthias"   LastName = "Nagel"/>
        </ListBox >
    </StackPanel >...
</Windows >
```

3. 对象元素

XAML 的对象元素是指 XAML 中的一个完整的节点。一个 XAML 文件始终只有一个根元素，在 Windows 10 系统中通常是 Page 作为根元素，其他都是子元素。子元素可以包含一个或多个子元素。对象元素通常声明类型的实例。该类型在将 XAML 用作语言的技术所引用的程序集中定义。

对象元素语法始终以左尖括号(<)开头，后跟要创建实例的类型的名称(该名称可能包含前缀)。此后可以选择声明该对象元素的特性。要完成对象元素标记，请以右尖括号(>)结尾，也可以使用不含任何内容的自结束形式，方法是用一个正斜杠后接一个右尖括号(/>)来完成标记。例如，下面的标记片段。

```
< StackPanel >
    < Button Content = "Click Me"/>
</StackPanel >
```

上面的代码指定了两个对象元素：< StackPanel >(含有内容，后面有一个结束标记)和< Button .../>(自结束形式，包含几个特性)。对象元素 StackPanel 和 Button 各映射到一个类名，该类由 WPF 定义并且属于 WPF 程序集。指定对象元素标记时，会创建一条指令来指示 XAML 处理创建基础类型的新实例。每个实例都是在分析和加载 XAML 时通过调用基础类型的无参数构造函数来创建的。

4. XAML 对象属性

在面向对象程序开发中，属性是指对象的属性。在开发过程中，对象属性也是最重要、最常用的概念。在 XAML 代码中，允许开发人员声明“元素对象”，不同的“元素对象”对应着多个对象属性。例如，一个 TextBox 文本框有背景属性、宽度属性和高度属性等。为了适应实际项目的需求，XAML 提供三种方法设置属性，分别是：

1) 通过 Attribute 特性设置对象属性

在 XAML 代码中，允许在开始标签的对象名后使用 Attributes(特性)定义一个或者多个对象元素的属性，实现属性赋值操作，其语法结构如下：

```
<元素对象 属性名 = "属性值" 属性名 = "属性值" ...></元素对象>
```

例如，下面的标记将创建一个具有红色文本和蓝色背景的按钮，还将创建指定为 Content 的显示文本。

```
< Button Background = "Blue" Foreground = "Red" Content = "This is a button"/>
```

由于元素对象属性名在开始标签内部，所以这种表达方式也被称为“内联属性”。

2）通过 Property 属性元素设置对象属性

使用 XAML 的 Attribute 特性可以简单快捷地设置对象的属性，其属性值局限于简单的字符形式。在实际项目中，经常会遇到复合型控件或者自定义控件引用较为复杂的对象属性，以达到个性化的效果。对此 Attribute 特性无法支持，从而引入 Property 属性元素的概念。

在传统.NET 开发语言中，调用一个对象属性，可以简单地使用以下格式实现：

```
元素对象.属性 = 属性值
```

例如，在 C♯ 代码中，调用一个按钮的内容属性，代码为：

```
Button.Content = "XAML 实例教程系列";
```

而在 XAML 代码中，其调用方法类似与.NET 开发语言属性使用方法，其语法格式为：

```
<元素对象>
  <元素对象.属性>
    <属性设置器 属性值 = "">
  </元素对象.属性>
</元素对象>
```

其中，属性设置器可以设置为较为复杂的对象元素，例如布局控件元素、自定义控件元素等。

下面的代码演示如何在 WPF 应用程序中组合使用特性语法和属性语法，其中属性语法针对的是 Button 的 ContexMenu 属性。

```
<Button Background = "Blue" Foreground = "Red" Content = "快捷菜单" >
    <Button.ContextMenu>
        <ContextMenu>
            <MenuItem>快捷菜单 1 </MenuItem>
            <MenuItem>快捷菜单 2 </MenuItem>
        </ContextMenu>
    </Button.ContextMenu>
</Button>
```

3）通过隐式数据集设置对象属性

通过学习 Property 属性元素，可以了解到 XAML 的元素对象属性不仅包含单一对象属性，同时还支持复杂属性，属性值可以为简单的字符数据类型，同时也可以是一个数据集。为了简化 XAML 代码的复杂性，提高代码的易读性，XAML 提供隐式数据集设置对象属性方法。例如，在 XAML 中为一个 ComboBox 组合框赋值，传统代码如下：

```
<ComboBox>
     <ComboBox.Items>
          <ComboBoxItem Content = "XAML 示例 1" />
          <ComboBoxItem Content = "XAML 示例 2" />
          <ComboBoxItem Content = "XAML 示例 3" />
     </ComboBox.Items>
</ComboBox>
```

在以上代码中,使用<ComboBox.Items>属性赋值 ComboBoxItem 内容,使用隐式数据集设置对象属性方法。可以修改以上代码为:

```
<ComboBox Width = "220" Height = "40" >
      <ComboBoxItem Content = "XAML示例 1" />
      <ComboBoxItem Content = "XAML示例 2" />
      <ComboBoxItem Content = "XAML示例 3" />
</ComboBox>
```

XAML代码可以直接生成渐变背景效果,实现方法是使用画刷类的 GradientStops 属性控制。在下面的代码中,尝试生成一个蓝色背景渐变效果:

```
<Rectangle Width = "200" Height = "150">
   <Rectangle.Fill>
       <LinearGradientBrush>
           <LinearGradientBrush.GradientStops>
               <GradientStop Offset = "0.0" Color = "Gold"/>
               <GradientStop Offset = "1.0" Color = "Blue"/>
           </LinearGradientBrush.GradientStops>
       </LinearGradientBrush>
   </Rectangle.Fill>
</Rectangle>
```

7.1.3 依赖属性和附加属性

1. 依赖属性

在传统.NET应用开发中,CLR属性是面向对象编程的基础,主要提供对私有字段的访问封装,开发人员可以使用 get 和 set 访问器实现读写属性操作。在 WPF 应用开发中,依赖属性(Dependency Properties)和 CLR 属性类似,同样提供一个实例级私有字段的访问封装,通过 GetValue 和 SetValue 访问器实现属性的读写操作。依赖属性最重要的一个特点是属性值依赖于一个或者多个数据源,提供这些数据源的方式也可以不同,例如,通过数据绑定提供数据源,通过动画、模板资源、样式等方式提供数据源等,在不同的方式数据源下,依赖属性可以实时对属性值进行改变,也正是因为依赖多数据源的缘故,所以称为依赖属性。依赖属性是.NET标准属性的一个新的执行,功能上具有一个显著的升级。要想操控 WPF 的一些核心功能,例如动画、数据绑定和样式等,就离不开依赖属性。大多数由 WPF 元素公开的属性都是依赖属性。

尽管在编程过程中,更多的时间是花在使用依赖属性而非创建它们的过程中,在许多情况下开发人员仍需要创建自己的依赖属性。显然,当设计一个自定义的 WPF 元素时,依赖属性是一个关键要素。此外,在某些情况下,如果要给原本不支持数据绑定、动画或 WPF 的一些其他功能的一部分代码添加上述功能的时候,需要创建依赖属性。下面的示例定义 IsSpinning 依赖属性,并说明 DependencyProperty 标识符与它所支持的属性之间的关系。

```
//定义依赖属性
public static readonly DependencyProperty IsSpinningProperty =
    DependencyProperty.Register( "IsSpinning", typeof(Boolean), typeof(MyCode) );
//添加属性封装器
```

```
public bool IsSpinning
{
    get { return (bool)GetValue(IsSpinningProperty); }
    set { SetValue(IsSpinningProperty, value); }
}
```

按照惯例，定义依赖属性的字段名称时，其命名是由普通属性名称以及在末尾添加 Property 的方法来完成的。这样一来，就可以把依赖属性的定义名称和实际属性的名称区别开。

2. 附加属性

附加属性(Attached Properties)是一种特殊的依赖属性，同时也是 XAML 中特有的属性之一。其语法调用格式如下：

```
<控件元素对象 附加元素对象.附加属性名 = 属性值/>
```

可以通过以下几个实例理解附加属性。例如，在布局控件 Canvas 中定义一个按钮控件，而按钮本身没有任何属性可以控制其在布局控件 Canvas 中的位置，而在 Canvas 中，定义了两个依赖属性作为按钮控件的附加属性，帮助按钮控制在 Canvas 中的位置，其代码如下：

```
<Canvas>
    <Button Canvas.Left = "25" Canvas.Top = "30" />
</Canvas>
```

在 Button 控件中，使用了"Canvas.附加属性"，效果如同按钮控件从布局控件中继承了 Left 和 Top 两个属性值，这时尽管这两个属性仍旧属于 Canvas 控件，但是属性值已经附加到了按钮控件上，并产生了效果。

7.1.4 XAML 中的事件

XAML 和其他开发语言类似，具有事件机能，帮助应用管理用户输入，执行不同的行为。根据用户不同的操作，执行不同的业务逻辑代码。例如，用户输入日期、单击按钮确认、移动鼠标等操作都可以使用事件进行管理。

在传统应用中，一个对象激活一个事件被称为 Event Sender(事件发送者)，而事件所影响的对象则称为 Event Receiver(事件接收者)。例如，在 Windows Forms 应用开发中，对象事件的 Sender 和 Receiver 永远是同一个对象。简单地理解，如果单击一个按钮对象，这个按钮对象激活 Click 事件，同时该对象后台代码将接收事件，并执行相关逻辑代码。而 XAML 中不仅继承传统事件处理方式，并且引入依赖属性系统，同时还引入一个增强型事件处理系统——Routed Event(路由事件)。路由事件和传统事件不同，路由事件允许一个对象激活事件后既是一个 Event Sender(事件发送者)，又同时拥有一个或者多个 Event Receiver(事件接收者)。

路由事件是一个 CLR 事件，可以由 RoutedEvent 类的实例提供支持并由 WPF 事件系统来处理。XAML 的路由事件处理方式可分为 3 种：

(1) 冒泡事件(Bubbling Event)，该事件是最常见的事件处理方式。该事件表示对象激活事件后，将沿着对象树由下至上、由子到父的方式传播扩散，直到被处理或者到达对应的根对象元素，或者该事件对应的 RoutedEventArgs.Handled＝true 时完成处理。在传播扩散中,所有涉及的元素对象都可以被该事件进行控制。该事件可被 Windows 8、Silverlight 支持。

(2) 隧道事件(Tunneling Event),该事件处理方式和冒泡事件相反,对象激活事件后,将从根对象元素传播扩散到激活事件的子对象,或者该事件对应的 RoutedEventArgs. Handled=true 时完成处理。该事件仅 Windows 8 支持。

(3) 直接路由事件(Direct Routing Event),该事件没有向上或者向下传播扩散,仅作用于当前激活事件的对象上。该事件可被 Windows 8、Silverlight 支持。

若要在 XAML 中添加事件处理程序,只需将相应的事件名称作为一个特性添加到某个元素中,并将特性值设置为用来实现相应委托的事件处理程序的名称,基础语法如下:

```
<元素对象 事件名称 = "事件处理"/>
```

例如,使用按钮控件的 Click 事件,响应按钮单击效果,代码如下:

```
< Button Click = "Button_Click"/>
```

其中,Button_Click 连接后台代码中的同名事件处理程序:

```
private void Button_Click(object sender, RoutedEventArgs e)
{
    事件处理
}
```

Button_Click 是实现的事件处理程序的名称,该处理程序包含用来处理 Click 事件的代码。Button_Click 必须具备与 RoutedEventHandler 委托相同的签名,该委托是 RoutedEventArgs 事件的事件处理程序委托。所有路由事件处理程序委托的第一个参数都指定要向其中添加事件处理程序的元素,第二个参数指定事件的数据。不同的事件中,第二个参数类型名称可能不同,但是都有路由事件参数的共性功能。

当添加事件处理程序特性时,Visual Studio 的智能感知功能可提供极大的帮助。一旦输入等号(例如,在< Button >元素中输入"Click="之后),Visual Studio 会显示一个包含在代码隐藏类中的所有合适的事件处理程序的下拉列表。如果需要创建一个新的事件处理程序来处理这一事件,只需从列表顶部选择< New Event Handler >选项。此外,也可以使用 Properties 窗口的 Events 选项卡来关联和创建事件处理程序。

7.1.5 WPF 程序的生命周期

WPF 应用程序和传统的 WinForm 类似,WPF 同样需要一个 Application 来统领一些全局的行为和操作,并且每个 Domain (应用程序域)中只能有一个 Application 实例存在,该实例称为单例。WPF 应用程序实例化 Application 类之后,Application 对象的状态会在一段时间内频繁变化。在此时间段内,Application 会自动执行各种初始化任务。当 Application 初始化任务完成后,WPF 应用程序的生存期才真正开始。

在 Visual Studio 2017 中创建一个 WPF 应用程序,使用 App. xaml 文件定义启动应用程序。XAML 从严格意义上说并不是一个纯粹的 XML 格式文件,它更像是一种 DSL (Domain Specific Language,领域特定语言),它的所有定义都会由编译器最后编译成代码。App. xaml 文件默认内容和解释如图 7-4 所示。

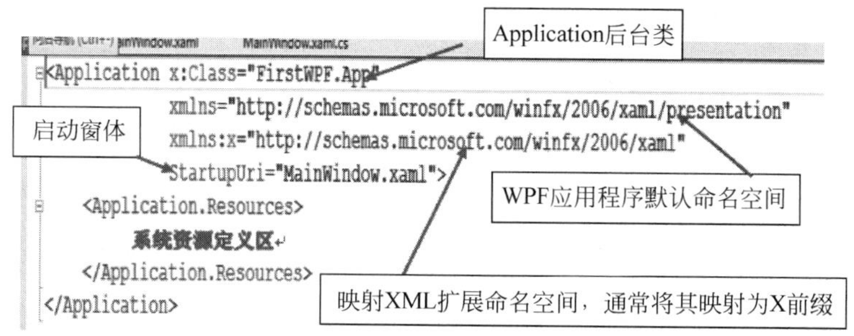

图 7-4　App. xaml 文件默认内容和解释

在 App. xmal 文件中,代码 x:Class="FirstWPF. App 的作用相当于创建了一个名为 App 的 Application 对象。而根节点 Application 的 StartupUri 属性指定了启动的窗口(StartupUri="MainWindow. xaml"),这就相当于创建了一个 MainWindow 类型的对象,然后调用其 Show()方法。此时可能会有读者问,按理说这个程序应该有个 Main()方法,为何在此看不到 Main 呢?程序如何创建 Application?其实,这一切都归功于 App. xaml 文件的一个属性“生成操作”(Build Action),如图 7-5 所示。

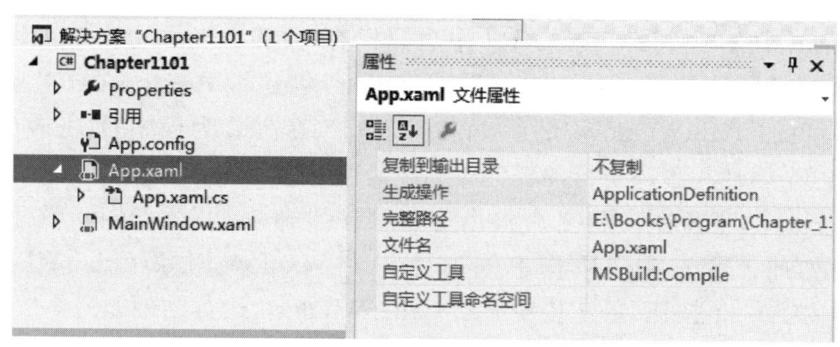

图 7-5　App. xaml 文件的属性

“生成操作”属性指定了程序生成的方式,默认为 ApplicationDefinition。对于 WPF 程序来说,如果指定了 BuildAction 为 ApplicationDefinition 之后,WPF 会自动创建 Main()方法,并且自动检测 Application 定义文件,根据定义文件自动创建 Application 对象并启动它(当然它会根据 StartupUri 创建 MainWindow 并显示)。

既然如此,用户也可以将 BuildAction 设置为无(None),然后在应用程序中自定义 Main()方法来实现 WPF 应用程序的启动。为此,需要在应用程序中添加一个 Program. cs 类,代码如下:

```
using System;
using System.Windows;
namespace Chapter0701
    static class Program
    {
    [STAThread]
    static void Main()
    {
        //定义 Application 对象作为整个应用程序入口
```

```
            Application App = new Application();
            //指定 Application 对象的 MainWindow 属性为启动窗体,然后调用无参数的 Run()方法
            MainWindow mw = new MainWindow();
            App.MainWindow = mw;
            mw.Show();
            App.Run();
        }
    }
```

运行之后看到的效果和之前完全一样。换句话说,App. xaml 文件和上面代码起到的效果是相同的。事实上,上面的 XAML 代码在编译时编译器也会做出同样的解析,这也是 WPF 设计的一个优点——很多东西都可以在 XAML 中实现而不需要编写过多的代码。App. xaml 做的工作具体如下：

- 创建 Application 对象,并且设置其静态属性 Current 为当前对象。
- 根据 StartupUri 创建并显示 UI。
- 设置 Application 的 MainWindow 属性(主窗口)。
- 调用 Application 对象的 Run()方法,并保持一直运行直到应用关闭。

1. WPF 的主窗体

在 Winform 中有“主窗体”,在 WPF 中也同样有“主窗口”。“主窗口”是一个“顶级窗口”,它不包含或者不从属于其他窗口。默认情况下,创建了 Application 对象之后会设置 Application 对象的 MainWindow 属性为第一个窗口对象并作为程序的“主窗口”。当然,如果用户愿意,这个属性在程序运行的任何时刻都是可以修改的。

在 Winform 中,主窗体关闭之后整个应用程序生命周期就会结束,这里不妨试试在 WPF 中是否如此。首先在应用程中添加另一个 Window 对象 OtherWindow,然后在 MainWindow 中放一个按钮,单击按钮显示 OtherWindow,运行结果如图 7-6 所示。

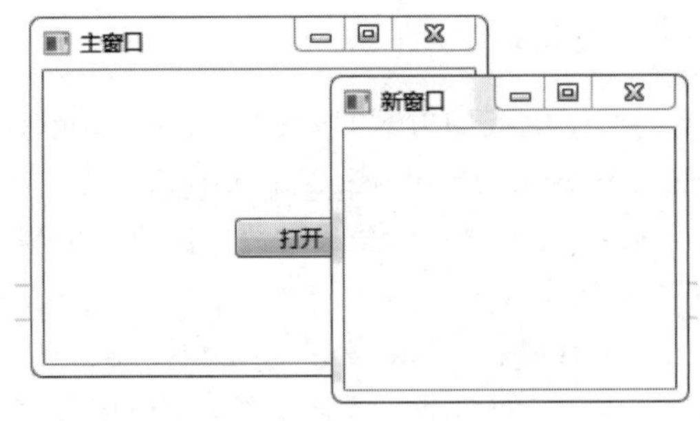

图 7-6　主窗口关闭示例

单击关闭 MainWindow 之后可发现 OtherWindow 并未关闭,当然 Application 并未结束。这是不是说明 Application 关闭同 Winform 不同呢(当然调用 Application. Current. Exit()是可以退出应用的)? 在 WPF 中 Application 的关闭模式同 Winform 确实不同, WPF 中应用程序的关闭模式有 3 种,它由 Application 对象的 ShutdownMode 属性来决定。ShutdownMode 的枚举值如下。

- OnLastWindowClose：当应用程序最后一个窗口关闭后则整个应用结束。
- OnMainWindowClose：当主窗口关闭后则应用程序结束。

- OnExplicitShutdown：只用通过调用 Application.Current.Shutdown()才能结束应用程序。

默认情况下，ShutdownMode 值是 OnLastWindowClose，因此当 MainWindow 关闭后应用程序没有退出。对关闭选项更改时，可以直接在 App.xaml 中更改：

```
<Application x:Class = "WPFApplications.App"
xmlns = "http://schemas.microsoft.com/winfx/2006/xaml/presentation"
xmlns:x = "http://schemas.microsoft.com/winfx/2006/xaml"
StartupUri = "Window2.xaml"
ShutdownMode = "OnExplicitShutdown">
<Application.Resources>
//资源定义
</Application.Resources>
</Application>
```

同样也可以在代码文件(App.xaml.cs)中进行更改，但必须注意这个设置写在 app.Run()方法之前，代码如下：

```
app.ShutdownMode = ShutdownMode.OnExplicitShutdown;
app.Run(win);
```

2. WPF 窗口的生存期

窗口的生存期是指窗口从第一次打开到关闭经历的一系列过程。在窗口的生存期中，会引发很多事件，图 7-7 列出了主要事件以及这些事件引发的顺序。

1) 显示窗口

如果需要使用 C#代码创建某个窗口，首先应该创建该窗口的实例，然后调用 Show()或者 ShowDialog()方法将其显示出来。Show()方法显示非模态窗口，这意味着应用程序所运行的模式允许用户在同一个应用程序中激活其他窗口。ShowDialog()方法显示模态窗口，在该窗口关闭之前，应用程序的其他窗口都会被禁用，并且只有在该窗口关闭以后，才会继续执行 ShowDialog()方法后面的代码。例如可以使用下面的代码创建一个窗口，并将其显示出来。

```
MyWindow myWin = new MyWindow();
myWin.Show();                       //显示为非模态窗口
```

或者

```
myWin. ShowDialog();                //显示为模态窗口
```

不论是调用 Show()方法还是 ShowDialog()方法，在窗口显示之前，新窗口会执行初始化操作。当初始化窗口时，将引发窗口的 SourceInitialized 事件，在该事件的处理程序中也可以显示其他窗口，初始化完成后该窗口会显示出来。

2) 窗口的激活

在首次打开一个窗口时，它便成为活动窗口(除非是在 ShowActivated 设置为 false 的情况下显示)。活动窗口是当前正在捕获用户输入(例如，单击)的窗口。当窗口变为活动窗口时，它会引发 Activated 事件。

当第一次打开窗口时，只有在引发了 Activated 事件之后，才会引发 Loaded 和

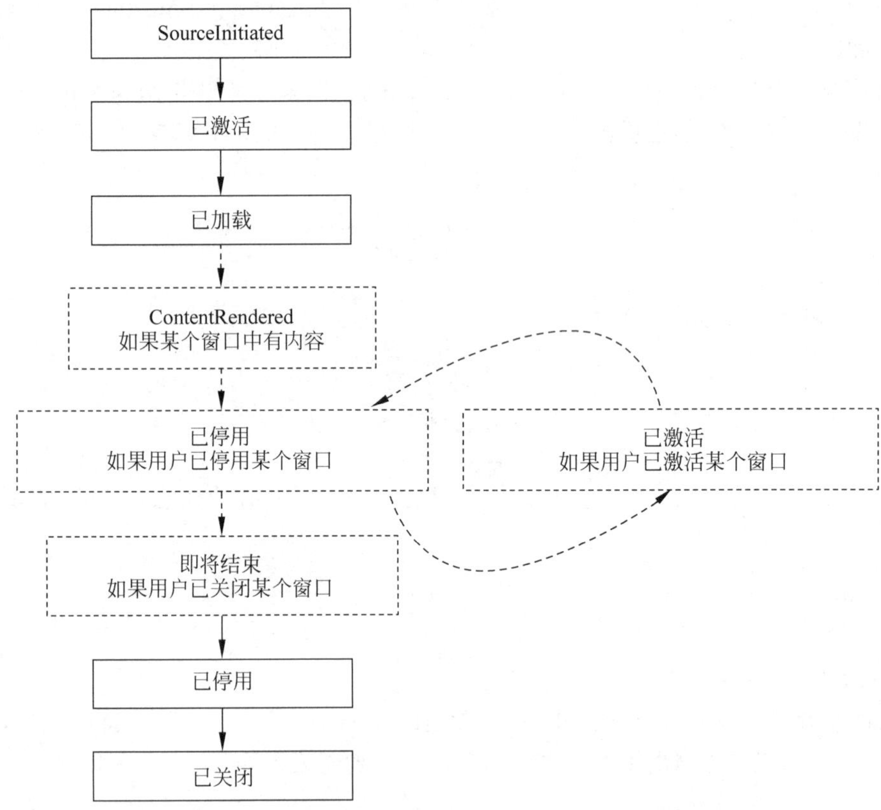

图 7-7　窗体生存期中的主要事件以及这些事件引发的顺序

ContentRendered 事件。记住这一点，在引发 ContentRendered 时，便可认为窗口已打开。窗口变为活动窗口之后，用户可以在同一个应用程序中激活其他窗口，还可以激活其他应用程序。当这种情况出现时，当前的活动窗口将停用，并引发 Deactivated 事件。同样，当用户选择当前停用的窗口时，该窗口会再次变成活动窗口并引发 Activated。

3）窗口的关闭

当用户关闭窗口时，窗口的生命便开始走向终结。在 C# 代码中，可以使用 Close()方法关闭窗口，并释放窗口的资源，例如下面的代码会关闭当前窗口：

```
this.Close();
```

当窗口关闭时，会引发 Closing 事件和 Closed 事件。Closing 事件在窗口关闭前引发，常在 Closing 事件中提示用户是否退出等信息或者阻止关闭窗口。Closed 事件在窗口关闭之后引发，在该事件中无法阻止窗口关闭。

【指点迷津】 用户在运行系统上的多个窗口中切换时，Activated 和 Deactivated 在窗口的生存期中会发生多次。为了让一些事情能在所有内容都显示给用户之前马上执行，可以用 Loaded 事件；为了让一些事情能在所有内容都显示给用户之后马上执行，可以用 ContentRendered 事件。ContentRendered 事件只对窗口第一次完全呈现出来进行触发。

拓展提高

1. XAML 树结构

XAML 是界面编程语言，用来呈现用户界面，它具有层次化的特性，它的元素的组成就是一种树的结构类型。XAML 编程元素之间通常以某种形式的“树”关系存在，XAML 中创建的应用程序 UI 可以抽象为一个对象树，也称元素树。可以进一步将对象树分为两个离散但有时会并行的树：逻辑树和可视化树。逻辑树是根据父控件和子控件来构造而成的，在路由事件中将会按照这样的一种层次结构来触发。可视化树是 XAML 中可视化空间及其子控件组成的一个树形的控件元素结构图。可视化树中包含应用程序的用户界面所使用的所有可视化元素，并通过树形的数据按照父子元素的规则来把这些可视化元素排列起来。

2. Application 类

通过访问网络（https://msdn. microsoft. com/zh-cn/library/system. windows. application. aspx），了解和掌握 Application 类的常用属性、方法和事件，掌握 WPF 应用程序的生存周期。

3. 编程实践

编写一个 WPF 应用程序，在主窗口显示之前显示登录窗口。

7.2 布局和控件

任务描述

在标准的 Windows 应用程序中，通常包括窗口、控件和菜单等基本组件。本任务完成图书管理系统的主界面设计，如图 7-8 所示。

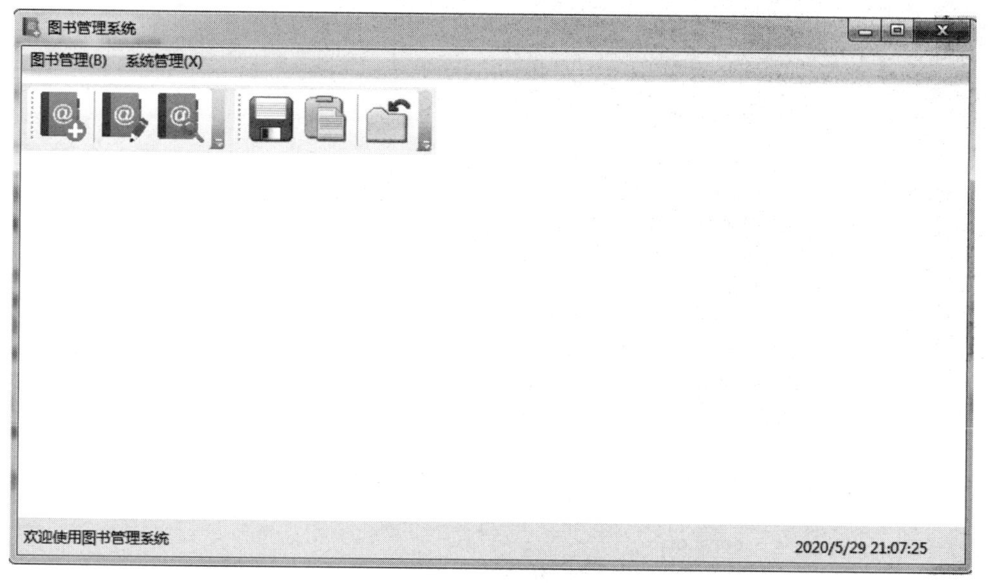

图 7-8 图书管理系统主界面

任务实施

(1) 启动 Visual Studio 2017,打开图书管理系统项目 BookDemo,向项目中添加窗口 MainWindow,修改自动生成的 MainWindow. xaml 文件为如下代码:

```
<Window x:Class = "BookDemo.MainWindow"
    xmlns = "http://schemas.microsoft.com/winfx/2006/xaml/presentation"
    xmlns:x = "http://schemas.microsoft.com/winfx/2006/xaml"
    xmlns:d = "http://schemas.microsoft.com/expression/blend/2008"
    xmlns:mc = "http://schemas.openxmlformats.org/markup-compatibility/2006"
    xmlns:local = "clr-namespace:BookDemo"
    mc:Ignorable = "d"
    Title = "图书管理系统"  Height = "450" Width = "800" WindowStartupLocation = "CenterScreen"
    Icon = "Images/addressbook-add.ico" >
<Grid>
    <Grid.ColumnDefinitions>
        <ColumnDefinition Width = "35*"/>
        <ColumnDefinition Width = "437*"/>
        <ColumnDefinition Width = "149*"/>
        <ColumnDefinition Width = "171*"/>
    </Grid.ColumnDefinitions>
    <Grid.RowDefinitions>
        <RowDefinition Height = "30"/>
        <RowDefinition Height = "60"/>
        <RowDefinition Height = "300*"/>
        <RowDefinition Height = "30"/>
    </Grid.RowDefinitions>
    <Menu Height = "25" VerticalAlignment = "Top" HorizontalAlignment = "Stretch" Grid.Row = "0"
          Grid.ColumnSpan = "4">
        <MenuItem Header = "图书管理(_B)">
            <MenuItem Header = "添加图书"    />
            <MenuItem Header = "编辑图书" />
            <MenuItem Header = "查询图书" />
        </MenuItem>
        <MenuItem Header = "系统管理(_X)">
            <MenuItem Header = "系统备份" />
            <MenuItem Header = "系统恢复" />
            <Separator/>
            <MenuItem Header = "退出系统" />
        </MenuItem>
    </Menu>
    <WrapPanel Grid.Row = "1" Grid.ColumnSpan = "4">
        <ToolBarTray DockPanel.Dock = "Top" Orientation = "Horizontal">
            <ToolBar Band = "0" BandIndex = "1" Margin = "2">
                <Button ToolTip = "添加图书">
                    <Image Source = "Images/addressbookadd.png" Width = "40" Height = "40"/>
                </Button>
                <Separator/>
                <Button ToolTip = "编辑图书">
                    <Image Source = "Images/addressbookedit.png" Width = "40" Height = "40"/>
```

```
                </Button>
                <Button ToolTip="查询图书">
                    <Image Source="Images/addressbooksearch.png" Width="40" Height="40"/>
                </Button>
            </ToolBar>
            <ToolBar Band="0" BandIndex="2" Margin="2">
                <Button ToolTip="系统备份">
                    <Image Source="Images/Save.png" Width="40" Height="40"/>
                </Button>
                <Button ToolTip="系统恢复">
                    <Image Source="Images/Paste.png" Width="40" Height="40"/>
                </Button>
                <Separator/>
                <Button ToolTip="退出系统">
                    <Image Source="Images/Close.png" Width="40" Height="40"/>
                </Button>
            </ToolBar>
        </ToolBarTray>
    </WrapPanel>
    <DockPanel Grid.Row="3" Grid.ColumnSpan="4">
        <StatusBar>
            <StatusBar.ItemsPanel>
                <ItemsPanelTemplate>
                    <Grid>
                        <Grid.ColumnDefinitions>
                            <ColumnDefinition Width="200" />
                            <ColumnDefinition Width=" * " />
                            <ColumnDefinition Width="150" />
                        </Grid.ColumnDefinitions>
                    </Grid>
                </ItemsPanelTemplate>
            </StatusBar.ItemsPanel>
            <StatusBarItem Grid.Column="0">
                <TextBlock x:Name="statusInfo" Text="欢迎使用图书管理系统"
                        HorizontalAlignment="Left" Margin="2" />
            </StatusBarItem>
            <StatusBarItem Grid.Column="2">
                <TextBlock x:Name="statusTime" HorizontalAlignment="Right"
                        VerticalAlignment="Center" Margin="5,5,0,0"/>
            </StatusBarItem>
        </StatusBar>
    </DockPanel>
</Grid>
</Window>
```

(2) 修改 MainWindow.xam.cs 文件为如下代码:

```
public partial class MainWindow : Window
{
    //定义定时器
    private DispatcherTimer ShowTimer;
```

```
        public MainWindow()
        {
            InitializeComponent();
            //添加 Timer
            ShowTimer = new System.Windows.Threading.DispatcherTimer();
            ShowTimer.Tick += new EventHandler(Show_Timer);
            ShowTimer.Interval = new TimeSpan(0, 0, 0, 1, 0);
            ShowTimer.Start();
        }
        //定时器事件
        public void Show_Timer(object sender, EventArgs e)
        {
            //获得年、月、日
            this.statusTime.Text = DateTime.Now.ToString();
        }
    }
```

知识链接

7.2.1 控件模型

用户界面(UI)是让用户能够观察数据和操作数据的,为了让用户观察数据,需要用UI来显示数据。为了让用户可以操作数据,需要使用UI来响应用户的操作。在WPF程序中,那些能够展示数据、响应用户操作的UI元素称为控件(Control)。控件所展示的数据称为控件的"数据内容",控件在响应用户的操作之后会执行自己的一些方法或以事件的方式通知应用程序,称为控件的行为。在WPF应用程序中,控件扮演着双重角色,是数据和行为的载体。

为了理解各个控件的模型,先了解一下WPF中的内容模型。内容模型就是每一族的控件都含有一个或者多个元素作为其内容(其下面的元素可能是其他控件)。把符合某类内容模型的元素称为一个族,每个族用它们共同的基类来命名。WPF控件模型如图7-9所示。

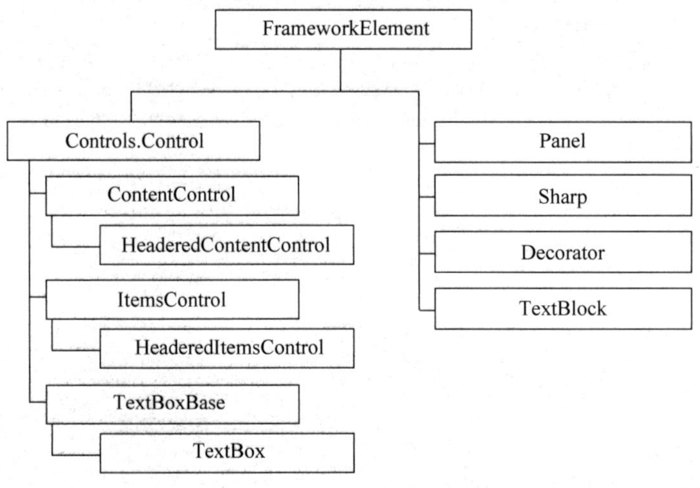

图7-9　WPF控件模型

1. 简单控件

简单控件是没有 Content(内容)属性的控件。例如,Button 类可以包含任意形状或任意元素,这对于简单控件没有问题。表 7-1 给出简单控件及其说明。

表 7-1　简单控件及其说明

简单控件	说　　明
TextBox	用于显示简单无格式文本
RichTextBox	通过 FlowDocument 类支持带格式的文本。它与 TextBox 都派生于 TextBoxBase
Calendar	显示年份、月份。用户可以选择一个日期或日期范围
DatePicker	控件会打开 Calendar 屏幕,提供日期供用户选择
PasswordBox	输入密码。这个控件提供了用于输入密码的专用属性,例如,PasswordChar 属性定义了在用户输入密码时显示的字符,Password 属性可以访问输入的密码,PasswordChanged 属性可以触发输入事件
ScrollBar	包含一个 Thumb,用户可以从 Thumb 中选择一个值,如果内容超过这个值,就可以显示滚动条
ProgressBar	可以指示时间较长的操作的进度
Slider	用户可以移动 Thumb,选择一个范围的值,它和 ScrollBar、ProgressBar 都来源一个基类 RangeBase

说明:尽管简单控件没有 Content 属性,但通过定义模板,完全可以定制这些控件的外观。

2. 内容控件

内容控件均派生自 ContentControl 类,具有一个 Content 属性。Content 属性的类型为 Object,因此,可以在 ContentControl 中放置的内容没有任何限制。可以使用可扩展应用程序标记语言(XAML)或代码来设置 Content。表 7-2 给出了内容控件包含的控件及其说明。

表 7-2　内容控件包含的控件及其说明

控　　件	说　　明
Button RepeatButton ToggleButton CheckBox RadioButton	Button、RepeatButton、ToggleButton 派生自同一个基类 ButtonBase。所有这些按钮都响应 Click 事件。 RepeatButton 类会重复引发 Click 事件,直到释放按钮为止。 ToggleButton 是 CheckBox 和 RadioButton 的基类。这些按钮有开关状态。CheckBox 可以由用户选择和取消选择,RadioButton 可以由用户选择
Label	表示控件的文本标签
ListBoxItem	ListBoxItem 是 ListBox 控件中的一项
StatusBarItem	StatusBarItem 是 StatusBar 控件中的一项
ScrollViewer	ScrollViewer 是包含滚动条的内容控件,可以把任意内容放入这个控件中,滚动条会在需要时显示
ToolTip	该控件可创建一个弹出窗口,以便在界面中显示元素的信息
Window	Windows 类可以创建窗口和对话框
NavigationWindow	NavigationWindow 派生自 Window,表示支持内容导航的窗口
UserControl	提供一种创建自定义控件的简单方法

注意，在 Content 中只能放置一个控件。如果需要放置多个控件，可以放置一个容器，然后再在容器中放置多个控件。例如，下面的代码创建一个包含文本和图像的按钮。

```
<Button Margin = "3">
   <StackPanel >
       <TextBlock Margin = "3"> Image and Text Button </TextBlock>
       <Image Source = "happyface.jpg" Stretch = "None"></Image>
       <TextBlock Margin = "3"> Courtesy of the StackPanel </TextBlock>
   </StackPanel>
</Button>
```

3. 带标题的内容控件

带标题的内容控件均派生自 HeaderedContentControl 类，HeaderedContentControl 是 ContentControl 的派生类，可以显示带标题的数据，内容属性为 Content 和 Header，这两个属性都只能容纳一个元素。

下面的示例演示如何创建一个简单的 Expander 控件。

```
<Expander Name = "myExpander" Header = "Expander 示例" ExpandDirection = "Down" Width = "100">
   <TextBlock TextWrapping = "Wrap" >
   </TextBlock>
</Expander>
```

Expander 可以创建一个带对话框的“高级”模式，它在默认情况下不显示所有的信息。只有用户展开它时，才会显示更多的信息，在未展开的情况下只显示标题信息，在展开的情况下显示内容。

带标题的内容控件包含的控件及其说明如表 7-3 所示。

表 7-3　带标题的内容控件包含的控件及其说明

控　　件	说　　明
Expander	可以创建一个带对话框的“高级”模式，它在默认情况下不显示所有的信息。只有用户展开它时，才会显示更多的信息，在未展开的情况下只显示标题信息，在展开的情况下显示内容
GroupBox	显示为具有圆角和标题的方框
TabItem	表示 TabControl 内某个可选择的项。TabItem 的 Header 属性定义了标题的内容，这些内容用 TabControl 的标签显示

4. 项控件

从项控件继承的控件包含一个对象集合，用于显示列表化的数据，其内容属性为 ItemsSource 或 Items。ItemsSource 通常用于使用数据集填充。项控件如果不想使用集合填充，则可以使用属性 Items 添加项。

下面的示例创建一个 ListBox 并订阅 SelectionChanged 事件。

```
<ListBox Name = "lb" Width = "100" Height = "55" SelectionChanged = "PrintText" SelectionMode =
"Single">
   <ListBoxItem> Item 1 </ListBoxItem>
   <ListBoxItem> Item 2 </ListBoxItem>
   <ListBoxItem> Item 3 </ListBoxItem>
```

```
    <ListBoxItem> Item 4 </ListBoxItem>
    <ListBoxItem> Item 5 </ListBoxItem>
</ListBox>
```

项控件包含的控件及其说明如表 7-4 所示。

表 7-4　项控件包含的控件及其说明

控　　件	说　　明
Menu ContextMenu	Menu 类和 ContextMenu 类派生自抽象基类 MenuBase。把 MenuItem 元素放在数据项列表和相关联的命令中,就可以给用户提供菜单
StatusBar	通常在应用程序的底部,为用户提供状态信息。可以把 StatusBarItem 元素放在 StatusBar 列表中
TreeView	分层显示数据项
ListBox ComboBox TabControl	ListBox、ComboBox、TabControl 都有相同的抽象基类 Selector,这个基类可以从列表中选择数据项。ListBox 显示列表中的数据项。ComBox 有一个附带的 Button 控件,只有单击该按钮才会显示数据项。在 TabControl 中,内容可以排列为表格
DataGrid	显示数据的可定制网格

5. 带标题的项控件

带标题的项控件是不仅包含数据项而且包含标题的控件的基类,HeaderedItemsControl 类派生自 ItemsControl。Header 属性可以是任何类型。带标题的项控件包含的控件及其说明如表 7-5 所示。

表 7-5　带标题的项控件包含的控件及其说明

控　　件	说　　明
MenuItem	Menu 内某个可选择的项
TreeViewItem	在 TreeView 控件中实现可选择的项
ToolBar	为一组命令或控件提供容器

7.2.2　布局控件

布局(Layout)是 WPF 界面开发中一个很重要的环节。所谓布局,即确定所有控件的大小和位置,是一种递归进行的父元素和子元素交互的过程。为了同时满足父元素和子元素的需要,WPF 采用了一种包含测量(Measure)和排列(Arrange)两个步骤的解决方案。在测量阶段,容器遍历所有子元素,并询问子元素所期望的尺寸。在排列阶段,容器在合适的位置放置子元素。

当然,元素未必总能得到最合适的尺寸——有时容器没有足够大的空间以适应所含的元素。在这种情况下,容器为了适应可视化区域的尺寸,就必须剪裁不能满足要求的元素。在后面可以看到,通常可通过设置最小窗口尺寸来避免这种情况。

应用程序界面设计中,合理的元素布局至关重要,它可以方便用户使用,并将信息清晰、合理地展现给用户。WPF 提供了一套功能强大的工具——面板(Panel)来控制用户界面的布局。可以使用这些面板控件来排列元素。如果内置布局控件不能满足需要,还可以创建自定义的布局元素。面板就是一个容器,里面可以放置 UI 元素。面板中也可以嵌套面板。

面板要负责计算其子元素的尺寸、位置和维度。WPF 用于布局的面板主要有 6 个：Canvas（画布）、WrapPanel（环绕面板）、StackPanel（栈面板）、DockPanel（停靠面板）、Grid（网格面板）和 UniformGrid（均匀网格）。下面介绍常用的几个面板。

1. Canvas

Canvas 是最基本的面板，只是一个存储控件的容器，它不会自动调整内部元素的排列及大小，它仅支持用显式坐标定位控件，它也允许指定相对任何角的坐标，而不仅仅是左上角。可以使用 Left、Top、Right、Bottom 附加属性在 Canvas 中定位控件。通过设置 Left 和 Right 属性的值表示元素最靠近的那条边。应该与 Canvas 左边缘或右边缘保持一个固定的距离，设置 Top 和 Bottom 的值也是类似的意思。实质上，在选择每个控件停靠的角时，附加属性的值是作为外边距使用的。如果一个控件没有使用任何附加属性，它会被放在 Canvas 的左上方（等同于设置 Left 和 Top 为 0）。

下面的示例生成三个 Rectangle 元素，每个元素 100 像素。第一个 Rectangle 为红色，其左上角（x，y）的位置指定为（0，0）。第二个 Rectangle 为绿色，其左上角的位置为（100，100），这正好位于第一个正方形的右下方。第三个 Rectangle 为蓝色，其左上角的位置为（50，50）。因此，第三个 Rectangle 覆盖第一个 Rectangle 的右下象限和第二个的左上部。由于第三个 Rectangle 是最后布局的，因此它看起来是在另两个正方形的顶层，也就是说，重叠部分采用第三个 Rectangle 的颜色，如图 7-10 所示。

```
<Canvas Height = "400" Width = "400">
    <Canvas Height = "100" Width = "100" Top = "0" Left = "0" Background = "Red"/>
    <Canvas Height = "100" Width = "100" Top = "100" Left = "100" Background = "Green"/>
    <Canvas Height = "100" Width = "100" Top = "50" Left = "50" Background = "Blue"/>
</Canvas>
```

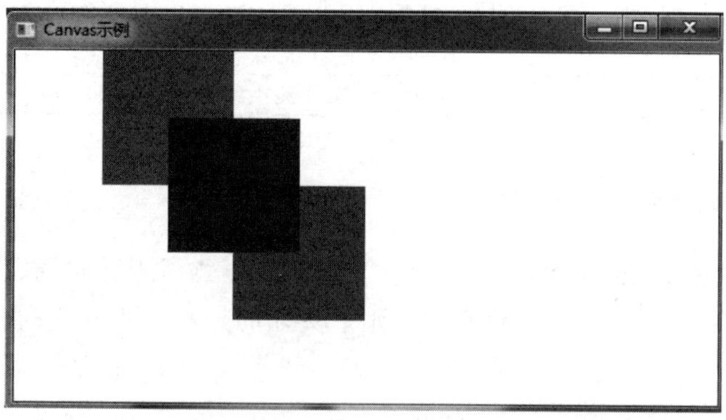

图 7-10　Canvas 用法示例

Canvas 的主要用途是画图。Canvas 默认不会自动裁减超过自身范围的内容，即溢出的内容会显示在 Canvas 外面，这是因为默认 ClipToBounds = False。可以通过设置 ClipToBounds=True 来裁剪多出的内容。

2. WrapPanel

WrapPanel 按从左到右的顺序位置定位子元素，在包含框的边缘处将内容切换到下一行。后续排序按照从上至下或从右至左的顺序进行，具体取决于 Orientation 属性的值。当 WrapPanel 使用水平方向时，基于最高的项，子控件将被赋予相同的高度。当 WrapPanel

是垂直方向时，基于最宽的项，子控件将被赋予相同的宽度。

下面的示例将创建一个具有默认（水平）方向的 WrapPanel，运行结果如图 7-11 所示。

```
<WrapPanel>
    <Button>Test button 1</Button>
    <Button>Test button 2</Button>
    <Button>Test button 3</Button>
    <Button Height="40">Test button 4</Button>
    <Button>Test button 5</Button>
    <Button>Test button 6</Button>
</WrapPanel>
```

3. StackPanel

StackPanel 就是将控件按照行或列来顺序排列，但不会换行。通过设置面板的 Orientation 属性设置了两种排列方式：横排（Horizontal，为默认的）和竖排（Vertical）。纵向的 StackPanel 默认每个元素宽度都与面板一样宽，横向亦然。如果包含的元素超过了面板空间，它只会截断多出的内容。

下面的代码说明了 StackPanel 的用法，程序的运行结果如图 7-12 所示。

```
<Window x:Class="LayoutSamples.StackPanelWindow"
        xmlns="http://schemas.microsoft.com/winfx/2006/xaml/presentation"
        xmlns:x="http://schemas.microsoft.com/winfx/2006/xaml"
        xmlns:d="http://schemas.microsoft.com/expression/blend/2008"
        Title="Stack Panel" Height="300" Width="300">
    <StackPanel Orientation="Vertical">
        <Label>Label</Label>
        <TextBox>TextBox</TextBox>
        <CheckBox>CheckBox</CheckBox>
        <CheckBox>CheckBox</CheckBox>
        <ListBox>
            <ListBoxItem>ListBoxItem One</ListBoxItem>
            <ListBoxItem>ListBoxItem Two</ListBoxItem>
        </ListBox>
        <Button>Button</Button>
    </StackPanel>
</Window>
```

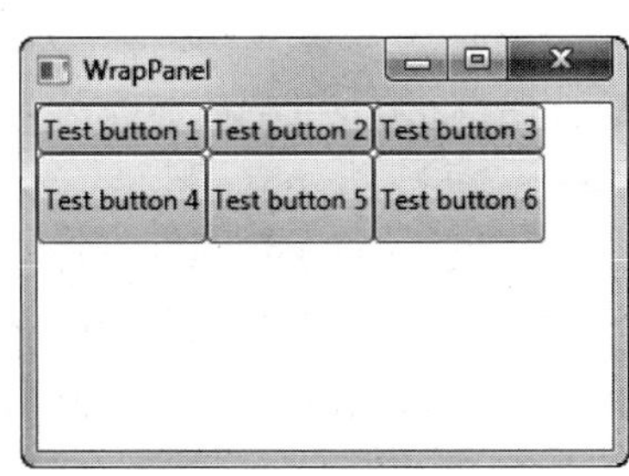

图 7-11　WrapPanel 用法示例

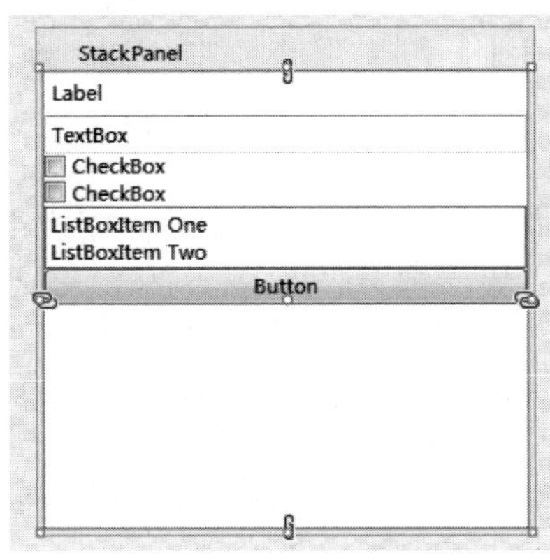

图 7-12　StackPanel 用法示例

4. DockPanel

DockPanel使得在所有四个方向(顶部、底部、左侧和右侧)都可以很容易地停靠内容。这在很多情况下都是一个很好的选择,例如希望将窗口划分为特定的区域,尤其是因为默认情况下,DockPanel内的最后一个元素(除非该特性被特别禁用)将自动填充剩余的空间。

DockPanel定义了Dock附加属性,可以在控件的子控件将它设置为Left、Right、Top和Bottom。如果不使用这个,第一个控件将停靠在左边,最后一个控件占用剩余的空间。下面是一个如何使用它的例子:

```
<Window x:Class = "WpfTutorialSamples.Panels.DockPanel"
        xmlns = "http://schemas.microsoft.com/winfx/2006/xaml/presentation"
        xmlns:x = "http://schemas.microsoft.com/winfx/2006/xaml"
        Title = "DockPanel" Height = "250" Width = "250">
    <DockPanel>
        <Button DockPanel.Dock = "Left"> Left </Button>
        <Button DockPanel.Dock = "Top"> Top </Button>
        <Button DockPanel.Dock = "Right"> Right </Button>
        <Button DockPanel.Dock = "Bottom"> Bottom </Button>
        <Button> Center </Button>
    </DockPanel>
</Window>
```

该示例的运行效果如图7-13所示。

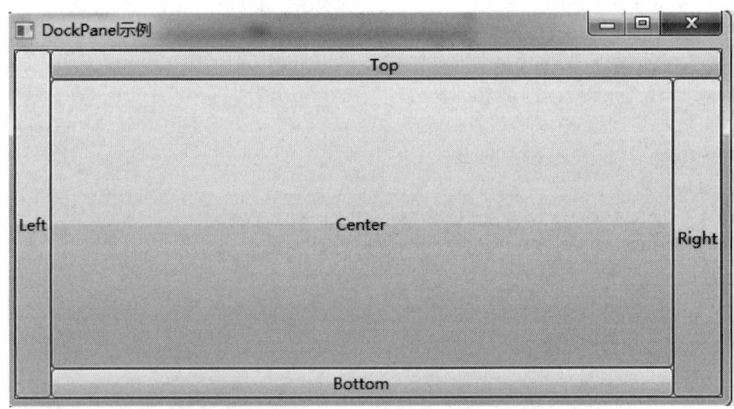

图7-13　DockPanel用法示例

5. Grid

Grid可以包含多行和多个列,用户可以在行和列中排列控件。对于每一列,可以指定一个ColumnDefinition;对于每一行,可以指定一个RowDefinnition。在行和列中,均可以指定宽度和高度。ColumnDefinition有一个Width依赖属性,RowDefinition有一个Height依赖属性。可以用像素、厘米、英寸或点为单位定义高度和宽度,或者把它们设置为Auto,根据内容来确定其大小。Grid还允许根据具体情况指定大小,即根据可用空间以及与其他行和列的相对位置计算行和列的空间。在为列提供可用空间时,可以将Width属性设置为"*"。要使某一列的空间是另一列的两倍,应指定为"2*"。下面的示例代码定义了一个一行三列的网格,第一个按钮具有星形宽度,第二个按钮将其宽度设置为Auto,最后一个按钮具有 100 像素的静态宽度，运行效果如图 7-14 所示。

```
<Grid>
    <Grid.ColumnDefinitions>
        <ColumnDefinition Width="1*" />
        <ColumnDefinition Width="Auto" />
        <ColumnDefinition Width="100" />
    </Grid.ColumnDefinitions>
    <Button>Button 1</Button>
    <Button Grid.Column="1">Button 2 with long text</Button>
    <Button Grid.Column="2">Button 3</Button>
</Grid>
```

默认的网格行为是每个控件占用一个单元格，如果希望某个控件占用更多的行或列，可以使用附加属性 ColumnSpan 和 RowSpan。此属性的默认值为 1，但用户可以指定一个更大的数字，以使控件跨越更多行或列。下面是一个使用 ColumnSpan 属性的简单示例，运行效果如图 7-15 所示。

```
<Grid>
        <Grid.ColumnDefinitions>
            <ColumnDefinition Width="1*" />
            <ColumnDefinition Width="1*" />
        </Grid.ColumnDefinitions>
        <Grid.RowDefinitions>
            <RowDefinition Height="*" />
            <RowDefinition Height="*" />
        </Grid.RowDefinitions>
        <Button>Button 1</Button>
        <Button Grid.Column="1">Button 2</Button>
        <Button Grid.Row="1" Grid.ColumnSpan="2">Button 3</Button>
    </Grid>
```

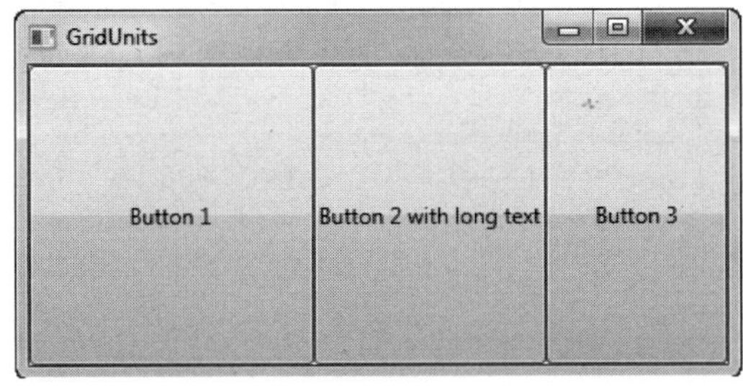

图 7-14　Grid 用法示例 1

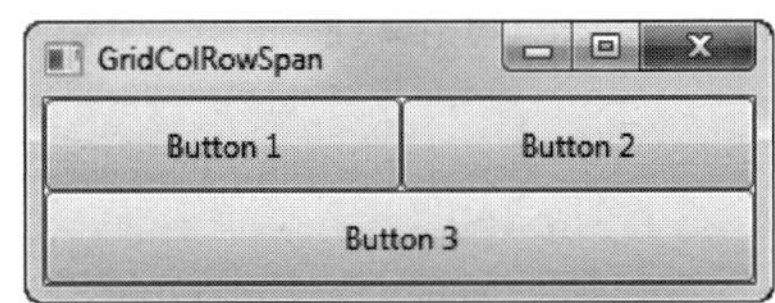

图 7-15　Grid 用法示例 2

7.2.3　通用界面控件

1. 菜单控件

在大部分 Windows 应用程序中，菜单(Menu)通常会置于窗口顶部，但是在 WPF 中为了保证较高的灵活性，实际上可以在窗体的任意位置放置菜单控件(Menu Control)，菜单控件的高度和宽度也可以任意设定。

WPF 有一个很好的控件用于创建菜单选项——Menu。在 Menu 中添加子项非常简单，只需要向 Menu 中添加 MenuItem 即可。MenuItem 可以拥有一系列子项，就像在许多 Windows 程序中看到的一样，它允许创建分层式的菜单。下面的示例代码演示了如何使用 Menu 来创建菜单。

```
<Window x:Class = "WpfTutorialSamples.MenuSample"
        xmlns = "http://schemas.microsoft.com/winfx/2006/xaml/presentation"
        xmlns:x = "http://schemas.microsoft.com/winfx/2006/xaml"
        Title = "MenuSample" Height = "200" Width = "200">
    <DockPanel>
        <Menu DockPanel.Dock = "Top">
            <MenuItem Header = "_File">
                <MenuItem Header = "_New" />
                <MenuItem Header = "_Open" />
                <MenuItem Header = "_Save" />
                <Separator />
                <MenuItem Header = "_Exit" />
            </MenuItem>
        </Menu>
        <TextBox AcceptsReturn = "True" />
    </DockPanel>
</Window>
```

在上面的例子中定义了一个顶级条目，其中该条目下面有 4 个子条目和一个分隔线。利用 Header 属性设置各个条目的标签(Lable)，应该注意到在每一个标签的第一个字符前有一个下画线(_)。在 WPF 的 Meun 控件中，这样的命名规则意味着窗体将会接收到相应的快捷键用于激活 Menu 中的子条目。这将会以从顶层依次向下展开层次的子项目的方式工作，在该例中，如果按下 Alt 键的同时，依次按下 F 键，然后按下 N 键，那么标签名为 New 的子条目将会被选中激活。

菜单项的两个常见特征是图标和复选框。图标用于更轻松地识别菜单项做什么，复选框表示打开和关闭特定功能。WPF MenuItem 支持两者，并且它们非常易于使用。例如：

```
<Window x:Class = "WpfTutorialSamples.MenuIconCheckableSample"
        xmlns = "http://schemas.microsoft.com/winfx/2006/xaml/presentation"
        xmlns:x = "http://schemas.microsoft.com/winfx/2006/xaml"
        Title = "MenuIconCheckableSample" Height = "150" Width = "300">
    <DockPanel>
        <Menu DockPanel.Dock = "Top">
            <MenuItem Header = "_File">
                <MenuItem Header = "_Exit" />
            </MenuItem>
            <MenuItem Header = "_Tools">
                <MenuItem Header = "_Manage users">
                    <MenuItem.Icon>
                        <Image Source = "/Images/user.png" />
                    </MenuItem.Icon>
                </MenuItem>
                <MenuItem Header = "_Show groups" IsCheckable = "True" IsChecked = "True" />
```

```
            </MenuItem>
        </Menu>
        <TextBox AcceptsReturn="True" />
    </DockPanel>
</Window>
```

在这个例子中，创建了两个顶级项，其中一个添加了两个项：一个定义了图标，使用带有标准 Image 控件的 Icon 属性；另一个使用 IsCheckable 属性来允许用户选中和取消选中该项目。图 7-16 给出了这段程序的运行效果。

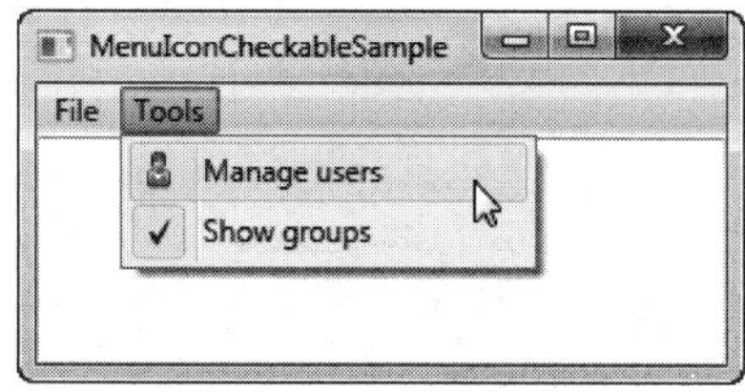

图 7-16　菜单的用法示例

当用户单击菜单项时，通常想告诉系统做些什么。最简单的方法是向 MenuItem 添加一个 Click 事件处理程序，例如：

```
<MenuItem Header="_New" Click="mnuNew_Click" />
```

在后台代码中，需要实现 mnuNew_Click()方法，如下所示：

```
private void mnuNew_Click(object sender, RoutedEventArgs e)
{
    MessageBox.Show("New");
}
```

2. 上下文菜单

上下文菜单是在某些用户动作时显示的菜单，通常是在特定控件或窗口上右击。上下文菜单通常用于提供在单个控件内相关的功能。

WPF 的 ContextMenu 控件几乎总是绑定到一个特定的控件，通常也是将它添加到界面。这是通过 ContextProperty 完成的，所有控制都公开(它来自大多数 WPF 控件继承自的 Framework Element)。看下面的示例，了解它是怎么做的：

```
<Window x:Class="WpfTutorialSamples.ContextMenuSample"
        xmlns="http://schemas.microsoft.com/winfx/2006/xaml/presentation"
        xmlns:x="http://schemas.microsoft.com/winfx/2006/xaml"
        Title="ContextMenuSample" Height="250" Width="250">
    <Grid>
        <Button Content="Right - click me!" VerticalAlignment="Center" HorizontalAlignment=
"Center">
            <Button.ContextMenu>
                <ContextMenu>
                    <MenuItem Header="Menu item 1" />
                    <MenuItem Header="Menu item 2" />
                    <Separator />
                    <MenuItem Header="Menu item 3" />
                </ContextMenu>
            </Button.ContextMenu>
        </Button>
    </Grid>
</Window>
```

3. 工具栏

工具栏是一行命令,它通常位于标准窗体应用程序主菜单的正下方。事实上,这可能是一个简单的有按钮的面板。通过使用 WPF 工具栏控件,可以获得一些额外的好处,如自动溢出处理以及由最终用户重新定位工具栏。

WPF 工具栏通常放在工具栏托盘控件内。工具栏托盘可以处理诸如放置和大小调整等类似功能,并且可以在工具栏托盘元素内部放置多个工具栏控件。下面是一个非常基本的例子:

```
<Window x:Class = "WpfTutorialSamples.ToolbarIconSample"
        xmlns = "http://schemas.microsoft.com/winfx/2006/xaml/presentation"
        xmlns:x = "http://schemas.microsoft.com/winfx/2006/xaml"
        Title = "ToolbarIconSample" Height = "200" Width = "300">
    <DockPanel>
        <ToolBarTray DockPanel.Dock = "Top">
            <ToolBar>
                <Button ToolTip = "Cut selection to Windows Clipboard.">
                    <Image Source = "/Images/cut.png" />
                </Button>
                <Button ToolTip = "Copy selection to Windows Clipboard.">
                    <Image Source = "/Images/copy.png" />
                </Button>
                <Button ToolTip = "Paste from Windows Clipboard.">
                    <StackPanel Orientation = "Horizontal">
                        <Image Source = "/ Images/paste.png" />
                        <TextBlock Margin = "3,0,0,0"> Paste </TextBlock>
                    </StackPanel>
                </Button>
            </ToolBar>
        </ToolBarTray>
        <TextBox AcceptsReturn = "True" />
    </DockPanel>
</Window>
```

这段代码前两个按钮通过将内容指定为图像控件,它们将基于图标而不是基于文本了。第三个按钮把图像控件和文本控件组合在一个面板控件中,以实现在按钮上同时显示图标和文本。这个方式对于非常重要的按钮以及一些使用不明显图标的按钮是非常常用的。运行结果如图 7-17 所示。

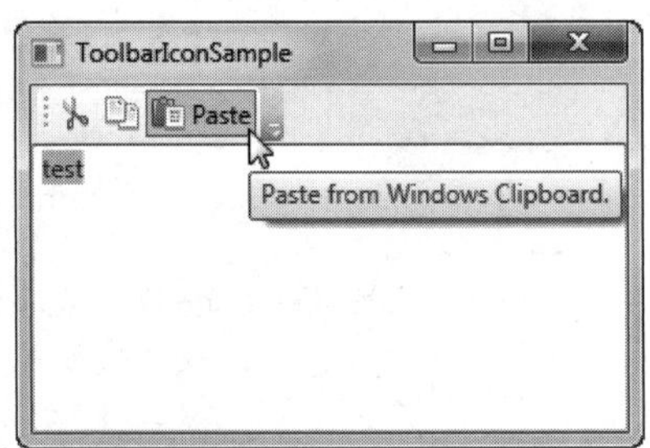

图 7-17　工具栏的用法示例

虽然工具栏的最常见位置位于屏幕顶部,但工具栏也可以位于应用程序窗口的底部,甚至可以在两侧。WPF 工具栏支持所有这些功能。工具栏置底就是简单地将工具栏与面板底部对接,而不是顶部。垂直工具栏需要使用工具栏托盘的 Orientation 属性。接下来用一个示例展示说明:

```
<Window x:Class = "WpfTutorialSamples.ToolbarPositionSample"
```

```
        xmlns = "http://schemas.microsoft.com/winfx/2006/xaml/presentation"
        xmlns:x = "http://schemas.microsoft.com/winfx/2006/xaml"
        Title = "ToolbarPositionSample" Height = "200" Width = "300">
    <DockPanel>
        <ToolBarTray DockPanel.Dock = "Top">
            <ToolBar>
                <Button Command = "Cut" ToolTip = "Cut selection to Windows Clipboard.">
                    <Image Source = "/Images/cut.png" />
                </Button>
                <Button Command = "Copy" ToolTip = "Copy selection to Windows Clipboard.">
                    <Image Source = "/Images/copy.png" />
                </Button>
                <Button Command = "Paste" ToolTip = "Paste from Windows Clipboard.">
                    <StackPanel Orientation = "Horizontal">
                        <Image Source = "/Images/paste.png" />
                        <TextBlock Margin = "3,0,0,0">Paste</TextBlock>
                    </StackPanel>
                </Button>
            </ToolBar>
        </ToolBarTray>
        <ToolBarTray DockPanel.Dock = "Right" Orientation = "Vertical">
            <ToolBar>
                <Button Command = "Cut" ToolTip = "Cut selection to Windows Clipboard.">
                    <Image Source = "/Images/cut.png" />
                </Button>
                <Button Command = "Copy" ToolTip = "Copy selection to Windows Clipboard.">
                    <Image Source = "/Images/copy.png" />
                </Button>
                <Button Command = "Paste" ToolTip = "Paste from Windows Clipboard.">
                    <Image Source = "/Images/paste.png" />
                </Button>
            </ToolBar>
        </ToolBarTray>
        <TextBox AcceptsReturn = "True" />
    </DockPanel>
</Window>
```

这里的技巧在于使用了 DockPanel.Dock 属性和 Orientation 属性的组合，前者将工具栏托盘置于应用程序的右侧，后者将工具栏托盘的方向从水平更改为垂直，如图 7-18 所示。这种组合方式使得用户可以将工具栏放置在可以想到的几乎任何位置。

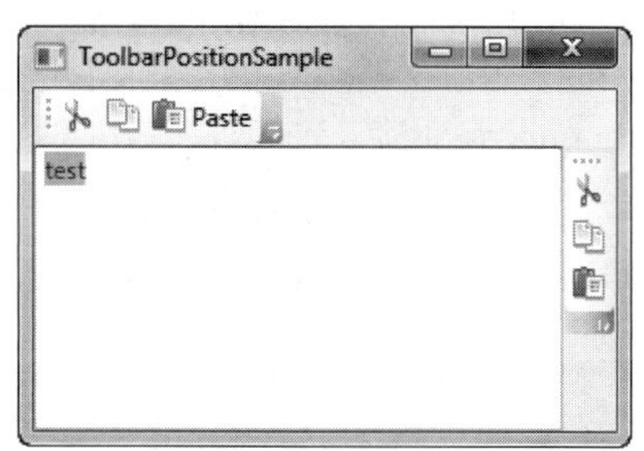

图 7-18　工具栏定位

4. 状态栏控件

状态栏(StatusBar)一般显示在窗口下方，主要用于显示文本和图像指示器(并且有时可用于显示进度条)。在使用状态栏时，通常使用水平的 StackPanel 面板从左到右地放置状态栏的子元素。然而，应用程序使用按比例设置的状态栏项，或将某些项保持锁定在状态栏的右边，可使用 ItemsPanelTemplate 属性指示状态栏使用不同的面板来实现这种设计。下面的示例使用

Grid 面板在状态栏左边放置一个 TextBlock 元素，在右边放置了另外一个 TextBlock 元素。

```
<StatusBar Grid.Row = "1">
  <StatusBar.ItemsPanel>
    <ItemsPanelTemplate>
      <Grid>
          <Grid.ColumnDefinitions>
               <ColumnDefinition width = " * "></ ColumnDefinition>
               <ColumnDefinition width = "Auto"></ ColumnDefinition>
          </Grid.ColumnDefinitions>
        </Grid>
      </ItemsPanelTemplate>
    </StatusBar.ItemsPanel>
    <TextBlock> Left Side </TextBlock>
    <StatusBarItem Grid.Column = "1">
      <TextBlock> Right Side </TextBlock>
    </StatusBarItem>
</StatusBar>
```

5. 功能区控件

Microsoft 发明了功能区控件用来代替菜单控件，并最初在 Microsoft Office 2007 中使用它。它将原本的菜单和工具栏结合起来，用标签和组来整理功能。它最重要的目的是让用户方便地发现所有的功能，而不是把功能藏在冗长的菜单里。功能区控件也支持安排功能的优先级，或使用不同大小的按钮。图 7-19 给出了功能区控件的样式。在顶行，标题左边是快速访问工具栏，第二行最左边的项是应用程序菜单，其后是功能区标签。选择标签，会显示相应的功能区组。

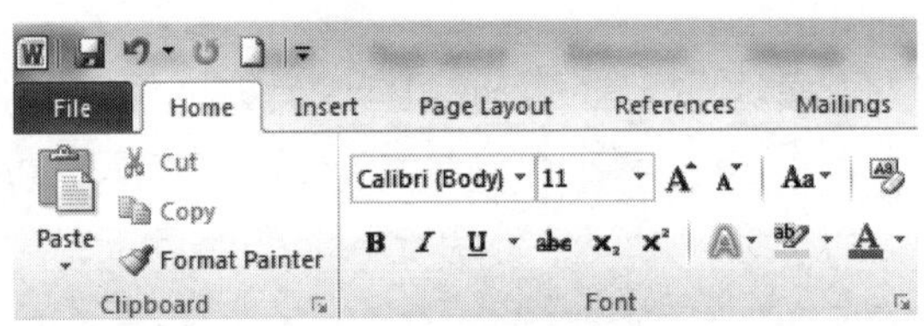

图 7-19　功能区控件

WPF 功能区控件在 System.Windows.Controls.Ribbon 命名空间中，需要引用程序集 System.Windows.Controls.Ribbon。下面示例中将要展示一个功能区控件的使用，运行效果如图 7-20 所示。

为了直接可以把快速访问工具栏中的这些按钮放到窗口的边框中，需要修改后台继承类，这个基类是 RibbonWindow，然后再修改 XAML 的根节点，关键代码如下：

```
<RibbonWindow x:Class = "RibbonDemo.MainWindow"
        xmlns = "http://schemas.microsoft.com/winfx/2006/xaml/presentation"
        xmlns:x = "http://schemas.microsoft.com/winfx/2006/xaml"
        xmlns:d = "http://schemas.microsoft.com/expression/blend/2008"
        xmlns:mc = "http://schemas.openxmlformats.org/markup - compatibility/2006"
        xmlns:local = "clr - namespace: RibbonDemo "
        mc:Ignorable = "d"
        Title = " RibbonDemo " Height = "450" Width = "800">
```

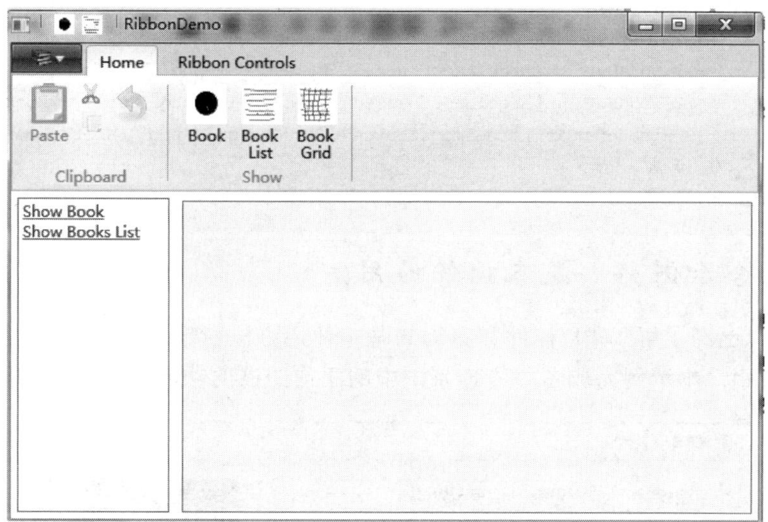

图 7-20　功能区控件示例程序运行结果

```
        <DockPanel>
            <Ribbon DockPanel.Dock = "Top">
                <Ribbon.QuickAccessToolBar>
                    <RibbonQuickAccessToolBar>
                        <RibbonButton SmallImageSource = "one.png"></RibbonButton>
                        <RibbonButton SmallImageSource = "one.png"></RibbonButton>
                    </RibbonQuickAccessToolBar>
                </Ribbon.QuickAccessToolBar>
                <Ribbon.ApplicationMenu>
                    <RibbonApplicationMenu SmallImageSource = "one.png">
                        <RibbonApplicationMenuItem Header = "Hello"/>
                        <RibbonSeparator/>
                        <RibbonApplicationMenuItem Header = "Exit" Command = "Close"/>
                    </RibbonApplicationMenu>
                </Ribbon.ApplicationMenu>
            </Ribbon>
        </DockPanel>
    </RibbonWindow>
```

应用程序菜单使用 ApplicationMenu 属性定义。在应用程序菜单后面，使用 RibbonTab 元素定义功能区控件的内容，该标签的标题用 Header 属性定义。RibbonTab 包含两个 RibbonGroup 元素，每个 RibbonGroup 中包含 RibbonButton，在按钮中用 Label 显示文本，设置 SmallImageSource 或者 LargeImageSource 属性来显示图像：

```
    <RibbonTab Header = "Home">
            <RibbonGroup Header = "Clipboard">
                <RibbonButton Command = "Paste" Label = "Paste"
                            LargeImageSource = "Assets/paste.png" />
                <RibbonButton Command = "Cut" SmallImageSource = "Assets/cut.png" />
                <RibbonButton Command = "Copy" SmallImageSource = "Assets/copy.png" />
                <RibbonButton Command = "Undo" LargeImageSource = "Assets/undo.png" />
```

```
            </RibbonGroup>
            <RibbonGroup Header = "Show">
                <RibbonButton LargeImageSource = "Assets/one.png" Label = "Book" />
                <RibbonButton LargeImageSource = "Assets/list.png" Label = "Book List" />
                <RibbonButton LargeImageSource = "Assets/grid.png" Label = "Book Grid" />
            </RibbonGroup>
        </RibbonTab>
```

7.2.4 综合示例——基本控件的用法

现在,读者已经了解 WPF 控件和布局的基本使用方法,接下来就使用这些控件来创建一个实际的应用。本示例完成图书管理系统中的添加图书的功能,如图 7-21 所示。

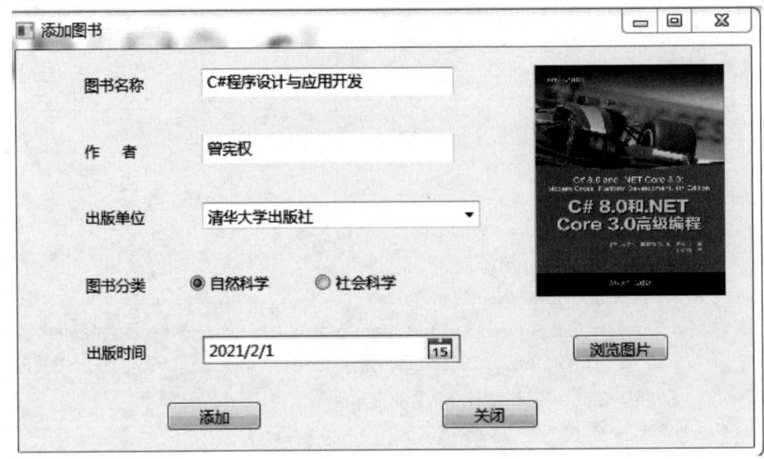

图 7-21　添加图书

具体步骤如下:

(1) 打开项目。启动 Visual Studio 2017,打开图书管理系统项目 BookDemo。

(2) 设计应用程序界面。在项目中添加一个新窗体,在该窗体中添加一个 6 行 3 列的网格,在网格中添加 Label、TextBox、ComboBox、Image、RadioButton 和 DatePicker,并设置控件的属性,主要代码如下:

```
<Window x:Class = "BookDemo.AddBook"
    xmlns = "http://schemas.microsoft.com/winfx/2006/xaml/presentation"
    xmlns:x = "http://schemas.microsoft.com/winfx/2006/xaml"
    xmlns:d = "http://schemas.microsoft.com/expression/blend/2008"
    xmlns:mc = "http://schemas.openxmlformats.org/markup - compatibility/2006"
    xmlns:local = "clr - namespace:BookDemo"
    mc:Ignorable = "d"
    Title = "添加图书" Height = "350" Width = "600" WindowStartupLocation = "CenterScreen">
  <Grid Background = "GhostWhite">
    <Grid.RowDefinitions>
        <RowDefinition Height = " * "/>
        <RowDefinition Height = " * "/>
        <RowDefinition Height = " * "/>
        <RowDefinition Height = " * "/>
```

```
        < RowDefinition Height = " * "/>
        < RowDefinition Height = " * "/>
    </Grid.RowDefinitions >
    < Grid.ColumnDefinitions >
        < ColumnDefinition Width = "137 * "/>
        < ColumnDefinition Width = "280 * "/>
        < ColumnDefinition Width = "205 * "/>
    </Grid.ColumnDefinitions >
    < Label x:Name = "label" Content = "图书名称" HorizontalAlignment = "Left"
           Margin = "50,14,0,13" VerticalAlignment = "Center"/>
    < Label x:Name = "label1" Content = "作 者" HorizontalAlignment = "Left"
           Margin = "50,14,0,14" Grid.Row = "1" VerticalAlignment = "Center"/>
    < Label x:Name = "label2" Content = "出版单位" HorizontalAlignment = "Left"
           Margin = "50,13,0,14" Grid.Row = "2" VerticalAlignment = "Center"/>
    < Label x:Name = "label3" Content = "图书分类" HorizontalAlignment = "Left"
           Margin = "50,14,0,13" Grid.Row = "3" VerticalAlignment = "Center"/>
    < Label x:Name = "label4" Content = "出版时间" HorizontalAlignment = "Left"
           Margin = "50,14,0,14" Grid.Row = "4" VerticalAlignment = "Center"/>
    < TextBox x:Name = "txtName" HorizontalAlignment = "Left" Height = "23"
        TextWrapping = "Wrap" Text = "" VerticalAlignment = "Center" Width = "200"
        Grid.Column = "1" Margin = "20,15,0,15" Grid.ColumnSpan = "2" />
    < TextBox x:Name = "txtAuthor" HorizontalAlignment = "Left" Height = "24"
        TextWrapping = "Wrap" Text = "" VerticalAlignment = "Center" Width = "200"
        Grid.Column = "1" Margin = "20,15,0,15" Grid.Row = "1" Grid.ColumnSpan = "2" />
    < ComboBox x:Name = "comboBox" Grid.Column = "1" HorizontalAlignment = "Left"
        Margin = "20,15,0,16" Grid.Row = "2" VerticalAlignment = "Center" Width = "220"
        Grid.ColumnSpan = "2" IsEditable = "True"/>
    < Image x:Name = "image" Grid.Column = "2" HorizontalAlignment = "Center"
        Height = "180" Grid.RowSpan = "4" VerticalAlignment = "Center" Width = "150"
        Stretch = "Fill" Margin = "0"/>
    < RadioButton x:Name = "radioButton1" Content = "自然科学" Grid.Column = "1"
        HorizontalAlignment = "Left" Margin = "10,18,0,19" Grid.Row = "3"
        VerticalAlignment = "Center"/>
    < RadioButton x:Name = "radioButton2" Content = "社会科学" Grid.Column = "1"
        HorizontalAlignment = "Left" Margin = "110,18,0,19" Grid.Row = "3"
        VerticalAlignment = "Center"/>
    < DatePicker x:Name = "dpDate" Grid.Column = "1" HorizontalAlignment = "Left"
        Margin = "20,15,0,15" Grid.Row = "4" VerticalAlignment = "Center" Width = "204"
        Grid.ColumnSpan = "2"/>
    < Button x:Name = "button1" Content = "浏览图片" Grid.Column = "3"
        HorizontalAlignment = "Left" Margin = "50,16,0,16" Grid.Row = "4"
        VerticalAlignment = "Center" Width = "75" Click = "Button1_Click"/>
    < DockPanel Grid.ColumnSpan = "4" HorizontalAlignment = "Center" Height = "55"
        LastChildFill = "False" Margin = "2,0" Grid.Row = "4" VerticalAlignment = "Top"
        Width = "588" Grid.RowSpan = "2"/>
    < Button x:Name = "button" Grid.ColumnSpan = "2" Content = "添加"
        HorizontalAlignment = "Left" Margin = "120,15,0,16" Grid.Row = "5"
        VerticalAlignment = "Center" Width = "75" Click = "Button_Click"/>
    < Button x:Name = "button2" Grid.ColumnSpan = "3" Content = "关闭" Grid.Column = "1"
        HorizontalAlignment = "Left" Margin = "209,15,0,16" Grid.Row = "5"
        VerticalAlignment = "Center" Width = "75" Click = "Button2_Click"/>
```

```
</Grid>
</Window>
```

(3)编写后台逻辑代码。修改后台文件代码为如下代码：

```
public partial class AddBook : Window
{
    public AddBook()
    {
        InitializeComponent();
        //添加出版社信息
        this.comboBox.Items.Add(new ComboBoxItem() { Content = "清华大学出版社" });
        this.comboBox.Items.Add(new ComboBoxItem() { Content = "高等教育出版社" });
        this.comboBox.Items.Add(new ComboBoxItem() { Content = "人民邮电出版社" });
    }

    private void Button1_Click(object sender, RoutedEventArgs e)
    {
        //新建打开文件对话框
        OpenFileDialog openFileDialog = new OpenFileDialog();
        if (openFileDialog.ShowDialog() == true)
        {
            Uri fileUri = new Uri(openFileDialog.FileName);
            //设置图片源
            image.Source = new BitmapImage(fileUri);
        }
    }

    private void Button_Click(object sender, RoutedEventArgs e)
    {
        //获取输入值
        string name = this.txtName.Text.Trim();
        string author = this.txtAuthor.Text.Trim();
        string publisher = this.comboBox.Text.ToString();
        string type = this.radioButton1.IsChecked == true ? "自然科学" : "社会科学";
        string publishdate = this.dpDate.ToString();
        //组合字符串
        string infrormation = "书名: " + name + "\t 作者: " + author + "\n 出版社: " +
publisher + "\t 类别: " + type + "\n 出版时间: " + publishdate;
        //显示图书信息
        MessageBox.Show(infrormation, "图书信息");
    }
}
```

拓展提高

1. 用户控件

WPF 用户控件继承 UserControl 类，其行为与 WPF 窗口非常相似：有一个 XAML 文件和一个代码后置文件。在 XAML 文件中，可以添加现有的 WPF 控件以创建所需的外观，然后将其与代码后置文件中的代码组合，以实现所需的功能。WPF 将允许在应用程序的一个或多个位置嵌入此功能集，从而允许轻松地在应用程序中分组和重用功能。

2. 自定义控件

自定义控件比用户控件级别更低。创建自定义控件时，将根据需要的深度继承现有类。在许多情况下，可以继承其他 WPF 控件继承的 Control 类（例如 TextBox），但如果需要更深入，则可以继承 FrameworkElement 甚至 UIElement。

7.3 资源和样式

任务描述

不知从何时开始，大多数软件的头像采用了圆形头像，如 QQ 等。本任务利用 WPF 样式实现一个圆形图像，如图 7-22 所示。

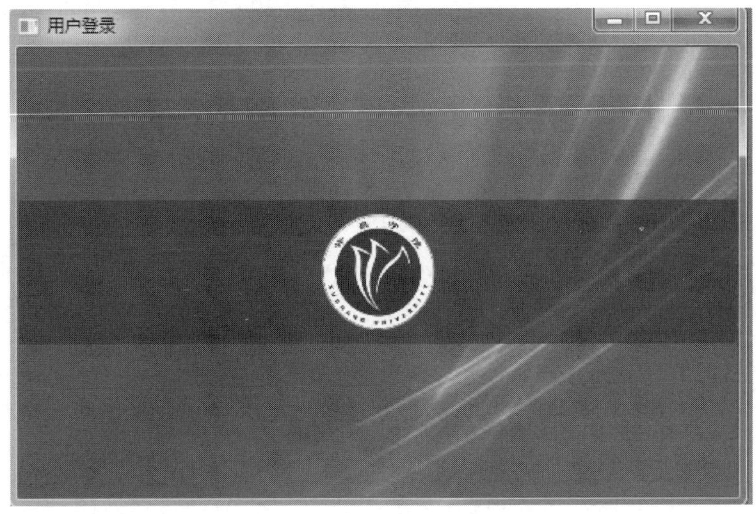

图 7-22 “用户登录”界面

任务实施

(1) 启动 Visual Studio 2017，在主窗口选择“文件”→“新建”→“项目”命令，弹出“新建项目”对话框，在显示的窗体的左侧选择 Visual C# 节点，在中间窗格选择“WPF 应用程序”项目类型，将位置改为希望存放项目的文件夹位置（例如 E:\Books\Program\Chapter07），“名称”和“解决方案名称”文本框均改为 CircleImage，其他设置保持不变，单击“确定”按钮。

(2) 在项目中新建文件夹 Images 和 Style，其中 Images 用来存放图像资源，Style 用来存放样式。右击 Style 文件，在弹出的快捷菜单中选择“添加”→“资源字典”命令，在“名称”文本框中输入文件名 style. xaml，单击“添加”按钮，添加如下样式文件：

```
<ResourceDictionary xmlns = "http://schemas.microsoft.com/winfx/2006/xaml/presentation"
                    xmlns:x = "http://schemas.microsoft.com/winfx/2006/xaml"
                    xmlns:local = "clr - namespace:CircleImage.Style">
```

```
    <Style TargetType = "Grid" x:Key = "bc">
        <Setter Property = "Background">
            <Setter.Value>
                <ImageBrush ImageSource = "/Images/bg.jpg"/>
            </Setter.Value>
        </Setter>
    </Style>
    <GeometryGroup x:Key = "clipGeometry" FillRule = "Nonzero">
        <EllipseGeometry RadiusX = "40" RadiusY = "40" Center = "40, 40"></EllipseGeometry>
    </GeometryGroup>
    <SolidColorBrush Color = "#2c2f3e" Opacity = "0.8" x:Key = "OpacityBrush"/>
</ResourceDictionary>
```

(3) 修改窗体代码为如下代码：

```
<Window x:Class = "CircleImage.MainWindow"
        xmlns = "http://schemas.microsoft.com/winfx/2006/xaml/presentation"
        xmlns:x = "http://schemas.microsoft.com/winfx/2006/xaml"
        xmlns:d = "http://schemas.microsoft.com/expression/blend/2008"
        xmlns:mc = "http://schemas.openxmlformats.org/markup-compatibility/2006"
        xmlns:local = "clr-namespace:CircleImage"
        mc:Ignorable = "d"
        Title = "圆形图像" Height = "350" Width = "525" WindowStartupLocation = "CenterScreen"  >
    <Window.Resources>
        <ResourceDictionary>
            <ResourceDictionary.MergedDictionaries>
                <ResourceDictionary Source = "Style/Style.xaml"/>
            </ResourceDictionary.MergedDictionaries>
        </ResourceDictionary>
    </Window.Resources>
    <Grid Style = "{StaticResource bc}">
         <Border Background = "{StaticResource OpacityBrush}" VerticalAlignment = "Center"
Padding = "10">
            <Image Source = "Images/xcu.jpg" Width = "80" Height = "80"
            Clip = "{StaticResource ResourceKey = clipGeometry}"></Image>
        </Border>
    </Grid>
</Window>
```

知识链接

7.3.1 画刷

屏幕上可见的所有内容都是可见的，因为它是由画刷(Brush)绘制的。例如，画刷可用于描述按钮的背景、文本的前景和形状的填充效果。借助画刷，可以利用任意内容(从简单的纯色到复杂的图案和图像集)绘制用户界面对象。

画刷绘制带有其输出的区域。不同的画刷具有不同类型的输出。某些画刷使用纯色绘制区域，其他画刷使用渐变、图案、图像或绘图。画刷的所有类型都在System.Windows.Media命名空间下，Brush类是各种画刷的抽象基类，其他画刷都是从该类继承的。

1. 纯色画刷——SolidColorBrush

SolidColorBrush是一支使用纯色的画笔，全部区域用同一种颜色绘制，有多种方法可以指定 SolidColorBrush 的 Color，例如，可以指定其 Alpha、红色、蓝色和绿色通道，或使用 Colors 类提供的预定义颜色之一。下面的示例使用 SolidColorBrush 绘制红色实心矩形：

```
<Rectangle Width = "75" Height = "75">
  <Rectangle.Fill>
    <SolidColorBrush Color = "Red" />
  </Rectangle.Fill>
</Rectangle>
```

2. 渐变画刷——LinearGradientBrush 和 RadialGradientBrush

渐变画刷使用沿轴相互混合的多种颜色绘制区域。可以使用它们创建光和影的效果，使控件具有三维外观，还可以使用它们来模拟玻璃、镶边、水和其他光滑表面。WPF 提供了两种类型的渐变画刷：LinearGradientBrush（线性渐变画刷）和 RadialGradientBrush（径向渐进画刷）。

LinearGradientBrush 使用沿直线（渐变轴）定义的渐变绘制区域。线条的终点由线性渐变的 StartPoint 和 EndPoint 属性定义。默认情况下，线性渐变的 StartPoint 为(0,0)即要绘制的区域的左上角，其 EndPoint 为(1,1)，即所绘制区域的右下角。生成的渐变中的颜色沿对角路径内插。

LinearGradientBrush 使用 GradientStop 对象指定渐变的颜色及其在渐变轴上的位置，还可以修改渐变轴，从而能够创建水平和垂直渐变以及反转渐变方向。下面的示例显示了使用 4 种颜色创建线性渐变的代码。此代码生成如图 7-23 所示的渐变效果。

```
<!-- This rectangle is painted with a diagonal linear gradient. -->
<Rectangle Width = "200" Height = "100">
  <Rectangle.Fill>
    <LinearGradientBrush StartPoint = "0,0" EndPoint = "1,1">
      <GradientStop Color = "Yellow" Offset = "0.0" />
      <GradientStop Color = "Red" Offset = "0.25" />
      <GradientStop Color = "Blue" Offset = "0.75" />
      <GradientStop Color = "LimeGreen" Offset = "1.0" />
    </LinearGradientBrush>
  </Rectangle.Fill>
</Rectangle>
```

图 7-23　线性画刷的用法示例

RadialGradientBrush 使用径向渐变绘制区域。径向渐变跨一个圆将两种或更多种色彩进行混合。与 LinearGradientBrush 类一样，可以使用 GradientStop 对象来指定渐变的色彩及其位置，使用 GradientOrigin 指定径向渐变画刷的渐变轴的起点。渐变轴从渐变原点向渐变圆辐射开来。画刷的渐变圆由其 Center、RadiusX 和 RadiusY 属性定义。在下面的示例中，用径向渐变画刷绘制矩形内部。

```
<!-- This rectangle is painted with a diagonal linear gradient. -->
<Rectangle Width = "200" Height = "100">
  <Rectangle.Fill>
    <RadialGradientBrush GradientOrigin = "0.5,0.5" Center = "0.5,0.5" RadiusX = "0.5"
RadiusY = "0.5">
      <GradientStop Color = "Yellow" Offset = "0" />
      <GradientStop Color = "Red" Offset = "0.25" />
      <GradientStop Color = "Blue" Offset = "0.75" />
```

```
            <GradientStop Color = "LimeGreen" Offset = "1" />
        </RadialGradientBrush>
    </Rectangle.Fill>
</Rectangle>
```


7.3.2 图 形

WPF 提供了丰富的对象来帮助开发者生成和操作矢量图形。计算机根据图形的几何性质来绘制矢量图形,并且这种图形与分辨率无关,可以根据实际比例重新生成,即矢量图形被放大后不会造成失真现象。WPF 中的图形都是基于矢量图形的,以 Shape 为基类,基础框架提供了一些常用的几何图形。

1. Shape 类

WPF 提供了许多现成的 Shape 对象。所有形状对象都从 Shape 类继承。Shape 被定义为抽象类,不能直接在代码中使用,可用的形状对象包括 Ellipse(椭圆)、Line(直线)、Path(路径)、Polygon(多边形)、Polyline(折线)和 Rectangle(矩形)。Shape 对象共享以下公共属性。

- Stroke: 描述形状轮廓的绘制方式。
- StrokeThickness: 描述形状轮廓的厚度。
- Fill: 描述形状内部如何绘制。
- 数据属性: 用于指定坐标和顶点,以与设备无关的像素来度量。

下面的 XAML 代码绘制了一个黄色的笑脸,它用一个椭圆表示笑脸,两个椭圆表示眼睛,两个椭圆表示眼睛中的瞳孔,一条路径表示嘴形。图 7-24 给出下述 XAML 代码的运行结果。

图 7-24 形状的用法

```
<Canvas>
    <Ellipse Canvas.Left = "10" Canvas.Top = "10" Width = "100" Height = "100"
   Stroke = "Blue" StrokeThickness = "4" Fill = "Yellow" />
    <Ellipse Canvas.Left = "30" Canvas.Top = "12" Width = "60" Height = "30">
        <Ellipse.Fill>
            <LinearGradientBrush StartPoint = "0.5,0" EndPoint = "0.5, 1">
                <GradientStop Offset = "0.1" Color = "DarkGreen" />
                <GradientStop Offset = "0.7" Color = "Transparent" />
            </LinearGradientBrush>
        </Ellipse.Fill>
   </Ellipse>
   <Ellipse Canvas.Left = "30" Canvas.Top = "35" Width = "25" Height = "20"
           Stroke = "Blue" StrokeThickness = "3" Fill = "White" />
   <Ellipse Canvas.Left = "40" Canvas.Top = "43" Width = "6" Height = "5"  Fill = "Black" />
   <Ellipse Canvas.Left = "65" Canvas.Top = "35" Width = "25" Height = "20"
           Stroke = "Blue" StrokeThickness = "3" Fill = "White" />
   <Ellipse Canvas.Left = "75" Canvas.Top = "43" Width = "6" Height = "5" Fill = "Black" />
   <Path Name = "mouth" Stroke = "Blue" StrokeThickness = "4" Data = "M 40,74 Q 57,95 80,74 " />
</Canvas>
```

2. 几何图形

WPF 的 Shape 对象提供了基本图形的 2D 图形绘制功能,但是,这些是远远不够用的。

在日常应用中，更多的是使用几何图形(Geometry)类来绘制更多复杂的几何图形。在WPF图形体系中，Geometry类表示几何图形的基类，使用时实例化它的一些子类，具体包括：线段(LineGeometry)、矩形(RectangleGeometry)和椭圆(EllipseGeometry)。

下面的示例演示了几何图形的用法，图7-25给出了这些代码的运行结果。

```
<Path Stroke = "Black" StrokeThickness = "1" >
  <Path.Data>
    <LineGeometry StartPoint = "10,20" EndPoint = "100,130" />
  </Path.Data>
</Path>
<Path Fill = "Gold" Stroke = "Black" StrokeThickness = "1">
  <Path.Data>
    <EllipseGeometry Center = "50,50" RadiusX = "50" RadiusY = "50" />
  </Path.Data>
</Path>
<Path Fill = "LemonChiffon" Stroke = "Black" StrokeThickness = "1">
  <Path.Data>
    <RectangleGeometry Rect = "50,50,25,25" />
  </Path.Data>
</Path>
```

图 7-25　几何图形

7.3.3　资源

资源是可以在应用程序中的不同位置重复使用的对象。WPF允许在代码中以及在标记中的各个位置定义资源(和特定的控件、窗口一起定义，或在整个应用程序中定义)。WPF支持不同类型的资源。这些资源主要分为两类：XAML资源和资源数据文件。XAML资源的示例包括画刷和样式。资源数据文件是应用程序所需的不可执行的数据文件。

XAML资源是一些保存在元素Resources属性中的.NET对象，通常需要共享给多个子元素。下面的代码定义了一个画刷资源，并在Button中使用该资源。

```
<Window x:Class = "LogicResourceDemo.MainWindow"
        xmlns = "http://schemas.microsoft.com/winfx/2006/xaml/presentation"
        xmlns:x = "http://schemas.microsoft.com/winfx/2006/xaml"
        Title = "MainWindow" Height = "350" Width = "525">
    <Window.Resources>
        <ImageBrush x:Key = "TileBrush" TileMode = "Tile" ViewportUnits = "Absolute"
        Viewport = "0 0 32 32" ImageSource = "happyface.jpg" Opacity = "0.3"></ImageBrush>
    </Window.Resources>
    <Grid>
        <Button Background = "{StaticResource ResourceKey = TileBrush}" Padding = "5"
```

```
                FontWeight = "Bold" FontSize = "14" Margin = "5"> A Tiled Button </Button>
    </Grid>
</Window>
```


在 WPF 中,Application、FrameworkElement 和 FrameworkContentElement 等基类均包含 Resources 属性,因此大部分 WPF 类都有这个属性。该属性实际上是一个资源集合的容器,每个资源需要用 x:Key 关键字来唯一标识。定义在窗口中的资源可以在整个窗口内使用,定义在应用程序内的资源可以在整个应用程序中使用。用户仍然可以通过标记扩展的方式来引用资源,如上例中的 Background="{StaticResources TileBrush}"。在 C#代码中,可以使用如下代码来引用资源:

```
ImageBrush brush = (ImageBrush)this.Resources["TileBrush"];
```

WPF 提供两种访问资源的方式:一是静态资源,通过 StaticResources 标记扩展来实现,前面引用资源的方式就采用了这种方式;二是动态资源,通过 DynamicResource 标记扩展来实现。这两种方式的主要区别在于静态资源只从资源集合中查找一次数据,动态资源在每次需要对象时都会重新从资源集合中查找对象。下面通过一个示例来演示下它们之间的区别。具体的 XAML 代码如下所示:

```
<Window x:Class = "ResourceDemo.DynamicResource"
    xmlns = "http://schemas.microsoft.com/winfx/2006/xaml/presentation"
    xmlns:x = "http://schemas.microsoft.com/winfx/2006/xaml"
    Title = "DynamicResource" Height = "300" Width = "300">
    <Window.Resources>
        <SolidColorBrush x:Key = "RedBrush" Color = "Red"></SolidColorBrush>
    </Window.Resources>
    <StackPanel Margin = "5">
        <Button Background = "{StaticResource RedBrush}" Margin = "5" FontSize = "14" Content =
"Use a Static Resource"/>
        <Button Background = "{DynamicResource RedBrush}" Margin = "5" FontSize = "14" Content =
"Use a Dynamic Resource"/>
        <Button Margin = "5" FontSize = "14" Content = "Change the RedBrush to Yellow" Click =
"ChangeBrushToYellow_Click"/>
    </StackPanel>
</Window>
```

对应改变资源按钮的后台代码如下所示:

```
private void ChangeBrushToYellow_Click(object sender, RoutedEventArgs e)
{
    //改变资源
    this.Resources["RedBrush"] = new SolidColorBrush(Colors.Yellow);
}
```

运行上面程序,读者将发现,当单击 Change 按钮后,只改变了动态引用资源按钮的背景色,而静态引用按钮的背景却没有发生改变,具体如图 7-26 所示。

如果希望在多个项目之间共享资源,可创建资源字典。资源字典是一个简单的 XAML 文档,该文档就是用于存储资源的,可以通过右击项目→添加资源字典的方式来添加一个资源字典文件。下面介绍如何去创建一个资源字典,具体的 XAML 代码如下:

图 7-26　引用资源

```
<ResourceDictionary xmlns = "http://schemas.microsoft.com/winfx/2006/xaml/presentation"
                    xmlns:x = "http://schemas.microsoft.com/winfx/2006/xaml">
    <SolidColorBrush x:Key = "blueBrush" Color = "Blue"/>
    <FontWeight x:Key = "fontWeight">Bold</FontWeight>
</ResourceDictionary>
```

为了使用资源字典，需要将其合并到应用程序某些位置的资源集合中，例如可以合并到窗口资源集合中，但是通常是将其合并到应用程序资源集合中，因为使用资源字典的目的就是在多个窗体中共享，具体的 XAML 代码如下所示：

```
<Application x:Class = "ResourceDemo.App"
             xmlns = "http://schemas.microsoft.com/winfx/2006/xaml/presentation"
             xmlns:x = "http://schemas.microsoft.com/winfx/2006/xaml"
             StartupUri = "DynamicResource.xaml">
    <Application.Resources>
        <!-- 合并资源字典到 Application.Resources 中 -->
        <ResourceDictionary>
            <ResourceDictionary.MergedDictionaries>
                <ResourceDictionary Source = "Generic.xaml"/>
            </ResourceDictionary.MergedDictionaries>
        </ResourceDictionary>
    </Application.Resources>
</Application>
```

那怎样使用资源字典中定义的资源呢？其使用方式和引用资源的方式是一样的，都是通过资源的 Key 属性来进行引用的，具体使用代码如下所示：

```
<StackPanel>
  <!-- 使用资源字典中定义的资源 -->
  <Button  Margin = "10" Background = "{StaticResource blueBrush}" Content = "Blue Button"
           FontWeight = "{StaticResource fontWeight}"/>
</StackPanel>
```

7.3.4　样式

在 WPF 应用程序中，使用资源可以在一个地方定义对象而在整个应用程序中重用它们,除了在资源中可以定义各种对象外,还可以定义样式,从而达到样式的重用。样式可以理解为元素的属性集合,与 Web 中的 CSS 类似。WPF 可以指定具体的元素类型为目标,并且 WPF 样式还支持触发器,即当一个属性发生变化时,触发器中的样式才会被应用。

WPF 资源其实完全可以完成 WPF 样式的功能,只是 WPF 样式对资源中定义的对象进行了封装,使其存在于样式中,利于管理和应用。开发者可以把一些公共的属性定义放在样式中进行定义,引用这些属性的控件。只需要引用具体的样式即可,而不需要对这多个属性进行分别设置。WPF 应用程序中的样式是利用 XAML 资源来实现的,即在 XAML 资源中使用 Style 元素声明样式和模板,并在控件中引用它。Style 元素的常用形式如下:

```
<style x:Key = 键值   TargetType = 控件类型   BasedOn = 其他样式中定义的键值>
…
</style>
```

下面的 XAML 代码为 Button 定义了一个样式,自动应用于所有 Button 元素,这个样式对象包含了一个设置器集合,该集合具有三个 Setter 对象,每个 Setter 对象用于一个希望设置的属性。每个 Setter 对象由两部分信息组成:希望进行设置的属性名称和希望为该属性应用的值。

```
<Window x:Class = "StyleDemo.StyleDefineAndUse"
        xmlns = "http://schemas.microsoft.com/winfx/2006/xaml/presentation"
        xmlns:x = "http://schemas.microsoft.com/winfx/2006/xaml"
        Title = "MainWindow" Height = "300" Width = "400">
    <Window.Resources>
        <!-- 定义样式 -->
        <Style TargetType = "Button">
            <Setter Property = "FontFamily" Value = "Times New Roman" />
            <Setter Property = "FontSize" Value = "18" />
            <Setter Property = "FontWeight" Value = "Bold" />
        </Style>
    </Window.Resources>
    <StackPanel Margin = "5">
      <Button Padding = "5" Margin = "5"> Customized Button </Button>
        <TextBlock Margin = "5"> Normal Content.</TextBlock>
        <!-- 使其不引用事先定义的样式 -->
        <Button Padding = "5" Margin = "5" Style = "{x:Null}"> A Normal Button </Button>
    </StackPanel>
</Window>
```

样式通过元素的 style 属性插入到元素。当样式中没有定义 Key 标记时,则对应的样式会指定应用到目标对象上,上面的 XAML 代码就是这种情况。如果显式为样式定义了 Key 标记,则必须显式指定样式 Key 的方式,对应的样式才会被应用到目标对象上。下面的例子说明了这种情况:

```
<Window x:Class = "StyleDemo.ReuseFontWithStyles"
        xmlns = "http://schemas.microsoft.com/winfx/2006/xaml/presentation"
        xmlns:x = "http://schemas.microsoft.com/winfx/2006/xaml"
        Title = "ReuseFontWithStyles" Height = "300" Width = "300">
    <Window.Resources>
```

```
        <!-- 带有 Key 标签的样式 -->
        <Style TargetType = "Button" x:Key = "BigButtonStyle">
            <Setter Property = "FontFamily" Value = "Times New Roman" />
            <Setter Property = "FontSize" Value = "18" />
            <Setter Property = "FontWeight" Value = "Bold" />
        </Style>
    </Window.Resources>
    <StackPanel Margin = "5">
        <!-- 如果不显式指定样式 Key 将不会应用样式 -->
        <Button Padding = "5" Margin = "5"> Normal Button </Button>
        <Button Padding = "5" Margin = "5" Style = "{StaticResource BigButtonStyle}"> Big
Button </Button>
        <TextBlock Margin = "5"> Normal Content. </TextBlock>
        <!-- 使其不引用事先定义的样式 -->
        <Button Padding = "5" Margin = "5" Style = "{x:Null}"> A Normal Button </Button>
    </StackPanel>
</Window>
```

上述代码运行结果如图 7-27 所示，窗口中的一个按钮使用了 BigButtonStyle 样式。

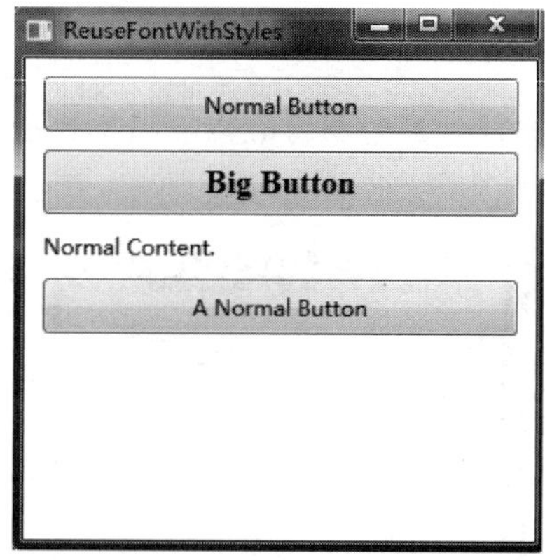

图 7-27　样式的用法示例

WPF 样式还支持触发器，在样式中定义的触发器只有在该属性或事件发生时才会被触发。下面介绍简单的样式触发器是如何定义和使用的，具体的 XAML 代码如下所示：

```
<Window x:Class = "StyleDemo.SimpleTriggers"
        xmlns = "http://schemas.microsoft.com/winfx/2006/xaml/presentation"
        xmlns:x = "http://schemas.microsoft.com/winfx/2006/xaml"
        Title = "SimpleTriggers" Height = "300" Width = "300">
    <Window.Resources>
        <Style x:Key = "BigFontButton">
            <Style.Setters>
                <Setter Property = "Control.FontFamily" Value = "Times New Roman" />
                <Setter Property = "Control.FontSize" Value = "18" />
            </Style.Setters>
            <!-- 样式触发器 -->
            <Style.Triggers>
                <!-- 获得焦点时触发 -->
                <Trigger Property = "Control.IsFocused" Value = "True">
```

```
                <Setter Property = "Control.Foreground" Value = "Red" />
            </Trigger>
            <!-- 鼠标移过时触发 -->
            <Trigger Property = "Control.IsMouseOver" Value = "True">
                <Setter Property = "Control.Foreground" Value = "Yellow" />
                <Setter Property = "Control.FontWeight" Value = "Bold" />
            </Trigger>
            <!-- 按钮按下时触发 -->
            <Trigger Property = "Button.IsPressed" Value = "True">
                <Setter Property = "Control.Foreground" Value = "Blue" />
            </Trigger>
        </Style.Triggers>
    </Style>
</Window.Resources>
<StackPanel Margin = "5">
    <Button Padding = "5" Margin = "5" Style = "{StaticResource BigFontButton}"> A Big Button
</Button>
    <TextBlock Margin = "5"> Normal Content.</TextBlock>
     <Button Padding = "5" Margin = "5"> A Normal Button </Button>
</StackPanel>
</Window>
```

上面的代码中,触发器根据控件是否获得焦点。鼠标是否移动或者是否单击控件而对控件进行设置。运行效果如图 7-28 所示。

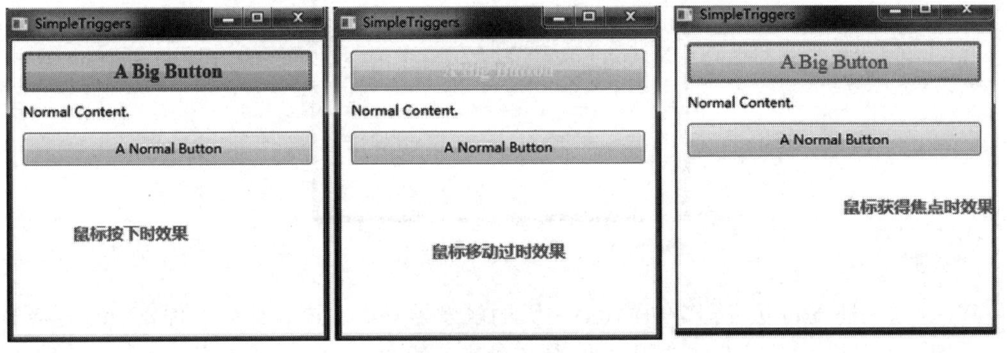

图 7-28 样式触发器

拓展提高

1. WPF 动画

动画是快速循环播放一系列图像(其中每个图像与下一个图像略微不同)给人造成的一种幻觉。大脑感觉这组图像是一个变化的场景。在电影中,摄像机每秒拍摄许多照片(帧),便可使人形成这种幻觉。用投影仪播放这些帧时,观众便可以看电影了。

在 WPF 之前,开发人员必须创建和管理自己的计时系统或使用特殊的自定义库来构建自己的动画系统。WPF 通过自带的基于属性的动画系统,可以轻松地对控件和其他图形对象进行动画处理。

WPF 可以高效地处理管理计时系统和重绘屏幕的所有后台任务。它提供了计时类,使用户能够重点关注要创造的效果,而非实现这些效果的机制。此外,WPF 通过公开动画基类(使用的类可以继承这些类)可以轻松创作自己的动画,这样便可以制作自定义动画。这些自定义动画获得了标准动画类的许多性能优点。

2. 三维图形

生成三维图形的基本思想是能得到一个物体的三维立体模型(Model)。由于屏幕是二维的,因而定义一个用于给物体拍照的照相机(Camera)。拍到的照片其实是物体在一个平坦表面的投影。这个投影由 3D 渲染引擎渲染成位图。引擎通过计算所有光源对 3D 空间中物体的投影面反射的光量,来决定位图中每个像素点的颜色。

7.4 数据绑定

数据绑定是一种将两个数据/信息源绑定在一起并保持同步的常用技术。在 WPF 程序中,数据绑定是将数据从后台代码输送到界面层的首选方法。图 7-29 给出了一个简单的数据绑定示例,用鼠标拖动 Slider 的滑块,在文本框上显示 Slider 的 Value 值,同时矩形颜色块大小随之变化。

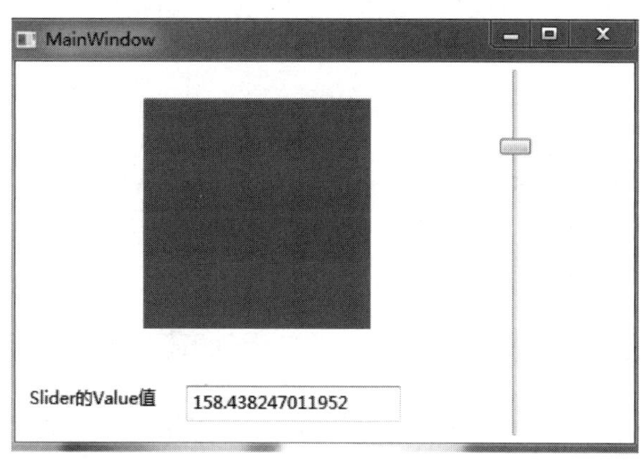

图 7-29　数据绑定示例

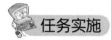

任务实施

(1) 启动 Visual Studio 2017,在主窗口选择"文件"→"新建"→"项目"命令,弹出"新建项目"对话框,在显示的窗体的左侧选择 Visual C# 节点,在中间窗格选择"WPF 应用程序"项目类型,将位置改为希望存放项目的文件夹位置,"名称"和"解决方案名称"文本框均改为 DataBinding,其他设置保持不变,单击"确定"按钮。

(2) 修改 MainWindow. xaml,完成应用程序 UI 设计。MainWindow. xaml 的核心代码如下:

```
<Window x:Class = "DataBinding.MainWindow"
        xmlns = "http://schemas.microsoft.com/winfx/2006/xaml/presentation"
```

```
        xmlns:x = "http://schemas.microsoft.com/winfx/2006/xaml"
        xmlns:d = "http://schemas.microsoft.com/expression/blend/2008"
        xmlns:mc = "http://schemas.openxmlformats.org/markup - compatibility/2006"
        xmlns:local = "clr - namespace:DataBinding"
        mc:Ignorable = "d"
        Title = "MainWindow" Height = "300" Width = "450">
    < Grid Margin = "0,0,10,0">
        < Grid.RowDefinitions >
            < RowDefinition Height = "4 * "/>
            < RowDefinition Height = "1 * "/>
        </Grid.RowDefinitions >
        < Grid.ColumnDefinitions >
            < ColumnDefinition Width = "4 * "/>
            < ColumnDefinition Width = "1 * "/>
        </Grid.ColumnDefinitions >
        < Rectangle x:Name = "MyColor" Fill = "Red" Height = "{Binding Path = Text,ElementName =
textBox1}"  Width = "{Binding Path = Text,ElementName = textBox1}" />
        < StackPanel Grid.Row = "1" Orientation = "Horizontal" >
            < TextBlock Text = "Slider 的 Value 值        "  Height = "25" Margin = "10,0,0,0"/>
            < TextBox Height = "25" x:Name = "textBox1" Width = "150" Text = "{Binding Value,
ElementName = slider1}" />
        </StackPanel >
        < Slider x:Name = "slider1" Value = "30" Orientation = "Vertical" Grid.Column = "1"
Grid.RowSpan = "2" Maximum = "200" Minimum = "1"/>
    </Grid >
</Window >
```

(3) 运行程序,来回拖动 Slider 控件的滑块,查看运行结果。

知识链接

7.4.1 认识数据绑定

数据绑定(Data Binding)也称为数据关联,就是在应用程序 UI 与业务逻辑之间建立连接的过程。如果绑定具有正确设置并且数据提供正确通知,则当数据更改其值时,绑定到数据的元素会自动反映更改。数据绑定可能还意味着如果元素中数据的外部表现形式发生更改,则基础数据可以自动更新以反映更改。例如,如果用户编辑 TextBox 元素中的值,则基础数据值会自动更新以反映该更改。

1. 数据绑定原理

数据绑定主要包含两大模块:一个模块是绑定目标,也就是 UI 这块;另一个模块是绑定源,也就是给数据绑定提供数据的后台代码。这两大模块通过某种方式和语法关联起来,会互相影响或者只是一边对另一边产生影响,这就是数据绑定的基本原理。图 7-30 详细地描述了这一绑定的过程。不论要绑定什么元素,不论数据源的特性是什么,每个绑定都始终遵循这个图的模型。

通常,每个绑定都具有 4 个组件:绑定对象、目标属性、绑定源以及要使用的绑定源中的值的路径。例如,如果要将 TextBox 的内容绑定到 Employee 对象的 Name 属性,则绑定

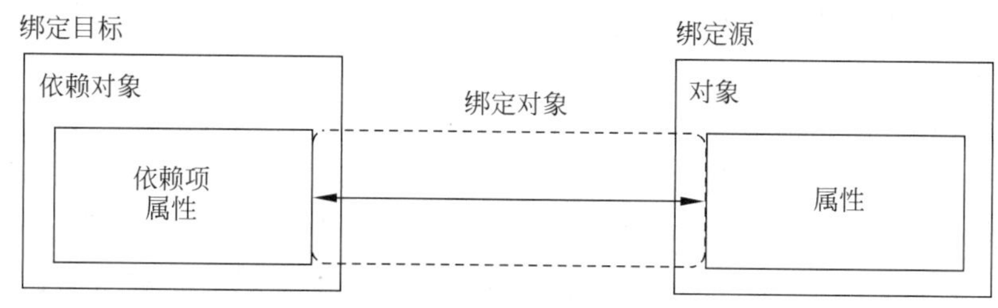

图 7-30　数据绑定过程

对象是 TextBox，目标属性是 Text 属性，要使用的值是 Name，源对象是 Employee 对象。

绑定源又称为数据源，充当一个数据中心的角色，是数据绑定的数据提供者，可以理解为最底层的数据层。数据源是数据的来源和源头，它可以是一个 UI 元素对象或者某个类的实例，也可以是一个集合。数据源作为一个实体可能保存着很多数据，具体关注它的哪个数值呢？这个数值就是路径(Path)。例如，要用一个 Slider 控件作为一个数据源，那么这个 Slider 控件会有很多属性，这些属性都是作为数据源来提供的。它拥有很多数据，除了 Value 之外，还有 Width、Height 等，这时数据绑定就要选择一个最关心的属性来作为绑定的路径。例如，使用的数据绑定是为了监测 Slider 控件的值的变化，那么就需要把 Path 设为 Value。使用集合作为数据源的道理也是一样，Path 的值就是集合里面的某个字段。

数据将传送到哪里去？这就是绑定目标，也就是数据源对应的绑定对象。绑定对象一定是数据的接收者、被驱动者，但它不一定是数据的显示者。目标属性则是绑定对象的属性，必须为依赖项属性。大多数 UIElement 对象的属性都是依赖项属性，而大多数依赖项属性(除了只读属性)默认情况下都支持数据绑定。注意，只有 DependencyObject 类型可以定义依赖项属性，所有 UIElement 都派生自 DependencyObject。

2. 数据绑定模式

从图 7-30 可以看出，数据绑定的数据流可以从绑定目标流向数据源(例如，当用户编辑 TextBox 的值时，源值会发生更改)和/或(如果绑定源提供正确的通知)从绑定源流向绑定目标。图 7-31 演示不同类型的数据流，可以通过设置 Binding 对象的 Mode 属性来控制数据的流向。

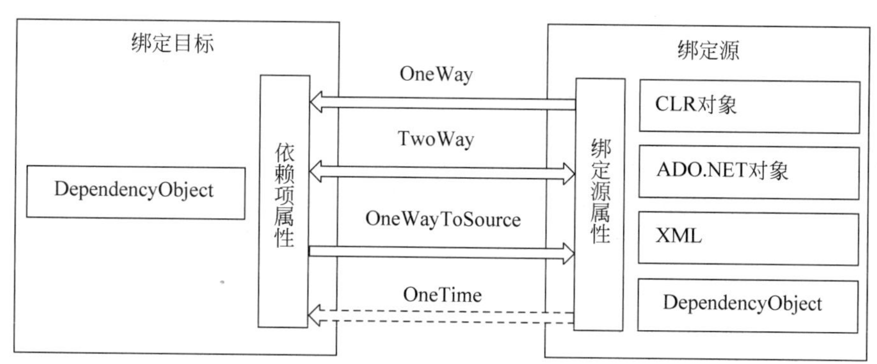

图 7-31　数据绑定的方式

单向(OneWay)绑定对源属性的更改会自动更新目标属性，但是对目标属性的更改不会传播回源属性。此绑定类型适用于绑定的控件为隐式只读控件的情况。例如，可能绑定

到如股票行情自动收录器这样的源,或者目标属性没有用于进行更改的控件接口(如表的数据绑定背景色)。

双向(TwoWay)绑定对源属性的更改会自动更新目标属性,而对目标属性的更改也会自动更新源属性。此绑定类型适用于可编辑窗体或其他完全交互式 UI 方案。大多数属性都默认为单向绑定,但是一些依赖项属性(通常为用户可编辑的控件的属性,如 TextBox 的 Text 属性和 CheckBox 的 IsChecked 属性)默认为双向绑定。确定依赖项属性绑定在默认情况下是单向还是双向的编程方法是:使用 GetMetadata 获取属性的属性元数据,然后检查 BindsTwoWayByDefault 属性的布尔值。

指向数据源的单向(OneWayToSource)绑定与单向绑定相反,它在目标属性更改时更新源属性。一个示例方案是只需要从 UI 重新计算源值的情况。

一次性(OneTime)绑定会使用源属性初始化目标属性,但不传播后续更改。这意味着如果数据上下文发生了更改,或者数据上下文中的对象发生了更改,则更改不会反映在目标属性中。如果适合使用当前状态的快照或数据实际为静态数据,则此类型的绑定适合。如果开发人员要使用源属性中的某个值初始化目标属性,并且事先不知道数据上下文,则也可以使用此绑定类型。此绑定类型实质上是 OneWay 绑定的简化形式,在源值不更改的情况下可以提供更好的性能。

3. 更新数据源

如果要实现数据源更改时,改变目标的值(OneWay 方式及 TwoWay 方式的由绑定源到绑定目标方向的数据绑定)需使数据源对象实现 System. ComponentModel 命名空间的 INotifyPropertyChanged 接口。INotifyPropertyChanged 接口中定义了一个 PropertyChanged 事件,在某属性值发生变化时引发此事件,即可通知绑定目标更改其显示的值。例如:

```
public class MyData : INotifyPropertyChanged
{
    public event PropertyChangedEventHandler PropertyChanged;
    private string _Name;
    public string Name
    {
        set
        {
            _Name = value;
            if (PropertyChanged != null)
            {
            //引发 PropertyChanged 事件,
            //PropertyChangedEventArgs 构造方法中的参数字符串表示属性
            PropertyChanged(this,new PropertyChangedEventArgs("Name"));
        }
    }
}
```

TwoWay 或 OneWayToSource 绑定侦听目标属性的更改,并将这些更改传播回源,称为更新源。例如,可以编辑文本框中的文本以更改基础源值。但是,源值是在编辑文本的同时进行更新,还是在结束编辑文本并将鼠标指针从文本框移走后才进行更新呢?绑定的 UpdateSourceTrigger 属性确定触发源更新的原因。如果 UpdateSourceTrigger 值为

PropertyChanged，则 TwoWay 或 OneWayToSource 绑定的右箭头指向的值会在目标属性更改时立刻进行更新。但是，如果 UpdateSourceTrigger 值为 LostFocus，则仅当目标属性失去焦点时，该值才会使用新值进行更新。

与 Mode 属性类似，不同的依赖项属性具有不同的默认 UpdateSourceTrigger 值。大多数依赖项属性的默认值都为 PropertyChanged，而 Text 属性的默认值为 LostFocus。这意味着，只要目标属性更改，源更新通常都会发生，这对于 CheckBox 和其他简单控件很有用。但对于文本字段，每次键击之后都进行更新会降低性能，用户也没有机会在提交新值之前使用退格键修改键入错误。这就是 Text 属性的默认值是 LostFocus 而不是 PropertyChanged 的原因。

7.4.2 创建数据绑定

如果把 Binding 对象比作数据的桥梁，那么它的两端分别是源（Source）和目标（Target）。数据从哪里来哪里就是源，到哪里去哪里就是目标。数据源可以是任何修饰符为 public 的属性，包括控件属性、数据库、XML 或者 CLR 对象的属性。

1. UI 对象间的绑定

UI 对象间的绑定也是最基本的形式，通常是将源对象的某个属性值绑定（复制）到目标对象的某个属性上。源属性可以是任意类型，但目标属性必须是依赖属性。通常情况下对于 UI 对象间的绑定源属性和目标属性都是依赖属性（有些属性不是），因为依赖属性有垂直的内嵌变更通知机制，WPF 可以保持目标属性和源属性的同步。下面的例子说明了如何在 XAML 中实现数据绑定：

```
<StackPanel Grid.Row = "1" HorizontalAlignment = "Left">
    <TextBox x:Name = "txtName" Margin = "5" Width = "400" BorderThickness = "0" Height = "50"
Text = "Source Element"></TextBox>
    <TextBlock x:Name = "tbShowMessage" Margin = "5" Width = "400" Height = "50" Text =
"{Binding ElementName = txtName, Path = Text }" />
</StackPanel>
```

上边的代码将名为 txtName 的对象的 Text 属性作为源对象分别绑定给了 TextBlock 的 Text 属性。这里用 Binding 关键字指定 ElementName 和 Path，这两个就是指定源对象和源属性（Source Property）。通常使用 Binding 标记扩展来声明绑定时，声明包含一系列子句，这些子句跟在 Binding 关键字后面，并由逗号（，）分隔。Binding 标记扩展的语法格式如下：

```
<object property = "{Binding declaration}" .../>
```

其中，object 为绑定对象（一般为 WPF 元素），property 为目标属性，declaration 为绑定声明语句。绑定声明中的子句可以按任意顺序排列，因此有许多可能的组合。子句是“名称＝值”的键值对，其中名称是 Binding 属性，值是要为该属性设置的值。

当在标记中创建绑定声明字符串时，必须将它们附加到目标对象的特定依赖项属性。下面的示例演示如何通过使用绑定扩展并指定 Source、Path 和 UpdateSourceTrigger 属性来绑定 TextBox.Text 属性。

```
<TextBlock Text = "{Binding Source = {StaticResource myDataSource}, Path = PersonName}"/>
```

可以通过这种方法来指定 Binding 类的大部分属性。但是，在标记扩展不支持的情况下，例如，当属性值是不存在类型转换的非字符串类型时，需要使用对象元素语法。下面是对象元素语法和标记扩展使用的一个示例：

```
<TextBlock Name = myConvertedText
   Forground = "{Binding Path = TheData, Converter = {StaticResource MyConverterReference}}">
   <TextBlock.Text>
     <Binding path = "TheData,Converter = {StaticResource MyConverterReference}}">
   </TextBlock.Text>
</TextBlock>t
```

实际上，用 Binding 类实现数据绑定时，不论采用哪种形式，其本质都是在绑定声明中利用 Binding 类提供的各种属性来描述绑定信息。表 7-6 列出 Binding 类的常用属性及其说明。

表 7-6　Binding 类的常用属性及其说明

属　性	说　明
Mode	获取或设置一个值，该值指示绑定的数据流方向。默认为 Default
Path	获取或设置绑定源的属性路径
UpdateSourceTrigger	获取或设置一个值，该值确定绑定源更新的执行时间
Converter	获取或设置要使用的转换器
StringFormat	获取或设置一个字符串，该字符串指定如果绑定值显示为字符串的格式，其用法类似于 ToString()方法中的格式化表示形式
TargetNullValue	获取或设置当源的值为 null 时在目标中使用的值

除了用 XAML 代码定义绑定信息之外，还可以在代码中直接为 Binding 对象设置 Path 和 Source 属性来实现数据绑定。Source 设置为源对象，Path 属性设置为一个 PropertyPath 类的实例，它用源对象的 Value 属性名进行初始化。下面的示例演示如何在代码中创建 Binding 对象并指定属性。

```
Binding binding = new Binding();                    //创建 Binding 对象
binding.Source = sliderFontSize;
binding.Path = new PropertyPath("Value");           //为 Binding 指定访问路径
binding.Mode = BindingMode.TwoWay;
//把数据源和目标连接在一起
lbtext.SetBinding(TextBlock.FontSizeProperty, binding);
```

2. 绑定到集合

绑定源对象可以被视为其属性包含数据的单个对象，也可以被视为通常组合在一起的多态对象的数据集合(例如数据库查询的结果)。目前为止，仅讨论了绑定到单个对象，但绑定到数据集合也是常见方案。例如，一种常见方案是使用 ItemsControl(例如 ListBox、ListView 或 TreeView)来显示数据集合。若要将 ItemsControl 绑定到集合对象，则需要使用 ItemsControl. ItemsSource 属性。ItemSource 可以接收一个 IEnumerable 接口派生类的实例作为自己的值(所有可被迭代遍历的集合都实现了这个接口，所以基本上 C#集合都可以作为数据源)。下面的语句可以将一个名为 photos 的集合赋予 ListBox 对象,并以显示 Name 属性的值:

```
< ListBox x: Name = " pictureBox" DisplayMemberPath = " Name" ItemsSource = " (Binding
{DynamicResource photos}"
```

通常情况下,依赖属性内建的垂直通知功能让 UI 对象间的绑定可以自己负责同步处理,但是对于.NET 集合/对象,它不具备这样的能力。为了让目标属性与源集合的更改保持同步,源集合必须实现一个叫 INotifyCollectionChanged 的接口,但通常开发人员只需要将集合类继承于 ObservableCollection 类即可。因为 ObservableCollection 实现了 INotifyPropertyChanged 和 INotifyCollectionChanged 接口。下面的示例代码中可以这么去定义 Photos 集合类:

```
public class Photos : ObservableCollection<Photo>
```

为了让读者理解上面的原理,下面用一个示例来说明绑定到集合的用法。前台 MainWindow. xaml 代码如下:

```
Window x:Class = " ChangeNotificationSample.MainWindow"
    xmlns = "http://schemas.microsoft.com/winfx/2006/xaml/presentation"
    xmlns:x = "http://schemas.microsoft.com/winfx/2006/xaml"
    Title = " MainWindow " Height = "135" Width = "300">
<DockPanel Margin = "10">
      <StackPanel DockPanel.Dock = "Right" Margin = "10,0,0,0">
      <Button Name = "btnAddUser" Click = "btnAddUser_Click"> Add user </Button>
      <Button Name = "btnChangeUser" Click = "btnChangeUser_Click" Margin = "0,5"> Change user
</Button>
      <Button Name = "btnDeleteUser" Click = "btnDeleteUser_Click"> Delete user </Button>
      </StackPanel>
      <ListBox Name = "lbUsers" DisplayMemberPath = "Name"></ListBox>
   </DockPanel>
</Window>
```

后台 MainWindow. xaml. cs 代码如下:

```
public partial class MainWindow : Window
{
    private ObservableCollection<User> users = new ObservableCollection<User>();

    public MainWindow()
    {
        InitializeComponent();

        users.Add(new User() { Name = "张薇薇" });
        users.Add(new User() { Name = "张巍巍" });
        lbUsers.ItemsSource = users;
    }

    private void btnAddUser_Click(object sender, RoutedEventArgs e)
    {
```

```
            users.Add(new User() { Name = "张玮玮" });
        }

        private void btnChangeUser_Click(object sender, RoutedEventArgs e)
        {
            if (lbUsers.SelectedItem != null)
                (lbUsers.SelectedItem as User).Name = "张维维";
        }

        private void btnDeleteUser_Click(object sender, RoutedEventArgs e)
        {
            if (lbUsers.SelectedItem != null)
                users.Remove(lbUsers.SelectedItem as User);
        }
    }

    public class User : INotifyPropertyChanged
    {
        private string name;
        public string Name
        {
            get { return this.name; }
            set
            {
                if (this.name != value)
                {
                    this.name = value;
                    this.NotifyPropertyChanged("Name");
                }
            }
        }
        public event PropertyChangedEventHandler PropertyChanged;
        public void NotifyPropertyChanged(string propName)
        {
            if (this.PropertyChanged != null)
                this.PropertyChanged(this, new PropertyChangedEventArgs(propName));
        }
    }
```

程序的运行结果如图 7-32 所示。

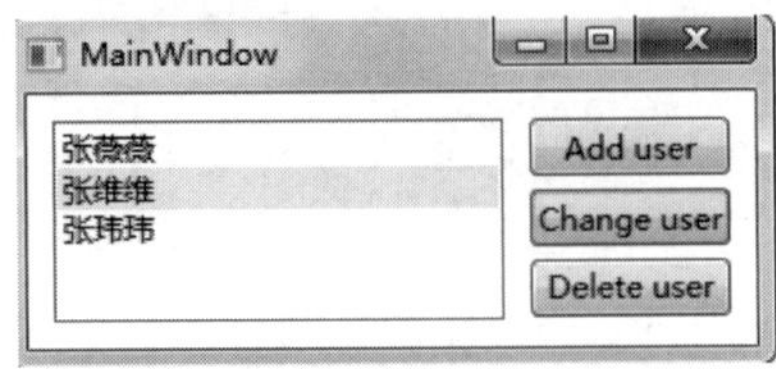

图 7-32　数据绑定示例运行结果

7.4.3　数据转换

前面的任务使用 Binding 在 TextBox 和 Slider 之间建立关联：Slider 控件作为 Source

(Path 的 Value 属性)，TextBox 作为 Target(目标属性为 Text)。不知道读者有没有注意到，Slider 的 Value 属性是 Double 类型值，而 TextBox 的 Text 属性是 string 类型的值，在 C# 这种强类型语言中却可以来往自如，是怎么回事呢？原来 Binding 还有另外一种机制，称为数据转换，当 Source 端指定的 Path 属性值和 Target 端指定的目标属性不一致时，可以添加数据转换器(DataConvert)。上面提到的问题实际上就是 double 和 stirng 类型相互转换的问题，因为处理起来比较简单，所以 WPF 类库就自己帮开发人员做了，但有些数据类型转换就不是 WPF 能帮开发人员做的了，例如下面的这种情况：

(1) Source 里面的值是 Y、N、X 三个值(可能是 char 类型、string 类型或者自定义枚举类型)，UI 上对应的是 CheckBox 控件，需要把这三个值映射为它的 IsChecked 属性值(bool 类型)。

(2) 当 TextBox 里面必须有输入的内容时用于登录的 Button 才会出现，这是 string 类型与 Visibility 枚举类型或 bool 类型之间的转换(Binding 的 Model 将是 OneWay)。

(3) Source 里面的值有可能是 Male 或 FeMale(string 类型或枚举类型)，UI 是用于显示图片的 Image 控件，这时候需要把 Source 里面的值转换为对应的头像图片 URI(也是 OneWay)。

当遇到这些情况时，只能自己动手写转换器，其方法是创建一个实现 IValueConverter 接口的类，然后实现 Convert()和 ConvertBack()方法。转换器可以将数据从一种类型更改为另一种类型，根据区域性信息转换数据，或修改表示形式的其他方面。

IValueConverter 定义如下：

```
public interface IValueConverter
{
    object Convert(object value, Type targetType, object parameters, CultureInfo culture);
    object ConvertBack(object value, Type targetType, object parameters, CultureInfo culture);
}
```

当数据从 Binding 的 Source 流向 Target 时，Convert()方法将被调用；反之 ConvertBack()将被调用。

下面的代码演示了如何将数据转换应用到绑定中的数据。当 bool 值为 true 时，在 UI 上就显示“男”，否则，就显示“女”。

```
[ValueConversion(typeof(bool), typeof(string))]
public class DateConverter : IValueConverter
{
    public object Convert (object value, Type targetType, object parameter, CultureInfo
culture)
    {
        bool re = (bool)value;
        if (re)
        {
            return "男";
        }
        else
        {
            return "女";
```

```
        }
    }

    public object ConvertBack(object value, Type targetType, object parameter, CultureInfo culture)
    {
        string strValue = value as string;
        if (strValue == "男")
        {
            return true;
        }
        if (strValue == "女")
        {
            return false;
        }
        return DependencyProperty.UnsetValue;
    }
}
```

一旦创建了转换器，即可将其作为资源添加到 XAML 文件，关键代码如下：

```
<Window.Resources>
    <local:DateConverter x:Key="dateConverter"/>
</Window.Resources>
<StackPanel>
  <TextBlock x:Name="tb" DataContext="{Binding}" Text="{Binding Path=Sex, Converter=
{StaticResource dateConverter}}" />
</StackPanel>
```

拓展提高

1. 利用 DataContext 来作为共享数据源

DataContext 属性是绑定的默认源，这个属性定义在 FrameworkElement 类中，这是包括 WPF Window 在内的大多数 UI 控件的基类。它是为了避免多个对象共享一个数据源时重复对所有对象显式地用 binding 标记每个 Source/RelativeSource/ElementName，而把同一个数据源在上下文对象的某个范围内共享，这样当一个绑定没有显式的源对象时，WPF 会便利用逻辑数找到一个非空的 DataContext 为止。例如可以通过以下代码给 ListBox 和 Title 设置绑定：

```
<StackPanel Orentation="Vertical" Margin="5" DataContext="{DynamicResource photos}">
    <Label x:Name="TitleLabel" Content="{Binding Path=Count}" DockPanel.Dock="Bottom" />
    <ListBox x:Name="pictureBox" DisplayMemeberPath="Name" ItemSource="{Binding}" />
</StackPanel>
```

2. 数据模板 —— Data Template

源属性和目标属性为兼容的数据类型，且源所显示的东西正是开发人员需要显示的东西时，数据绑定确实很简单，只需要指定匹配对象关系即可。而通常情况下对数据绑定都要做一些定制，特别对于.NET 对象的绑定，开发人员需要将数据源按照不同的方式分隔显示。数据模板就负责来完成这样的功能：按照预想的数据展现模式将数据源的不同部分显示，而其作为可以被复用的独立结构，一旦定义可以被添加到一个对象内部，将会创建一个全新的可视树。

数据模板通常会被应用到以下几类控件来填充其类型为 DataTemplate 的属性：

(1) 内容控件(Content Control)：ContentTemplate 属性，控制 Content 的显示。

(2) 项控件(Items Control)：ItemTemplate 属性，应用于每个显示的项。

(3) 头控件(Header Content Control)：HeaderTemplate 属性，控制 Header 的展现。

每个数据模板的定义都是类似的方式，开发人员可以像设计普通的窗体一样来设计其展现的方式，而且它们共享数据模板父空间所赋予的绑定源。例如下面的代码用一个图片来替代 ListBox 中的每一项：

```
<ListBox   x:Name = "pictureBox"   ItemsSource = "{Binding}" >
  <ListBox.ItemTemplate>
      <DataTemplate>
        <Image Source = "{Binding Path = FullPath}" Margin = "3,8" Height = "35">
          <Image.LayoutTransform>
                <StaticResource ResourceKey = "st"/>
          </Image.LayoutTransform>
          <Image.ToolTip>
            <StackPanel>
              <TextBlock Text = "{Binding Path = Name}"/>
              <TextBlock Text = "{Binding Path = DateTime}"/>
            </StackPanel>
          </Image.ToolTip>
        </Image>
      </DataTemplate>
   </ListBox.ItemTemplate>
</ListBox>
```

7.5 WPF 命令

任务描述

在现代的用户界面中，通常从多个位置访问函数，由不同的用户动作调用。例如，如果有一个带有主菜单和一组工具栏的典型界面，则可以在菜单、工具栏、上下文菜单(例如，在主应用程序区域中右击时)使用新建(New)或打开(Open)等操作，以及使用组合键，如 Ctrl+N 和 Ctrl+O。对应上面的每种行为的响应代码都完全一样，但是在 WinForms 应用程序中，开发人员不得不为每一种行为定义一个对应的事件，然后调用相同的方法。在 WPF 中，可以使用命令这个概念来解决这个问题。它允许在一个地方定义命令，并且在所有的用户接口控件之中调用这些命令，例如 Menu、ToolBar 按钮等。图 7-33 演示了命令的简单用法。

任务实施

(1) 启动 Visual Studio 2017，在主窗口选择“文件”→“新建”→“项目”命令，弹出“新建

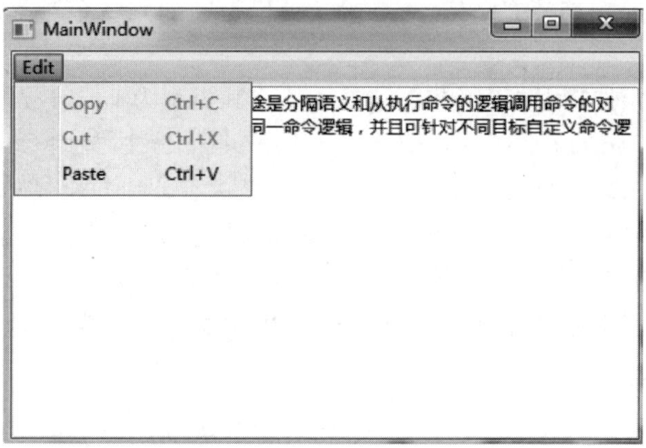

图 7-33　命令的用法

项目"对话框，在显示的窗体的左侧选择 Visual C# 节点，在中间窗格选择"WPF 应用程序"项目类型，将位置改为希望存放项目的文件夹位置，"名称"和"解决方案名称"文本框均改为 CommandSample，其他设置保持不变，单击"确定"按钮。

(2) 修改 MainWindow.xaml，完成应用程序 UI 设计。MainWindow.xaml 的核心代码如下：

```
<Window x:Class = "CommandSample.MainWindow"
    xmlns = "http://schemas.microsoft.com/winfx/2006/xaml/presentation"
    xmlns:x = "http://schemas.microsoft.com/winfx/2006/xaml"
    xmlns:d = "http://schemas.microsoft.com/expression/blend/2008"
    xmlns:mc = "http://schemas.openxmlformats.org/markup-compatibility/2006"
    xmlns:local = "clr-namespace:CommandSample"
    mc:Ignorable = "d"
    Title = "MainWindow" Height = "300" Width = "450">
<Grid>
    <Grid.RowDefinitions>
        <RowDefinition Height = "23" />
        <RowDefinition Height = " * " />
    </Grid.RowDefinitions>
    <Menu Grid.Row = "0">
    <MenuItem Header = "编辑">
        <MenuItem  x:Name = "menuCopy" Header = "复制"  Command = "ApplicationCommands.Copy" />
        <MenuItem  x:Name = "menuCut"  Header = "剪切"  Command = "ApplicationCommands.Cut" />
        <MenuItem  x:Name = "menuPaste" Header = "粘贴"  Command = "ApplicationCommands.Paste" />
        </MenuItem>
    </Menu>
    <TextBox x:Name = "txtMain" TextWrapping = "Wrap" AcceptsReturn = "True" Grid.Row = "1" />
  </Grid>
</Window>
```

(3) 运行程序，可以发现当文本框内容为空时，"编辑"菜单中的菜单项不可用。输入内容后，菜单项才可以使用。

7.5.1 命令模型

在 WPF 应用程序中，任务可以通过多种不同的路由事件触发，经常需要编写多个事件处理程序来调用相同的方法。当需要处理用户界面状态时，问题就变得更为复杂：在应用周期的某个特定的时刻，需要暂时禁用某个方法，也就需要暂时禁用触发该方法的所有控件（菜单、按钮等），并忽略相应的快捷键。随后，还需要添加代码使得应用程序在另一个特定的时刻启用这些控件。编码完成这些工作很麻烦，稍有不慎，可能会使不同状态的代码块相互重叠，从而导致某个控件不应该可用时被启用了。WPF 使用新的命令模型解决这个问题。它增加了两个重要特性：将事件委托到适当的命令并使控件的启用状态和相应命令的状态保持同步。在 WPF 应用程序中，命令可以理解为系统定义的一系列操作，在应用程序中可以直接使用，例如保存、复制、剪切这些操作都可以理解为命令。命令与事件处理程序的主要区别在于：命令将操作的语义和发起方与其逻辑分开。这使得多个完全不同的源可以调用相同的命令逻辑，并使得可以针对不同的目标对命令逻辑进行自定义。命令对象的语义在所有的应用程序中是一致的，但操作的逻辑是“被操作”对象所特有的，而不是在调用命令的源上定义的。

WPF 中的命令模型可分解为 4 个主要概念：命令、命令源、命令目标和命令绑定。图 7-34 展示它们之间的关系。

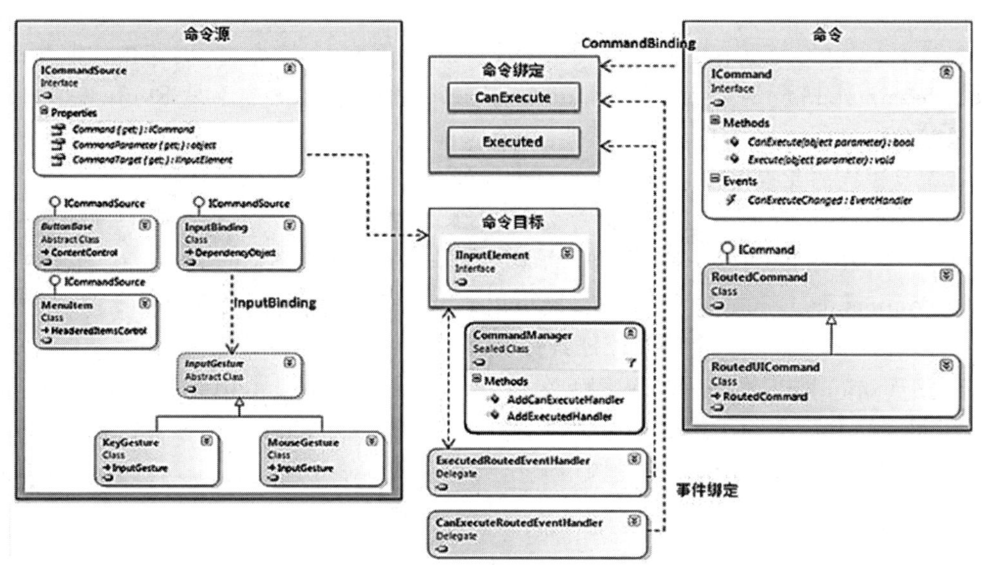

图 7-34 WPF 中的命令系统模型

1. 命令

命令是要执行的操作，从图 7-34 可以看出，WPF 的命令是通过实现 ICommand 接口来创建的。ICommand 公开两个方法（Execute（ ）和 CanExecute（ ））和一个事件（CanExecuteChanged）。Execute()执行与命令关联的操作。CanExecute()确定是否可以在当前命令目标上执行命令。如果集中管理命令操作的命令管理器检测到命令源中发生了更改，此更改可能使得已引发但尚未由命令绑定执行的命令无效，则将引发 CanExecuteChanged。

ICommand 的 WPF 实现是 RoutedCommand 类。RoutedCommand 上的 Execute()方法在命令目标上引发 PreviewExecuted 和 Executed 事件。RoutedCommand 上的 CanExecute()方法在命令目标上引发 CanExecute 和 PreviewCanExecute 事件。这些事件沿元素树以隧道和冒泡形式传递，直到遇到具有该特定命令的 CommandBinding 的对象。

WPF 提供常用应用程序所用的命令集，常用的命令集包括 ApplicationCommands、ComponentCommands、NavigationCommands、MediaCommands 和 EditingCommands。其中，ApplicationCommands 提供一组标准的与应用程序相关的通用命令，包括剪贴板命令(如 Copy、Cut 和 Paste)以及文档命令(如 New、Open、Save、Close 等)。NavigationCommands 提供一组标准的与导航相关的命令，包括 BrowseHome、BrowseStop、BrowseStop 等，MediaCommands 提供一组标准的与媒体相关的命令，包括 Play、Pause、Stop 等。ApplicationCommands 为默认的命令类，引用其中的命令可以省略 ApplicationCommands。

2. 命令源和命令目标

命令源是调用命令的对象。从图 7-34 可以看出，WPF 中的命令源通常实现 ICommandSource 接口。该接口公开 3 个属性：Command、CommandTarget 和 CommandParameter。Command 是在调用命令源时执行的命令。命令目标(CommandTarget)是要在其上执行命令的对象，用于执行命令。CommandParameter 是用户定义的数据类型，用于将信息传递到实现命令的处理程序。值得注意的是，在 WPF 中，ICommandSource 上的 CommandTarget 属性只有在 ICommand 是 RoutedCommand 时才适用。对 RountedCommand 而言，命令目标是 Excuted 和 CanExcute 的路由的起始元素。如果在 IcommandSource 上设置了 CommandTarget，而对应的命令不是 RoutedCommand，将会忽略命令目标。如果未设置 CommandTarget，则具有键盘焦点的元素将是命令目标。将具有键盘焦点的元素用作命令目标的一个好处是，开发人员可以使用同一个命令源在多个目标上调用命令，而不需要跟踪命令目标。例如，如果 MenuItem 在具有一个 TextBox 控件、一个 RichTextBox 控件和一个 PasswordBox 控件的应用程序中调用 EditingCommands.Delete 命令，则目标既可以是 TextBox，又可以是 RichTextBox，还可以是 PasswordBox，具体取决于哪个控件具有键盘焦点。

实现 IcommandSource 的 WPF 类包括 ButtonBase、MenuItem、Hyperlink 以及 InputBinding。Buttonbase、MenuItem 和 Hyperlink 在被单击时调用命令。InputBinding 在与之关联的 InputGesture 执行时调用命令。ButtonBase 等直接使用控件的 Command 属性绑定命令：

```
<Button Command = "ApplicationCommands.Copy" />
```

而 InputBinding 使用 KeyBinding 或 MouseBinding 绑定特定的输入手势到某一命令上，例如在 Window 上注册 Ctrl+F2 组合键到 ApplicationCommands.Open 上：

```
<KeyBinding Command = "ApplicationCommands.Open"  Key = "F2"  Modifiers = "Control" />
```

3. 命令绑定

命令绑定是将命令逻辑映射到命令对象。CommandBinding 将一个命令与实现该命令的事件处理程序关联。这种关联就是图 7-34 中的事件绑定。CommandBinding 类包含一个 Command 属性以及 PreviewCanExecute、CanExecute、PreviewExecuted 和 Executed 事件。Command 是 CommandBinding 要与之关联的命令。附加到 PreviewExecuted 和 Executed 事件的事件处理程序实现命令逻辑，是执行命令的真正代码。附加到 PreviewCanExecute、CanExecute 事件的事件处理程序通过其 EventArgs 参数中的 CanExecute 属性设置命令是否可以执行，并且系统会自动地和命令目标的某些特定属性进行绑定。

下面的代码示例演示了 WPF 命令系统的用法。XAML 界面代码如下：

```
<Window x:Class = "WPFCommand.MainWindow"
        xmlns = "http://schemas.microsoft.com/winfx/2006/xaml/presentation"
        xmlns:x = "http://schemas.microsoft.com/winfx/2006/xaml"
        Title = "MainWindow" Height = "350" Width = "525">
    <Window.CommandBindings>
        <CommandBinding Command = "New" CanExecute = "CommandBinding_CanExecute" Executed =
"CommandBinding_Executed"/>
    </Window.CommandBindings>
    <Grid>
        <Grid.RowDefinitions>
            <RowDefinition />
            <RowDefinition />
            <RowDefinition />
            <RowDefinition />
            <RowDefinition />
        </Grid.RowDefinitions>
        <DockPanel Height = "60" Grid.Row = "0">
            <TextBlock VerticalAlignment = "Center"  Text = "Name:" DockPanel.Dock = "Left"
 Width = "100" FontSize = "30" Foreground = "PaleVioletRed"/>
            <TextBox x:Name = "txtName" DockPanel.Dock = "Right"  FontSize = "40"/>
        </DockPanel>
        <Button Command = "New" CommandParameter = "Teacher" Content = "New Teacher" Grid.Row  = "1"/>
        <Button Command = "New" CommandParameter = "Student" Content = "New Student" Grid.Row  = "2"/>
        <ListBox x:Name = "listBox1" Grid.Row = "3" Grid.RowSpan = "2"/>
    </Grid>
</Window>
```

后台代码如下：

```
using System.Windows;
using System.Windows.Input;

namespace WPFCommand
{
    public partial class MainWindow : Window
    {
        public MainWindow()
        {
            InitializeComponent();
        }
```

```
        private void CommandBinding_CanExecute(object sender, CanExecuteRoutedEventArgs e)
        {
            if (string.IsNullOrWhiteSpace(txtName.Text))
            {
                e.CanExecute = false;
            }
            else
            {
                e.CanExecute = true;
            }
        }

        private void CommandBinding_Executed(object sender, ExecutedRoutedEventArgs e)
        {
            string name = txtName.Text;
            if (e.Parameter.ToString() == "Teacher")
            {
                listBox1.Items.Add("New Teacher: " + name);
            }
            if (e.Parameter.ToString() == "Student")
            {
                listBox1.Items.Add("New Student: " + name);
            }
        }
    }
}
```

程序的运行结果如图 7-35 所示。当 txtName.Text 为空时,命令不可被执行。

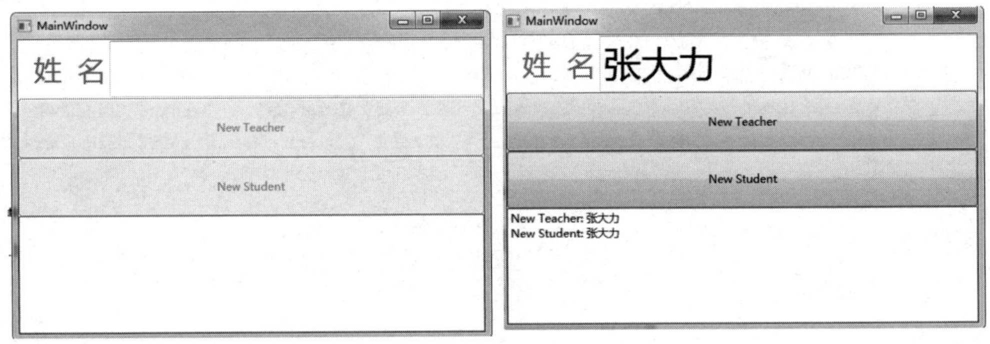

图 7-35　命令示例程序

7.5.2　自定义命令

根据 WPF 命令模型的要素以及它们之间关系,自定义命令分为以下几步:

(1) 创建命令类:即获得一个实现 ICommand 接口的类,如果命令与具体的业务逻辑无关则使用 WPF 类库中的 RoutedCommand 类即可。如果想得到与业务逻辑相关的专有命令,则需要创建 RoutedCommand(或者 ICommand 接口)的派生类。

(2) 声明命名实例:使用命令时需要创建命令类的实例。一般情况下程序中某种操作只需要一个命令实例与之对应即可。

(3) 指定命令的源：即指定由谁来发送命令。如果把命令看作炮弹，那么命令源就相当于火炮。同一个命令可以有多个源。例如"保存"命令，即可以由菜单中的"保存"项来发送，也可以由"保存"工具栏中的图标进行发送。需要注意的是，一旦把命令指派给了命令源，那么命令源就会受命令的影响，当命令不能被执行时，命令源的控件处于不可用状态。还需要注意，各种控件发送命令的方法不尽相同，例如 Button 和 MenuButton 在单击时发送命令，而 ListBoxItem 单击时表示被选中，双击的时候才发送命令。

(4) 指定命令目标：命令目标并不是命令的属性，而是命令源的属性。指定命令目标是告诉命令源向哪个组件发送命令。无论这个组件是否拥有焦点都会收到这个命令。如果没有为源指定命令目标，则 WPF 系统认为当前拥有焦点的对象就是命令目标。

(5) 设置命令关联：WPF 命令需要 CommandBinding 在执行之前来帮助判断是否可以执行、在执行后做一些事来"打扫战场"。

在命令目标和命令关联之间还有一些微妙的关系。无论命令目标是由程序员指定的还是由 WPF 系统根据焦点所在地判断出来的，一旦某个 UI 组件被命令源瞄上，命令源就会不断地向命令目标投石问路，命令目标就会不停地发送可路由的 PreviewCanExecute 和 CanExecute 附加事件。事件会沿 UI 元素树向上传递并被命令关联所捕获，命令关联会完成一些后续任务。

下面的示例说明命令的用法。该程序定义一个命令，使用 Button 来发送这个命令，当命令送达 TextBox 时 TextBox 会被清空(无文本不被发送)。

XAML 界面代码如下：

```
<Window x:Class = " CommandUsage.MainWindow"
        xmlns = "http://schemas.microsoft.com/winfx/2006/xaml/presentation"
        xmlns:x = "http://schemas.microsoft.com/winfx/2006/xaml"
        xmlns:d = "http://schemas.microsoft.com/expression/blend/2008"
        xmlns:mc = "http://schemas.openxmlformats.org/markup-compatibility/2006"
        xmlns:local = "clr-namespace:CommandUsage"
        mc:Ignorable = "d"
        Title = "Command" Background = "LightBlue" Height = "175" Width = "260">
    <StackPanel x:Name = "stackPanel">
        <Button x:Name = "btn1" Content = "Send Command" Margin = "5" />
        <TextBox x:Name = "txtBoxA" Margin = "5, 0" Height = "100" />
    </StackPanel>
</Window>
```

后台代码如下：

```
//声明并定义命令
private RoutedCommand clearCmd  =  new RoutedCommand("Clear", typeof(MainWindow));
public MainWindow()
{
    InitializeComponent();
    InitializeCommand();
}
//初始化命令
```

```
private void InitializeCommand()
{
    //把命令赋值给命令源(发送者)并指定组合键
    this.btn1.Command = this.clearCmd;
    this.clearCmd.InputGestures.Add(new KeyGesture(Key.C, ModifierKeys.Alt));
    //指定命令日标
    this.btn1.CommandTarget = this.txtBoxA;
    //创建命令关联
    CommandBinding cb = new CommandBinding();
    cb.Command = this.clearCmd;                //只关注与 clearCmd 相关的事件
    cb.CanExecute += new CanExecuteRoutedEventHandler(cb_CanExecute);
    cb.Executed += new ExecutedRoutedEventHandler(cb_Executed);
    //把命令关联安置在外围控件上
    this.stackPanel.CommandBindings.Add(cb);
}
//当命令送达目标后,此方法被调用
private void cb_Executed(object sender, ExecutedRoutedEventArgs e)
{
    this.txtBoxA.Clear();
    //避免继续向上传而减低程序性能
    e.Handled = true;
}
//当探测命令是否可以执行时,此方法被调用
private void cb_CanExecute(object sender, CanExecuteRoutedEventArgs e)
{
    if (string.IsNullOrEmpty(this.txtBoxA.Text))
    {
        e.CanExecute = false;
    }
    else
    {
        e.CanExecute = true;
    }

    //避免继续向上传而降低程序性能
    e.Handled = true;
}
```

运行程序,在 TextBox 中输入文字后 Button 在命令可行状态的影响下变为可用,此时单击 Button 或者按 Alt+C 组合键,TextBox 都会被清空,结果如图 7-36 所示。

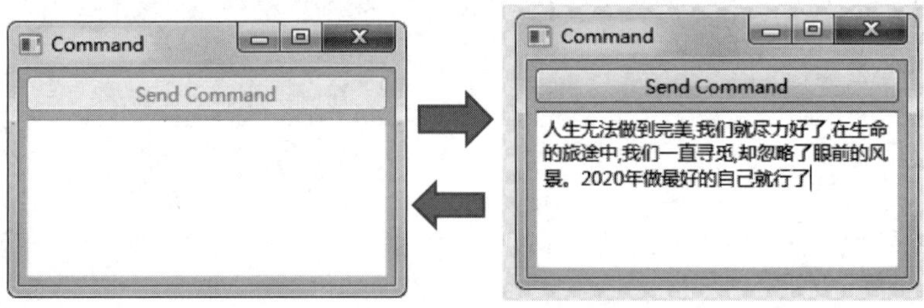

图 7-36　自定义命令示例

拓展提高

1. WPF 富文本控件简介

在其他一些 UI 框架中,例如 WinForms,想要显示长篇的富文本是非常困难的。一般的解决办法是通过在 RichTextBox 中加载文件或者创建一个 WebBrowser 组件来加载本地或者远程网页,但是,如果想随心所欲地编辑这些加载的富文本,基本是不可能的。而微软想在 WPF 中解决这个问题,让这些富文本的编辑也变得和显示一样简单。

FlowDocument 负责渲染富文本,这包括图片、列表、表格,以及其他可以浮动、调整等的元素。使用 FlowDocument,可以在设计时像 HTML 一样指定富文本内容(多亏了 XAML)并让它直接在 WPF 应用中渲染。

FlowDocument 并不是单独的组件。相反,它使用诸多内置封装中的一个类来控制 FlowDocument 该如何布局以及内容是否能被用户编辑。WPF 包括了三个控件用于渲染一个只读模式的 FlowDocument,它们都提供了对缩放、打印的简单支持:

FlowDocumentScrollViewer: 围绕着 FlowDocument 的最简单的包装,它简单地把文档显示成一份长文本文档,并允许滚动浏览它。

FlowDocumentPageViewer: 这个封装会自动把文档分割成页,以便用户在页之间浏览。

FlowDocumentReade: 这是 FlowDocumentScrollViewer 和 FlowDocumentPageViewer 的结合体,允许用户在两种渲染模式中选择。它也提供了在文档中进行搜索的能力与接口。

FlowDocument 通常是只读的,但将其放入一个 RichTextBox 控件后,就可以像在 Word 那样的文档编辑器上一样编辑这些文本。

2. TreeView 控件简介

TreeView 控件能够展示带有层级的数据,每一个数据由树中的一个节点代表。每一个节点可以拥有子节点,子节点也可以拥有自己的子节点。如果用过 Windows 的资源管理器,那就可能见过 TreeView 的样子——它就是位于 Windows 资源管理器的左半部分,显示设备上文件夹结构的控件。

7.6 知识点提炼

(1) WPF 是微软新一代图形系统,运行在.NET Framework 3.0 及以上版本下,为用户界面、2D/3D 图形、文档和媒体提供了统一的描述和操作方法。

(2) XAML 是一种声明性标记语言,简化了为 .NET Framework 应用程序创建 UI 的过程。开发人员可以在声明性 XAML 标记中创建可见的 UI 元素,然后使用代码隐藏文件(通过分部类定义与标记相连接)将 UI 定义与运行时逻辑相分离。

(3) WPF 应用程序需要一个 Application 来统领一些全局的行为和操作。WPF 应用程序实例化 Application 类之后,Application 对象的状态会在一段时间内频繁变化。

(4) 在 WPF 程序中,那些能够展示数据、响应用户操作的 UI 元素称为控件(Control)。控件所展示的数据称为控件的"数据内容",控件在响应用户的操作之后会执行自己的一些方法或以事件的方式通知应用程序,称为控件的行为。

(5) WPF 常用的布局控件主要有 Grid、StackPanel、Canvas、DockPanel、WrapPanel 等,

它们都继承自 Panel 抽象类。

(6) 数据绑定(Data Binding)也称为“数据关联”,就是在应用程序 UI 与业务逻辑之间建立连接的过程。如果绑定具有正确设置并且数据提供正确通知,则当数据更改其值时,绑定到数据的元素会自动反映更改。

(7) 资源是可以在应用程序中的不同位置重复使用的对象。WPF 支持不同类型的资源。这些资源主要分为两种类型的资源:XAML 资源和资源数据文件。

(8) 样式可以理解为元素的属性集合,与 Web 中的 CSS 类似。WPF 可以指定具体的元素类型为目标,并且 WPF 样式还支持触发器,即当一个属性发生变化时,触发器中的样式才会被应用。

(9) 屏幕上可见的所有内容都可见,因为它是由画刷绘制的。借助画刷,可以利用任意内容(从简单的纯色到复杂的图案和图像集)绘制用户界面(UI)对象。

(10) Shape 是一种允许在屏幕中绘制形状的界面元素,可以在面板和大多数控件中使用。Shape 对象具有一些共同的属性。

(11) 在 WPF 中,命令(Commands)是实现共享动作的一种手段,在应用程序中这些动作可以被分组并且可以以几种不同的方式触发。在大多数 WPF 应用程序中,大量的经常需要的功能可以通过窗口上的具有快捷键的菜单项、按钮、各种控件或应用程序逻辑在任何位置使用。这些项目中的每一个都可以与可执行逻辑相关联以执行这些通常的操作。为了减少冗余,WPF 为开发人员提供了命令。

(12) WPF 中的命令模型可分解为 4 个主要概念:命令、命令源、命令目标和命令绑定。

7.7 思考与练习

1. WPF 应用程序和传统的 Winform 应用程序相比有什么优点?
2. 一个 WPF 窗体从创建到关闭依次触发哪些主要事件?
3. 简要说明 WPF 事件的路由策略及其含义。
4. 在 WPF 应用程序中,静态资源和动态资源在使用上有什么区别?
5. 在 WPF 中 Binding 的作用及实现语法是什么?
6. 解释什么是依赖属性,它和以前的属性有什么不同?为什么在 WPF 会使用它?
7. 在 WPF 中,什么是样式?
8. 什么是命令?命令和事件有什么区别?

第8章　ADO.NET 数据访问技术

在信息社会中，各种数据通常存储在服务器的数据库中，因此，在当前的软件开发中数据库技术得到了广泛的应用。为了使客户端能够访问服务器中的数据库，需要使用各种数据访问技术。在众多的数据访问技术中，微软公司推出的 ADO.NET 技术是一种常用的数据库操作技术。本章将通过学生成绩管理系统的实现带领读者进入 ADO.NET 世界，掌握如何使用 ADO.NET 技术进行数据库操作。

学习目标

在学习完本章内容后，读者将能够：

- 列举 ADO.NET 的核心对象的用法。
- 定义连接字符串，创建连接对象、命令对象访问数据库中数据。
- 解释 DataSet 的工作原理。
- 利用 DataGridView 数据控件展示数据。

8.1　使用 Connection 对象连接数据库

视频讲解

在学生成绩管理系统中，用户登录模块是系统必不可少的功能模块，用户只有输入正确的用户名和密码，才能登录系统，进入主界面；否则，给出提示信息，禁止非法用户进入系统。本任务实现学生成绩管理系统的登录界面，如图 8-1 所示。

(1) 启动 Visual Studio 2017，打开学生成绩管理系统项目 StudenAchievement，打开用户登录模块的程序代码，在文件的开始位置添加对 System. Data. SqlClient 命名空间的引用：

```
using System.Data.SqlClient;
```

(2) 编写“登录”和“关闭”按钮的单击事件代码，主要代码如下：

图 8-1 “用户登录”界面

```
//"登录"按钮单击事件代码
private void button1_Click(object sender, EventArgs e)
{
    //生成连接字符串
    string strCon = @"Server = ZXQ - PC\SQLEXPRESS; Database = db_Student; Integrated
Security = SSPI";
    //生成 SQL 语句
    string sid = this.textBox1.Text.Trim();
    string name = this.textBox2.Text.Trim();
    string strSQL = string.Format("select * from [tb_User] where sid = '{0}' and password =
'{1}'", sid, name);
    //创建连接对象
    using (SqlConnection  con = new SqlConnection(strCon))
    {
        //打开数据库连接
        con.Open();
        //创建 Command 对象
        SqlCommand cmd = new SqlCommand(strSQL, con);
        //执行命令
        object obj = cmd.ExecuteScalar();
        if(obj != null)
        {
            //关闭登录窗体
            this.DialogResult = DialogResult.OK;
            this.Close();                          //关闭登录窗体
            if (con.State == System.Data.ConnectionState.Open)
                con.Close();
        }
        else
        {
            MessageBox.Show("用户名或密码错误", "用户登录");
            this.textBox1.Text = "";
            this.textBox2.Clear();
            this.textBox1.Focus();
```

```
        }
    }

//"关闭"按钮事件代码
private void button2_Clic (object sender, EventArgs e)
{
    Application.Exit();
}
```

知识链接

8.1.1 认识 ADO.NET

ADO.NET 是微软公司新一代.NET 数据库的访问模型，是目前数据库程序设计人员用来开发基于.NET 的数据库应用程序的主要接口。ADO.NET 是一组向.NET Framework 程序员公开数据访问服务的类。ADO.NET 为创建分布式数据共享应用程序提供了一组丰富的组件。它提供了对关系数据库、XML 和应用程序数据的访问，是.NET Framework 中不可缺少的一部分。ADO.NET 支持多种开发需求，包括创建由应用程序、工具、语言或 Internet 浏览器使用的前端数据库客户端和中间层业务对象。ADO.NET 提供对诸如 SQL Server 和 XML 这样的数据源以及通过 OLE DB 和 ODBC 公开的数据源的一致访问、共享数据的使用。应用程序可以使用 ADO.NET 连接到这些数据源，并可以检索、处理和更新其中包含的数据。

ADO.NET 用于访问和操作数据的两个主要组件是.NET Framework 数据提供程序和 DataSet。.NET Framework 数据提供程序用于连接到数据库、执行命令和检索结果。这些结果将被直接处理，放置在 DataSet 中以便根据需要向用户公开、与多个源中的数据组合，或在层之间进行远程处理。图 8-2 阐释了.NET Framework 数据提供程序和 DataSet 之间的关系。

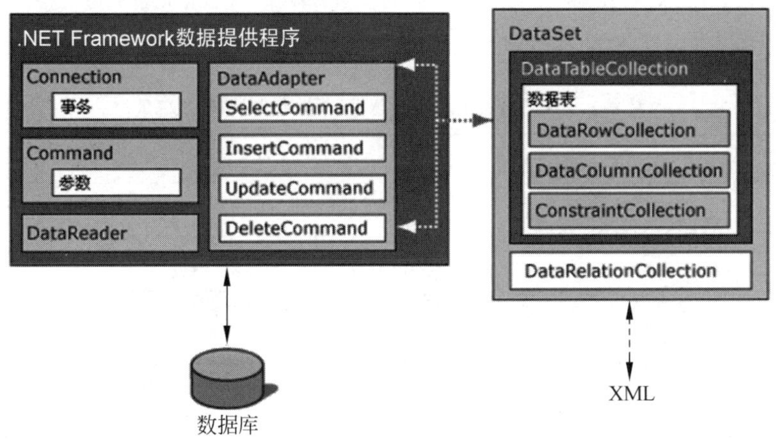

图 8-2 .NET Framework 数据提供程序和 DataSet 之间的关系

.NET Framework 数据提供程序是应用程序与数据源之间的一座桥梁，包含一组用于访问特定数据库、执行 SQL 语句并获取值的.NET 类。它在数据源和代码之间创建最小的分层，并在不降低功能性的情况下提高性能，图 8-3 给出了数据提供程序的模型。

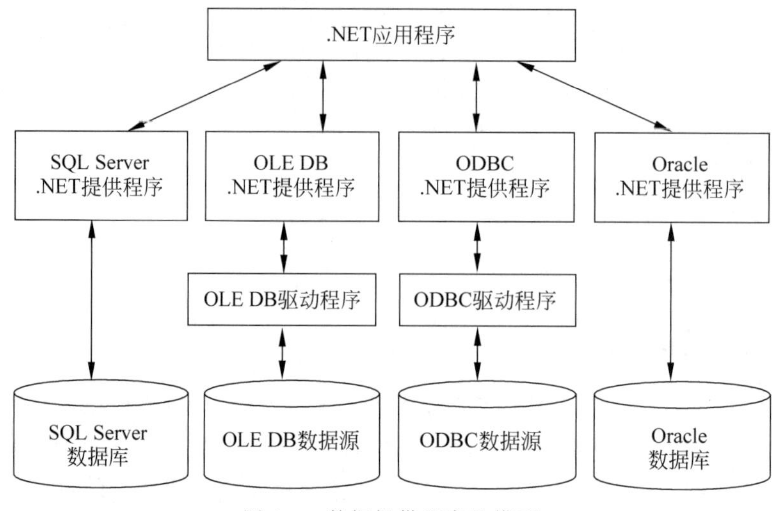

图 8-3　数据提供程序的模型

表 8-1 列出了.NET Framework 中所包含的数据提供程序，表 8-2 描述了.NET Framework 数据提供程序的核心对象。

表 8-1　.NET Framework 中所包含的数据提供程序

数据提供程序	说　　明
用于 SQL Server 的.NET Framework 数据提供程序	提供 Microsoft SQL Server 的数据访问。使用 System. Data. SqlClient 命名空间
用于 OLE DB 的.NET Framework 数据提供程序	提供对使用 OLE DB 公开的数据源中数据的访问。使用 System. Data. OleDb 命名空间
用于 ODBC 的.NET Framework 数据提供程序	提供对使用 ODBC 公开的数据源中数据的访问。使用 System. Data. Odbc 命名空间
用于 Oracle 的.NET Framework 数据提供程序	用于 Oracle 的.NET Framework 数据提供程序支持 Oracle 客户端软件 8.1.6 和更高版本，并使用 System. Data. OracleClient 命名空间

表 8-2　.NET Framework 数据提供程序的核心对象

对　　象	说　　明
Connection	建立与特定数据源的连接。所有 Connection 对象的基类均为 DbConnection 类
Command	对数据源执行命令。公开 Parameters，并可在 Transaction 范围内从 Connection 执行。所有 Command 对象的基类均为 DbCommand 类
DataReader	从数据源中读取只进且只读的数据流。所有 DataReader 对象的基类均为 DbDataReader 类
DataAdapter	使用数据源填充 DataSet 并解决更新。所有 DataAdapter 对象的基类均为 DbDataAdapter 类

DataSet 对象对于支持 ADO.NET 中的断开连接的分布式数据方案起到至关重要的作用。DataSet 是数据驻留在内存中的表示形式，不管数据源是什么，它都可提供一致的关系编程模型。DataSet 是专门为独立于任何数据源的数据访问而设计的。因此，它可以用于

多种不同的数据源，用于 XML 数据，或用于管理应用程序本地的数据。DataSet 包含一个或多个 DataTable 对象的集合，这些对象由数据行和数据列以及有关 DataTable 对象中数据的主键、外键、约束和关系信息组成。

在应用程序中，可以利用 ADO.NET 的核心对象来操作数据库中的数据。图 8-4 给出了利用 ADO.NET 技术访问数据库的一般模型。

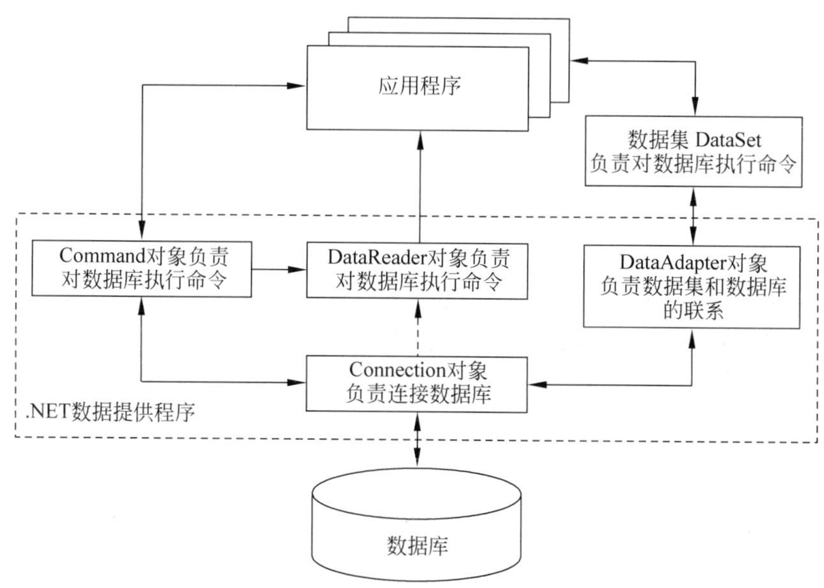

图 8-4　利用 ADO.NET 技术访问数据库的一般模型

8.1.2　Connection 对象

1. Connection 对象概述

Connection 对象的主要功能是建立应用程序与物理数据库的连接。它主要包括 4 种类型访问数据库的对象，分别对应 4 种数据提供程序，每一种数据提供程序中都包含一种数据库连接对象。表 8-3 给出每种连接对象的具体情况。

表 8-3　具体 Connection 对象

名　称	命名空间	描　述
SqlConnection	System. Data. SqlClient	表示与 SQL Server 数据库的连接对象
OleDbConnection	System. Data. OleDb	表示与 OLEDB 数据库的连接对象
OdbcConnection	System. Data. Odbc	表示与 ODBC 数据库的连接对象
OracleConnection	System. Data. OracleClient	表示与 Oracle 数据库的连接对象

【指点迷津】 在连接数据库时，要根据使用的数据库来引入相应的命名空间，然后使用命名空间的连接类来创建数据库连接对象。

不管哪种连接对象，都继承于 DbConnection 类。DbConnection 类封装了很多重要的方法和属性，表 8-4 描述了几个重要方法和属性。

表 8-4 DbConnection 类的重要方法和属性

项 目		说 明
属性	ConnectionString	获取或设置用于打开连接的字符串
	ConnectionTimeOut	获取在建立连接时终止尝试并生成错误之前所等待的时间
方法	Database()	在连接打开之后获取当前数据库的名称，或者在连接打开之前获取连接字符串中指定的数据库名
	State()	获取描述连接状态的字符串，其值是 ConnectionState 类型的一个枚举值
	Open()	使用 ConnectionString 所指定的设置打开数据库连接
	Dispose()	释放由 Component 使用的所有资源
	Close()	关闭与数据库的连接

2. 连接字符串

我们已经知道，ADO.NET 类库为不同的外部数据源提供了一致的访问。这些数据源可以是本地的数据文件(如 Excel、TXT、Access，甚至是 SQLite)，也可以是远程的数据库服务器(如 SQL Server、MySQL、DB2、Oracle 等)。数据源似乎琳琅满目，鱼龙混杂，ADO.NET 如何能够准确而又高效地访问到不同数据源呢？连接字符串告诉 ADO.NET 数据源在哪里，需要什么样的数据格式，提供什么样的访问信任级别以及其他任何包括连接的相关信息。

连接字符串由一组元素组成，一个元素包含一个键值对，元素之间由“;”分开。语法如下：

```
key1 = value1; key2 = value2; key3 = value3...
```

典型的元素(键值对)应当包含这些信息：数据源是基于文件的数据库服务器还是基于网络的数据库服务器、是否需要账号和密码来访问数据源、超时的限制是多少，以及其他相关的配置信息。我们知道，值是根据键来确定的，那么键如何来确定呢？语法并没有规定键是什么，这需要根据连接的数据源来确定。一般来说，一个连接字符串所包含的信息如表 8-5 所示。

表 8-5 连接字符串包含的信息

参 数	说 明
Provider	用于提供连接驱动程序的名称
Initial Catalog 或 Database	指明所需访问数据库的名称
Data Source 或 Server	指明所需访问的数据源
Password 或 PWD	指明访问对象所需的密码
User ID 或 UID	指明访问对象所需的用户名
Connection TimeOut	指明访问对象所持续的时间
Integrated Security 或 Trusted Connection	集成连接(信任连接)

【编程示例】 创建控制台程序，使用 SqlConnection 对象连接 SQL Server 2014 数据库，主要代码如下：

```
static void Main(string[] args)
```

```
{
    //构造连接字符串
     string constr = " Data Source = .\\SQLEXPRESS; Initial Catalog = master; Integrated
Security = SSPI";
    SqlConnection conn = new SqlConnection(constr);        //创建连接对象
    conn.Open();                                           //打开连接
    if(conn.State == ConnectionState.Open)
    {
        Console.WriteLine("Database is linked.");
        Console.WriteLine("\nDataSource:{0}",conn.DataSource);
        Console.WriteLine("Database:{0}",conn.Database);
        Console.WriteLine("ConnectionTimeOut:{0}",conn.ConnectionTimeout);
    }
    conn.Close();                                          //关闭连接
    conn.Dispose();                                        //释放资源
    if(conn.State == ConnectionState.Closed)
    {
        Console.WriteLine("\nDatabase is closed.");
    }
        Console.Read();
    }
}
```

程序的运行结果如图 8-5 所示。

图 8-5 使用 SqlConnection 对象连接数据库

【指点迷津】 在完成连接后，及时关闭连接是必要的，因为大多数数据源只支持有限数目的打开的连接，更何况打开的连接会占用宝贵的系统资源。

为了有效地使用数据库连接，在实际的数据库应用程序中打开和关闭数据连接时一般都会使用以下两种技术。

1）添加 try-catch 块

我们知道连接数据库时，可能出现异常，因此需要添加异常处理。对于 C# 来说，典型的异常处理是添加 try-catch 代码块。finially 是可选的。finially 是指无论代码是否出现异常都会执行的代码块。而对数据库连接资源来说，是非常宝贵的。因此，应当确保打开连接后，无论是否出现异常，都应该关闭连接和释放资源。所以，必须在 finially 语句块中调用 Close()方法关闭数据库连接。典型的代码如下：

```
try
{
    conn.Open();                                           //打开数据库连接
```

```
}
catch(Exception ex)
{
    ;                                              //处理异常的代码
}
finially
{
    conn.Close();                                  //关闭连接对象
}
```

2) 使用 using 语句

using 语句的作用是确保资源使用后很快释放它们。using 语句帮助减少意外的运行时错误带来的潜在问题,它包装了资源的使用。具体来说,它执行以下内容:

(1) 分配资源。

(2) 把 Statement 放进 try 块。

(3) 创建资源的 Dispose()方法,并把它放进 finally 块。

因此,上面的语句等同于:

```
using(SqlConnection conn = new SqlConnection(connStr))
{
   ; //todo
}
```

8.1.3 管理连接字符串

在一个应用程序中,可能有多个地方使用数据库连接字符串来连接数据库。当数据库连接字符串发生改变时(如应用程序移到其他计算机上运行),要修改所有的连接字符串。开发人员可以在应用程序配置文件 App.config 中配置与数据库连接的字符串,所有的程序代码从配置文件中读取数据库连接字符串。当数据库连接发生改变时,只需要在配置文件中重新设置即可。下面的代码演示了如何将数据库连接字符串保存到 App.config 文件中。

```
<?xml version = "1.0" encoding = "utf - 8" ?>
< configuration >
  < appSettings >
    < add key = "connectionstring" value = "server = 127.0.0.1;uid = sa;pwd = 123456;database =
Power"/>
  </appSettings >
</configuration >
```

也可以采用下列代码实现同样的功能:

```
< configuration >
 < connectionStrings >
  < add name = "ConnString" connectionString = "server = .;database = 数据库名;uid = 用户名;
pwd = 密码" />
  </connectionStrings >
</configuration >
```

在项目中添加引用 System.Configuration 后,就可以使用以下方式来获取配置文件中数据库连接字符串：

```
string SQL _ CONN _ STR  =  System. Configuration. ConfigurationSettings. AppSettings
["connectionstring"];
```

或者

```
string  connectionstr =
    System. Configuration. ConfigurationManager. ConnectionStrings [ " ConnString "].
ConnectionString;
```

8.2 使用 Command 对象访问数据库

视频讲解

任务描述

在学生成绩管理系统中，用户经常需要添加、编辑或删除学生信息。学生信息通常保存在数据库中，为此，需要经常向数据库中进行增加、修改或删除记录操作。本任务实现学生信息的添加，如图 8-6 所示。

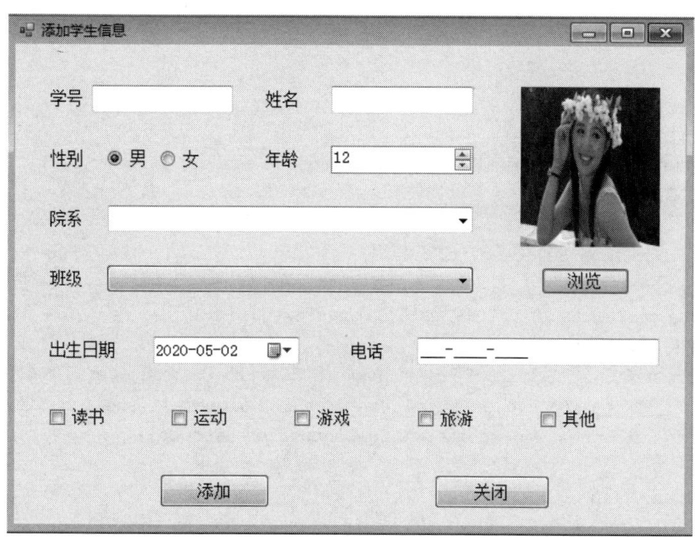

图 8-6 “添加学生信息”界面

任务实施

(1) 启动 Visual Studio 2017，打开学生成绩管理系统项目 StudenAchievement。

(2) 打开添加学生窗体设计的代码文件 NewStudentForm. cs，在该文件中添加如下代码：

```
private void frmAddStudent_Load(object sender, EventArgs e)
{
    //设置性别
    this.rdoMale.Checked = true;
    //添加院系
    this.cmbCollege.Items.Clear();
```

```
        AddCollege();
    }
    //添加院系
    private void AddCollege()
    {
        //生成 SQL 命令
        string strSQL = "select cname from [tb_College]";
        using (var con = new SqlConnection (strCon))                //建立连接对象
        {
            con.Open();
            //生成命令对象
            SqlCommand cmd = new SqlCommand(strSQL, con);
            //执行命令
            SqlDataReader sdr = cmd.ExecuteReader();
            //读取结果集中的数据
            while(sdr.Read())
            {
                //获取结果集数据
                string name = (string)sdr["cname"];
                //将院系名称插入到组合框
                this.cmbCollege.Items.Add(name);
            }
            //关闭数据集
            sdr.Close();
        }
    }
    //院系选择事件
    private void cmbCollege_SelectedIndexChanged(object sender, EventArgs e)
    {
        //获取选择索引值
        if(this.cmbCollege.SelectedIndex >= 0)
        {   //获取选择文本
            string collegeName = this.cmbCollege.Text.Trim();
            //生成 SQL 命令
            string strSQL = $"SELECT [class_name]  FROM [tb_College]  a  INNER JOIN [tb_Class]  b
                         ON a.cid = b.College_id WHERE a.cname = '{collegeName}'";
            using (SqlConnection  con = new SqlConnection (strCon))
            {
                con.Open();
                SqlCommand cmd = new SqlCommand(strSQL, con);
                SqlDataReader sdr = cmd.ExecuteReader();
                this.cmbClass.Items.Clear();
                while (sdr.Read())
                {
                    string cname = (string) sdr["class_name"];
                    this.cmbClass.Items.Add(cname);
                }
                sdr.Close();
            }
        }
        else
        {
            MessageBox.Show("请选择院系", "院系选择");
            return;
```

```
    }
//获取用户兴趣
private string GetHobby()
{
    string hobby = string.Empty;
    if (this.chkBook.Checked)
        hobby = hobby + chkBook.Text + "、";
    if (this.chkGame.Checked)
        hobby = hobby + chkGame.Text + "、";
    if (this.chkTour.Checked)
        hobby = hobby + chkTour.Text + "、";
    if(this.chkSport.Checked)
        hobby = hobby + chkSport.Text + "、";
    return hobby.Substring(0, hobby.Length - 1);
}
//"添加"按钮事件
private void btnOk_Click(object sender, EventArgs e)
{
    //获取输入值
    string id = this.txtID.Text.Trim();
    string name = this.txtName.Text.Trim();
    string gender = this.rdoMale.Checked ? "男" : "女";
    int age = Convert.ToInt32(this.nudAge.Value);
    string college = this.cmbCollege.Text.Trim();
    string grade = this.cmbClass.Text.Trim();
    string birthday = this.dtpBirthday.Value.ToString("yyyy-MM-dd");
    string phone = this.mtxNumber.Text.Trim();
    string hobby = GetHobby();
    //生成 SQL 语句
    string strSQL = $"insert into [tb_Student](sid, sname, gender, age, college, grade,
birthday,phone,hobby,images)
        values ('{id}','{name}','{gender}',{age},'{college}','{grade}','{birthday}','{phone}',
'{hobby}','{images}')";
    //建立连接对象
    using (SqlConnection myCon = new SqlConnection (strCon))
    {
        //打开连接
        myCon.Open();
        //建立 Command 对象
        SqlCommand cmd = new SqlCommand(strSQL, myCon);
        //执行命令
        int result = cmd.ExecuteNonQuery();
        if(result > 0)
        {
            MessageBox.Show("添加成功!", "提示");
        }
        else
        {
            MessageBox.Show("添加失败!","提示", MessageBoxButtons.OK,MessageBoxIcon.Error);
        }
        //关闭连接
        myCon.Close();
    }
}
```

8.2.1 Command 对象

ADO.NET 最主要的目的是对外部数据源提供一致的访问。而访问数据源数据，就少不了增加、删除、修改、查询(CRUD)等操作。虽然 Connection 对象已经为我们连接好了外部数据源，但它并不提供对外部数据源的任何操作。在 ADO.NET 中，Command 对象封装了所有对外部数据源的操作(包括增加、删除、修改、查询等 SQL 语句与存储过程)，并在执行完成后返回合适的结果。与 Connection 对象一样，对于不同的数据源，ADO.NET 提供了不同的 Command 对象。表 8-6 列举了主要的 Command 对象，在实际的编程过程中，应根据访问的数据源不同，选择相应的 Command 对象。

表 8-6 主要的 Command 对象

.NET 数据提供程序	对应 Command 对象
用于 OLE DB 的.NET Framework 数据提供程序	OleDbCommand 对象
用于 SQL Server 的.NET Framework 数据提供程序	SqlCommand 对象
用于 ODBC 的.NET Framework 数据提供程序	OdbcCommand 对象
用于 Oracle 的.NET Framework 数据提供程序	OracleCommand 对象

表 8-7 给出了 Command 对象的常用属性、方法及其说明。

表 8-7 Command 对象的常用属性、方法及其说明

项目		说明
属性	Connection	设置或获取 Command 对象使用的 Connection 对象
	CommandText	设根据 CommandType 属性的取值来决定 CommandText 属性的取值，分为 3 种情况： (1) 如果 CommandType 属性取值为 Text，则 CommandText 属性指出 SQL 语句的内容。 (2) 如果 CommandType 属性取值为 StoredProcedure，则 CommandText 属性指出存储过程的名称。 (3) 如果 CommandType 属性取值为 TableDirect，则 CommandText 属性指出表的名称。 CommandText 属性的默认值为 SQL 语句
	CommandType	指定 Command 对象的类型，有 3 种选择： (1) Text：表示 Command 对象用于执行 SQL 语句。 (2) StoredProcedure：表示 Command 对象用于执行存储过程。 (3) TableDirect：表示 Command 对象用于直接处理某个表。 CommandType 属性的默认值为 Text
	Parameters	获取 Command 对象需要使用的参数集合
	CommandTimeOut	指定 Command 对象用于执行命令的最长延迟时间，以秒为单位，如果在指定时间内仍不能开始执行命令，则返回失败信息。默认值为 30s

续表

项　目		说　明
方法	ExecuteNonQuery()	如果 SqlCommand 所执行的命令为无返回结果集的 SQL 命令，应该调用 ExecuteNonQuery()方法
	ExecuteReader()	执行查询，并返回一个 DataReader 对象。DataReader 是一个快速的、轻量级的、只读的遍历访问每一行数据的数据流
	ExecuteScalar()	执行查询，并返回查询结果集中的第一行第一列(object 类型)。如果找不到结果集中的第一行第一列，则返回 null 引用

1. 创建 Command 对象

在创建 Command 对象之前，需要明确两件事情：①要执行什么样的操作？②要对哪个数据源进行操作？明白这两件事情，一切都好办了。可以通过 string 字符串来构造一条 SQL 语句，也可以通过 Connection 对象指定连接的数据源。那么如何将这些信息交给 Command 对象呢？下面以 SqlCommand 命令为例来详细说明。

1) 通过构造函数创建 Command 对象

SqlCommand 类提供了多个构造函数，其中两个比较常用的格式如下：

```
public SqlCommand();
public SqlCommand(string cmdText,SqlConnection Connection);
```

第一个构造函数没有参数，在这种情况下，需要分别定义 Connection 和 CommandText 属性，代码如下：

```
SqlCommand cmd = new SqlCommand();
cmd. Connection = con;
cmd. CommandText = "select * from tb_SelCustomer";
```

第二个构造函数需提供两个参数，它将为用户自动初始化两个属性，代码如下：

```
string strSQL = "Select * from tb_SelCustomer";
SqlCommand cmd = new SqlCommand(strSQL, con);
```

2) 通过调用 Connection 对象的 CreateCommand()方法

通过调用 Connection 对象的 CreateCommand()方法，将 SQL 语句赋给 CommandText 属性，也可创建 Command 命令：

```
SqlCommand cmd = con.CreateCommand();
cmd.CommandText = strSQL;
```

2. 执行数据库操作

建立数据连接之后，就可以对数据执行数据操作了。对数据表的操作通常分为两种情况：一种是执行查询 SQL 语句的操作；另一种是执行非查询 SQL 语句的操作，即增加、修改、删除的操作。

1) 执行查询 SQL 语句的操作

如果仅需要对数据库中的数据进行统计、汇总等操作，需要执行 Command 类的 ExecuteScalar()方法；如果需要对检索的数据进行进一步的处理，则需要执行 Command

类的 ExecuteReader()方法获取一个数据集合，然后遍历该数据集读取需要的数据进行处理。图 8-7 给出了利用 Command 对象查询数据的一般流程。

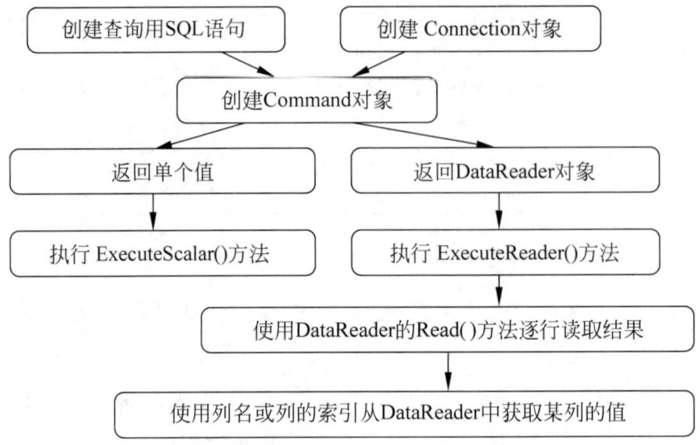

图 8-7 利用 Command 对象查询数据的流程

2）执行非查询 SQL 语句的操作

在执行非查询 SQL 语句时并不需要返回表中的数据，直接使用 SqlCommand 类的 ExecuteNonQuery()方法即可(具体流程如图 8-8 所示)，该方法的返回值是一个整数，用于返回 SqlCommand 类在执行 SQL 语句后对表中数据影响的行数。当该方法的返回值为−1 时，代表 SQL 语句执行失败；当该方法的返回值为 0 时，代表 SQL 语句对当前数据表中的数据没有影响。

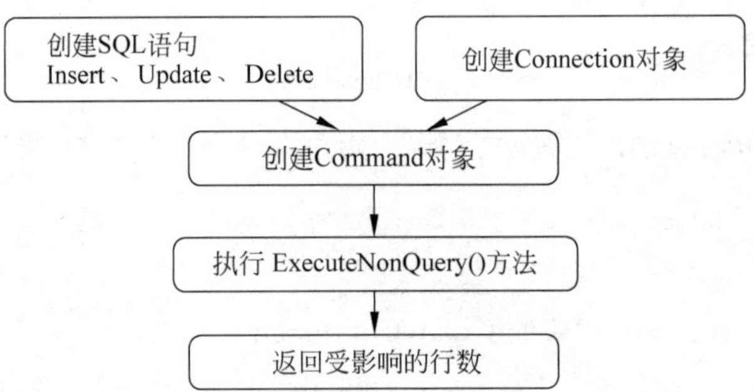

图 8-8 利用 Command 对象更改数据库的流程

下面的代码使用 Command 对象向数据库中添加一条记录：

```
//构造连接字符串
string connstr = @"Data Source = .\SQLEXPRESS; Initial Catalog = db_MyDemo; Integrated
Security = SSPI";
using(SqlConnection conn = new SqlConnection(connstr))
{
    //拼接 SQL 语句
    StringBuilder strSQL = new StringBuilder();
    strSQL.Append("insert into tb_SelCustomer ");
    strSQL.Append("values(");
    strSQL.Append("'zengxq','0','0','13803643333','zxq@126.com','河南省许昌市八一路 88 号',
```

```
        12.234556,34.222234,'422900','备注信息')");
        Console.WriteLine("Output SQL:\n{0}",strSQL.ToString());
        //创建 Command 对象
        SqlCommand cmd = new SqlCommand();
        cmd.Connection = conn;
        cmd.CommandType = CommandType.Text;
        cmd.CommandText = strSQL.ToString();
        try
        {
            conn.Open();                                      //一定要注意打开连接
            int rows = cmd.ExecuteNonQuery();                 //执行命令
            Console.WriteLine("\nResult: {0}行受影响",rows);
        }
        catch(Exception ex)
        {
            Console.WriteLine("\nError: \n{0}", ex.Message);
        }
    }
```

8.2.2 DataReader 对象

1. DataReader 类概述

Command 对象可以对数据源的数据直接操作，但是如果执行的是要求返回数据结果集的查询命令或存储过程，需要先获取数据结果集的内容，然后再进行处理或输出，这就需要 DataReader 对象来配合。

DataReader 对象是一个简单的数据集，用于从数据源中检索只读数据集，常用于检索大量数据。DataReader 对象是以连接的方式工作，只允许以只读、顺向的方式查看其中所存储的数据，提供一个非常有效率的数据查看模式。

DataReader 对象不能直接使用构造函数实例化，必须通过 Command 对象的 ExecuteReader()方法来生成。使用 DataReader 对象无论在系统开销还是在性能方面都很有效，它在任何时候只缓存一条记录，并且没有把整个结果集载入内存中的等待时间，从而避免了使用大量内存，大大提高了性能。DataReader 类中常用的属性、方法及其说明如表 8-8 所示。

表 8-8　DataReader 类中常用的属性、方法及其说明

项　　目		说　　明
属性	FieldCount	获取当前行中的列数
	HasRows	获取 DataReader 中是否包含数据
	IsClosed	获取 DataReader 的状态是否为已经被关闭
方法	Read()	让 DataReader 对象前进到下一条记录
	Close()	关闭 DataReader 对象
	Get XXX(int i)	获取指定列的值，其中 XXX 代表的是数据类型。例如获取当前行第 1 列 double 类型的值，获取方法为 GetDouble(0)

作为数据提供程序的一部分，DataReader 对应着特定的数据源。每个.NET Framework 的数据提供程序实现一个 DataReader 对象，如 System. Data. Oledb 命名空间中的

OleDbDataReader 以及 System. Data. SqlClient 命名空间中的 SqlDataReader。

2. 使用 DataReader 类读取查询结果

在使用 DataReader 类读取查询结果时需要注意，当查询结果仅为一条时，可以使用 if 语句查询 DataReader 对象中的数据，如果返回值是多条数据，需要通过 while 循环语句遍历 DataReader 对象中的数据。任意时刻 DataReader 对象只表示查询结果集中的某一行记录。

有多种方法都可以从 DataReader 对象中返回其当前所表示的数据行的字段值。例如，假设使用一个名为 reader 的 SqlDataReader 对象来表示下面查询的结果：

```
SELECT Title, Director FROM Movies
```

如果要得到 DataReader 对象所表示的当前数据行中的 Title 字段的值，那么就可以使用下面这些方法中的任意一个：

```
string Title = (string)reader["Title"];
string Title = (string)reader[0];
string Title = reader.GetString(0);
string Title = reader.GetSqlString(0);
```

第一个方法通过字段的名称来返回该字段的值，不过该字段的值是以 Object 类型返回的。因此，在将该返回值赋值给字符串变量之前，必须对其进行显式的类型转换。

第二个方法通过字段的位置来返回该字段的值，不过该字段的值也是以 Object 类型返回的。因此，在使用前也必须对其进行显式的类型转换。

第三个方法也是通过该字段的位置来返回其字段值的。然而，这个方法得到的返回值的类型是字符串。因此，使用这个方法就不用对返回结果进行任何类型转换。

最后一个方法还是通过字段的位置来返回字段值的，但该方法得到的返回值的类型是 SqlString 而不是普通的字符串。SqlString 类型表示在 System. Data. SqlTypes 命名空间定义的专门类型值。

说明：SqlTypes 是 ADO.NET 2.0 提供的新功能。每一个 SqlType 分别对应于微软 SQL Server 2008 数据库所支持的一种数据类型。例如，SqlDecimal、SqlBinary 和 SqlXml 类型等。

对不同的返回数据行字段值的方法进行权衡可以知道，通过字段所在的位置来返回字段值比通过字段名称来返回字段值要快一些。然而，使用这个方法会使得程序代码变得十分脆弱。如果查询中字段返回的位置稍有改变，那么程序就将无法正确工作。

下面的代码利用 DataReader 对象从 Student 表中读取出所有姓“李”学员的姓名：

```
string sql = "SELECT StudentName FROM Student WHERE StudentName LIKE '李%'";
SqlCommand command = new SqlCommand(sql, connection);
connection.Open();
SqlDataReader dataReader = command.ExecuteReader();
while (dataReader.Read())
{
    Console.WriteLine((string)dataReader["StudentName"]);
}
dataReader.Close();
```

DataReader 对象是一个轻量级的数据对象，但是，DataReader 对象在读取数据时要求数据库一直保持在连接状态。使用 DataReader 对象读取数据之后，务必将其关闭，否则，其所使用的连接对象将无法进行其他操作。

8.2.3 调用存储过程

存储过程（Stored Procedure）是一组为了完成特定功能的 SQL 语句集，经编译后存储在数据库中。用户通过指定存储过程的名字并给出参数（如果该存储过程带有参数）来执行它。由于存储过程是事先优化编译好的 SQL 语句，所以执行效率高，在企业级项目中存储过程应用非常广泛。

为了调用存储过程，SqlCommand 对象的 CommandText 需要设置为存储过程的名称，CommandType 设置为 CommandType.StoredProcedure。下面的代码演示了如何使用 SqlCommand 执行存储过程。

```
string sConnectionString = @"Server=(local)\SQLEXPRESS;database=Forum;Trusted_
Connection=True";
using (SqlConnection conn = new SqlConnection(sConnectionString))
{
    conn.Open();
    using (SqlCommand cmd = new SqlCommand("CreateBoard", conn))
    {
        cmd.CommandType = CommandType.StoredProcedure;
        cmd.Parameters.Add("@ClassName", SqlDbType.VarChar, 50);
        cmd.Parameters["@ClassName"].Value = tbClassName.Text;
        cmd.Parameters["@ClassName"].Direction = ParameterDirection.Input;
        cmd.Parameters.Add("@BoardName", SqlDbType.VarChar, 50);
        cmd.Parameters["@BoardName"].Value = tbBoardName.Text;
        cmd.Parameters["@BoardName"].Direction = ParameterDirection.Input;
        cmd.Parameters.Add("@ClassID", SqlDbType.VarChar, 50);
        cmd.Parameters["@ClassID"].Direction = ParameterDirection.Output;
        cmd.Parameters.Add("@BoardCount", SqlDbType.Int);
        cmd.Parameters["@BoardCount"].Direction = ParameterDirection.ReturnValue;
        cmd.ExecuteNonQuery();
    }
}
```

在上面的代码中，使用了 SqlCommand 对象的 Parameters 属性来向 SqlCommand 对象中添加参数对象 SqlParameter，这样可以防止 SQL 语句的歧义性，增强系统的安全性。SqlParameter 对象可以通过使用其构造函数来创建，或者也可以通过调用 SqlParameterCollection 集合的 Add()方法以将该对象添加到 SqlParameterCollection 来创建。Add()方法将构造函数实参或现有形参对象用作输入，具体取决于数据提供程序。

拓展提高

1. SQL 注入攻击

SQL 注入（SQL Injection）攻击是 Web 应用程序的一种安全漏洞，可以将不安全的数据提交给应用程序，使应用程序在服务器上执行不安全的 SQL 命令。使用该攻击可以轻松地登录应用程序。例如，该管理员账号密码为 xiexun，该 SQL 的正确语句应该为：

```
select * from Users where userName = 'xiexun'
```

如果在没有做任何处理的情况下，在“登录名”文本框中输入(xiexun; delete users)，单击“登录”按钮之后，程序接收到参数后，SQL 语句就变成了：

```
select * from Users where userName = 'xiexun' ; delete users
```

由于分号；是 SQL 语句结束的标志，它会导致"select * from Users where userName= 'xiexun' " 后面的语句成为一条新的 SQL 语句，然后 "delete users"这一句直接把 users 表删除。

把单引号替换成两个单引号，虽然能起到一定的防止 SQL 注入攻击的作用，但是更为有效的办法是把要拼接的内容做成“参数”。SQL Command 支持带参数的查询，也就是说，可以在查询语句中指定参数：

```
string strCmd = "SELECT AccountID FROM Account WHERE AccountName = @AccountName AND password
= @password";
```

在执行命令前给参数赋值：

```
SqlCommand cmd = new SqlCommand(strCmd, conn);
cmd.Parameters.AddWithValue("@AccountName", userName);
cmd.Parameters.AddWithValue("@password", password);
```

可以看出，SQL 中的参数就跟平常函数中的参数一样，先声明，后赋值。在执行 SQL 命名时，将会把参数值当成一个字符串整体来进行处理，即使参数值中包含单引号，也会把单引号当成单引号字符，而不是字符串的起止符。这样就在某种程度上消除了 SQL 注入攻击的条件。

2. 编程实践

利用存储过程改写学生成绩管理系统中的添加学生模块。

8.3 使用 DataSet 离线访问数据库

在数据库应用系统中，大量的客户机同时连接到数据库服务器，数据库服务器会频繁进行数据操作，导致服务器的性能下降。为改善数据库服务器性能，ADO.NET 提供了离线访问模式。用户将数据缓存到本地内存，然后断开与服务器的连接，所有操作均在本地数据库完成，操作完成后再与数据库服务器同步。本任务使用断开连接模式完成学生信息的批量更新，如图 8-9 所示。

(1) 启动 Visual Studio 2017，打开学生成绩管理系统项目 StudenAchievement。在项目中添加窗体 EditStudent，在窗体中添加两个 Panel 控件、一个 DataGridView 组件和两个按钮。

学号	姓名	性别	年龄	院系	班级	兴趣爱好
201901001	张大明	男	20	信息工程学院	2019软件工程	读书、游戏
201901002	刘明	女	19	信息工程学院	2019网络工程	读书、游戏
201901003	张薇薇	女	18	人工智能学院	2019级人工智能1班	读书、游戏
201901004	李明	男	20	人工智能学院	2019级人工智能1班	读书、游戏、旅游、运动
201901005	章红	女	18	信息工程学院	2019级网络工程班	读书、运动

图 8-9　编辑学生信息

(2) 设置 DataGridView 组件的属性。选中 DataGridView 控件,修改 Columns 属性,修改 DataPropertyName 的值为绑定的字段名,如图 8-10 所示。

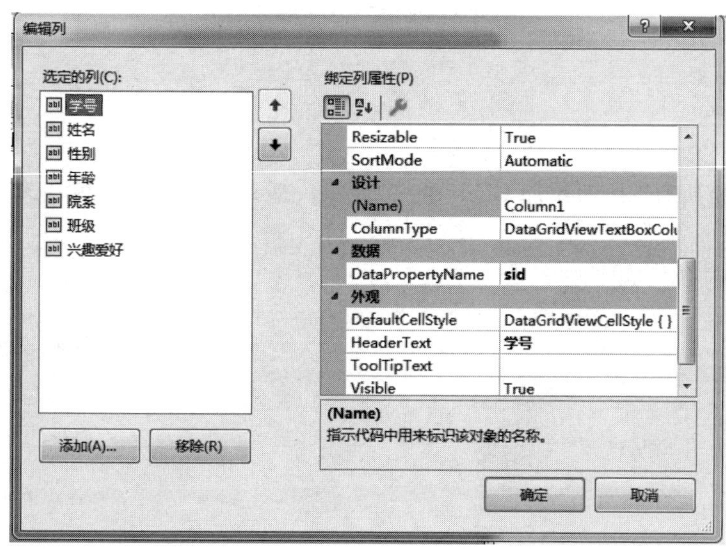

图 8-10　编辑 DataGridView 组件属性

(3) 打开 EditStudent.cs 的文件,添加方法 DataStudent()从数据库中读取数据填充到数据集,主要代码如下:

```
//数据绑定
private void DataStudent()
{
    try {
        con = new SqlConnection(strCon);
        //创建数据适配器
        sda = new SqlDataAdapter("select * from [tb_Student]", con);
        //生成修改命令
        SqlCommandBuilder builder = new SqlCommandBuilder(sda);
        //创建数据集
        ds = new DataSet();
        //填充数据
```

```
            sda.Fill(ds);
            //设置数据源
            this.dataGridView1.DataSource = ds.Tables[0];
        }
        catch (SqlException ee)
        {
            MessageBox.Show(ee.ToString());
        }
    }
```

(4) 为窗体 EditStudent 添加 Load 事件,在该事件中调用 DataStudent()方法以生成绑定数据,具体代码如下:

```
private void EditStudent_Load(object sender, EventArgs e)
{
    //设置 DataGridVie 控件的属性
    this.dataGridView1.AutoGenerateColumns = false;
    this.dataGridView1.BackgroundColor = Color.White;
    //绑定数据
    DataStudent();
}
```

(5) 为"更新所有" 按钮添加 Click 事件,同步数据到数据库服务器,具体代码如下:

```
private void button1_Click(object sender, EventArgs e)
{
    DialogResult dr = MessageBox.Show("确定保存修改吗?", "提示",
                                MessageBoxButtons.YesNo, MessageBoxIcon.Asterisk);
    if (dr == DialogResult.Yes)
    {
        if (ds.HasChanges())                              //数据有变化
        {
            try
            {
                sda.Update(ds);                           //更新数据
                ds.AcceptChanges();                       //接受修改
            }
            catch (Exception cx)
            {
                MessageBox.Show(cx.ToString());
                return;
            }
        }
    }
}
```

知识链接

8.3.1 ADO.NET 数据访问模型

在数据库应用系统中,大量的客户机同时连接到数据库服务器,这样在数据库服务器上就会频繁进行“建立连接”“释放资源”“关闭连接”的操作，使服务器的性能经受严峻的考验。那么，怎样才能改进数据库连接的性能呢？这要从 ADO.NET 访问数据库的两种机制谈起。

1. 连接模式

在连接模式下，应用程序在操作数据时，客户机必须一直保持和数据库服务器的连接。这种模式适合数据传输量少、系统规模不大、客户机和服务器在同一网络内的环境。连接模式下的数据访问步骤如下：

(1) 使用 Connection 对象连接数据库。

(2) 使用 Command(命令)对象向数据库索取数据。

(3) 把取回来的数据放在 DataReader(数据阅读器)对象中进行读取。

(4) 完成读取操作后，关闭 DataReader 对象。

(5) 关闭 Connection 对象。

ADO.NET 的连接模式只能返回向前的、只读的数据，这是因为 DataReader 对象的特性决定的。

2. 断开连接模式

断开连接模式是指应用程序在操作数据时，并非一直与数据源保持连接，适合网络数据量大、系统节点多、网络结构复杂，尤其是通过 Internet/Intranet 进行连接的网络。断开连接模式下的数据访问的步骤如下：

(1) 使用 Connection 对象连接数据库。

(2) 使用 Command 对象获取数据库的数据。

(3) 把 Command 对象的运行结果存储在 DataAdapter(数据适配器)对象中。

(4) 把 DataAdapter 对象中的数据填充到 DataSet(数据集)对象中。

(5) 关闭 Connection 对象。

(6) 在客户机本地内存保存的 DataSet(数据集)对象中执行数据的各种操作。

(7) 操作完毕后，启动 Connection 对象连接数据库。

(8) 利用 DataAdapter 对象更新数据库。

(9) 关闭 Connection 对象。

由于使用了断开连接模式，服务器不需要维护和客户机之间的连接，只有当客户机需要将更新的数据传回到服务器时再重新连接，这样服务器的资源消耗就少，可以同时支持更多并发的客户机。当然，这需要 DataSet 对象的支持和配合才能完成，这是 ADO.NET 的卓越之处。

8.3.2 DataSet 对象

1. DataSet 对象概述

数据集(DataSet)对象是支持通过 ADO.NET 断开连接的分布式数据方案的核心。数据集是数据的内存驻留表示形式，可提供一致的关系编程模型，而不考虑数据源。它可以用于多种不同的数据源，用于 XML 数据，或用于管理应用程序本地的数据。DataSet 就像存储于内存中的一个小型关系数据库，包含任意数据表以及所有表的约束、索引和关系等。DataSet 对象的层次结构如图 8-11 所示。

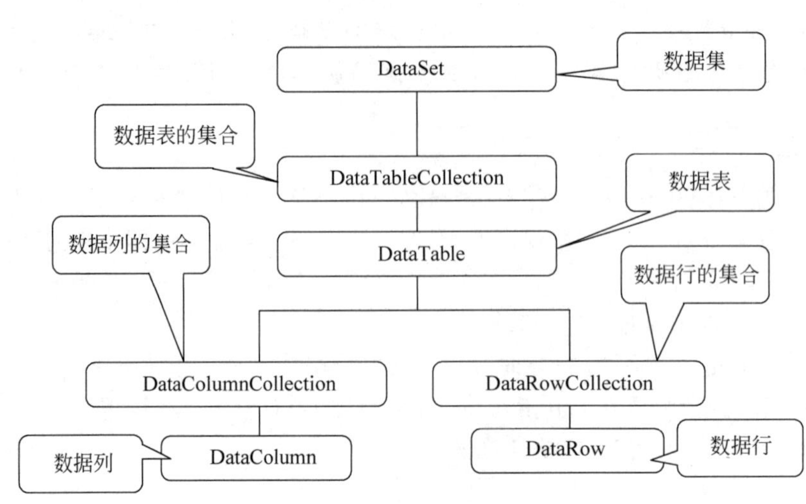

图 8-11　DataSet 对象的层次结构

从图 8-11 可以看出，ADO.NET 数据集包含由 DataTable 对象表示的零个或多个表的集合。DataTableCollection 包含数据集中的所有 DataTable 对象。

DataTable 在 System. Data 命名空间中定义，表示内存驻留数据的单个表，其中包含由 DataColumnCollection 表示的列集合以及由 ConstraintCollection 表示的约束集合，这两个集合共同定义表的架构。DataTable 还包含由 DataRowCollection 表示的行的集合，其中包含表中的数据。除了其当前状态之外，DataRow 还会保留其当前版本和初始版本，以标识对行中存储的值的更改。表 8-9 给出了 DataSet 的常用属性、方法及其说明。

表 8-9　DataSet 的常用属性、方法及其说明

项　目		说　明
属性	Tables	检查现有的 DataTable 对象。通过索引访问 DataTable 有更好的性能
	Relations	返回一个 DataRelationCollection 对象
	DataSetName	当前 DataSet 的名称。如果不指定，则该属性值设置为 NewDataSet
方法	AcceptChanges()	调用 AcceptChanges()时，RowState 属性值为 Added 或 Modified 的所有行的 RowState 属性都将被设置为 UnChanged。任何标记为 Deleted 的 DataRow 对象将从 DataSet 中删除
	Clear()	清除 DataSet 中所有 DataRow 对象。该方法比释放一个 DataSet 然后再创建一个相同结构的新 DataSet 要快
	HasChange()	表示 DataSet 中是否包含挂起更改的 DataRow 对象

2. DataSet 的工作原理

数据集并不直接和数据库打交道，它和数据库之间的相互作用是通过.NET 数据提供程序中的数据适配器(DataAdapter)对象来完成的。数据集的工作原理如图 8-12 所示。

首先，客户端与数据库服务器端建立连接。

然后，由客户端应用程序向数据库服务器发送数据请求。数据库服务器接到数据请求后，经检索选择出符合条件的数据，发送给客户端的数据集，这时连接可以断开。

接下来，数据集以数据绑定控件或直接引用等形式将数据传递给客户端应用程序。如果客户端应用程序在运行过程中有数据发生变化，它会修改数据集中的数据。

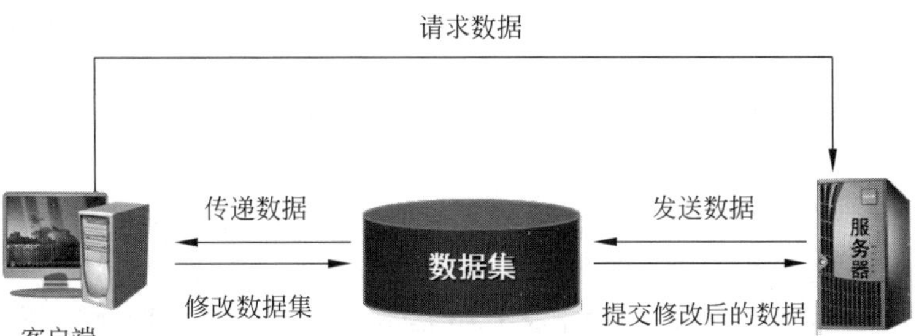

图 8-12　数据集的工作原理

当应用程序运行到某一阶段时，例如应用程序需要保存数据，就可以再次建立客户端到数据库服务器端的连接，将数据集中被修改的数据提交给服务器，最后再次断开连接。

3. 创建 DataSet

可以通过调用 DataSet 构造函数来创建 DataSet 的实例。可以选择指定一个名称参数。如果没有为 DataSet 指定名称，则该名称会设置为 NewDataSet。创建 DataSet 的语法格式如下：

```
DataSet ds = new DataSet( );
```

或者

```
DataSet ds = new DataSet("数据集名称" );
```

以下代码示例演示了如何构造 DataSet。

```
DataSet customerOrders  =  new DataSet("CustomerOrders");
```

8.3.3　DataAdapter 对象

1. 认识 DataAdapter 对象

DataSet 和物理数据库是两个客体，要使这两个客体保持一致，就需要使用 DataAdapter 类来同步两个客体。DataAdapter 为外部数据源与本地 DataSet 集合架起一座桥梁，将从外部数据源检索到的数据合理、正确地调配到本地的 DataSet 集合中，同时 DataAdapter 还可以将对 DataSet 的更改解析回数据源。DataAdapter 本质上就是一个数据调配器。当需要查询数据时，它从数据库检索数据，并填充到本地的 DataSet 或者 DataTable 中；当需要更新数据库时，它将本地内存的数据路由到数据库，并执行更新命令。

【指点迷津】 随.NET Framework 提供的每个.NET Framework 数据提供程序包括一个 DataAdapter 对象：OLE DB .NET Framework 数据提供程序包括一个 OleDbDataAdapter 对象，SQL Server .NET Framework 数据提供程序包括一个 SqlDataAdapter 对象、ODBC .NET Framework 数据提供程序包括一个 OdbcDataAdapter 对象，Oracle .NET Framework 数据提供程序包括一个 OracleDataAdapter 对象。

2. DataAdapter 对象的常用属性

DataAdapter 对象的工作步骤一般有两种：一种是通过 Command 对象执行 SQL 语句，将获得的结果集填充到 DataSet 对象中；另一种是将 DataSet 中更新数据的结果返回到数据库中。

DataAdapter 对象的常用属性形式为 XXXCommand，用于描述和设置数据库操作。使用 DataAdapter 对象，可以读取、添加、更新和删除数据源中的记录。对于每种操作的执行方式，适配器支持以下 4 个属性，类型都是 Command，分别用来管理数据查询、添加、修改和删除操作。

- SelectCommand 属性：该属性用来从数据库中检索数据。
- InsertCommand 属性：该属性用来向数据库中插入数据。
- DeleteCommand 属性：该属性用来删除数据库中的数据。
- UpdateCommand 属性：该属性用来更新数据库中的数据。

例如，以下代码可以给 DataAdapter 对象的 selectCommand 属性赋值。

```
SqlConnection conn = new SqlConnection(strCon);                //创建数据库连接对象
SqlDataAdapter da = new SqlDataAdapter();                      //创建 DataAdapter 对象
//给 DataAdapter 对象的 SelectCommand 属性赋值
Da.SelectCommand = new SqlCommand("select * from user", conn);
//省略后继代码
```

同样，可以使用上述方式给其他的 InsertCommand、DeleteCommand 和 UpdateCommand 属性赋值，从而实现数据的添加、删除和修改操作。

当在代码中使用 DataAdapter 对象的 SelectCommand 属性获得数据表的连接数据时，如果表中数据有主键，就可以使用 CommandBuilder 对象来自动为这个 DataAdapter 对象隐形地生成其他 3 个 InsertCommand、DeleteCommand 和 UpdateCommand 属性。这样，在修改数据后，就可以直接调用 Update()方法将修改后的数据更新到数据库中，而不必再使用 InsertCommand、DeleteCommand 和 UpdateCommand 这 3 个属性来执行更新操作，相关代码如下：

```
SqlCommandBuilder builder = new SqlCommandBuilder(已创建的 DataAdapter 对象);
```

3. DataAdapter 对象的常用方法

DataAdapter 对象主要用来把数据源的数据填充到 DataSet 中，以及把 DataSet 中的数据更新到数据库，同样有 SqlDataAdapter 和 OleDbAdapter 两种对象。它的常用方法有构造函数、填充或刷新 DataSet 的方法、将 DataSet 中的数据更新到数据库里的方法和释放资源的方法。

1) 构造函数

不同类型的数据提供者使用不同的构造函数来完成 DataAdapter 对象的构造。对于 SqlDataAdapter 类，其构造函数说明如表 8-10 所示。

2) Fill()方法

当调用 Fill()方法时，它将向数据存储区传输一条 SQL SELECT 语句。该方法主要用来填充或刷新 DataSet，返回值是影响 DataSet 的行数。该方法的常用定义如表 8-11 所示。

表 8-10　SqlDataAdapter 类构造函数说明

方 法 定 义	参 数 说 明	方 法 说 明
SqlDataAdapter()	不带参数	创建 SqlDataAdapter 对象
SqlDataAdapter(SqlCommand selectCommand)	selectCommand：指定新创建对象的 SelectCommand 属性	创建 SqlDataAdapter 对象。用参数 selectCommand 设置其 Select Command 属性
SqlDataAdapter(string selectCommandText, SqlConnection selectConnection)	selectCommandText：指定新创建对象的 SelectCommand 属性值 selectConnection：指定连接对象	创建 SqlDataAdapter 对象。用参数 selectCommandText 设置其 SelectCommand 属性值，并设置其连接对象为 selectConnection
SqlDataAdapter(string selectCommandText,String selectConnectionString)	selectCommandText：指定新创建对象的 SelectCommand 属性值 selectConnectionString：指定新创建对象的连接字符串	创建 SqlDataAdapter 对象。将参数 selectCommandText 设置为 SelectCommand 属性值，其连接字符串为 selectConnectionString

表 8-11　DataAdapter 类的 Fill()方法说明

方 法 定 义	参 数 说 明	方 法 说 明
int Fill (DataSet dataset)	参数 dataset 是需要填充的数据集名	添加或更新参数所指定的 DataSet 数据集，返回值为影响的行数
int Fill(DataSet dataset, string srcTable)	参数 dataset 是需要填充的数据集名，参数 srcTable 指定需要填充的数据集的 dataTable 数据表的名称	填充指定的 DataSet 数据集中指定表

3）Update()方法

使用 DataAdapter 对象更新数据库中的数据时，需要用到 Update()方法。Update()方法通过为 DataSet 中的每个已插入、已更新或已删除的行执行相应的 INSERT、UPDATE 或 DELETE 语句来更新数据库中的值。

Update()方法最常用的重载形式如下：

- Update(DataRow[])：通过为 DataSet 中的指定数组中的每个已插入、已更新或已删除的行执行相应的 INSERT、UPDATE 或 DELETE 语句来更新数据库中的值。
- Update(DataSet)：通过为指定的 DataSet 中的每个已插入、已更新或已删除的行执行相应的 INSERT、UPDATE 或 DELETE 语句来更新数据库中的值。
- Update(DataTable)：通过为指定的 DataTable 中的每个已插入、已更新或已删除的行执行相应的 INSERT、UPDATE 或 DELETE 语句来更新数据库中的值。

下面的代码演示如何通过显式设置 DataAdapter 的 UpdateCommand 并调用其 Update()方法对已修改行执行更新。

```
private static void AdapterUpdate(string connectionString)
{
    using (SqlConnection connection = new SqlConnection(connectionString))
    {
        //创建 SqlDataAdapter
        SqlDataAdapter dataAdpater = new SqlDataAdapter( "SELECT CategoryID, CategoryName
```

```
FROM Categories",connection);
            //设置 DataAdapter 对象的属性
            dataAdpater.UpdateCommand = new SqlCommand(
            "UPDATE Categories SET CategoryName = @CategoryName WHERE CategoryID = @CategoryID",
connection);
            dataAdpater.UpdateCommand.Parameters.Add(
            "@CategoryName", SqlDbType.NVarChar, 15, "CategoryName");
            SqlParameter parameter = dataAdpater.UpdateCommand.Parameters.Add(
                "@CategoryID", SqlDbType.Int);
            parameter.SourceColumn = "CategoryID";
            parameter.SourceVersion = DataRowVersion.Original;
            //创建 DataTable
            DataTable categoryTable = new DataTable();
            //填充数据
            dataAdpater.Fill(categoryTable);
            //获取数据行
            DataRow categoryRow = categoryTable.Rows[0];
            categoryRow["CategoryName"] = "New Beverages";
            //更新数据
            dataAdpater.Update(categoryTable);

            Console.WriteLine("Rows after update.");
            foreach (DataRow row in categoryTable.Rows)
            {
                {
                    Console.WriteLine("{0}: {1}", row[0], row[1]);
                }
            }
        }
}
```

注意，在 UPDATE 语句的 WHERE 子句中指定的参数设置为使用 SourceColumn 的 Original 值。这一点很重要，因为 Current 值可能已被修改，可能会不匹配数据源中的值。Original 值是用于从数据源填充 DataTable 的值。

拓展提高

1. SQLHelper

SQLHelper 是一个基于.NET Framework 的数据库操作组件。组件中包含数据库操作方法，SQLHelper 有很多版本，主要是微软一开始发布的 SQLHelper 类，后面包含进 Enterprise Library 开源包中。还有一个主要版本是 dbhelper. org 开源的 SQLHelper 组件，其优点是简洁、高性能，不仅支持 SQL Server，同时支持 Oracle、Access、MySQL 数据库，也是一个开源项目，提供免费下载。

2. 事务

在 ADO.NET 中，使用 Connection 对象控制事务，可以使用 BeginTransaction()方法启动本地事务。开始事务后，可以使用 Command 对象的 Transaction 属性在该事务中登记一个命令。然后，可以根据事务组件的成功或失败，提交或回滚在数据源上进行的修改。在 ADO.NET 执行事务的步骤如下：

(1) 调用 SqlConnection 对象的 BeginTransaction()方法,以标记事务的开始。BeginTransaction()方法返回对事务的引用。此引用分配给在事务中登记的 SqlCommand 对象。

(2) 将 Transaction 对象分配给要执行的 SqlCommand 的 Transaction 属性。如果在具有活动事务的连接上执行命令,并且尚未将 Transaction 对象配给 Command 对象的 Transaction 属性,则会引发异常。

(3) 执行所需的命令。

(4) 调用 SqlTransaction 对象的 Commit()方法完成事务,或调用 Rollback()方法结束事务。如果在 Commit()或 Rollback()方法执行之前连接关闭或断开,事务将回滚。

8.4 数据浏览器——DataGridView 控件

视频讲解

在学生信息管理系统中,经常需要编辑课程信息,为此,需要查询相关的课程信息,并显示在表格中,用户右击可选择修改和删除课程信息,如图 8-13 所示。

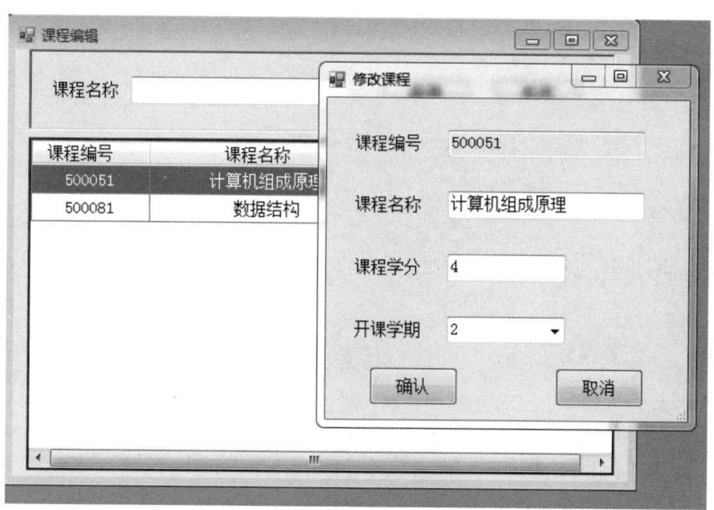

图 8-13　编辑课程信息

(1) 启动 Visual Studio 2017,打开学生成绩管理系统项目 StudenAchievement。在项目中添加课程管理窗体 EditCourseForm,在课程信息管理窗体中提供了 DataGridView 控件用于显示课程信息,并提供了根据课程名称查找、修改以及删除课程信息的功能。

(2) 在加载窗体时显示所有课程信息,主要代码如下:

```
//查询所有课程信息
private void QueryAllCourse()
{
```

```
        //数据库连接串
        string connStr = GetConnectionString();
        //创建 SqlConnection 的实例
        SqlConnection conn = null;
        try
        {
            conn = new SqlConnection(connStr);
            //打开数据库
            conn.Open();
            string sql = "select * from tb_Course";
            //创建 SqlDataAdapter 类的对象
            SqlDataAdapter sda = new SqlDataAdapter(sql, conn);
            //创建 DataSet 类的对象
            DataSet ds = new DataSet();
            //使用 SqlDataAdapter 对象 sda 将查新结果填充到 DataSet 对象 ds 中
            sda.Fill(ds);
            //设置表格控件的 DataSource 属性
            dataGridView1.DataSource = ds.Tables[0];
            //设置数据表格为只读
            dataGridView1.ReadOnly = true;
            //背景为白色
            dataGridView1.BackgroundColor = Color.White;
            //只允许选中单行
            dataGridView1.MultiSelect = false;
            //整行选中
            dataGridView1.SelectionMode = DataGridViewSelectionMode.FullRowSelect;
        }
        catch (Exception ex)
        {
            MessageBox.Show("查询错误!" + ex.Message);
        }
        finally
        {
            if (conn != null)
            {
                //关闭数据库连接
                conn.Close();
            }
        }
    }
    //窗体加载事件
    private void EditCourseForm_Load(object sender, EventArgs e)
    {
        //调用查询全部课程的方法
        QueryAllCourse();
    }
```

(3) 完成课程名称的模糊查询。在“查询”按钮的单击事件中加入根据课程名称模糊查询的代码,具体代码如下:

```
    //"查询"按钮单击事件
```

```
private void button1_Click(object sender, EventArgs e)
{
    if (textBox1.Text != "")
    {
        //创建 SqlConnection 的实例
        SqlConnection conn = null;
        try
        {
            conn = new SqlConnection(GetConnectionString());
            //打开数据库
            conn.Open();
            //生成 SQL 语句
            string sql = $"select * from tb_Course where cname like '%{textBox1.Text.Trim()}%'";
            //创建 SqlDataAdapter 类的对象
            SqlDataAdapter sda = new SqlDataAdapter(sql, conn);
            //创建 DataSet 类的对象
            DataSet ds = new DataSet();
            //使用 SqlDataAdapter 对象 sda 将查新结果填充到 DataSet 对象 ds 中
            sda.Fill(ds);
            //设置表格控件的 DataSource 属性
            dataGridView1.DataSource = ds.Tables[0];
        }
        catch (Exception ex)
        {
            MessageBox.Show("出现错误!" + ex.Message);
        }
        finally
        {
            if (conn != null)
            {
                //关闭数据库连接
                conn.Close();
            }
        }
    }
}
```

(4) 实现修改功能。在 DataGridView 控件中选中一条课程信息，右击，在弹出的快捷菜单中选择“修改”命令，弹出修改课程信息对话框并在该对话框中显示要修改的信息。具体代码如下：

```
//修改菜单事件
private void 修改 ToolStripMenuItem_Click(object sender, EventArgs e)
{
    //获取 DataGridView 控件中的值
    //获取课程编号
    string id = dataGridView1.SelectedRows[0].Cells[0].Value.ToString();
    //获取课程名称
    string name = dataGridView1.SelectedRows[0].Cells[1].Value.ToString();
    //获取学分名称
    string credit = dataGridView1.SelectedRows[0].Cells[2].Value.ToString();
    //获取学期名称
    string term = dataGridView1.SelectedRows[0].Cells[3].Value.ToString();
    //创建 ModifyCourseForm 类的对象,并将课程信息传递给修改界面
```

```
        ModifyCourseForm dlg = new ModifyCourseForm(id, name, credit, term);
        //弹出修改课程信息对话框
        DialogResult dr = dlg.ShowDialog();
        //判断是否单击"确定"按钮
        if (dr == DialogResult.OK)
        {
            //调用查询全部课程方法
            QueryAllCourse();
        }
    }
```

(5) 实现删除功能。在 DataGridView 控件中选中一条课程信息，右击，在弹出的快捷菜单中选择“删除”命令，将选中的课程信息删除并刷新界面中查询出来的数据。实现的代码如下。

```
    //删除菜单事件
    private void 删除ToolStripMenuItem_Click(object sender, EventArgs e)
    {
        //获取 DataGridView 控件中选中行的编号列的值
        string id = dataGridView1.SelectedRows[0].Cells[0].Value.ToString();
        //创建 SqlConnection 的实例
        SqlConnection conn = null;
        try
        {
            conn = new SqlConnection(GetConnectionString());
            //打开数据库
            conn.Open();
            //生成 SQL 命令
            string sql = string.Format("delete  from tb_Course where cid = '{0}'", id);
            //创建 SqlCommand 类的对象
            SqlCommand cmd = new SqlCommand(sql, conn);
            //执行 SQL 语句
            cmd.ExecuteNonQuery();
            //弹出消息提示删除成功
            MessageBox.Show("删除成功!");
            //调用查询全部的方法,刷新 DataGridView 控件中的数据
            QueryAllCourse();
        }
        catch (Exception ex)
        {
            MessageBox.Show("删除失败!" + ex.Message);
        }
        finally
        {
            if (conn != null)
            {
                //关闭数据库连接
                conn.Close();
            }
        }
    }
```

8.4.1 认识 DataGridView

用户界面(UI)设计人员经常会发现需要向用户显示表格数据。.NET Framework 提供了多种以表或网格形式显示数据的方式。DataGridView 控件代表着此技术在 Windows 窗体应用程序中的最新进展。

DataGridView 控件提供一种强大而灵活的以表格形式显示数据的方式,如图 8-14 所示。可以使用该控件显示小型到大型数据集的只读或可编辑视图,还可以显示和编辑来自多种不同类型的数据源的表格数据。DataGridView 控件支持标准 Windows 窗体数据绑定模型。所谓数据绑定,就是通过某种设置使得某些数据能够自动地显示到指定控件的一种技术。

	员工工号	员工姓名	隶属部门	职位	性别	民族	邮箱
▶ 1	12090261		品质部	品质经理	男	汉族	
2	12080260		采购开发	采购开发员	女	汉族	meijua
3	12080259		品质部	供应商品质工…	男	汉族	weilun
4	12080258		总经办	总经理秘书	女	汉族	ling.x
5	12070257		工厂	厂长	男	汉族	hanxin

图 8-14 DataGridView 控件

将数据绑定到 DataGridView 非常简单、直观,很多情况下,只需要设置它的 DataSource 属性。如果使用的数据源包含多个列表或数据表,还需要设置控件的 DataMember 属性,该属性为字符串类型,用于指定要绑定的列表或数据表。

DataGridView 控件支持标准的 WinForm 数据绑定模型,因此它可以绑定到下面列表中的类的实例:

- 任何实现 IList 接口的类,包括一维数组。
- 任何实现 IListSource 接口的类,例如 DataTable 和 DataSet 类。
- 任何实现 IBindingList 接口的类,例如 BindingList 类。
- 任何实现 IBindingListView 接口的类,例如 BindingSource 类。

DataGridView 由两种基本的对象组成:单元格和组。所有的单元格都继承自 DataGridViewCell 基类。两种类型的组(或称集合)DataGridViewColumn 和 DataGridViewRow 都继承自 DataGridViewBand 基类,表示一组结合在一起的单元格。

单元格是操作 DataGridView 的基本单位。可以通过 DataGridViewRow 类的 Cells 集合属性访问一行包含的单元格,通过 DataGridView 的 SelectedCells 集合属性访问当前选中的单元格,通过 DataGridView 的 CurrentCell 属性访问当前的单元格。当前单元格指的是 DataGridView 焦点所在的单元格。如果当前单元格不存在时返回 Nothing(C# 是 null)。下面的代码演示了单元格的用法:

```
//取得当前单元格内容
Console.WriteLine(DataGridView1.CurrentCell.Value);
//取得当前单元格的列 Index
Console.WriteLine(DataGridView1.CurrentCell.ColumnIndex);
```

```
//取得当前单元格的行 Index
Console.WriteLine(DataGridView1.CurrentCell.RowIndex);
```


DataGridView 所附带的数据(这些数据可以通过绑定或非绑定方式附加到控件)的结构表现为 DataGridView 的列。可以使用 DataGridView 的 Columns 集合属性访问 DataGridView 所包含的列,使用 SelectedColumns 集合属性访问当前选中的列。

DataGridViewRow 类用于显示数据源的一行数据。可以通过 DataGridView 控件的 Rows 集合属性来访问其包含的行,通过 SelectedRows 集合属性访问当前选中的行。如果将 DataGridView 的 AllowUserToAddRows 属性设为 true,则一个专用于添加新行的特殊行会出现在最后一行的位置上,这一行也属于 Rows 集合。

8.4.2 使用 DataGridView 控件

1. 添加和删除 DataGridView 控件中的列

DataGridView 控件必须包含列才能显示数据。如果计划手动填充控件,则必须自行添加列。可以将控件绑定到数据源,该数据源会自动生成并填充列。如果数据源包含的列多于要显示的列,则可以删除不需要的列。

使用设计器添加列的步骤如下:

(1) 单击 DataGridView 控件右上角的设计器操作标志符号(▶),然后选择"添加列"选项,如图 8-15 所示。

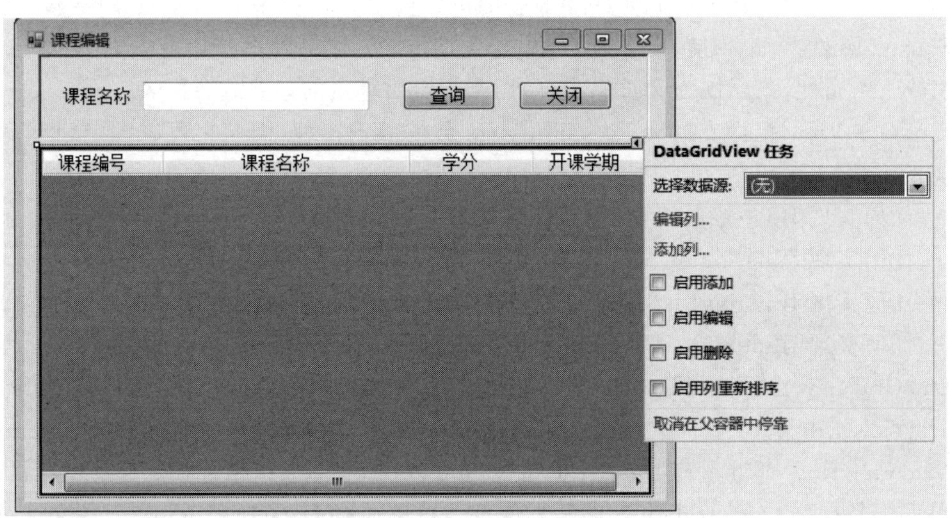

图 8-15　编辑 DataGridView 控件

(2) 在"添加列"对话框中,选择"数据绑定列"选项,然后从数据源中选择一个列,或选择"未绑定列"选项,然后使用提供的字段定义列。

(3) 单击"添加"按钮添加列,如果现有列尚未填充控件显示区域,则会使其显示在设计器中。

使用设计器删除列的步骤如下:

(1) 从控件的智能标记中,选择"编辑列"选项。

(2) 从"选定的列"列表中选择一列。

(3) 单击"删除"按钮可删除该列,使其从设计器中消失。

2. 更改 DataGridView 列的类型

有时,需要更改 DataGridView 控件的列的类型。例如,可能想要修改在将控件绑定到数据源时自动生成的某些列的类型。当所显示的表中的列包含对相关表中的行的外键时,这非常有用。在这种情况下,可能需要将显示这些外键的文本框列替换为组合框列,这些列显示了来自相关表的更有意义的值。

使用设计器更改列的类型的方法如下:

(1) 单击 DataGridView 控件右上角的设计器操作标志符号(▶),然后选择"编辑列"选项。

(2) 从"选定的列"列表中选择一列。

(3) 在"列属性"网格中,将 ColumnType 属性设置为新的列类型。

说明:ColumnType 属性是一个仅限设计时的属性,该属性指示表示列类型的类。它不是列类中定义的实际属性。

3. 设置 DataGridView 单元格的样式

利用 DataGridView 控件,可以为整个控件指定默认的单元格样式和单元数据格式,针对特定列、行标题和列标题,以及用于创建分类账效果的交替行。为列和交替行设置的默认样式会重写为整个控件设置的默认样式。此外,在代码中为单个行和单元格设置的样式会重写默认样式。

设置控件中所有单元格的默认样式的方法如下:

(1) 在设计器中选择 DataGridView 控件。在"属性"窗口中,单击 DefaultCellStyle、ColumnHeadersDefaultCellStyle 或 RowHeadersDefaultCellStyle 属性旁边的省略号按钮(...)。此时将弹出"CellStyle 生成器"对话框。

(2) 通过设置属性来定义样式,并使用"预览"窗格来确认选择。

8.4.3 DataGridView 应用示例——添加学生成绩

为了更好地理解和使用 DataGridView 控件,下面利用 DataGridView 控件来完成学生成绩管理系统中的"学生成绩录入"模块。该模块要求用户在窗体的文本框中输入学期,选择课程和班级后,单击"查询"按钮,应用程序在下方的表格中显示该班所有学生的学号和姓名,单击表格中的成绩栏,依次输入每个学生的成绩。成绩输入完成后,单击"添加"按钮将学生成绩信息添加到数据库。程序的运行结果如图 8-16 所示。

具体步骤如下:

(1) 启动 Visual Studio 2017,打开学生成绩管理系统项目,在该项目中添加一个 Windows 窗体,将该窗体的标题设置为"学生成绩录入",并向该窗体中添加三个 Label 控件、一个 TextBox 控件、两个 ComboBox 控件和三个 Button 控件。窗体中各个控件的属性设置如表 8-12 所示。为了以表格形式显示和添加学生成绩,在窗体上使用了 DataGridView 控件,该控件的 Name 属性设置为 gdvGrade,并添加三列,各列类型均为 DataGridViewTextBoxColumn。

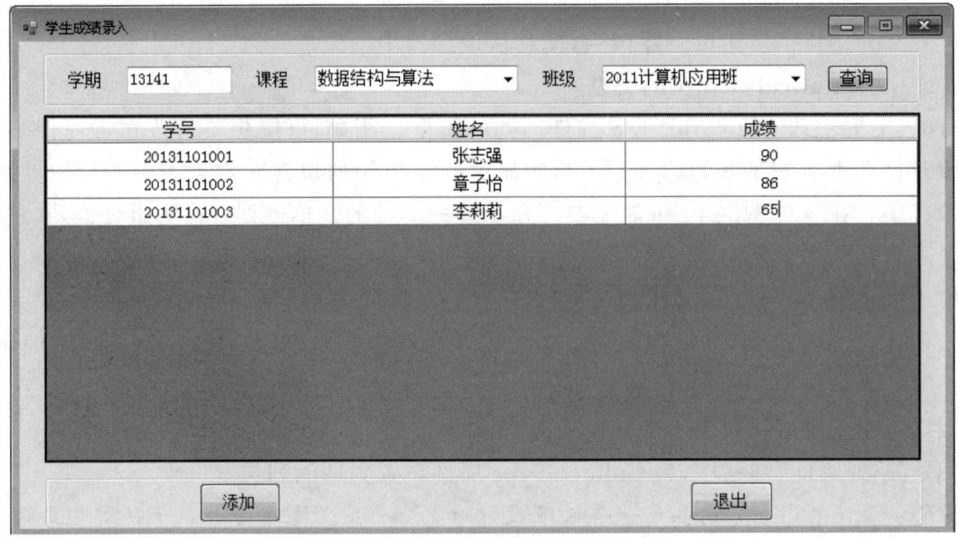

图 8-16 “学生成绩录入”界面

表 8-12 “学生成绩录入”窗体控件属性设置

控件类型	控件名称	属性	属性值
Label	label1	Text	学期
	label2	Text	课程
	label3	Text	班级
TextBox	txtTerm		
ComboBox	cboCourse	DropDownStyle	DropDownList
	cboClass	DropDownStyle	
Button	btnSearch	Text	查询
	btnAddStudent	Text	添加
	btnExit	Text	退出

(2) 为“学生成绩录入”窗体的添加 Load 事件，用于初始化课程和班级信息，关键代码如下：

```
private void GetCourse()            //绑定"课程"下拉列表框
{
    using (SqlConnection conn = new SqlConnection(source))
    {
        SqlDataAdapter da = new SqlDataAdapter("select cid,cname from [tb_Course]", conn);
        DataSet ds = new DataSet();
        da.Fill(ds);
        this.cboCourse.DataSource = ds.Tables[0];
        this.cboCourse.DisplayMember = "cname";
        this.cboCourse.ValueMember = "cid";
    }
}
//绑定"班级"下拉列表框
private void GetClass()
```

```
{
    using (SqlConnection conn = new SqlConnection(source))
    {
        SqlDataAdapter da = new SqlDataAdapter("select ClassID, ClassName from [tb_Class]",
conn);
        DataSet ds = new DataSet();
        da.Fill(ds);
        this.cboClass.DataSource = ds.Tables[0];
        this.cboClass.DisplayMember = "ClassName";
        this.cboClass.ValueMember = "ClassID";
    }
}
//窗体载入事件
private void AddGradeForm_Load(object sender, EventArgs e)
{
    GetCourse();
    GetClass();
}
```

(3) 增加"查询"按钮单击事件的处理方法,关键代码如下:

```
private void btnSearch_Click(object sender, EventArgs e)
{
    string id = this.cboClass.SelectedValue.ToString ();
    string strSQL = string.Format("SELECT StudentID,StudentName FROM [tb_Student] WHERE classid
                            = '{0}'", id);
    using (SqlConnection sqlcon = new SqlConnection(source))
    {
        DataSet ds = new DataSet();
        SqlDataAdapter sdp = new SqlDataAdapter(strSQL, sqlcon);
        sdp.Fill(ds);
        this.dgvGrade.DataSource = ds.Tables[0];
    }
}
```

(4) 增加"添加"按钮单击事件的代码以向数据库中添加数据,其关键代码如下:

```
private void btnAddStudent_Click(object sender, EventArgs e)
{
    string term = this.txtTerm.Text.Trim();                         //获取学期
    string cid = this.cboCourse.SelectedValue.ToString() ;          //获取课程编号
    List<string> list = new List<string>();                         //SQL 语句列表
    //遍历表格
    foreach (DataGridViewRow dgvRow in dgvGrade.Rows)
    {
        string sid = (string)dgvGrade.Rows[dgvRow.Index].Cells[1].Value;  //课程编码
        string grade = (string)dgvGrade.Rows[dgvRow.Index].Cells[0].Value;//成绩
        //构造 SQL 语句
        string sql = string.Format("INSERT INTO [tb_Grade](sid,cid,grade,term) VALUES
('{0}','{1}','{2}','{3}')", sid, cid, grade, term);
        list.Add(sql);                         //添加 SQL 命令到列表
    }
```

```
        using (SqlConnection conn = new SqlConnection(source))
        {
            //打开连接对象
            conn.Open();
            //开始本地事务
            SqlTransaction sqlTran = conn.BeginTransaction();
            //建立命令对象
            SqlCommand command = conn.CreateCommand();
            command.Transaction = sqlTran;

            try
            {
                //执行 SQL 命令
                foreach(string sql in list)
                {
                    command.CommandText = sql.ToString();
                    command.ExecuteNonQuery();
                }
                //提交事务
                sqlTran.Commit();
                Console.WriteLine("Both records were written to database.");
            }
            catch (Exception ex)
            {
                Console.WriteLine(ex.Message);
                try
                {
                   sqlTran.Rollback();        //事务回滚
                }
                catch (Exception exRollback)
                {
                    Console.WriteLine(exRollback.Message);
                }
            }
        }
        MessageBox.Show("学生成绩添加成功!", "添加学生成绩");
        this.dgvGrade.ReadOnly = true;
    }
```

在上面的示例中,使用了 ADO.NET 的事务功能。在.NET 应用程序中,如果要将多项任务绑定在一起,使其作为单个工作单元来执行,可以使用 ADO.NET 中的事务。例如,假设应用程序执行两项任务。首先使用订单信息更新表,然后更新包含库存信息的表,将已订购的商品记入借方。如果任何一项任务失败,两个更新均将回滚。

在 ADO.NET 中,使用 Connection 对象控制事务。可以使用 BeginTransaction()方法启动本地事务。开始事务后,可以使用 Command 对象的 Transaction 属性在该事务中登记一个命令。然后,可以根据事务组件的成功或失败,提交或回滚在数据源上进行的修改。

拓展提高

(1) 借助网络，整理和总结 DataGridView 控件的使用技巧，探索如何将 DataGridView 控件的信息导出为 Excel 格式。

(2) 完成学生成绩管理系统的“成绩管理”模块的其他功能，即在 DataGridView 控件显示学生成绩列表，并且可以实现成绩的修改。

8.5 知识点提炼

(1) ADO.NET 数据库访问技术是微软公司新一代.NET 数据库访问架构，它是数据库应用程序和数据源之间沟通的桥梁，主要提供一个面向对象的数据库访问架构，用来开发数据库应用程序。

(2) 所有对数据库的访问操作都是从建立数据库连接开始的。在打开数据库之前，必须先设置好连接字符串，然后再调用 Open()方法打开连接，此时便可以对数据库进行访问，最后调用 Close()方法关闭连接。

(3) Command 对象可以执行 SQL 语句或存储过程，从而实现应用程序与数据库的交互。

(4) DataReader 对象以一种只读的、向前的快速方式访问数据库。DataAdapter 使用 Command 命令从数据源加载数据到数据集 DataSet 中，以实现断开连接模式下的数据访问，并确保数据集数据的更新与数据源相一致。

(5) DataSet 对象是 ADO.NET 的核心概念，它是一个数据库容器，可以看作内存中的一个小型关系数据库。

(6) DataGridView 控件提供了一种强大而灵活的以表格的形式显示数据的方式。在大多数情况下，只需要设置 DataSource 属性即可。

8.6 思考与练习

1. 在 ADO.NET 中，执行数据库的某个存储过程，则至少需要创建(　　)并设置它们的属性，调用合适的方法。

A. 一个 Connection 对象和一个 Command 对象

B. 一个 Connection 对象和 DataSet 对象

C. 一个 Command 对象和一个 DataSet 对象

D. 一个 Command 对象和一个 DataAdapter 对象

2. dataTable 是数据集 myDataSet 中的数据表对象，有 9 条记录。调用下列代码后，dataTable 中还有(　　)条记录。

```
dataTable.Rows[8].Delete();
```

A. 9　　B. 8　　C. 1　　D. 0

3. 在 ADO.NET 中，为了确保 DataAdapter 对象能够正确地将数据从数据源填充到

DataSet 中，则必须事先设置好 DataAdapter 对象的(　　)属性。

A. DeleteCommand　　B. UpdateCommand

C. InsertCommand　　D. SelectCommand

4. 在使用 ADO.NET 设计数据库应用程序时，可通过设置 Connection 对象的(　　)属性来指定连接到数据库时的用户和密码信息。

A. ConnectionString　　B. DataSource

C. UserInformation　　D. Provider

5. 开发一个客户信息应用程序，使用户可以在一个 Windows 窗体中查看和更新客户信息。应用程序使用一个 DataTable 对象和一个 DataAdapter 对象来管理数据并与一个中央数据库进行交互，应用程序必须满足以下要求：当一个用户完成一系列改动后，这些改动必须写到数据库中，储存在 DataTable 对象中的数据必须能够指出数据库更新已结束，应该使用(　　)。

A. DataTable. AcceptChanges()
DataAdapter. Update(DataTable)

B. DataAdapter. Update(DataTable)
DataTable. AcceptChanges()

C. DataTable. Reset()
DataAdapter. Update(DataTable)

D. DataAdapter. Update(DataTable)
DataTable. Reset()

6. 变量名为 conn 的 SqlConnection 对象连接到本地 SQL Server 2014 的 Northwind 实例。该实例中包含表 Orders。为了从 Orders 表查询所有 CustomerID 等于 tom 的订单数据，正确的字符串 sqlstr 的赋值语句替换下列第一行语句的为(　　)。

```
string sqlstr = "本字符串需要你用正确的 SQL 语句替换":
conn.Open();
SqlCommand cmd = conn.CreateCommand();
cmd.CommandText = sqlstr;
cmd.CommandType = CommandType.Text;
SqlParameter p1 = cmd.Parameters.Add("@CustomerID",SqlDbType.VarChar,5);
p1.Value = "tom";
SqlDataReader dr = cmd.ExecuteReader();
```

A. string sqlstr="Select * From orders where CustomerID=";

B. string sqlstr="Select * From orders where CustomerID=CustomerID";

C. string sqlstr="Select * From orders where CustomerID=@CustomerID";

D. string sqlstr="Select * From orders";

7. 某 Command 对象 cmd 将被用来执行以下 SQL 语句，以向数据源中插入新记录：

```
insert into Customers values(1000,"tom")
```

语句“cmd. ExecuteNonQuery();”的返回值可能为(　　)。

A. 0　　B. 1　　C. 1000　　D. "tom"

8. cmd 是一个 SqlCommand 类型的对象，并已正确连接到数据库 MyDB。为了在遍历完 SqlDataReader 对象的所有数据行后立即自动释放 cmd 使用的连接对象，应采用（　　）调用 ExecuteReader()方法。

A. SqlDataReader dr=cmd. ExecuteReader()；

B. SqlDataReader dr=cmd. ExecuteReader(true)；

C. SqlDataReader dr=cmd. ExecuteReader(0)；

D. SqlDataReader dr=cmd. ExecuteReader(CommandBehavior. CloseConnection)；

9. 已知变量 ds 引用某个 DataSet 对象，该 DataSet 对象中已包含一个表名为 table1 的数据表。在 Windows 窗体 Form1 中，为了将变量名为 dataGrid1 的 DataGridView 控件绑定到数据表 table1，可以使用代码（　　）。

A. dataGrid1. DataSource=ds；dataGrid1. DataMember = ds. Tables["table1"]；

B. dataGrid1. DataMember=ds；

C. dataGrid1. DataSource=new DataView(ds. Tables["table1"])；

D. dataGrid1. DataSource=ds. Tables["table1"]；dataGrid1. DataMember=ds；

10. ADO.NET 中读写数据库需要使用哪些对象？作用是什么？

第9章 文件与数据流

一个完整的应用程序，通常都会涉及对系统和用户的信息进行存储、读取和修改等操作。有效地对文件进行操作是一个良好的应用程序必须具备的内容。C#提供了强大的文件操作功能，利用 System.IO 命名空间中的类可以非常方便地编写程序来实现文件的操作和管理。本章详细介绍在 C# 中如何操作文件及文件夹。

在学习完本章内容后，读者将能够：

- 了解 System.IO 命名空间中的常用类的作用。
- 使用 File 类和 FileInfo 类进行文件管理。
- 使用 Directory 类和 DirectoryInfo 类进行文件夹管理。
- 解释数据流的基本工作原理，进行文本文件和二进制文件的读写操作。

视频讲解

9.1 管理文件系统

任务描述

在学生成绩管理系统中，为保存学生的照片，需要将选择的照片复制到指定的文件夹，然后将照片文件的文件名保存到数据库。本任务实现学生照片信息的保存，如图 9-1 所示。

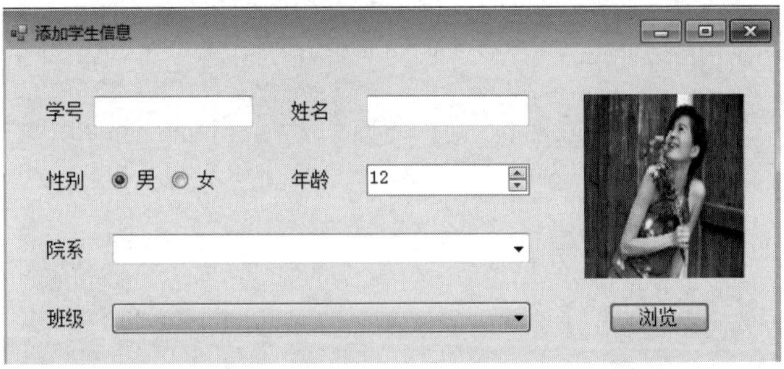

图 9-1 保存学生照片信息

(1) 启动 Visual Studio 2017，打开学生成绩管理系统项目 StudenAchievement。在解决方案管理器中打开添加学生窗体文件 NewStudentForm. cs。

(2) 修改“添加”按钮单击事件处理程序，添加如下代码：

```
private void btnOk_Click(object sender, EventArgs e)
{
    ...
    //获取文件类型
    string fileType = Path.GetExtension(oldFileName);
    string images = id + fileType;                    //图片文件名
    //拼接路径
    string imgPath = Path.Combine(Application.StartupPath, "Images");
    //判断文件夹是否存在
    if (!Directory.Exists(imgPath))
        Directory.CreateDirectory(imgPath);           //如果不存在,则创建文件夹
    string newFileName = Path.Combine(imgPath, images);
    //复制文件到指定文件夹
    File.Copy(oldFileName, newFileName, true);
    //添加数据部分代码
}
```

知识链接

9.1.1 System. IO 命名空间

在 Windows 应用程序中，经常会涉及对系统和用户信息进行存储、读取和修改等操作，这就需要对外存中的文件进行输入输出(I/O)处理。例如，一名财务人员将单位的工资报表进行保存，应用程序就会将数据以. xls 文件的形式保存到硬盘上。而另一位在家休假的员工想浏览旅游期间拍摄的照片，应用程序就会读取存放在硬盘上的. bmp 文件。第三位员工要保留与好友的聊天记录，应用程序就会将会话文本以. txt 文件的形式保存到硬盘上，如图 9-2 所示。.NET 类库为开发人员提供了强大的文件操作功能，利用.NET 环境提供的功能，可以方便地编写 C# 应用程序实现文件的管理、读写等操作。

图 9-2　文件应用的例子

文件是由一些具有永久存储及特定顺序的字节组成的一个有序的、具有名称的集合，是进行数据读写操作的基本对象。文件通常具有文件名、路径和访问权限等属性。流从概念上来说类似于单独的磁盘文件，它也是进行数据读写的对象。流提供了连续的字节存储空间，通过流可以向后备存储器写入字节，也可以从后备存储器读取字节。与磁盘文件直接相关的流称为文件流，除文

件流之外也存在多种流。例如，网络流、内存流和磁带流等其他类型流。

C#中与文件、文件夹及文件读写有关的类都位于 System.IO 命名空间中。System.IO 命名空间包含允许在数据流和文件上进行同步和异步读取及写入的类型。表 9-1 给出了 System.IO 命名空间中常用的类及其说明。

表 9-1 System.IO 命名空间中常用的类及其说明

类	说　明
BinaryReader	用特定的编码将基元数据类型读作二进制值
BinaryWriter	以二进制形式将基元类型写入流，并支持用特定的编码写入字符串
BufferedStream	给另一流上的读写操作添加一个缓冲层。无法继承此类
Directory	公开用于创建、移动和枚举目录和子目录的静态方法。无法继承此类
DirectoryInfo	公开用于创建、移动和枚举目录和子目录的实例方法。无法继承此类
File	提供用于创建、复制、删除、移动和打开文件的静态方法，并协助创建 FileStream 对象
FileInfo	提供创建、复制、删除、移动和打开文件的实例方法，并且帮助创建 FileStream 对象。无法继承此类
FileStream	公开以文件为主的 Stream，既支持同步读写操作，也支持异步读写操作
FileSystemInfo	为 FileInfo 和 DirectoryInfo 对象提供基类
DriveInfo	提供对有关驱动器信息的访问
Path	对包含文件或目录路径信息的 String 实例执行操作。这些操作是以跨平台的方式执行的
Stream	提供字节序列的一般视图
StreamReader	实现一个 TextReader，使其以一种特定的编码从字节流中读取字符
StreamWriter	实现一个 TextWriter，使其以一种特定的编码向流中写入字符
StringReader	实现从字符串进行读取的 TextReader
StringWriter	实现一个用于将信息写入字符串的 TextWriter。该信息存储在基础 StringBuilder 中
TextReader	表示可读取连续字符系列的读取器
TextWriter	表示可以编写一个有序字符系列的编写器。该类为抽象类

9.1.2 驱动器管理

在处理文件和目录之前，需要先检查驱动器信息，这需要使用 DriveInfo 类实现。DriveInfo 类可以扫描系统，提供可用驱动器的列表，还可以进一步提供任何驱动器的大量细节。表 9-2 列出 DriveInfo 类的常用属性、方法及其说明。

表 9-2 DriveInfo 类的常用属性、方法及其说明

项　目		说　明
属性	AvailableFreeSpace	指示驱动器上的可用空闲空间总量(以字节为单位)
	DriveFormat	获取文件系统的名称，例如 NTFS 或 FAT32
	DriveType	获取驱动器类型，如 CD-ROM、可移动、网络或固定
	IsReady	获取一个指示驱动器是否已准备好的值
	Name	获取驱动器的名称，如 C:\
	RootDirectory	获取驱动器的根目录
	TotalFreeSpace	获取驱动器上的可用空闲空间总量(以字节为单位)
	TotalSize	获取驱动器上存储空间的总大小(以字节为单位)
	VolumeLabel	获取或设置驱动器的卷标

续表

项目		说明
方法	Equals(Object)	确定指定的对象是否等于当前对象
	GetDrives()	检索计算机上的所有逻辑驱动器的驱动器名称
	ToString()	将驱动器名称作为字符串返回

为了说明 DriveInfo 类的用法，创建一个简单的控制台应用程序 DriveInformation，列出计算机上的所有可用的驱动器。

```
DriveInfo[] allDrives = DriveInfo.GetDrives();
foreach (DriveInfo d in allDrives)
{
    Console.WriteLine("Drive {0}", d.Name);
    Console.WriteLine("  Drive type: {0}", d.DriveType);
    if (d.IsReady == true)
    {
        Console.WriteLine("  Volume label: {0}", d.VolumeLabel);
        Console.WriteLine("  File system: {0}", d.DriveFormat);
        Console.WriteLine("  Available space to current user:{0, 15} bytes", d.AvailableFreeSpace);
        Console.WriteLine("  Total available space: {0, 15} bytes", d.TotalFreeSpace);
        Console.WriteLine("  Total size of drive: {0, 15} bytes ", d.TotalSize);
    }
}
```

在没有 DVD 光驱，运行这个程序，可能得到如下信息：

```
Drive C:\
  Drive type: Fixed
  Volume label:
  File system: FAT32
  Available space to current user:      4770430976 bytes
  Total available space:                4770430976 bytes
  Total size of drive:                  10731683840 bytes
Drive D:\
  Drive type: Fixed
  Volume label:
  File system: NTFS
  Available space to current user:      15114977280 bytes
  Total available space:                15114977280 bytes
  Total size of drive:                  25958948864 bytes
```

9.1.3 使用 Path 类

Path 类对包含文件或目录路径信息的 String 实例执行操作，这些操作是以跨平台的方式执行的。使用 Path 类的成员可以快速、轻松地执行常见操作，例如确定文件扩展名是否为路径的一部分，以及将两个字符串组合成一个路径名称。

Path 类的所有成员都是静态的，因此可以在没有路径实例的情况下调用。Path 类的常用方法及其说明如表 9-3 所示。

表 9-3　Path 类的常用方法及其说明

方　法	说　明
ChangeExtension(String,String)	更改路径字符串的扩展名
Combine(String,String)	将两个字符串组合成一个路径
Combine(String[])	将字符串数组组合成一个路径
GetDirectoryName(String)	返回指定路径字符串的目录信息
GetExtension(String)	返回指定路径字符串的扩展名(包括句点".")
GetFileName(String)	返回指定路径字符串的文件名和扩展名
GetFileNameWithoutExtension(String)	返回不具有扩展名的指定路径字符串的文件名
GetFullPath(String)	返回指定路径字符串的绝对路径
GetPathRoot(String)	从指定字符串包含的路径中获取根目录信息
GetTempPath()	返回当前用户的临时文件夹的路径
HasExtension(String)	确定路径是否包括文件扩展名
IsPathRooted(String)	返回一个值,该值指示指定的路径字符串是否包含根

下面通过实例来演示 Path 类的应用。

【编程示例】 从控制台输入一个路径,输出该路径的不含扩展名的路径、扩展名、文件全名、文件路径、更改文件扩展名。关键代码如下:

```
Console.WriteLine("请输入一个文件路径:");
string path = Console.ReadLine();
Console.WriteLine("不包含扩展名的文件名:" + Path.GetFileNameWithoutExtension(path));
Console.WriteLine("文件扩展名:" + Path.GetExtension(path));
Console.WriteLine("文件全名:" + Path.GetFileName(path));
Console.WriteLine("文件路径:" + Path.GetDirectoryName(path));
//更改文件扩展名
string newPath = Path.ChangeExtension(path, "doc");
Console.WriteLine("更改后的文件全名:" + Path.GetFileName(newPath));
```

注意,在接受路径作为输入字符串的成员中,该路径必须格式正确,否则会引发异常。例如,如果路径是完全限定的,但以空格开头,则不会在类的方法中剪裁路径。因此,路径格式不正确,并引发异常。同样,路径或路径的组合不能完全限定两次。例如,在大多数情况下,"c:\temp c:\windows" 也会引发异常。使用接受路径字符串的方法时,应确保路径格式正确。

9.1.4　目录管理

对目录进行操作时,主要用到.NET 类库中提供的 Directory 类和 DirectoryInfo 类。用户可以使用这两个类中的方法实现目录的基本操作,如创建、移动和删除目录等。

1. Directory 类

Directory 类公开用于目录和子目录创建、移动和枚举的静态方法。Directory 类的常用方法及其说明如表 9-4 所示。

表 9-4　Directory 类的常用方法及其说明

方　　法	说　　明
CreateDirectory()	创建指定路径中的所有目录
Delete()	删除指定的目录
Exists()	确定给定路径是否引用磁盘上的现有目录
GetCreationTime()	获取目录的创建日期和时间
GetCurrentDirectory()	获取应用程序的当前工作目录
GetDirectories()	获取指定目录中子目录的名称
GetFiles()	返回指定目录中文件的名称
GetFileSystemEntries()	返回指定目录中所有文件和子目录的名称
GetLastAccessTime()	返回上次访问指定文件或目录的日期和时间
GetLastWriteTime()	返回上次写入指定文件或目录的日期和时间
GetParent()	检索指定路径的父目录，包括绝对路径和相对路径
Move()	将文件或目录及其内容移到新位置
SetCurrentDirectory()	将应用程序的当前工作目录设置为指定的目录

下面的示例演示如何将目录及其所有文件移动到新目录。移动原始目录后，原始目录将不再存在。关键代码如下：

```
string sourceDirectory = @"C:\source";
string destinationDirectory = @"C:\destination";
try
{
    Directory.Move(sourceDirectory, destinationDirectory);
}
catch (Exception e)
{
    Console.WriteLine(e.Message);
}
```

2. DirectoryInfo 类

DirectoryInfo 类与 Directory 类的不同点在于 DirectoryInfo 类必须被实例化后才能使用，而 Directory 类则只提供了静态的方法。DirectoryInfo 类的构造函数形式如下：

```
public DirectoryInfo(string path)
```

其中，参数 path 指定要在其中创建 DirectoryInfo 的路径。

表 9-5 列出了 DirectoryInfo 类的主要属性及其说明。

表 9-5　DirectoryInfo 类的主要属性及其说明

属　　性	说　　明
Attributes	获取或设置当前 FileSystemInfo 的 FileAttributes
Exists	获取指示目录是否存在的布尔值
FullName	获取当前路径的完整目录名

续表

属　　性	说　　明
Parent	获取指定子目录的父目录
Root	获取根目录
CreationTime	获取或设置当前目录创建时间
LastAccessTime	获取或设置上一次访问当前目录的时间
LastWriteTime	获取或设置上一次写入当前目录的时间

下面的示例演示了 DirectoryInfo 类的一些主要成员，主要代码如下：

```
//Specify the directories you want to manipulate.
DirectoryInfo di = new DirectoryInfo(@"c:\MyDir");
try
{
    //判断目录是否存在
    if (di.Exists)
    {
        //目录已经存在
        Console.WriteLine("That path exists already.");
        return;
    }
    //建立目录
    di.Create();
    Console.WriteLine("The directory was created successfully.");
    //删除目录
    di.Delete();
    Console.WriteLine("The directory was deleted successfully.");
}
catch (Exception e)
{
    Console.WriteLine("The process failed: {0}", e.ToString());
}
```

【指点迷津】 Directory 类的静态方法对所有方法都执行安全检查。如果要多次重用某个对象，则考虑使用 DirectoryInfo 的相应实例方法，因为并不总是需要安全检查。如果只执行一个与目录相关的操作，则使用静态 Directory()方法（而不是相应的 DirectoryInfo 实例方法）可能更有效。

9.1.5　文件管理

在 C#应用程序中，可以使用 File 类和 FileInfo 类来实现文件的一些基本操作，包括创建文件、打开文件、复制文件、移动文件以及获取文件信息等操作。

1. File 类

File 类提供用于创建、复制、删除、移动和打开单一文件的静态方法，并协助创建 FileStream 对象。File 类的常用方法及其说明如表 9-6 所示。

表 9-6 File 类的常用方法及其说明

方　法	说　　明
AppendAllText()	打开一个文件，向其中追加指定的字符串，然后关闭该文件。如果文件不存在，则创建一个文件，将指定的字符串写入文件，然后关闭该文件
AppendText()	创建一个 StreamWriter，它将 UTF-8 编码文本追加到现有文件或新文件（如果指定文件不存在）
Copy()	将现有文件复制到新文件
Create(String)	在指定路径中创建或覆盖文件
Delete()	删除指定的文件
Exists()	确定指定的文件是否存在
GetAttributes()	获取在此路径上的文件的 FileAttributes
GetCreationTime()	返回指定文件或目录的创建日期和时间
GetLastAccessTime()	返回上次访问指定文件或目录的日期和时间
GetLastWriteTime()	返回上次写入指定文件或目录的日期和时间
Move()	将指定文件移到新位置，并提供指定新文件名的选项
Open(String,FileMode)	打开指定路径上的 FileStream，具有读/写访问权限
ReadAllBytes()	打开一个文件，将文件的内容读入一个字符串，然后关闭该文件
OpenRead()	打开现有文件以进行读取
OpenText()	打开现有 UTF-8 编码文本文件以进行读取
OpenWrite()	打开一个现有文件或创建一个新文件以进行写入

下面的示例演示如何使用 File 类来检查文件是否存在，根据结果创建新文件并将其写入，或者打开现有文件并从中读取。

```
public static void Main()
{
    string path = @"c:\temp\MyTest.txt";
    if (!File.Exists(path))
    {
        //建立新文件
        using (StreamWriter sw = File.CreateText(path))
        {
            sw.WriteLine("Hello");
            sw.WriteLine("And");
            sw.WriteLine("Welcome");
        }
    }
    //打开文件
    using (StreamReader sr = File.OpenText(path))
    {
        string s;
        while ((s = sr.ReadLine()) != null)
        {
            Console.WriteLine(s);
        }
    }
}
```

2. FileInfo 类

FileInfo 类和 File 类的许多方法调用都是相同的，前者没有静态方法，因此该类中的方法仅可以用于实例化对象，后者中的方法全是静态方法。若要在对象上进行单一操作，一般使用后者提供的方法；若要在对象(文件上)执行几种操作，则建议使用实例化 FileInfo 的对象，再用其提供的非静态方法。

FileInfo 类的常用方法与 File 类基本相同，此处仅仅介绍 FileInfo 类的常用属性及其说明，如表 9-7 所示。

表 9-7　FileInfo 类的常用属性及其说明

属　　性	说　　明
Attributes	获取或设置当前 FileSystemInfo 的 FileAttributes
CreateionTime	获取或设置当前 FileSystemInfo 对象的创建时间
Exists	获取指示文件是否存在的值
Extension	获取表示文件扩展名部分的字符串
FullName	获取目录或者文件的完整路径
Length	获取当前文件的大小
Name	获取文件名

下面的程序利用 FileInfo 类显示打开文件的基本属性，程序的运行结果如图 9-3 所示。

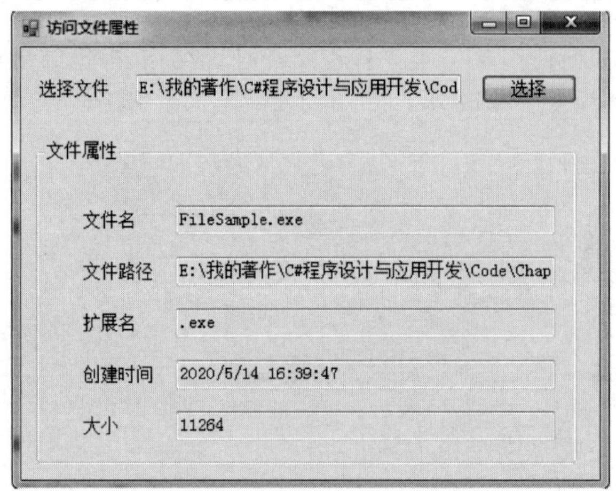

图 9-3　访问文件属性

【编程示例】 新建窗体应用程序 FileSample，在默认的窗体中，按照图 9-3 添加 Label、TextBox、Button 和 GroupBox 组件，为"选择"按钮添加单击事件处理方法，代码如下：

```
private void button1_Click(object sender, EventArgs e)
{
    OpenFileDialog dlg = new OpenFileDialog(){ FilterIndex = 1,FileName = "", Filter = "所有文件(*.*)|*.*" };
    if (dlg.ShowDialog() == DialogResult.OK)
    {
        textBox1.Text = dlg.FileName.ToString();
        textBox1.ReadOnly = true;
```

```
        }
        string filePath = textBox1.Text.Trim();
        //新建文件对象
        FileInfo file = new FileInfo(filePath);
        //显示文件属性
        this.textBox2.Text = file.Name;
        this.textBox3.Text = file.DirectoryName;
        this.textBox4.Text = file.Extension;
        this.textBox5.Text = Convert.ToString( file.CreationTime);
        this.textBox6.Text = Convert.ToString( file.Length);
    }
```

拓展提高

1. 路径名和相对路径

在.NET 代码中指定路径名时,可使用绝对路径名,也可以使用相对路径名。绝对路径名显示地指定文件或目录来自哪一个已知的位置,例如 C:\Work\LogFile. txt 就是文件 LogFile. txt 的绝对路径名,这个路径准确地定义了文件的位置。

相对路径相对于一个起始位置。使用相对路径时,不需要指定驱动器或者已知的位置,当前工作目录就是起点,这是相对路径的默认设置。例如,如果应用程序运行在 C:\Development\FileDemo 目录上,并使用相对路径 LogFile. txt,那么该文件就是 C:\Development\FileDemo\LogFile. txt。

2. System. Environment 类

System. Environment 类提供有关当前环境和平台的信息以及操作它们的方法。此类不能被继承。下面的代码演示了 System. Environment 类的基本用法:

```
//输出本机的驱动器以及有些有用的细节信息
foreach (string drive in Environment.GetLogicalDrives())
{
    Console.WriteLine("Drive:{0}", drive);                    //输出本机所有的驱动
    Console.WriteLine("OS:{0}", Environment.OSVersion);       //输出本机的 OS
    //输出 ProcessorCount
    Console.WriteLine("Number of processors:{0}", Environment.ProcessorCount);
    Console.WriteLine(".NET Version:{0}", Environment.Version);   //输出.NET 版本
}
```

9.2 数据流技术

任务描述

文件分割器主要是为了解决实际生活中携带大文件的问题,由于存储介质容量的限制,大的文件往往不能够一下子复制到存储介质中,这只能通过分割程序把大文件分割为多个可携带小文件,分步复制这些小文件,从而实现携带大文件的目的。本情景实现一个简单的文件分割器,如图 9-4 所示。

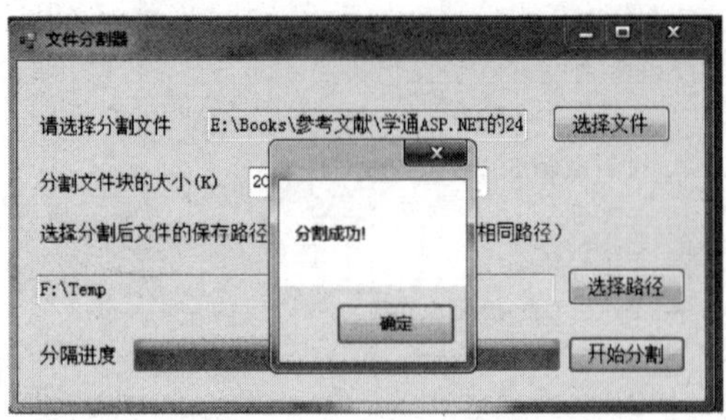

图 9-4　文件分割器

(1) 启动 Visual Studio 2017,新建 Windows 应用程序 Projects0903。在默认的窗体中,添加 4 个标签 Label、3 个文本框 TextBox、3 个按钮 Button、一个进度条 ProgressBar、一个打开文件对话框 OpenFileDialog1 和一个文件夹浏览对话框 FolderBrowserDialog1。其中 3 个 TextBox 组件分别用以显示 OpenFileDialog 组件选择后的文件和输入分割后小文件存放的目录以及分割文件的大小,ProgressBar 组件用以显示文件分割的进度,OpenFileDialog 组件用于选择要分割的大文件。

(2) 为"选择文件"按钮添加单击事件处理方法,代码如下:

```
private void button1_Click(object sender, EventArgs e)
{
    openFileDialog1.Title = "请选择要分割的文件名称";
    DialogResult drTemp = openFileDialog1.ShowDialog();
    if (drTemp == DialogResult.OK && openFileDialog1.FileName != string.Empty)
    {
        textBox1.Text = openFileDialog1.FileName;
        button3.Enabled = true;
    }
}
```

(3) 为"选择路径"按钮添加单击事件处理方法,代码如下:

```
private void button2_Click(object sender, EventArgs e)
{
    if (string.IsNullOrEmpty(textBox2.Text))
    {
        MessageBox.Show("请输入文件分割块大小!");
    }
    if (folderBrowserDialog1.ShowDialog() == DialogResult.OK)
    {
        textBox4.Text = folderBrowserDialog1.SelectedPath;
    }
}
```

(4) 为"开始分割"按钮添加单击事件处理方法,代码如下:

```
private void button3_Click(object sender, EventArgs e)
{
    //根据选择来设定分割的小文件的大小
```

```
    int iFileSize = Int32.Parse (textBox2.Text) * 1024 ;
    //如果计算机存在存放分割文件的目录,则删除此目录所有文件
    //反之则在计算机创建目录
    if (Directory.Exists (textBox4.Text) )
      Directory.Delete (textBox4.Text ,true ) ;
    Directory.CreateDirectory (textBox4.Text) ;
    //以文件的全路径对应的字符串和文件打开模式来初始化 FileStream 文件流实例
    FileStream SplitFileStream = new FileStream (textBox1.Text , FileMode.Open ) ;
    BinaryReader SplitFileReader = new BinaryReader ( SplitFileStream ) ;
    //以 FileStream 文件流来初始化 BinaryReader 文件阅读器
    byte [ ] TempBytes ;
    //每次分割读取的最大数据
    int iFileCount = ( int ) (SplitFileStream.Length / iFileSize ) ;
    //小文件总数
    progressBar1.Maximum = iFileCount ;
    if ( SplitFileStream.Length % iFileSize != 0 )
         iFileCount++;
    string [ ] TempExtra = textBox1.Text.Split ('.') ;
    //循环将大文件分割成多个小文件
    for ( int i = 1 ; i <= iFileCount ; i++)
    {
        //确定小文件的文件名称
        string sTempFileName = textBox4.Text + "\\" + i.ToString().PadLeft(4,'0') + "." +
TempExtra[TempExtra.Length - 1];
        //根据文件名称和文件打开模式来初始化 FileStream 文件流实例
        FileStream TempStream = new FileStream(sTempFileName, FileMode.OpenOrCreate);
        //以 FileStream 实例来创建、初始化 BinaryWriter 书写器实例
        BinaryWriter TempWriter = new BinaryWriter (TempStream) ;
        TempBytes = SplitFileReader.ReadBytes (iFileSize) ; //从大文件中读取指定大小数据
        TempWriter.Write (TempBytes) ;                      //把此数据写入小文件
        TempWriter.Close () ;                               //关闭书写器,形成小文件
        TempStream.Close () ;                               //关闭文件流
        progressBar1.Value = i - 1 ;
    }
    SplitFileReader.Close () ;                              //关闭大文件阅读器
    SplitFileStream.Close () ;
    MessageBox.Show ( "分割成功!" ,"提示") ;
    progressBar1.Value = 0 ;
}
```

知识链接

9.2.1 数据流基础

数据流(Stream)是一串连续不断的数据的集合,就像水管里的水流,在水管的一端一点一点地供水,而在水管的另一端看到的是一股连续不断的水流。数据写入程序可以是一段一段地向数据流管道中写入数据,这些数据段会按先后顺序形成一个长的数据流。对数据读取程序来说,看不到数据流在写入时的分段情况,每次可以读取其中的任意长度的数据,但只能先读取前面的数据后再读取后面的数据。不管写入时是将数据分多次写入,还是作为一个整体一次写入,读取时的效果都是完全一样的。

在.NET Framework 中，流由 Stream 类来表示，该类构成了所有其他流的抽象类，不能直接创建 Stream 类的实例，但是必须使用它实现其中的一个类。Stream 是虚拟类，它以及它的派生类都提供了 Read()和 Write()方法，可以支持在字节级别上对数据进行读写。Read()方法从当前字节流读取字节放至内存缓冲区，Write()方法把内存缓冲区的字节写入当前流中。仅支持字节级别的数据处理会给开发人员带来不便。如果应用程序需要将字符数据写入到流中，则需要先将字符数据转换为字节数组之后才能调用 Write()方法写入流。因此，除了 Stream 及其派生类的读写方法之外，.NET Framework 同样提供了其他多种支持流读写的类。与流相关的类都定义在 System. IO 命名空间中，它们大多数继承于抽象类 Stream。图 9-5 展示了部分与流相关的类。

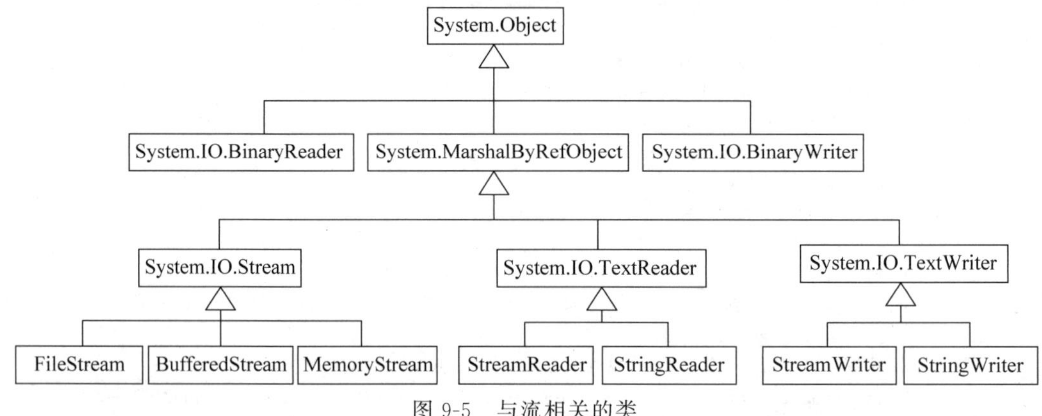

图 9-5　与流相关的类

FileStream 类用于字节数据的输入和输出，TextReader 和 TextWriter 用于 Unicode 字符的输入和输出，BinaryReader 和 BinaryWriter 用于二进制数据的输入和输出。

9.2.2　文件处理流

FileStream 是专门进行文件操作的流，使用它可对文件进行读取、写入、打开和关闭等操作，既支持同步读写操作，也支持异步(缓冲)读写操作。表 9-8 给出了 FileStream 类的常用属性、方法及其说明。

表 9-8　FileStream 类的常用属性、方法及其说明

项　目		说　明
属性	CanRead	获取一个值，该值指示当前流是否支持读取
	CanSeek	获取一个值，该值指示当前流是否支持查找
	CanTimeout	获取一个值，该值确定当前流是否可以超时
	CanWrite	获取一个值，该值指示当前流是否支持写入
	IsAsync	获取一个值，该值指示 FileStream 是异步还是同步打开的
	Length	获取用字节表示的流长度
	Name	获取传递给构造函数的 FileStream 的名称
	Position	获取或设置此流的当前位置
	ReadTimeout	获取或设置一个值(以毫秒为单位)，该值确定流在超时前尝试读取多长时间
	WriteTimeout	获取或设置一个值(以毫秒为单位)，该值确定流在超时前尝试写入多长时间(继承自 Stream)

续表

项　目		说　明
方法	BeginRead()	开始异步读操作
	BeginWrite()	开始异步写操作
	Close()	关闭当前流并释放与之关联的所有资源(如套接字和文件句柄)
	EndRead()	等待挂起的异步读取操作完成
	EndWrite()	结束异步写入操作,在 I/O 操作完成之前一直阻止
	Lock()	防止其他进程读取或写入 FileStream
	Read()	从流中读取字节块并将该数据写入给定缓冲区中
	ReadByte()	从文件中读取一个字节,并将读取位置提升一个字节
	Seek()	将该流的当前位置设置为给定值(重写 Stream. Seek(Int64,SeekOrigin))
	SetLength()	将该流的长度设置为给定值(重写 Stream. SetLength(Int64))
	ToString()	返回表示当前对象的字符串(继承自 Object)
	Unlock()	允许其他进程访问以前锁定的某个文件的全部或部分
	Write()	将字节块写入文件流(重写 Stream. Write(Byte[],Int32,Int32))
	WriteByte()	将一个字节写入文件流的当前位置(重写 Stream. WriteByte(Byte))

要使用 FileStream 类操作文件,需要先实例化一个 FileStream 类对象。创建文件流对象的常用方法如下:

(1) 使用 File 类的 Create()方法。

```
FileStream mikecatstream = File.Create("c:\\mikecat.txt");
```

(2) 使用 File 类的 Open()或 OpenWrite()方法。

```
FileStream mikecatstream = File.Open("c:\\mikecat.txt", FileMode.OpenOrCreate, FileAccess.
Write);
```

(3) 使用类 FileStream 的构造函数。

类 FileStream 的构造函数提供了 15 种重载,最常用的有 3 种,如表 9-9 所示。

表 9-9　类 FileStream 的 3 种常用的构造函数及说明

名　称	说　明
FileStream(string FilePath,FileMode)	使用指定的路径和创建模式初始化 FileStream 类的新实例
FileStream(string FilePath,FileMode,FileAccess)	使用指定的路径、创建模式和读/写权限初始化 FileStream 类的新实例
FileStream (string　FilePath, FileMode, FileAccess, FileShare)	使用指定的路径、创建模式、读/写权限和共享权限创建 FileStream 类的新实例

在当使用 FileStream 类的构造函数时,需要提供打开方式(FileMode)、访问模式(FileAccess)、共享模式(FileShare)等信息,它们分别用 FileMode 枚举、FileAccess 枚举和 FileShare 枚举表示,这些枚举的值很容易理解,更详细的信息请参看帮助文档。与 FileStream 类相关的枚举如表 9-10 所示。

表 9-10 与 FileStream 类相关的枚举

名 称	枚 举 值
FileMode	Append、Create、CreateNew、Open、OpenOrCreate 和 Truncate
FileAccess	Read、ReadWrite 和 Write
FileShare	Inheritable、None、Read、ReadWrite 和 Write

下面的代码演示了文件流 FileStraem 的用法。在该代码中，使用 FileInfo 类的 OpenWrite()方法打开可写的文件流，使用 FileStream 的构造函数创建可读的流，使用 Stream 类的 Write()/Read()方法写入/读取缓冲区，主要代码如下：

```
string fileName = @"D:\filestream_test.data";
//若文件不存在,则创建文件,写入数据
if(!File.Exists(fileName))
{
    FileInfo myFile = new FileInfo(fileName);                    //创建文件
    FileStream fs = myFile.OpenWrite();                          //获取与文件对应的流
    byte[] datas = { 100, 101, 102, 103, 104, 105, 106, 107, 108, 109 };
    fs.Write(datas, 0, datas.Length);                            //用流写入数据
    Console.WriteLine("数据已写入.");
    fs.Close();                                                  //关闭流
}
else                                                             //若文件存在,则读取数据
{
    //建立与文件关联的流
    FileStream fs = new FileStream(fileName, FileMode.Open, File Access.Read);
    byte[] datas = new byte[fs.Length];
    fs.Read(datas, 0, datas.Length);                             //用流读取数据
    Console.WriteLine("读取数据: ");
    foreach(byte data in datas)
    {
        Console.Write(data);
    }
    fs.Close();                                                  //关闭流
}
```

9.2.3 读写文本文件

文本文件的写入与读取主要是通过读取器 StreamWriter 和写入器 StreamReader 来实现的。StreamWriter 是专门用来处理文本的类，可以方便地向文本文件中写入字符串，同时也负责重要的转换和处理向 FileStream 对象的写入工作。StreamWriter 类的常用属性、方法及其说明如表 9-11 所示。

StreamReader 是专门用来读取文本文件的类。StreamReader 可以从底层 Stream 对象创建 StreamReader 对象的实例，且能指定编码规范参数。创建 StreamReader 对象后，它提供了许多用于读取和浏览字符数据的方法。该类的常用方法及其说明如表 9-12 所示。

表 9-11　StreamWriter 类的常用属性、方法及其说明

类型	名　　称	说　　明
属性	Encoding	获取将输出写入到其中的编码
	FormatProvider	获取控制格式设置的对象
	NewLine	获取或设置由当前 TextWriter 使用的行结束符字符串
方法	Close()	关闭当前的 StringWriter 和基础流
	Write()	将数据写入流中
	WriteLine()	写入重载参数指定的某些数据,后跟行结束符

表 9-12　StreamReader 类的常用方法及其说明

方　　法	说　　明
Close()	关闭 StreamReader 对象和基础流,并释放与读取器关联的所有系统资源
Read()	读取输入流中的下一个字符或下一组字符
ReadBlock()	从当前流中读取最大数量的字符并从索引开始将该数据写入数据缓冲区
ReadLine()	从当前流中读取一行字符并将数据作为字符串返回
ReadToEnd()	从流的当前位置到末尾读取流

下面通过具体实例说明如何使用 StreamReader 和 StreamWriter 类来读取和写入文本文件。

【编程示例】 创建一个 Windows 应用程序 WriterAndReader,在默认窗体上添加一个 SaveFileDialog 和一个 OpenFileDialog 控件,一个 TextBox 控件和两个 Button 控件。文本控件用来输入要写入文件中的内容,或用来显示文件中已有的内容。Button 控件用来执行相应的操作。关键代码如下:

```
//"写入"按钮事件处理程序
private void button1_Click(object sender,EventArgs e)
{
    if (textBox1.Text == string.Empty)
    {
        MessageBox.Show("写入文件的内容不能为空", "信息提示");
    }
    else
    {
        //设置保存文件的格式
        SaveFileDialog saveFile = new SaveFileDialog();
        saveFile.Filter = "文本文件(*.txt)|*.txt";
        if (saveFile.ShowDialog() == DialogResult.OK)
        {
            //使用"另存为"对话框输入的文件名实例化 StreamWriter 对象
            StreamWriter sw = new StreamWriter(saveFile.FileName, true);
            //向创建的文件中写入内容
            sw.WriteLine(textBox1.Text);
            sw.Close();
            textBox1.Text = string.Empty;
        }
    }
```

```
}
//"读取"按钮事件处理程序
private void button2_Click(object sender,EventArgs e)
{
    //设置打开文件的格式
    OpenFileDialog OpenFile = new OpenFileDialog();
    OpenFile.Filter = "文本文件(*.txt)|*.txt";
    if (OpenFile.ShowDialog() == DialogResult.OK)
    {
        textBox1.Text = string.Empty;
        //使用"打开"对话框中选择的文件实例化 StreamReader 对象
        StreamReader sr = new StreamReader(OpenFile.FileName);
        //调用 ReadToEnd()方法选择文件中的全部内容
        textBox1.Text = sr.ReadToEnd();
        //关闭当前文件
        sr.Close();
    }
}
```

9.2.4 读写二进制文件

二进制文件的写入和读取通过 BinaryWriter 类和 BinaryReader 类来实现。BinaryWriter 类以二进制形式将基元写入流,并支持用特定的编码写入字符串,其常用方法及其说明如表 9-13 所示。

表 9-13 BinaryWriter 类的常用方法及其说明

方法	说明
Close()	关闭当前的 BinaryWriter 和基础流
Write()	将值写入流,有很多重载版本,适用于不同的数据类型
Flush()	清除缓存区
Seek()	设置当前流中的位置

BinaryReader 类用特定的编码将基元数据类型读作二进制值,其常用方法及其说明如表 9-14 所示。

表 9-14 BinaryReader 类的常用方法及其说明

方法	说明
Close()	关闭当前阅读器及基础流
PeekChar()	返回下一个可用的字符,并且不提升字节或字符的位置
Read()	从基础流中读取字符,并根据所使用的编码从流中读取的特定字符,提升流的当前位置
ReadByte()	从当前流中读取下一个字节,并使流的当前位置提升 1 字节
ReadBytes()	从当前流中读取指定的字节数以写入字节数组中,并将当前位置前移相应的字节数
ReadChar()	从当前流中读取下一个字符,并根据所使用的 Encoding 和从流中读取的特定字符,提升流的当前位置

续表

方法	说明
ReadChars()	从当前流中读取指定的字符数,并以字符数组的形式返回数据,然后根据所使用的Encoding 和从流中读取的特定字符,将当前位置前移
ReadInt32()	从当前流中读取 4 字节有符号整数,并使流的当前位置提升 4 字节
ReadInt64()	从当前流中读取 8 字节有符号整数,并使流的当前位置向前移动 8 字节
ReadString()	从当前流中读取一个字符串。字符串有长度前缀,一次 6 位地被编码为整数

【编程示例】 使用 BinaryReader 类和 BinaryWriter 类来实现二进制文件的读写。创建一个 Windows 应用程序,在默认窗体上添加一个 OpenFileDialog 控件、一个 SaveFileDialog 控件、一个 TextBox 控件和两个 Button 控件。其中,SaveFileDialog 控件用来显示"另存为"对话框,OpenFileDialog 控件用来显示"打开"对话框,TextBox 控件用来输入要写入二进制文件的内容和显示选中二进制文件的内容,Button 控件分别用来显示读取或写入操作。关键代码如下:

```
private void button1_Click(object sender,EventArgs e)
{
    //设置打开文件的格式
    OpenFileDialog OpenFile = new OpenFileDialog();
    OpenFile.Filter = "二进制文件(*.dat)|*.dat";
    if (OpenFile.ShowDialog() == DialogResult.OK)
    {
        textBox1.Text = string.Empty;
        //使用"打开"对话框中选择的文件实例化 StreamReader 对象
        FileStream myStream = new FileStream(OpenFile.FileName, FileMode.Open, FileAccess.Read);
        //使用 FileStream 对象实例化 BinaryReader 二进制写入流
        BinaryReader myReader = new BinaryReader(myStream);
        if (myReader.PeekChar() != -1)
        {
            //以二进制方式读取文件内容
            textBox1.Text = Convert.ToString(myReader.ReadInt32());
        }
        //关闭当前二进制读取流
        myReader.Close();
        //关闭当前文件流
        myStream.Close();
    }
}
//文件写入关键代码
private void button1_Click(object sender,EventArgs e)
{
    if (textBox1.Text == string.Empty)
    MessageBox.Show("要写入的文件内容不能为空!","信息提示");
    else
    {
        //设置打开文件的格式
        SaveFileDialog SaveFile = new SaveFileDialog();
        SaveFile.Filter = "二进制文件(*.dat)|*.dat";
        if (SaveFile.ShowDialog() == DialogResult.OK)
        {
```

```
            //使用"另存为"对话框中选择的文件实例化 StreamReader 对象
            FileStream myStream = new FileStream(SaveFile.FileName,
                                        FileMode.OpenOrCreate, FileAccess.ReadWrite);
            //使用 FileStream 对象实例化 BinaryReader 二进制写入流
            BinaryWriter myWriter = new BinaryWriter(myStream);
            myWriter.Write(textBox1.Text);
            myStream.Close();
            myWriter.Close();
            textBox1.Text = string.Empty;
        }
    }
}
```

拓展提高

1. 文件合并器

实现合并文件的思路是首先获得要合并文件所在的目录，然后确定所在目录的文件数目，最后通过循环按此目录文件名称的顺序读取文件，形成数据流，并使用 BinaryWriter 再不断追加，循环结束即合并文件完成。

2. 将图片保存到数据库

目前保存图片一般有两种方式：一是将图片保存到硬盘上，在数据中只记录图片的路径(包含文件名)；二是将图片转换为二进制的方式保存到数据中(借助数据的特性较安全，管理便利，例如备份数据同时也会把图片备份，但会增加数据的容量)。保存少量图片可以使用方法二，图片多时还是保存路径好一些。

9.3 知识点提炼

(1) File 类和 FileInfo 类都可以对文件进行创建、复制、删除、移动、打开、读取、获取文件的基本信息等操作。

(2) File 类支持对文件的基本操作，包括提供用于创建、复制、删除、移动和打开文件的静态方法，并协助创建 FileStream 对象。由于所有的 File 类的方法都是静态的，所以如果只想执行一个操作，那么使用 File 类方法的效率比使用相应的 FileInfo 实例方法可能更高。

(3) Directory 类和 DirectoryInfo 类都可以对文件夹进行创建、移动、浏览目录及其子目录等操作。

(4) Directory 类用于目录的典型操作，如复制、移动、重命名、创建、删除等。另外，也可以将其用于获取和设置于目录的创建、访问以及写入相关时间信息。

(5) 数据流提供了一种向后备存储写入字节和从后备存储读取字节的方式，它是在.NET Framework 中执行读写文件操作时的一种非常重要的介质。

(6) StreamWriter 类和 StreamReader 类用来实现文本文件的写入和读取。利用 StreamWriter 对象可以方便地向文本文件中写入字符串。

(7) BinaryWriter 类和 BinaryReader 类用来实现二进制文件的写入和读取。可以利用这两个类实现图片数据的存取操作。

第四部分
应 用 篇

第10章 综合案例：WPF 贪吃蛇游戏

情景导入

贪吃蛇游戏是一款休闲益智类游戏，玩法既简单又有趣：移动一条虚拟的蛇在一个方向上去狩猎食物(有时是一个苹果)。当贪吃蛇撞到苹果时，苹果就消失了，贪吃蛇长大并和一个新的苹果出现在屏幕上。如果撞到了墙或者自己的蛇尾巴，游戏结束，再想玩游戏必须从头开始。本章将用 WPF 框架去实现一个经典贪吃蛇游戏的一个版本。

学习目标

通过本章学习，读者将能够：

- 选择合适的布局和控件完成应用程序的界面设计。
- 使用样式和资源来美化应用程序界面。
- 利用 C# 编写后台逻辑代码，实现需要的功能。

10.1 创建一个游戏区域

10.1.1 游戏区域 XAML

WPF 贪吃蛇游戏是一个由大小相同的方块组成的类似棋盘的封闭区域，每个方块和蛇身体大小一样，蛇必须在里面移动。我们将会在两次迭代中创建地图，一些会布局在 XAML 中，绘制背景正方形在后台代码中。

XAML 的布局是一个带有 Canvas 面板的简单的窗体，位于 Border 控件之内。游戏区域如图 10-1 所示。

下面的代码创建了这个封闭的区域：

```
<Window x:Class = "SnakeGame.MainWindow"
    xmlns = "http://schemas.microsoft.com/winfx/2006/xaml/presentation"
    xmlns:x = "http://schemas.microsoft.com/winfx/2006/xaml"
    xmlns:d = "http://schemas.microsoft.com/expression/blend/2008"
    xmlns:mc = http://schemas.openxmlformats.org/markup - compatibility/2006
    xmlns:local = "clr - namespace:WpfTutorialSamples.Games"
    mc:Ignorable = "d"
    Title = "SnakeWPF - Score: 0"  SizeToContent = "WidthAndHeight">
    <Border BorderBrush = "Black" BorderThickness = "5">
```

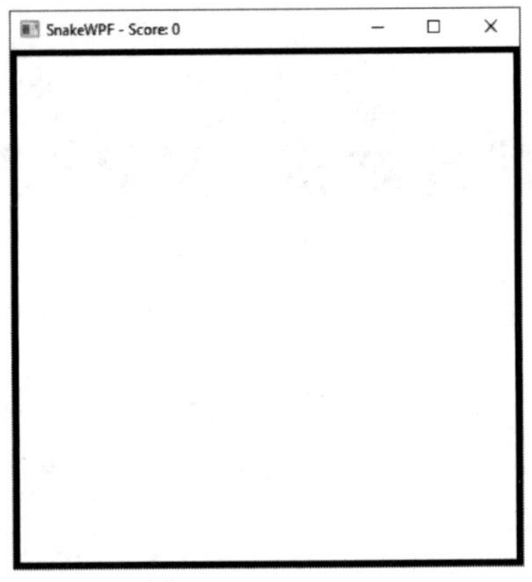

图 10-1　贪吃蛇游戏区域

```
        <Canvas Name = "GameArea" ClipToBounds = "True" Width = "400" Height = "400">

        </Canvas>
    </Border>
</Window>
```

这里,用一个 Canvas 面板作为实际的游戏区域,它允许动态地添加控件到这个区域,可以完全控制位置。稍后会用到它,但是现在,注意以下事情:

(1) 没有为窗体定义宽/高——相反地,为 Canvas 定义高度和宽度,因为这是需要完全控制的部分。接着通过设置窗体的 SizeToContent 属性为 WidthAndHeight 来确保能够相应地调整其大小,如果为窗体定义宽/高,那么窗体可用大小将取决于操作系统为窗体使用了多少边框,这可能取决于主题等。

(2) 为 Canvas 的 ClipToBounds 设置为 true——这非常重要,否则所添加的控件将能够扩充到 Canvas 面板的边界之外。

10.1.2　绘制游戏区域背景

游戏区域是由很多正方形组成的棋盘背景,这些更容易在后台代码添加(或者使用一个图片,但这不是动态的)。需要在窗口内的所有控件初始化/渲染后立即执行此操作,为此需要在 Window 窗体声明中订阅 ContentRendered 事件,代码如下:

```
Title = "SnakeWPF - Score: 0"  SizeToContent = "WidthAndHeight"
                                        ContentRendered = "Window_ContentRendered"
```

转到后台代码,申明一个变量来存储绘制贪吃蛇和正方形背景的大小,代码如下:

```
public partial class MainWindow : Window
{
    const int SnakeSquareSize = 20;
    ...
}
```

然后在 ContentRendered 事件中调用 DrawGameArea()方法,它将会完成游戏区域的绘制工作，代码如下：

```
private void Window_ContentRendered(object sender, EventArgs e)
{
    DrawGameArea();
}
```

DrawGameArea()方法的代码如下：

```
private void DrawGameArea()
{
    bool doneDrawingBackground = false;
    int nextX = 0, nextY = 0;
    int rowCounter = 0;
    bool nextIsOdd = false;

    while(doneDrawingBackground == false)
    {
        Rectangle rect = new Rectangle
        {
            Width = SnakeSquareSize,
            Height = SnakeSquareSize,
            Fill = nextIsOdd ? Brushes.White : Brushes.Black
        };
        //在指定位置放入方块
        GameArea.Children.Add(rect);
        Canvas.SetTop(rect, nextY);
        Canvas.SetLeft(rect, nextX);

        nextIsOdd = !nextIsOdd;
        nextX += SnakeSquareSize;
        if(nextX >= GameArea.ActualWidth)
        {
            nextX = 0;
            nextY += SnakeSquareSize;
            rowCounter++;
            nextIsOdd = (rowCounter % 2 != 0);
        }

        if(nextY >= GameArea.ActualHeight)
            doneDrawingBackground = true;
    }
}
```

在 DrawGameArea()方法的 while 循环中，一直创建 Rectangle 控件的实例，然后添加进 Canvas 中（GameArea）。这里用白或者黑的 Brush（画笔）填充它，然后使用 SnakeSquareSize 常量作为宽度和高度，因为我们想要它变成一个正方形。在每次迭代时，使用 nextX 和 nextY 去控制何时去移动到下一行（当到达正确的边界时）和何时停止（当同时到达底部和正确边界时）。程序的运行结果如图 10-2 所示。

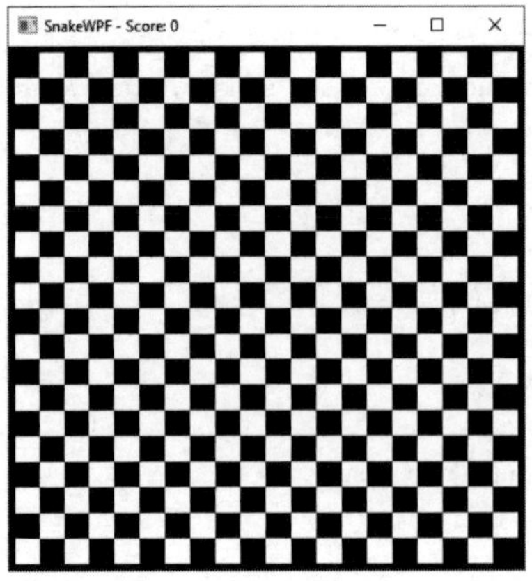

图 10-2　绘制游戏区域背景

10.2　创建与移动贪吃蛇

10.2.1　创建贪吃蛇

下面创建 DrawSnake()方法来绘制贪吃蛇——这个方法实际非常简单，但是它需要相当多额外的东西，包括一个叫 SnakePart 的新类以及一些在 Window 类的额外的字段。为此，需要定义一个 SnakePart 类，通常会在新的文件定义它(例如 SnakePart.cs)，代码如下：

```
public class SnakePart
{
    public UIElement UiElement { get; set; }
    public Point Position { get; set; }
    public bool IsHead { get; set; }
}
```

这个简单的类将会包含一些关于贪吃蛇每个部分的信息：元素位于游戏区域的位置，UIElement(在这个案例是一个 Rectangle)代表着这部分；这是蛇的头部还是尾部？我们之后全部会用到。

首先，在 Window 类中定义几个字段，这些字段在 DrawSnake()方法中使用(之后也会在其他方法中用到)。

```
public partial class MainWindow : Window
{
    const int SnakeSquareSize = 20;

    private SolidColorBrush snakeBodyBrush = Brushes.Green;
    private SolidColorBrush snakeHeadBrush = Brushes.YellowGreen;
    private List<SnakePart> snakeParts = new List<SnakePart>();
    ...
}
```

这里，声明两个 SolidColorBrush 变量，一个用于蛇的身体，一个用于蛇的头部。也声明一个 List < SnakePart >集合，它将会引用蛇的所有部分。现在，就能实现 DrawSnake()方法：

```
private void DrawSnake()
{
    foreach(SnakePart snakePart in snakeParts)
    {
        if(snakePart.UiElement == null)
        {
            snakePart.UiElement = new Rectangle()
            {
                Width = SnakeSquareSize,
                Height = SnakeSquareSize,
                Fill = (snakePart.IsHead ? snakeHeadBrush : snakeBodyBrush)
            };
            GameArea.Children.Add(snakePart.UiElement);
            Canvas.SetTop(snakePart.UiElement, snakePart.Position.Y);
            Canvas.SetLeft(snakePart.UiElement, snakePart.Position.X);
        }
    }
}
```

DrawSnake()方法不是特别复杂：循环遍历 snakePartsList，对于每部分，检查是否对该部分指定了一个 UIElement(表现为一个 Rectangle)，如果没有，则创建一个，然后添加进游戏区域，同时在 SnakePart 的实例的 UiElement 的属性保存对它的引用。注意如何用 SnakePart 实例的 Position 属性去定位在 GameArea Canvas 中实际的元素。

10.2.2 移动贪吃蛇

要想向 DrawSnake()方法填充一些内容，需要填充 snakePartsList 集合。这个列表不断地作为画贪吃蛇的每个元素的基础，所以也将会用它去创建贪吃蛇的移动。移动贪吃蛇的过程就是在它移动的方向上添加一个新的元素，然后删除蛇的末尾部分。这会让它看起来是在实际移动每个元素，但事实上，只是在添加一个新元素同时删除一个旧元素。为此，将建立一个 MoveSnake()方法，一会儿将会给出该方法的实现。现在，首先在 Window 类添加更多字段记录蛇的移动方向和蛇的长度，代码如下：

```
public partial class MainWindow : Window
{
    const int SnakeSquareSize = 20;

    private SolidColorBrush snakeBodyBrush = Brushes.Green;
    private SolidColorBrush snakeHeadBrush = Brushes.YellowGreen;
    private List<SnakePart> snakeParts = new List<SnakePart>();

    public enum SnakeDirection { Left, Right, Up, Down };
    private SnakeDirection snakeDirection = SnakeDirection.Right;
    private int snakeLength;
    ...
}
```

这里，添加了一个新的枚举类型 SnakeDirection 和一个私有字段(SnakeDirection)去保存实际正确的方向，然后用一个 int 变量(snakeLength)去保存蛇的长度。有了这些字段，就可以去实现 MoveSnake()方法，代码如下：


```
private void MoveSnake()
{
    //移除蛇最后一部分
    while(snakeParts.Count >= snakeLength)
    {
        GameArea.Children.Remove(snakeParts[0].UiElement);
        snakeParts.RemoveAt(0);
    }
    //添加蛇头元素,并将所有现有部分标记为蛇体元素
    foreach(SnakePart snakePart in snakeParts)
    {
        (snakePart.UiElement as Rectangle).Fill = snakeBodyBrush;
        snakePart.IsHead = false;
    }

    //根据当前方向确定蛇向哪个方向移动
    SnakePart snakeHead = snakeParts[snakeParts.Count - 1];
    double nextX = snakeHead.Position.X;
    double nextY = snakeHead.Position.Y;
    switch(snakeDirection)
    {
        case SnakeDirection.Left:
            nextX -= SnakeSquareSize;
            break;
        case SnakeDirection.Right:
            nextX += SnakeSquareSize;
            break;
        case SnakeDirection.Up:
            nextY -= SnakeSquareSize;
            break;
        case SnakeDirection.Down:
            nextY += SnakeSquareSize;
            break;
    }

    //添加蛇头到贪吃蛇列表
    snakeParts.Add(new SnakePart()
    {
        Position = new Point(nextX, nextY),
        IsHead = true
    });
    //绘制贪吃蛇
    DrawSnake();
    //后面再实现的代码
    //DoCollisionCheck();
}
```

现在已经实现贪吃蛇的全部逻辑，但是，这里依然没有实际的移动或者一个实际的蛇在游戏区域，因为还没有调用这些方法中的任何一个。蛇的移动的调用行为必须来自一个重复的源，因为在游戏运行时贪吃蛇应该不断地移动。在 WPF 中，DispatcherTimer 类将能够帮助做到这一点，为此，需要在 Windows 类中添加一个 DispatcherTimer 定时器：

```
public partial class MainWindow : Window
{
    private System.Windows.Threading.DispatcherTimer gameTickTimer = new System.Windows.
Threading.DispatcherTimer();
    ...
}
```

有了这些，现在需要去订阅它的唯一事件：Tick 事件。将会在 Window 的构造器中这么做。

```
public MainWindow ()
{
    InitializeComponent();
    gameTickTimer.Tick += GameTickTimer_Tick;
}
```

事件的实现代码如下：

```
private void GameTickTimer_Tick(object sender, EventArgs e)
{
    MoveSnake();
}
```

每次定时器滴答时，Tick 事件就会被调用，该事件反过来去调用 MoveSnake() 方法，这样就可以在地图上看见一条在视觉上移动的蛇。下面将会创建一个 StartNewGame()方法，当玩家死亡时，将会用它去启动第一款游戏和其他额外数量的新款游戏。从一个非常基础的版本开始，然后，随着游戏的继续，将会扩展更多的功能。现在，让这条蛇移动起来。

第一步是去添加另外一组常量，以便开始新的游戏：

```
public partial class MainWindow : Window
{
    const int SnakeSquareSize = 20;
    const int SnakeStartLength = 3;
    const int SnakeStartSpeed = 400;
    const int SnakeSpeedThreshold = 100;
    ...
}
```

此刻只使用前三个常量去控制大小、长度和贪吃蛇的开始速度，之后会使用到 SnakeSpeedThreshold，但是现在，添加一个 StartNewGame() 方法的简单实现：

```
private void StartNewGame()
{
    snakeLength = SnakeStartLength;
    snakeDirection = SnakeDirection.Right;
    snakeParts.Add(new SnakePart() { Position = new Point(SnakeSquareSize * 5, SnakeSquareSize *
5) });
```

```
    gameTickTimer.Interval = TimeSpan.FromMilliseconds(SnakeStartSpeed);

    //绘制贪吃蛇
    DrawSnake();

    //开启定时器
    gameTickTimer.IsEnabled = true;
}
```

首先根据初始值设置 snakeLength 和 snakeDirection，然后添加一个部分到 snakeParts 中(之后会更多)，为了正确移动，给它一个好的开始位置，将再一次使用 SnakeSquareSize 常量去帮助计算正确位置。有了这个，能够通过调用 DrawSnake()方法绘制贪吃蛇和激活定时器，这将基本启动蛇的移动。现在必须去做的是调用 StartNewGame()方法，为此，需要在 Window 类的 ContentRendered 事件添加一个 StartNewGame()方法的调用，然后可以去编译和执行代码：

```
private void Window_ContentRendered(object sender, EventArgs e)
{
    DrawGameArea();
    StartNewGame();
}
```

如果一切正常，现在应该能够启动游戏，看到贪吃蛇正在被创建和立即开始移动。

10.3　贪吃蛇游戏的完善

10.3.1　为贪吃蛇添加食物

现在已经有了一个棋盘背景作为游戏区域，同时可以看见一个漂亮的、绿色的蛇在周围移动。然而，游戏是为了蛇去吃一些食物(我们的版本将会是红苹果)，因此，现在是时候去开始添加一些食物在游戏区域中，将会通过在游戏区域的边界内随机添加一个红色圆形来实现。为此，需要去确定食物没有放置在被逐渐成长的贪吃蛇占领的其中一个正方形内。换句话说，放置一个苹果在游戏的一个最重要的方面是决定下一个位置的代码。下面是即将用来执行此操作的代码：

```
private Point GetNextFoodPosition()
{
    int maxX = (int)(GameArea.ActualWidth / SnakeSquareSize);
    int maxY = (int)(GameArea.ActualHeight / SnakeSquareSize);
    //食物位置
    int foodX = rnd.Next(0, maxX) * SnakeSquareSize;
    int foodY = rnd.Next(0, maxY) * SnakeSquareSize;
    //遍历蛇部件列表
    foreach(SnakePart snakePart in snakeParts)
    {
    //检查蛇部件的位置与食物的位置是否冲突
     if((snakePart.Position.X == foodX) && (snakePart.Position.Y == foodY))
```

```
            return GetNextFoodPosition();
        }

        return new Point(foodX, foodY);
    }
```

有了这些，在代码中添加绘制食物的 DrawSnakeFood()方法，该方法将食物添加在一个新的被计算好的位置。但是，首先要去声明字段用来保存食物的引用以及绘制苹果的 SolidColorBrush，代码如下：

```
public partial class MainWindow : Window
{
    private UIElement snakeFood = null;
    private SolidColorBrush foodBrush = Brushes.Red;
    ...
}
```

MainWindow()方法实现代码如下：

```
private void DrawSnakeFood()
{
    Point foodPosition = GetNextFoodPosition();
    snakeFood = new Ellipse()
    {
        Width = SnakeSquareSize,
        Height = SnakeSquareSize,
        Fill = foodBrush
    };
    GameArea.Children.Add(snakeFood);
    Canvas.SetTop(snakeFood, foodPosition.Y);
    Canvas.SetLeft(snakeFood, foodPosition.X);
}
```

有了这些，只需要去调用 DrawSnakeFood()方法看看运行的结果。这将会在两种情况下执行：在游戏的开始和当贪吃蛇“吃”到食物时（稍后会详细讲到）。现在，在 StartNewGame()方法中添加它的一个调用：

```
private void StartNewGame()
{
    snakeLength = SnakeStartLength;
    snakeDirection = SnakeDirection.Right;
     snakeParts. Add ( new  SnakePart ( )  {  Position  =  new  Point ( SnakeSquareSize  *  5,
SnakeSquareSize * 5) });
    gameTickTimer.Interval = TimeSpan.FromMilliseconds(SnakeStartSpeed);

    //绘制贪吃蛇和食物
    DrawSnake();
    DrawSnakeFood();

    //开启定时器
    gameTickTimer.IsEnabled = true;
}
```

如果现在启动游戏,应该会看到贪吃蛇终于有食物去追逐了,如图 10-3 所示。

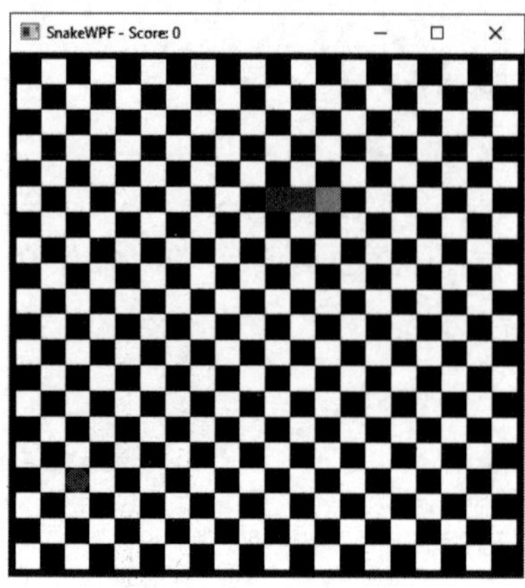

图 10-3　贪吃蛇游戏

10.3.2 控制贪吃蛇

到目前为止,贪吃蛇游戏开发中已经有了一个好看的背景和一条移动的蛇,但是,蛇只能在一个方向移动直到离开游戏区域。显然需要去添加一些代码,使玩家能够通过键盘控制贪吃蛇。

大多数 WPF 控件都有事件去接收键盘和鼠标的输入。因此,根据想要检查输入的位置,开发者能够去订阅一个或多个控件事件,然后在那里表演魔术。然而,因为这是款游戏,无论焦点在哪里,都想要去捕捉键盘的输入,因此将会订阅事件在 Window 窗体上。

为了想要去实现的东西,KeyUp 事件是一个不错的选择。因此,找到 Window 的 XAML 文件,然后修改 Window 标签以至于它包含 KeyUp 事件,代码如下:

```
<Window x:Class = "SnakeGame.MainWindow"
    xmlns = "http://schemas.microsoft.com/winfx/2006/xaml/presentation"
    xmlns:x = "http://schemas.microsoft.com/winfx/2006/xaml"
    xmlns:d = "http://schemas.microsoft.com/expression/blend/2008"
    xmlns:mc = "http://schemas.openxmlformats.org/markup - compatibility/2006"
    xmlns:local = "clr - namespace:WpfTutorialSamples.Games"
    mc:Ignorable = "d"
    Title = "SnakeWPF - Score: 0" SizeToContent = "WidthAndHeight"
               ContentRendered = "Window_ContentRendered" KeyUp = "Window_KeyUp">
```

在后台隐藏代码中添加一个 Window_KeyUp 事件处理程序,代码如下:

```
private void Window_KeyUp(object sender, KeyEventArgs e)
{
    SnakeDirection originalSnakeDirection = snakeDirection;
    switch(e.Key)
    {
    case Key.Up:
        if(snakeDirection != SnakeDirection.Down)
        snakeDirection = SnakeDirection.Up;
        break;
```

```
        case Key.Down:
            if(snakeDirection != SnakeDirection.Up)
            snakeDirection = SnakeDirection.Down;
            break;
        case Key.Left:
            if(snakeDirection != SnakeDirection.Right)
            snakeDirection = SnakeDirection.Left;
            break;
        case Key.Right:
            if(snakeDirection != SnakeDirection.Left)
            snakeDirection = SnakeDirection.Right;
            break;
        case Key.Space:
            StartNewGame();
            break;
        }
        if(snakeDirection != originalSnakeDirection)
        MoveSnake();
}
```

之前在 Window_ContentRendered 事件中添加一个 StartNewGame()的调用，现在可以移除它，反之通过按下 Space 键去启动游戏。也可以看到贪吃蛇能够被控制。

10.3.3 碰撞检测

目前已经实现了游戏区域、食物、贪吃蛇以及贪吃蛇持续的移动，现在只需要一件最终的东西去让看起来像一个真正的游戏：碰撞检测。这个概念围绕着贪吃蛇是否刚好撞到某些东西而发展，目前有两个目的需要它：去看它是否刚好吃到一些食物，或者是否撞到一个障碍物(墙或者自己的尾部)。

碰撞检测将会被执行在 DoCollisionCheck()方法中，该方法的最初框架如下：

```
private void DoCollisionCheck()
{
    SnakePart snakeHead = snakeParts[snakeParts.Count - 1];

    if((snakeHead.Position.X == Canvas.GetLeft(snakeFood)) && (snakeHead.Position.Y ==
Canvas.GetTop(snakeFood)))
    {
        EatSnakeFood();
        return;
    }

    if((snakeHead.Position.Y < 0) || (snakeHead.Position.Y >= GameArea.ActualHeight) ||
        (snakeHead.Position.X < 0) || (snakeHead.Position.X >= GameArea.ActualWidth))
    {
        EndGame();
    }

    foreach(SnakePart snakeBodyPart in snakeParts.Take(snakeParts.Count - 1))
    {
```

```
        if((snakeHead.Position.X == snakeBodyPart.Position.X) && (snakeHead.Position.Y ==
snakeBodyPart.Position.Y))
            EndGame();
    }
}
```

这里做两个检查：首先检查蛇头的当前位置是否与当前食物的位置匹配。如果是这样，调用 EatSnakeFood()方法(稍后将详细介绍)。然后检查蛇头的位置是否超出了游戏区域的边界，看看蛇是否正在走出其中一个边界。如果是，则调用 EndGame()方法结束游戏。最后，检查蛇的头部是否与身体部位的某个位置相匹配，如果匹配，则蛇只是与自己的尾巴相撞，这也将通过调用 EndGame()来结束游戏。

1. EatSnakeFood()方法

EatSnakeFood()方法负责执行一些操作，因为一旦蛇吃了当前的食物，就需要在新的位置添加一个新的食物，同时调整分数、蛇的长度和当前游戏速度。对于分数，需要声明一个名为 currentScore 的新局部变量：

```
public partial class MainWindow : Window
{
    ....
    private int snakeLength;
    private int currentScore = 0;
    ...
}
```

然后，修改 EatSnakeFood()方法为以下代码：

```
private void EatSnakeFood()
{
    snakeLength++;
    currentScore++;
    int timerInterval = Math.Max(SnakeSpeedThreshold, (int)gameTickTimer.Interval.
TotalMilliseconds - (currentScore * 2));
    gameTickTimer.Interval = TimeSpan.FromMilliseconds(timerInterval);
    GameArea.Children.Remove(snakeFood);
    DrawSnakeFood();
    UpdateGameStatus();
}
```

如上所述，一些事情发生在这里：

(1) 将 snakeLength 和 currentScore 变量增加 1，以反映蛇刚刚捕捉到一块食物的事实。

(2) 调整 gameTickTimer 的时间间隔，使用以下规则：当前分数乘以 2，然后从当前间隔(速度)中减去。这将使速度随着蛇的长度呈指数级增长，使游戏变得越来越困难。之前已经为速度定义了一个较低的边界，即 SnakeSpeedThreshold 常数，这意味着游戏速度永远不会低于 100ms 的间隔。

(3) 移除蛇刚刚消耗的食物，然后调用 DrawSnakeFood()方法，该方法将在新位置添加一块新的食物。

(4) 调用 UpdateGameStatus()方法更新游戏的状态。UpdateGameStatus()方法的代

码如下：

```
private void UpdateGameStatus()
{
    this.Title = "SnakeWPF - Score: " + currentScore + " - Game speed: " + gameTickTimer.
Interval.TotalMilliseconds;
}
```

这个方法将会简单地更新 Window 的 Title 属性去反映当前分数和游戏速度。这是一个展示当前状态的简单方法，如果需要，可以在以后轻松扩展。

2. EndGame()方法

现在还需要编写代码以便在游戏结束时执行。将从 EndGame()方法中执行此操作，该方法当前从 DoCollisionCheck()方法调用。EndGame()方法的代码如下：

```
private void EndGame()
{
    gameTickTimer.IsEnabled = false;
    MessageBox.Show("Oooops, you died!\n\nTo start a new game, just press the Space bar...", "
SnakeWPF");
}
```

EndGame()方法除了展示给用户贪吃蛇不幸去世的一个消息，还直接停止 gameTickTimer。因为这个定时器能够导致游戏的所有事情发生，一旦它停止，所有移动和绘制也会停止。

3. 最终调整

为完成一个功能完整的贪吃蛇游戏，现在，只需要做两次较小的调整。首先，需要确保调用了 DoCollisionCheck()，这应该是在 MoveSnake()方法中执行的最后一个操作，之前实现了：

```
private void MoveSnake()
{
    ...

    //绘制贪吃蛇
    DrawSnake();
    //碰撞检测
    DoCollisionCheck();
}
```

现在只要蛇移动了，就会执行碰撞检测。可以使用实现 startNewName()方法的一个简单变体，并对其进行扩展，以确保每次游戏重新开始时都会重置分数，因此，将 StartNewGame()方法替换为下面这个稍微扩展的版本：

```
private void StartNewGame()
{
    //移除死蛇和剩余食物
    foreach(SnakePart snakeBodyPart in snakeParts)
    {
        if(snakeBodyPart.UiElement != null)
        GameArea.Children.Remove(snakeBodyPart.UiElement);
```

```
        }
        snakeParts.Clear();
        if(snakeFood != null)
        GameArea.Children.Remove(snakeFood);

        //参数设置
        currentScore = 0;
        snakeLength = SnakeStartLength;
        snakeDirection = SnakeDirection.Right;
        snakeParts. Add ( new  SnakePart ( )  {  Position  =  new  Point ( SnakeSquareSize  *  5,
    SnakeSquareSize * 5) });
        gameTickTimer.Interval = TimeSpan.FromMilliseconds(SnakeStartSpeed);

        //绘制蛇和食物
        DrawSnake();
        DrawSnakeFood();

        //更新游戏状态
        UpdateGameStatus();

        //开启定时器
        gameTickTimer.IsEnabled = true;
    }
```

新游戏开始时，会发生以下情况：

(1) 因为这可能不是第一个游戏，所以需要确保之前游戏中所有可能的残余物都被移除，包括蛇的所有现有部分以及剩余的食物。

(2) 需要将一些变量重置为初始设置，如分数、长度、方向和计时器的速度，还添加了初始蛇头(它将由 MoveSnake()方法自动展开)。

(3) 调用 DrawSnake()和 DrawSnakeFood()方法来直观地反映新游戏的开始。调用 UpdateGameStatus()方法更新游戏状态。

(4) 准备好启动游戏计时器。启动后它会立即开始计时，基本上就是启动游戏。

10.3.4 添加自定义标题栏

到目前为止，已经在 WPF 中构建了一个很酷的贪吃蛇游戏，实现了所有的游戏机制和功能，然而，肯定有许多可以改进的地方，因为目前的实现是最低限度的。

使用默认的 Windows 风格的边框/标题栏，使实现看起来不像一个游戏。因此，可以完全移除默认 Window 标题栏，实现自己的顶部状态栏来显示当前分数和速度，也实现一个专门的"关闭"按钮。所有这些都应该和当前游戏外观相匹配。幸运的是，这是非常容易用 WPF 做到的。具体步骤如下：

(1) 在 Window 的声明中添加一些属性和一个新的事件。代码如下：

```
<Window x:Class = "SnakeGame.MainWindow"
    xmlns = "http://schemas.microsoft.com/winfx/2006/xaml/presentation"
    xmlns:x = "http://schemas.microsoft.com/winfx/2006/xaml"
    xmlns:d = "http://schemas.microsoft.com/expression/blend/2008"
```

```
    xmlns:mc = "http://schemas.openxmlformats.org/markup-compatibility/2006"
    xmlns:local = "clr-namespace:WpfTutorialSamples.Games"
    mc:Ignorable = "d"
    Title = "SnakeWPF - Score: 0" SizeToContent = "WidthAndHeight"  KeyUp = "Window_KeyUp"
    ContentRendered = "Window_ContentRendered" ResizeMode = "NoResize" WindowStyle = "None"
    Background = "Black" MouseDown = "Window_MouseDown">
```

(2) 在 Windows 类的后台代码中添加 MouseDown 事件的处理程序 Window_MouseDown，代码如下：

```
private void Window_MouseDown(object sender, MouseButtonEventArgs e)
{
    this.DragMove();
}
```

(3) 添加自定义标题栏去展示分数和速度，同时还有一个“关闭”按钮。Window XAML 内部现在看起来像这样：

```
<DockPanel Background = "Black">
    <Grid DockPanel.Dock = "Top" Name = "pnlTitleBar">
    <Grid.ColumnDefinitions>
        <ColumnDefinition Width = "*" />
        <ColumnDefinition Width = "*" />
        <ColumnDefinition Width = "Auto" />
    </Grid.ColumnDefinitions>

    <Grid.Resources>
        <Style TargetType = "TextBlock">
        <Setter Property = "FontFamily" Value = "Consolas" />
        <Setter Property = "Foreground" Value = "White" />
        <Setter Property = "FontSize" Value = "24" />
        <Setter Property = "FontWeight" Value = "Bold" />
        </Style>
    </Grid.Resources>

    <WrapPanel Margin = "10,0,0,0">
        <TextBlock> Score:</TextBlock>
        <TextBlock Name = "tbStatusScore"> 0 </TextBlock>
    </WrapPanel>
    <WrapPanel Grid.Column = "1">
        <TextBlock> Speed:</TextBlock>
        <TextBlock Name = "tbStatusSpeed"> 0 </TextBlock>
    </WrapPanel>
    <Button Grid.Column = "2" DockPanel.Dock = "Right" Background = "Transparent" Foreground =
"White" FontWeight = "Bold" FontSize = "20" BorderThickness = "0" Name = "btnClose" Click =
"BtnClose_Click" Padding = "10,0"> X </Button>
    </Grid>
    <Border BorderBrush = "Black" BorderThickness = "5">
    <Canvas Name = "GameArea" ClipToBounds = "True" Width = "400" Height = "400">

    </Canvas>
```

```
    </Border>
</DockPanel>
```


(4) 在 Window 类的后台代码中添加按钮的单击事件处理程序 BtnClose_Click,代码如下：

```
private void BtnClose_Click(object sender, RoutedEventArgs e)
{
    this.Close();
}
```

(5) 修改 UpdateGameStatus()的方法用来更新 Window 标题属性。这个方法应该被改变用来使用新的 TextBlock：

```
private void UpdateGameStatus()
{
    this.tbStatusScore.Text = currentScore.ToString();
    this.tbStatusSpeed.Text = gameTickTimer.Interval.TotalMilliseconds.ToString();
}
```

通过移除标准的 Window 外观和应用自定义标题栏,贪吃蛇游戏看起来更像一款真正的游戏(见图 10-4),而不是一个简单的蛇的动画。现在可以通过运行项目,按空格键开始游戏之旅。

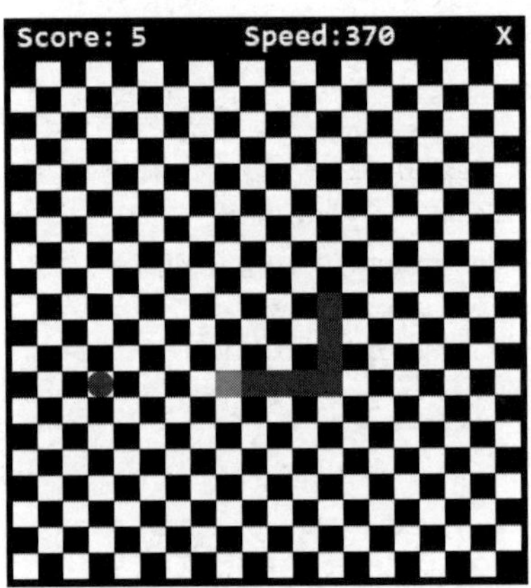

图 10-4　WPF 贪吃蛇游戏界面

第 11 章 综合案例：学生成绩管理系统

为了提高学生成绩管理的效率，实现成绩管理的系统化、规范化和自动化，许多高校都利用计算机进行学生成绩管理，因此，结合高校学生成绩管理流程，开发一个实用的学生成绩管理系统是非常有意义的。本章通过使用 C# 7.0 和 SQL Server 2014 开发一个学生成绩管理系统，使读者了解软件项目开发的流程，掌握利用 C#进行桌面应用开发的关键技术，提高项目开发能力。

在学习完本章内容后，读者将能够：

- 了解和熟悉软件项目开发的完整过程。
- 掌握三层架构开发模式及其在 C#应用程序中的实现。
- 掌握如何利用 ADO.NET 技术访问 SQL Server 数据库。
- 了解和掌握数据库设计的方法。

11.1 三层架构简介

11.1.1 常用的三层架构

在软件体系架构设计中，分层式结构是最常见，也是最重要的一种结构。目前比较流行的软件分层结构为三层架构。所谓三层体系结构，是在客户端与数据库之间加入了一个“中间层”，也叫组件层，整个业务逻辑从下至上分为数据访问层(Data Access Layer，DAL)、业务逻辑层(Business Logic Layer，BLL)和用户界面层(User Interface Layer，UIL)。三层之间的结构关系如图 11-1 所示。

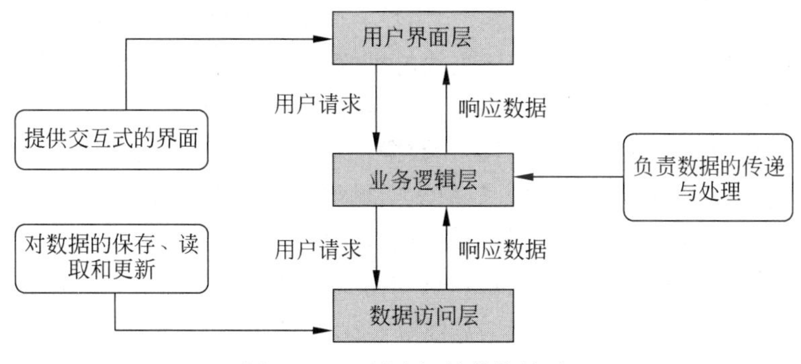

图 11-1 三层之间的结构关系

(1) 数据访问层：有时候也称为是持久层，主要功能是对原始数据（数据库或者文本文件等存放数据的形式）的操作层，为业务逻辑层或用户界面层提供数据服务。简单的说法就是实现对数据表的选择、插入、更新和删除操作。

(2) 业务逻辑层：位于用户界面层和数据访问层之间，专门负责处理用户输入的信息，或者是将这些信息发送给数据访问层进行保存，或者是通过数据访问层从数据库读出这些数据。该层可以包括一些对"商业逻辑"描述的代码在里面。业务逻辑层是用户界面层和数据访问层之间的桥梁，负责数据处理和传递。

(3) 用户界面层：又称表示层，位于系统的最外层（最上层），离用户最近，用于显示数据和接收用户输入的数据，只提供软件系统与用户交互的界面。

三层架构是将应用程序的业务规则、数据有效性校验等工作放到了中间的业务逻辑层进行处理。通常情况下，客户端不直接与数据库进行交互，而是通过业务逻辑层与数据库访问层进行交换。开发人员可以将商业的业务逻辑放在中间层应用服务器上，把应用的业务逻辑与用户界面分开。在保证客户端功能的前提下，为用户提供一个简洁的界面。这样一来如果需要修改应用程序代码，只需要对中间层应用服务器进行修改，而不用修改成千上万的客户端应用程序。从而使开发人员可以专注于应用系统核心业务逻辑的分析、设计和开发，简化了应用系统的开发、更新和升级工作。

要理解三层架构的含义，可以先看一个日常生活中的饭店的工作模式。饭店将整个业务分解为三部分来完成，每一部分各司其职，服务员只负责接待顾客，向厨师传递顾客的需求；厨师只负责烹饪不同口味、不同特色的美食；采购人员只负责提供美食原料。三者分工合作，共同为顾客提供满意的服务，如图 11-2 所示。在饭店为顾客提供服务期间，服务员、厨师和采购人员任何一方的人员发生变化都不会影响其他两方的正常工作，只需要对变化者重新调整即可正常营业。

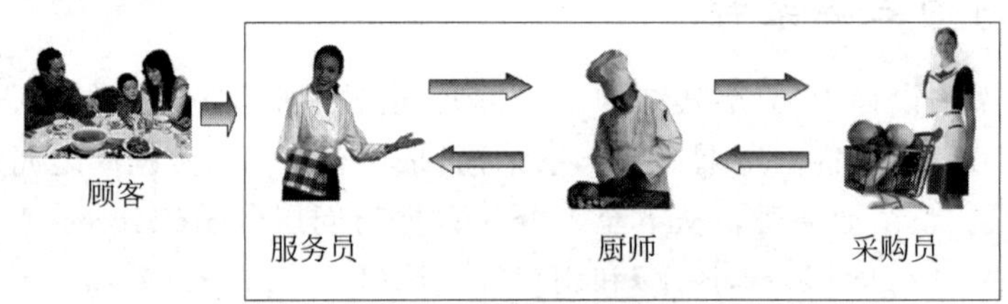

图 11-2 饭店工作模式

用三层架构开发的软件系统与此类似，用户界面层只提供软件系统与用户交互的接口，业务逻辑层是用户界面层和数据访问层之间的桥梁，负责数据处理和传递，数据访问层只负责数据的存取，如图 11-3 所示。

采用三层架构开发软件，各层之间存在数据依赖关系。通常，用户界面层依赖于业务逻辑层，业务逻辑层依赖于数据访问层。三层之间的数据传递分为请求与响应两个方向。用户界面层接收到客户的请求，传递到业务逻辑层，业务逻辑层将请求传递到数据访问层或者直接将处理结果返回用户界面层；数据访问层对数据执行存取操作后，将处理结果返回业务逻辑层，业务逻辑层对数据进行必要的处理后，把处理结果传递到用户界面层，用户界面层把结果显示给用户。

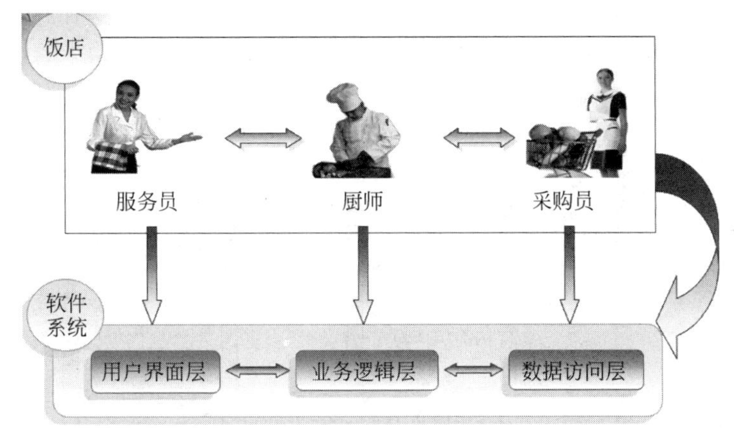

图 11-3　三层架构的软件系统与饭店工作模式的类比

11.1.2　三层架构的演变

在饭店的工作模式中，服务员、厨师和采购人员各司其职，服务员不用了解厨师如何做菜，不用了解采购员如何采购食材；厨师不用知道服务员接待了哪位客人，不用知道采购员如何采购食材；同样，采购员不用知道服务员接待了哪位客人，不用知道厨师如何做菜。那么，三者是如何联系的？例如，厨师会做炒茄子、炒鸡蛋、炒面——此时构建三个方法(cookEggplant()、cookEgg()、cookNoodle())。

顾客直接和服务员打交道，顾客和服务员(用户界面层)说：我要一个炒茄子，而服务员不负责炒茄子，她就把请求往上递交，传递给厨师(业务逻辑层)，厨师需要茄子，就把请求往上递交，传递给采购员(数据访问层)，采购员从仓库里取来茄子传回给厨师，厨师响应cookEggplant()方法，做好炒茄子后，又传回给服务员，服务员把茄子呈现给顾客。这样就完成了一个完整的操作。在此过程中，茄子作为参数在三层中传递，如果顾客点炒鸡蛋，则鸡蛋作为参数(这是变量作为参数)。如果，用户增加需求，还需要在方法中添加参数，一个方法添加一个，一个方法涉及三层；实际中并不止涉及一个方法的更改。所以，为了解决这个问题，可以把茄子、鸡蛋、面条作为属性定义到顾客实体中，一旦顾客增加了炒鸡蛋需求，直接把鸡蛋属性拿出来用即可，不用再去考虑在每层的方法中添加参数，更不用考虑参数的匹配问题。这样，三层架构就会演变成如图 11-4 所示的结构。

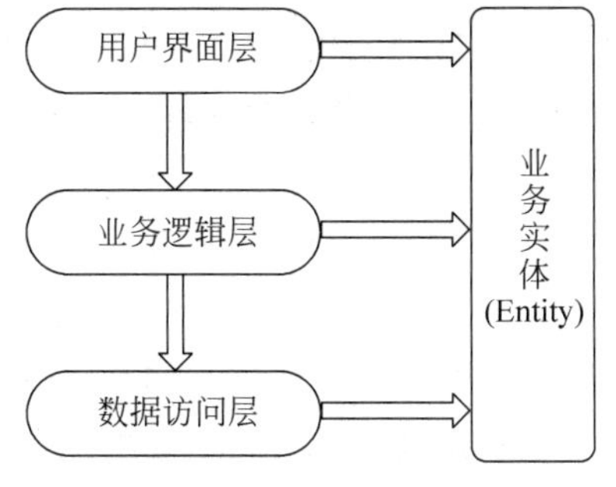

图 11-4　三层架构的演变

业务实体通常用于封装实体类数据结构，一般用于映射数据库的数据表或视图，描述业务中的对象，在各层之间进行数据传递。对于初学者来说，可以这样理解：每张数据表对应一个实体，即每个数据表中的字段都对应实体中的属性。这里为什么说可以暂时理解为每个数据表对应一个实体？因为做系统的目的是为用户提供服务，用户不关心系统后台是怎么工作的，只关心软件是不是好用、界面是不是符合自己的心意。用户在界面上轻松地增加、删除、修改、查询，那么数据库中也要有相应的增加、删除、修改、查询，而这些具体操作对象就是数据库中的数据，也就是表中的字段。所以，将每个数据表作为一个实体类,实体类封装的属性对应到表中的字段,这样的话,实体在贯穿于三层之间时,就可以实现增加、删除、修改和查询数据了。图 11-5 描述了三层结构中的数据走向。

用户界面
用户界面层后台代码
业务逻辑层
数据访问层
用户请求
处理窗体
传递参数
请求数据操作
解析实体对象
数据库
构建实体对象
调用存储过程
返回
返回行集
返回
展示数据
解析实体对象
构建实体对象或集合

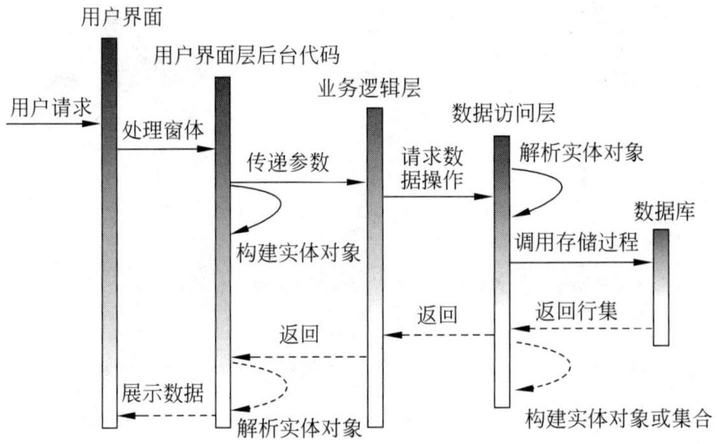

图 11-5　三层结构中的数据走向

说明:在三层架构中,每一层(UI→BLL→DAL)之间的数据传递(单向)是靠变量或实体作为参数来传递的,这样就构造了三层之间的联系,完成了功能的实现。但是对于大量的数据来说,用变量作为参数有些复杂,因为参数量太多,容易搞混。例如,要把员工信息传递到下层,信息包括员工工号、姓名、年龄、性别、工资等用变量作为参数,方法中的参数就会很多,极有可能在使用时将参数匹配搞混。这时,如果用实体作为参数就会很方便,不用考虑参数匹配的问题,用到实体中哪个属性拿来直接用就可以,很方便。这样做也提高了效率。

11.1.3　搭建三层架构

为了提高程序的可维护性和扩展性,在实现三层架构时通常将每一层作为一个独立的项目进行。因此,在开发三层架构的软件中,首先必须建立一个空白的解决方案,然后在解决方案中分别创建各层项目,并添加层与层之间的引用。

1. 创建整体解决方案

(1) 新建空白方案。启动 Visual Studio 2017,打开“新建项目”对话框,在“已安装”模板中选择“其他项目类型”中“Visual Studio 解决方案”,并选中右边的“空白解决方案”,在“名称”文本框中填入解决方案的名称,如图 11-6 所示。

(2) 添加类库项目。在解决方案中右击,在弹出的快捷菜单选择“添加”→“新建项目”命令,在“新建项目”对话框中选择“类库”项目,如图 11-7 所示。

分别向解决方案添加数据访问层、业务逻辑层和实体类库项目,并向各项目中添加相应的类实现相应的功能。

(3) 在解决方案中添加表示层项目,即新建一个 Window 窗体应用程序或者 WPF 应用程序,并将该项目设为启动项目。

2. 添加各层之间的依赖关系

搭好了三层架构的基本框架以后,需要添加各层之间的依赖关系,使它们能够相互传递数据。

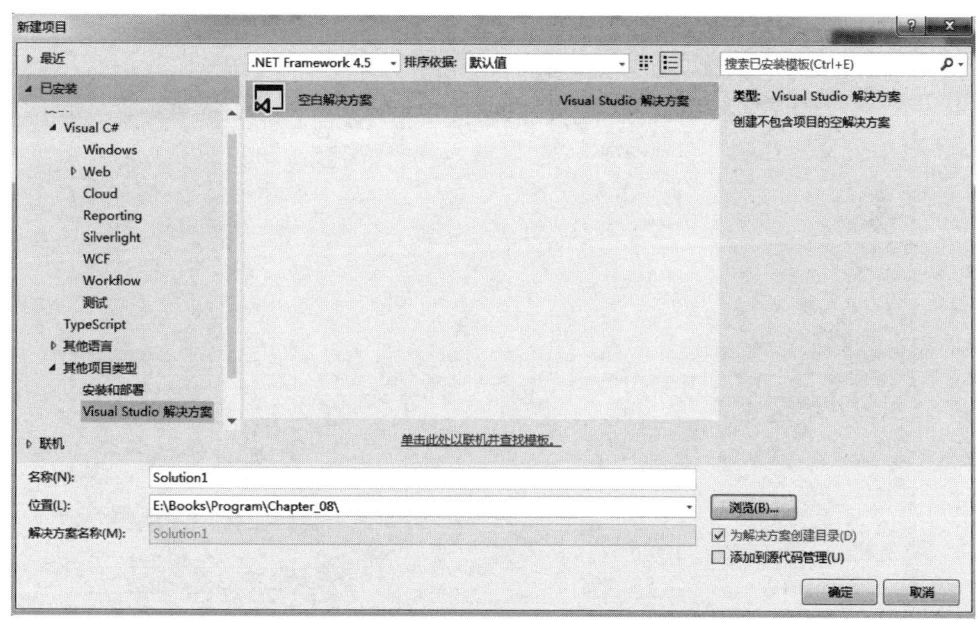

图 11-6　新建空白解决方案

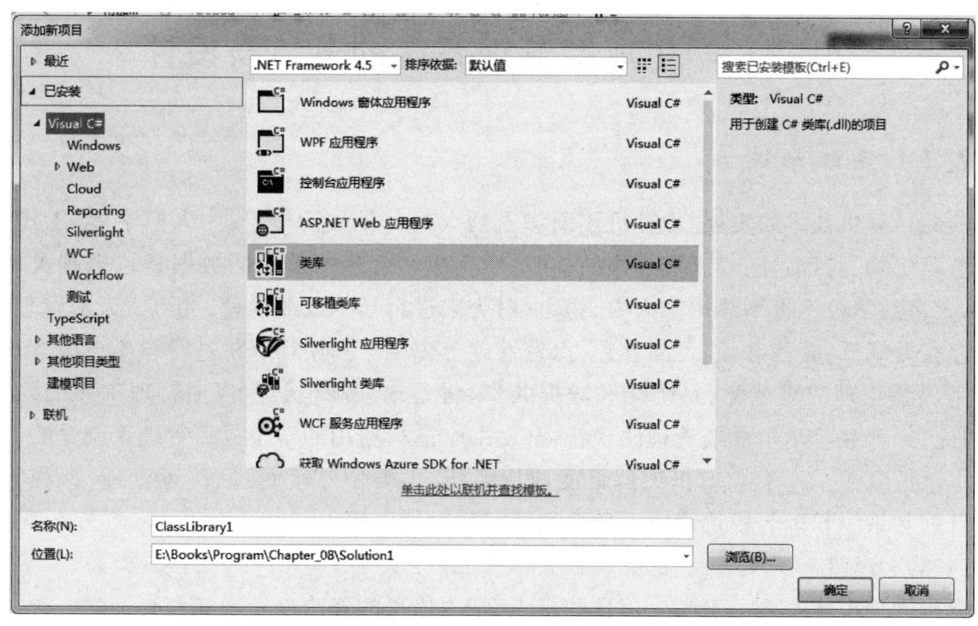

图 11-7　添加类库项目

(1) 由于 Model 用于在各层之间传递数据,所以需要添加用户界面层 WinForm 项目对 Model 的引用。同时,由于用户界面层依赖于业务逻辑层,所以也需要添加用户界面层 WinForm 项目对业务逻辑层类库项目的引用,如图 11-8 所示。

(2) 添加业务逻辑层类库项目 Model 层和数据访问层的引用。由于业务逻辑层依赖于数据访问层,所以也需要添加业务逻辑层对数据访问层类库项目的引用。

(3) 添加数据访问层类库项目对 Model 层的引用。

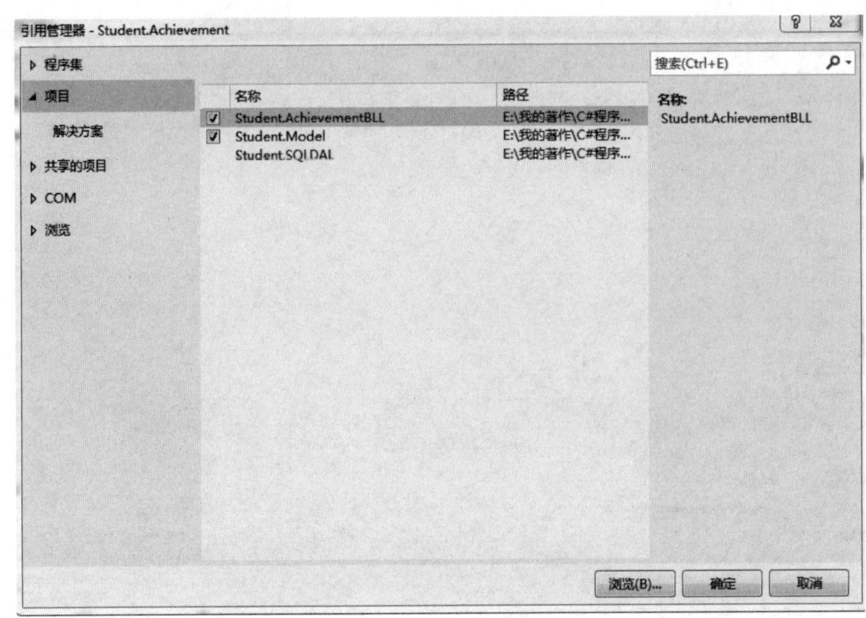

图 11-8　添加项目引用

11.2　学生成绩管理系统的分析与设计

11.2.1　系统概述

随着计算机技术的发展,计算机逐渐渗透到人们日常生活中,成为人们学习、工作和娱乐的重要工具。目前,随着高校规模的扩张,学生成绩管理所涉及的数据量越来越大,越来越多,大多数学校不得不靠增加人力、物力、财力来进行学生成绩管理。但是,人工管理成绩档案存在效率低、查找麻烦、可靠性差、保密性差等弊端。利用计算机进行学生成绩管理,实现学生成绩管理的规范化、系统化和数据共享,将是未来高校学生成绩管理工作的发展方向,因此,结合高校学生成绩管理的现状,开发一个高校通用的学生成绩管理系统是必要的。

本系统是一个基于C/S框架的桌面应用系统,主要由学生管理、院系管理、课程管理、成绩管理和系统管理等模块组成。各模块的具体功能如下。

1）学生管理

学生管理模块主要负责学生信息的录入、学生信息的修改以及删除和查询学生等任务。

2）院系管理

院系管理模块主要负责院系信息的添加、修改和查询以及班级信息的添加、修改和查询等任务。

3）课程管理

课程管理模块主要负责课程信息的添加、修改和查询以及教学任务分配等任务。

4）成绩管理

成绩管理模块主要负责课程成绩的录入、修改、查询以及学生成绩的查询和统计等任务。

5）系统管理

系统管理模块主要负责更改密码、数据的备份、恢复以及退出系统等任务。

学生成绩管理系统的功能结构如图 11-9 所示。

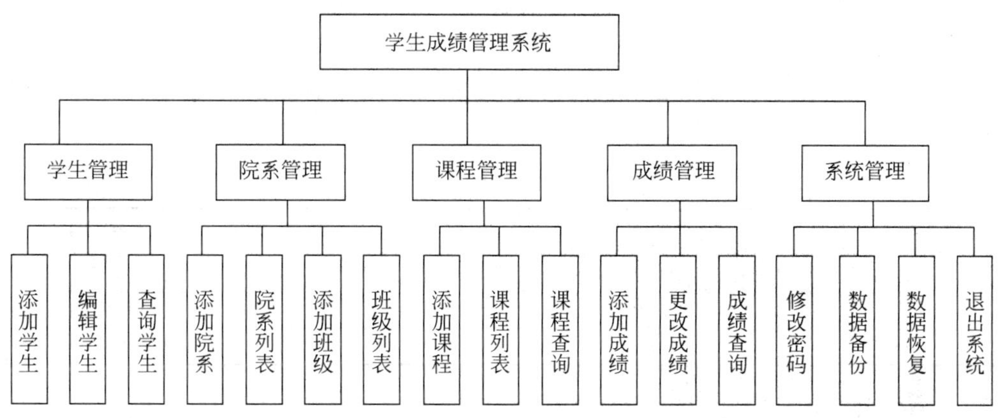

图 11-9 学生成绩管理系统的功能结构

11.2.2 系统业务流程

为了保证系统安全，用户进入系统之前必须输入用户名和密码，只有合法的用户才能使用系统，从而达到保护数据安全的目的。学生成绩管理系统的业务流程如图 11-10 所示。

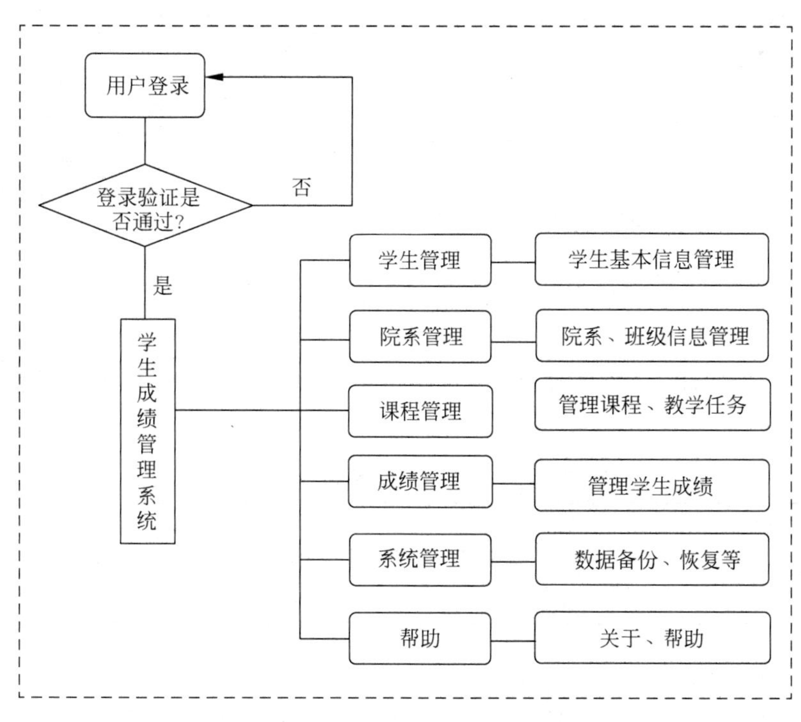

图 11-10 学生成绩管理系统的业务流程

11.2.3 数据库设计

1. 数据表结构

结合学生成绩管理的功能，学生成绩管理系统需要 6 个表，分别用来存储学生成绩管理中涉及的相关数据。学生成绩管理系统中的数据表及其结构如下：

1）用户表(tb_User)

用户表用来存储用户的信息，包括用户名、用户真实姓名以及登录密码等，如表 11-1 所示。

表 11-1 用户表

字段名称	数据类型	字段长度/字节	说明
username	nvarcha	10	用户名
realname	nvarchar	20	用户真实姓名
password	nvarchar	10	登录密码

2）学生表(tb_Student)

学生表用来存储学生的档案信息，包括学生的学号、姓名、性别、政治面貌、出生日期、院系编号、班级编号、家庭住址和照片等信息，如表 11-2 所示。

表 11-2 学生表

字段名称	数据类型	字段长度/字节	说明
StudentID	char	11	学号(主键)
StudentName	nvarchar	20	姓名
Gender	nvarchar	2	性别
PoliticalStatus	nvarchar	20	政治面貌
Birthday	nvarchar	8	出生日期
CollegeID	char	2	院系编号
ClassID	char	6	班级编号
Address	nvarchar	80	家庭住址
Photoes	nvarchar	100	照片

3）院系表(tb_College)

院系表用来存储院系的基础信息，主要包括院系编号、院系名称等信息，如表 11-3 所示。

表 11-3 院系表

字段名称	数据类型	字段长度/字节	说明
CollegeID	char	2	院系编号(主键)
CollegeName	nvarchar	50	院系名称

4）班级表(tb_Class)

班级表用来存储班级的基础信息，主要包括班级编号、班级名称和所在院系等信息，如表 11-4 所示。

表 11-4　班级表

字段名称	数据类型	字段长度/字节	说　　明
ClassID	char	8	班级编号(主键)
ClassName	nvarchar	50	班级名称
CollegeID	char	2	所在院系(外键)

5) 课程表(tb_Course)

课程表用来存储课程的基础信息,主要包括课程编号、课程名称和课程类型等信息,如表 11-5 所示。

表 11-5　课程表

字段名称	数据类型	字段长度/字节	说　　明
CourseID	char	6	课程编号(主键)
CoursrName	nvarchar	50	课程名称
CoursrType	nvarchar	20	课程类型

6) 成绩表(tb_Grade)

成绩表用来存储学生成绩,主要包括学号、课程编号、成绩、学年和学期等信息,如表 11-6 所示。

表 11-6　成绩表

字段名称	数据类型	字段长度/字节	说　　明
SID	char	9	学号(外键)
CID	char	6	课程编号(外键)
Result	nvarchar	3	成绩
SchoolYear	nvarchar	9	学年
Term	nvarchar	2	学期

2. 创建数据库

学生成绩管理系统采用 SQL Server 2014 作为数据库软件。首先启动 SQL Server Management Studio,建立数据库 db_Student,然后在该数据库下建立相应的数据表。下面是创建数据库的代码:

```
/****** Object:  Database [db_Student]     Script Date: 07/19/2020 10:07:37 ******/
CREATE DATABASE [db_Student] ON  PRIMARY
( NAME = N'db_Student', FILENAME = N'E:\Chapter11\Database\db_Student.mdf', SIZE = 3072KB ,
MAXSIZE = UNLIMITED, FILEGROWTH = 1024KB )
 LOG ON
( NAME = N'db_Student_log', FILENAME = N'E:\Chapter11\Database\db_Student_log.ldf', SIZE =
1024KB , MAXSIZE = 2048GB , FILEGROWTH = 10 % )
```

图 11-11 给出了最终的数据库关系。

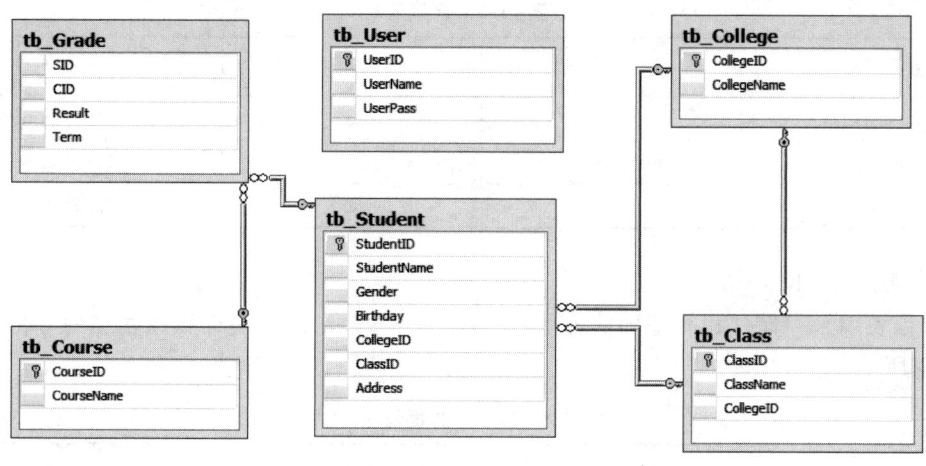

图 11-11　数据库关系

11.3　学生成绩管理系统的实现

学生成绩管理系统采用通用的三层架构。用户界面层用来存放与用户交互的界面，采用典型的 WinForm 应用程序；业务逻辑层用来存放针对具体问题对数据进行逻辑处理的代码；数据访问层用来存放对原始数据操作的代码，它封装了所有与数据库交互的操作，并为业务逻辑层提供数据服务。业务逻辑层和数据访问层通常以类库项目的形式存在，各层之间通过实体模型进行数据交流。

11.3.1　业务实体层的实现

业务实体(Model)层封装实体，一般用于映射数据库的数据表或者视图，用以描述业务处理对象。Model 实体类用于在各层之间进行数据传递。

1. 用户实体

在 Model 层添加用户类 User，代码如下：

```
public class User
{
    public string UserName { set; get; }                //用户名
    public string RealName { set; get; }                //真实姓名
    public string Password { set; get; }                //密码
}
```

2. 学生实体

在 Model 层添加学生类 Student，代码如下：

```
public class Student
{
    public string ID { set; get; }                      //学号
    public string Name { set; get; }                    //姓名
    public string Gender { set; get; }                  //性别
```

```
        public string Politicalstatus { set; get; }              //政治面貌
        public string College { set; get;}                        //院系
        public string Classes { set; get; }                       //班级
        public string Birthday { set; get; }                      //出生日期
        public string Address { set; get; }                       //地址
        public string Images { set; get; }                        //照片
    }
```

> **【指点迷津】** 学生成绩管理系统中其他实体模型的实现原理基本相同，由于篇幅限制，这里就不再列出，读者可查看本书配套源代码。另外，上面代码中设置的相关属性都是可读写的，但在实际项目开发中，对于一些不可更改的信息，开发人员可以只使用 get 关键字，以便将指定信息的属性设置为只读。

11.3.2 数据访问层的实现

数据访问层定义、维护数据的完整性、安全性，它响应业务逻辑层的请求，访问数据库数据。这一层通常也是类库项目。

(1) 在数据访问层类库项目 Student.SQLDAL 中添加数据库访问类 SQLDbHelper。SQLDBHelper 是一个自定义的数据库操作类，把对数据库的操作封装成一个类便于程序调用，提高编程效率，减少代码冗余。SQLDbHelper 类的关键代码如下：

```
using System;
using System.Configuration;
using System.Data;
using System.Data.SqlClient;

namespace Student.SQLDAL
{
    ///< summary >
    ///针对 SQL Server 数据库操作的通用类
    ///Version:1.0
    ///</summary >
    public class SQLDbHelper
    {

private static string connString =
     ConfigurationManager.ConnectionStrings[ "edu.xcu.GradeManagement"].ConnectionString.
ToString();
    ///< summary >
    ///设置数据库连接字符串
    ///</summary >
    public static string ConnectionString
    {
        get { return connString; }
        set { connString = value; }
    }
    ///< summary >
```

```
    ///执行一个查询,并返回查询结果
    ///</summary>
    ///<param name = "commandText">要执行的 SQL 语句</param>
    ///<param name = "commandType">要执行的查询语句的类型,如存储过程或者 SQL 文本命令
</param>
    ///<param name = "parameters"> Transact - SQL 语句或存储过程的参数数组</param>
    ///<returns></returns>
    public static DataTable ExecuteDataTable(string commandText, CommandType commandType,
SqlParameter[] parameters)
    {
        //DataTable data = new DataTable();      //实例化 DataTable,用于装载查询结果集
        DataSet ds = new DataSet();
        using (SqlConnection connection = new SqlConnection(connString))
        {
            using (SqlCommand command = new SqlCommand(commandText, connection))
            {
                //设置 command 的 CommandType 为指定的 CommandType
                command.CommandType = commandType;
                if (parameters != null)
                {
                    foreach (SqlParameter parameter in parameters)
                    {
                        command.Parameters.Add(parameter);
                    }
                }
                //通过包含查询 SQL 的 SqlCommand 实例来实例化 SqlDataAdapter
                SqlDataAdapter adapter = new SqlDataAdapter(command);

                adapter.Fill(ds);                 //填充 DataTable
            }
        }
        return ds.Tables[0];
    }
    public static DataTable ExecuteDataTable(string commandText)
    {
        return ExecuteDataTable(commandText, CommandType.Text, null);
    }
    ///<summary>
    ///执行一个查询,并返回查询结果
    ///</summary>
    ///<param name = "commandText">要执行的 SQL 语句</param>
    ///<param name = "commandType">要执行的查询语句的类型,如存储过程或者 SQL 文本命令
</param>
    ///<returns>返回查询结果集</returns>
    public static DataTable ExecuteDataTable(string commandText, CommandType commandType)
    {
        return ExecuteDataTable(commandText, commandType, null);
    }


    ///<summary>
```

```
///将 CommandText 发送到 Connection 并生成一个 SqlDataReader
///</summary>
///<param name = "commandText">要执行的 SQL 语句</param>
///<param name = "commandType">要执行的查询语句的类型,如存储过程或者 SQL 文本命令
</param>
///<param name = "parameters"> Transact - SQL 语句或存储过程的参数数组</param>
///<returns></returns>
public static SqlDataReader ExecuteReader(string commandText, CommandType commandType,
SqlParameter[] parameters)
{
    SqlConnection connection = new SqlConnection(connString);
    SqlCommand command = new SqlCommand(commandText, connection);
    command.CommandType = commandType;
    //如果同时传入了参数,则添加这些参数
    if (parameters != null)
    {
        foreach (SqlParameter parameter in parameters)
        {
            command.Parameters.Add(parameter);
        }
    }
    connection.Open();
    //CommandBehavior.CloseConnection 参数指示关闭 Reader 对象时关闭与其关联的
    //Connection 对象
    return command.ExecuteReader(CommandBehavior.CloseConnection);
}
///<summary>
///将 CommandText 发送到 Connection 并生成一个 SqlDataReader
///</summary>
///<param name = "commandText">要执行的查询 SQL 文本命令</param>
///<returns></returns>
public static SqlDataReader ExecuteReader(string commandText)
{
    return ExecuteReader(commandText, CommandType.Text, null);
}
///<summary>
///将 CommandText 发送到 Connection 并生成一个 SqlDataReader
///</summary>
///<param name = "commandText">要执行的 SQL 语句</param>
///<param name = "commandType">要执行的查询语句的类型,如存储过程或者 SQL 文本命令
</param>
///<returns></returns>
public static SqlDataReader ExecuteReader(string commandText, CommandType commandType)
{
    return ExecuteReader(commandText, commandType, null);
}


///<summary>
///从数据库中检索单个值(例如一个聚合值)
///</summary>
```

```
    ///<param name = "commandText">要执行的 SQL 语句</param>
    ///<param name = "commandType">要执行的查询语句的类型,如存储过程或者 SQL 文本命令
</param>
    ///<param name = "parameters"> Transact - SQL 语句或存储过程的参数数组</param>
    ///<returns></returns>
    public static Object ExecuteScalar ( string commandText, CommandType commandType,
SqlParameter[] parameters)
    {
        object result = null;
        using (SqlConnection connection = new SqlConnection(connString))
        {
            using (SqlCommand command = new SqlCommand(commandText, connection))
            {
                command.CommandType = commandType;
                //设置 command 的 CommandType 为指定的 CommandType
                //如果同时传入了参数,则添加这些参数
                if (parameters != null)
                {
                    foreach (SqlParameter parameter in parameters)
                    {
                        command.Parameters.Add(parameter);
                    }
                }
                connection.Open();          //打开数据库连接
                result = command.ExecuteScalar();
            }
        }
        return result;                      //返回查询结果的第一行第一列,忽略其他行和列
    }
    ///<summary>
    ///从数据库中检索单个值(例如一个聚合值)
    ///</summary>
    ///<param name = "commandText">要执行的查询 SQL 文本命令</param>
    ///<returns></returns>
    public static Object ExecuteScalar(string commandText)
    {
        return ExecuteScalar(commandText, CommandType.Text, null);
    }
    ///<summary>
    ///从数据库中检索单个值(例如一个聚合值)
    ///</summary>
    ///<param name = "commandText">要执行的 SQL 语句</param>
    ///<param name = "commandType">要执行的查询语句的类型,如存储过程或者 SQL 文本命令
</param>
    ///<returns></returns>
    public static Object ExecuteScalar(string commandText, CommandType commandType)
    {
        return ExecuteScalar(commandText, commandType, null);
    }
```

```
    ///< summary >
    ///对数据库执行增加、删除、修改操作
    ///</summary >
    ///< param name = "commandText">要执行的 SQL 语句</param >
    ///< param name = "commandType">要执行的查询语句的类型,如存储过程或者 SQL 文本命令
</param >
    ///< param name = "parameters"> Transact - SQL 语句或存储过程的参数数组</param >
    ///< returns >返回执行操作受影响的行数</returns >
    public static int ExecuteNonQuery ( string commandText, CommandType commandType,
SqlParameter[ ] parameters)
    {
        int count = 0;
        using (SqlConnection connection = new SqlConnection(connString))
        {
            using (SqlCommand command = new SqlCommand(commandText, connection))
            {
                command.CommandType = commandType;
                //设置 command 的 CommandType 为指定的 CommandType
                //如果同时传入了参数,则添加这些参数
                if (parameters != null)
                {
                    foreach (SqlParameter parameter in parameters)
                    {
                        command.Parameters.Add(parameter);
                    }
                }
                connection.Open();           //打开数据库连接
                count = command.ExecuteNonQuery();
            }
        }
        return count;              //返回执行增加、删除、修改操作之后,数据库中受影响的行数
    }
    ///< summary >
    ///对数据库执行增加、删除、修改操作
    ///</summary >
    ///< param name = "commandText">要执行的查询 SQL 文本命令</param >
    ///< returns ></returns >
    public static int ExecuteNonQuery(string commandText)
    {
        return ExecuteNonQuery(commandText, CommandType.Text, null);
    }
    ///< summary >
    ///对数据库执行增加、删除、修改操作
    ///</summary >
    ///< param name = "commandText">要执行的 SQL 语句</param >
    ///< param name = "commandType">要执行的查询语句的类型,如存储过程或者 SQL 文本命令
</param >
    ///< returns ></returns >
    public static int ExecuteNonQuery(string commandText, CommandType commandType)
    {
        return ExecuteNonQuery(commandText, commandType, null);
    }
    }
}
```

【脚下留神】 读者在运行本系统时，需要将 App.config 文件中的数据库连接字符串中的 Data Source 属性修改为本机的 SQL Server 服务器名。

(2) 在数据访问层类库项目 Student.SQLDAL 中添加类 UserDAL，用于操作用户表。UserDAL.cs 的关键代码如下：

```
public class UserDAL
{
    ///<summary>
    ///用户登录
    ///</summary>
    ///<param name="user">用户</param>
    ///<returns></returns>
    public bool Login(Users user)
    {
        StringBuilder strSQL = new StringBuilder();
        strSQL.Append("select * from [tb_User] where username = @username and password = @password");
        SqlParameter[] para = { new SqlParameter("@username", user.UserName),
                                new SqlParameter("@password", user.Password) };
        object obj = SQLDbHelper.ExecuteScalar(strSQL.ToString(), CommandType.Text, para);
        //如果用户不存在
        if (obj != null)
            return true;
        else
            return false;
    }

    ///<summary>
    ///修改用户密码
    ///</summary>
    ///<param name="myuser">用户</param>
    ///<returns></returns>
    public int UpdateUser(Users myuser)
    {
        StringBuilder strSQL = new StringBuilder();
        strSQL.Append("update [tb_User] set password = @password where username = @username");
        SqlParameter[] paras = { new SqlParameter("@username", myuser.UserName),
                                 new SqlParameter("@password", myuser.Password) };
        //调用 SQLDbHelper 方法修改用户密码
        int rows = SQLDbHelper.ExecuteNonQuery(strSQL.ToString(), CommandType.Text, paras);
        return rows;
    }
}
```

(3) 在数据访问层类库项目 Student.SQLDAL 中添加类 StudentDAL，用来访问学生表。StudentDAL.cs 的关键代码如下：

```
public class StudentDAL
{
    ///< summary >
    ///添加学生信息
    ///</summary>
    ///< param name = "student"></param >
    ///< returns ></returns >
    public int AddStudent(Student.Model.Student student)
    {
        //生成 SQL 命令
        StringBuilder strSQL = new StringBuilder();
        strSQL.Append("INSERT INTO [tb_Student](studentid,studentname,gender,
                politicalstatus,collegeid,classid,birthday,address,images)");
        strSQL.Append(" VALUES(@studentid,@studentname,@gender,@politicalstatus,
                @collegeid,@classid,@birthday,@address,@images)");
        //生成参数数组
        SqlParameter[] parameters = new SqlParameter[] { new SqlParameter("@studentid",
student.ID),new SqlParameter("@studentname", student.Name), new SqlParameter("@gender",
student.Gender), new SqlParameter ( "@ politicalstatus", student.Politicalstatus), new
SqlParameter( "@ collegeid", student.College), new SqlParameter ( "@ classid", student.
Classes), new SqlParameter("@Birthday", student.Birthday), new SqlParameter("@address",
student.Address), new SqlParameter("@images",student.Images) };
        //执行 SQLDbHelper 命令
        return SQLDbHelper. ExecuteNonQuery ( strSQL. ToString ( ), CommandType. Text,
parameters);
    }
    ///< summary >
    ///删除学生
    ///</summary>
    ///< param name = "id"></param >
    ///< returns ></returns >
    public int DeleteStudent(string id)
    {
    string strSQL = string.Format("DELETE FROM [tb_Student] WHERE studentid = @studentid");
    SqlParameter[] parameters = new SqlParameter[] { new SqlParameter("@studentid", id) };

    return SQLDbHelper.ExecuteNonQuery(strSQL.ToString(), CommandType.Text, parameters);
    }
    ///< summary >
    ///修改学生
    ///</summary>
    ///< param name = "student"></param >
    ///< returns ></returns >
    public int UpdateStudent(Student.Model.Student student)
    {
        //构造 SQL 语句
        StringBuilder strSQL = new StringBuilder();
        strSQL.Append("UPDATE [tb_Student] SET  ");
        strSQL.Append("studentname = @studentname,gender = @gender,politicalstatus =
              @politicalstatus,collegeid = @collegeid,");
        strSQL.Append("classid = @classid,birthday = @birthday,address = @address,images =
```

```
                @imagesWHERE studentid = @studentid");
        //参数数组
        SqlParameter[] parameters = new SqlParameter[] { new SqlParameter("@studentid",
student.ID),new SqlParameter("@studentname", student.Name), new SqlParameter("@gender",
student.Gender), new SqlParameter("@politicalstatus", student.Politicalstatus), new
SqlParameter("@collegeid", student.College), new SqlParameter("@classid", student.
Classes), new SqlParameter("@Birthday", student.Birthday), new SqlParameter("@address",
student.Address), new SqlParameter("@images",student.Images) };
        //执行 SQL 语句
        return SQLDbHelper.ExecuteNonQuery(strSQL.ToString(), CommandType.Text,
parameters);
    }
    ///<summary>
    ///根据学号查询学生
    ///</summary>
    ///<param name="id"></param>
    ///<returns></returns>
    public Student.Model.Student GetStudentByID(string id)
    {
        Student.Model.Student modelStudent = new Student.Model.Student();

        //构造 SQL 语句
        string strSQL = "SELECT * FROM [tb_Student] WHERE studentid = @studentid";
        SqlParameter[] para = { new SqlParameter("@studentid", id) };
        //返回结果集
        using (SqlDataReader dr = SQLDbHelper.ExecuteReader(strSQL, CommandType.Text, para))
        {
            if(dr.HasRows)
            {
                dr.Read();
                //读取数据
                modelStudent.ID = dr["studentid"].ToString().Trim();
                modelStudent.Name = dr["studentname"].ToString().Trim();
                modelStudent.Gender = dr["gender"].ToString().Trim();
                modelStudent.Politicalstatus = dr["politicalstatus"].ToString().Trim();
                modelStudent.College = dr["collegeid"].ToString().Trim();
                modelStudent.Classes = dr["classid"].ToString().Trim();
                modelStudent.Birthday = dr["birthday"].ToString().Trim();
                modelStudent.Address = dr["address"].ToString().Trim();
                modelStudent.Images = dr["images"].ToString().Trim();
            }
            return modelStudent;
        }
    }
    ///<summary>
    ///根据查询条件,获取学生列表
    ///</summary>
    ///<param name="strWhere"></param>
    ///<returns></returns>
    public DataTable GetStudentList(string strWhere)
    {
```

```
        //生成 SQL 命令
        StringBuilder strSQL = new StringBuilder();
        strSQL.Append("SELECT  studentid,studentname,gender ,politicalstatus,collegename,
              classname,birthday,address from [tb_Student],[tb_Class],[tb_College]
              where [tb_Student]. collegeid=[tb_College].collegeid  and  [tb_Student].
              classid=[tb_Class].classid");
        if(strWhere.Trim() != "")
        {
            strSQL.Append("   and   " + strWhere);
        }

        return SQLDbHelper.ExecuteDataTable(strSQL.ToString());
    }
}
```

【指点迷津】 学生成绩管理系统中其他实体数据访问操作实现原理基本相同，即根据需要生成 CRUD 操作的 SQL 语句，然后调用数据库操作类 SQLDbHelper 的方法返回需要的结果。由于篇幅限制，这里就不再列出，读者可查看本书配套源代码。

11.3.3 业务逻辑层的实现

业务逻辑层是界面层和数据层的桥梁，它响应界面层的用户请求，执行任务并从数据层抓取数据，并将必要的数据传送给用户界面层。在学生成绩管理系统中，业务逻辑层是一个类库项目，由若干个类文件组成。

(1) 在学生成绩管理系统业务逻辑层 Student. AchievementBLL 添加用户类 UserBLL。UserBLL 类的主要代码如下：

```
public class UserBLL
{
    //创建数据访问层对象
    UserDAL dalUser = new UserDAL();

    ///< summary >
    ///用户登录
    ///</summary >
    ///< param name = "myuser">用户</param >
    ///< returns ></returns >
    public bool Login(Users myuser)
    {
        return dalUser.Login(myuser);
    }

    ///< summary >
    ///修改用户密码
    ///</summary >
    ///< param name = "myuser"></param >
    ///< returns ></returns >
    public int UpdateUser(Users myuser)
```

```
        {
            return dalUser.UpdateUser(myuser);
        }
    }
```


(2) 在学生成绩管理系统业务逻辑层 Student. AchievementBLL 添加学生类 StudentBLL。StudentBLL 类的主要代码如下：

```
public class StudentBLL
{
    //创建学生数据访问对象
    StudentDAL dalStudent = new StudentDAL();

    ///<summary>
    ///添加学生
    ///</summary>
    ///<param name="student"></param>
    ///<returns></returns>
    public int AddStudent(Student.Model.Student student)
    {
        return dalStudent.AddStudent(student);
    }

    ///<summary>
    ///查询学生
    ///</summary>
    ///<param name="id"></param>
    ///<returns></returns>
    public Student.Model.Student GetStudentByID(string  id)
    {
        return dalStudent.GetStudentByID(id);
    }

    ///<summary>
    ///修改学生
    ///</summary>
    ///<param name="stu"></param>
    ///<returns></returns>
    public int UpdateStudent(Student.Model.Student  stu)
    {
        return dalStudent.UpdateStudent(stu);
    }

    ///<summary>
    ///删除学生
    ///</summary>
    ///<param name="id">学号</param>
    ///<returns></returns>
    public int DeleteStudent(string id)
    {
        return dalStudent.DeleteStudent(id);
```

```
        }

        ///< summary >
        ///根据查询条件返回学生信息
        ///</summary >
        ///< param name = "strWhere"></param >
        ///< returns ></returns >
        public DataTable  GetStudentList(string strWhere)
        {
            return dalStudent.GetStudentList(strWhere);
        }
    }
```

【指点迷津】 学生成绩管理系统其他实体的业务逻辑层实现原理基本相同，即接收用户界面层传递过来的参数，调用数据访问层的方法返回需要的结果。由于篇幅限制，这里就不再列出，读者可查看本书配套源代码。

11.3.4 用户界面层的实现

用户界面层主要用于和用户的交互、接收用户请求或将用户请求的数据在界面上显示出来，是一个典型的 WinForm 窗体应用程序，所以界面的设计和 WinForm 的界面设计完全相同。

1. “登录”模块

“登录”模块用于接收用户输入的用户名和密码，其设计界面如图 11-12 所示。用户名和密码验证通过后，进入主窗体，否则给出提示信息。它可以提高程序的安全性，保护数据资料不外泄。

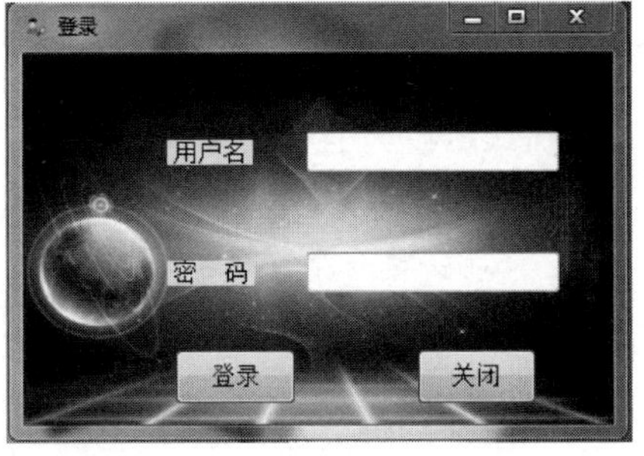

图 11-12　“登录”界面

当用户输入用户名和密码后，单击“登录”按钮进行登录。在“登录”按钮的单击事件中判断用户名和密码是否正确。如果正确，则进入本系统。

“登录”模块的关键代码如下：

```
private void btnLogin_Click(object sender, EventArgs e)
{
    //获取用户名和密码
    string id = this.txtName.Text.Trim();
    string password = this.txtPassword.Text.Trim();
    //判断用户名或密码是否为空
    if(string.IsNullOrEmpty(id) || string.IsNullOrEmpty(password))
    {
        MessageBox.Show("用户名或密码不能为空!", "登录",MessageBoxButtons.OK ,
                    MessageBoxIcon.Warning);
        this.txtName.Focus();
    }
    else
    {
```

```
            //创建用户
            Users myUsers = new Users();
            myUsers.UserName = id;
            myUsers.RealName = "用户";
            myUsers.Password = password;

            //创建业务逻辑对象
            UserBLL bllUser = new UserBLL();

            if(bllUser.Login(myUsers))
            {
                this.DialogResult = DialogResult.OK;
            }
            else
            {
                MessageBox.Show("用户名或密码错误!", "登录", MessageBoxButtons.OK,
                                MessageBoxIcon.Warning);
                return;
            }
        }
    }
```

2. 主窗体的设计与实现

主窗体是应用程序操作过程中必不可少的,它是人机交互的重要环节。通过主窗体,用户可以调用系统相关的子模块。在学生成绩管理系统中,当登录窗体验证成功后,用户将进入主窗体,主窗体提供了系统菜单栏和工具栏,通过它们调用系统中所有子窗体。主窗体的运行结果如图 11-13 所示。

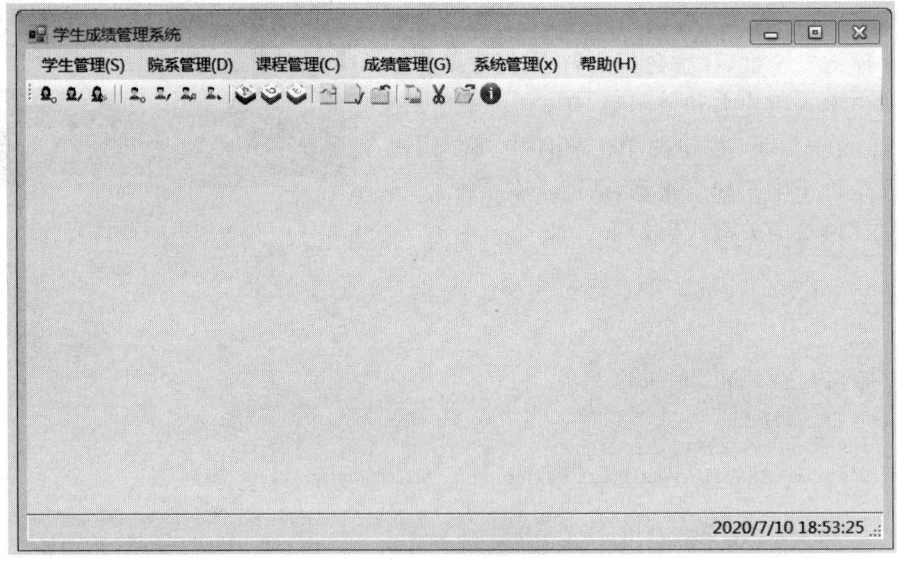

图 11-13　学生成绩管理主窗体

主窗体是用户和系统交互的核心,主要通过菜单栏和工具栏联系其他功能模块,利用状态栏显示相关信息。菜单栏中的各项菜单调用相应的子窗体,下面以选择“学生管理”→“添加学生"菜单项为例进行说明，代码如下：

```
private void mnsAddStudent_Click(object sender, EventArgs e)
{
    //创建添加学生窗体
    AddStudentForm frmStudent = new AddStudentForm();
    //显示学生窗体
    frmStudent.ShowDialog();
}
```

工具栏提供了一种直观的快捷访问菜单项的方式，只需要将其单击(Click)事件处理程序指定为某个菜单项的单击事件处理程序即可。

状态栏通常用来显示系统的一些信息，本系统利用定时器在状态栏显示当前事件，关键代码如下：

```
private void timer1_Tick(object sender, EventArgs e)
{
    this.toolStripStatusLabel2.Text = DateTime.Now.ToString();
}
```

3. "学生管理"模块的实现

"学生管理"模块主要用来添加、编辑、删除和查询学生的基本信息，包括"添加学生""编辑学生"和"查询学生"3 个模块。

1) 添加学生信息

添加学生模块用于录入学生的基本信息，其运行结果如图 11-14 所示。窗体启动后，首先绑定院系、班级信息。

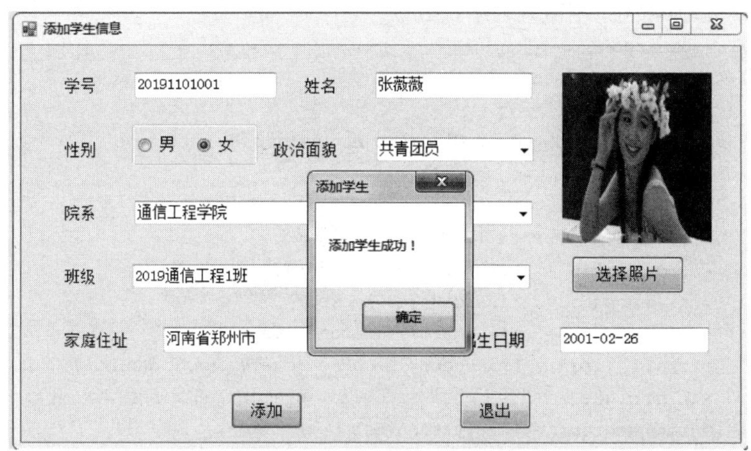

图 11-14 "添加学生信息"界面

"添加学生信息"窗体的关键代码如下：

```
namespace Student.Achievement
{
    public partial class AddStudentForm : Form
    {
```

```
//定义字段
string oldFileName = string.Empty;                  //图片文件名
CollegeBLL bllCollege = new CollegeBLL ();          //创建院系业务逻辑层对象
ClassBLL bllClass = new ClassBLL ();                //创建班级业务逻辑层对象

///< summary>
///添加院系信息
///</summary>
private void AddCollge()
{
    List < College > lstCollege = bllCollege.GetColleges();
    //绑定院系
    this.cmbCollege.DataSource = lstCollege;
    this.cmbCollege.DisplayMember = "CollegeName";
    this.cmbCollege.ValueMember = "CollegeID";
}

///< summary>
///窗体装入事件代码
///</summary>
///< param name = "sender"></param>
///< param name = "e"></param>
private void AddStudentForm_Load(object sender, EventArgs e)
{
    AddCollge();
}

///< summary>
///"添加"按钮事件处理程序
///</summary>
///< param name = "sender"></param>
///< param name = "e"></param>
private void btnAddStudent_Click(object sender, EventArgs e)
{
    //获取输入值
    string id = this.txtID.Text.Trim();
    string name = this.txtName.Text.Trim();
    string gender = this.rdoMale.Checked ? "男" : "女";
    string status = this.cmbPoliticStatus.Text.Trim();
    string college = this.cmbCollege.SelectedValue.ToString().Trim();
    string grade = this.cmbClass.SelectedValue.ToString().Trim();
    string address = this.txtAddress.Text.Trim();
    string birthday = this.txtBirthday.Text.Trim();
    //图片保存
    string fileType = Path.GetExtension(oldFileName);     //获取图片类型
    string images = id + fileType;                        //图片文件名
    //拼接路径
    string imgPath = Path.Combine(Application.StartupPath, "Images");
    //判断文件夹是否存在
    if (!Directory.Exists(imgPath))
        Directory.CreateDirectory(imgPath);        //如果不存在,则创建文件夹
```

```
            string newFileName = Path.Combine(imgPath, images);
            //复制文件到指定文件夹
            File.Copy(oldFileName, newFileName, true);

            //建立学生实体
            Student.Model.Student  student = new Student.Model.Student() {ID = id,Name =
            name, Gender = gender,Politicalstatus = status,College = college ,Classes = grade,
            Address = address,Birthday = birthday,Images = images};

            //建立学生业务逻辑层对象
            StudentBLL bllStudent = new StudentBLL();

            if (bllStudent.AddStudent(student)> 0)
            {
                MessageBox.Show("添加学生成功!", "添加学生");
            }
            else
            {
                MessageBox.Show("添加学生失败!", "添加学生");
            }
        }

        ///< summary>
        ///"选择照片"按钮事件处理程序
        ///</summary>
        ///< param name = "sender"></param>
        ///< param name = "e"></param>
        private void btnImages_Click(object sender, EventArgs e)
        {
            //新建"打开文件"对话框
            OpenFileDialog ofdImage = new OpenFileDialog();
            //设置对话框属性
            ofdImage.Title = "选择照片";
            ofdImage.Filter = "所有文件 (*.*) | *.* |JPG 图片(*.jpg)|*.jpg|PNG 图片
(*.png)|*.png ";

            if (ofdImage.ShowDialog() == DialogResult.OK)
            {
                //从对话框中选择图片设置 Image 属性
                oldFileName = ofdImage.FileName;
                picImages.Image = Image.FromFile(oldFileName);
            }
        }

        ///< summary>
        ///院系发生改变事件处理程序
        ///</summary>
        ///< param name = "sender"></param>
        ///< param name = "e"></param>
        private void cmbCollege_SelectedIndexChanged(object sender, EventArgs e)
        {
```

```
                if(this.cmbCollege.SelectedItem != null)
                {
                    this.cmbClass.DataSource = bllClass.GetClasses(this.cmbCollege.SelectedValue.
ToString().Trim());
                    this.cmbClass.DisplayMember = "ClassName";
                    this.cmbClass.ValueMember = "ClassID";
                }
                else
                {
                    MessageBox.Show("没有选择院系!", "提示");
                    return;
                }
            }
        }
    }
```

2）编辑学生信息

"编辑学生"模块按照输入的学生学号在数据库中检索学生信息，并显示在窗体的界面中，单击"更新"按钮将修改后的数据写入数据库，单击"删除"按钮将学生从数据库中删除，运行结果如图 11-15 所示。

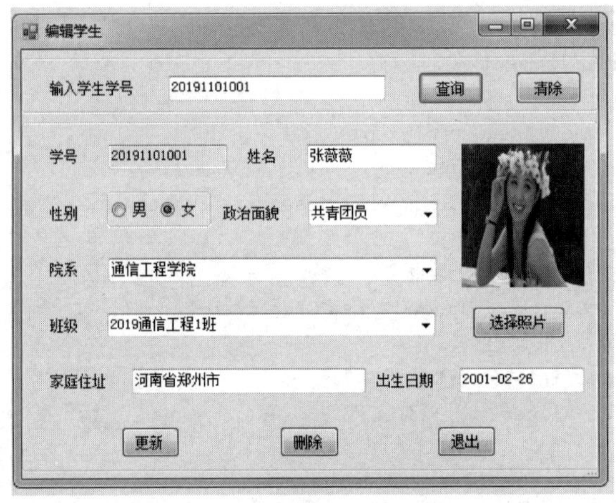

图 11-15 "编辑学生"界面

"编辑学生"窗体的关键代码如下：

```
namespace Student.Achievement
{
public partial class EditStudentForm : Form
{
    //定义变量
    string oldFileName = string.Empty;                    //选择图片
    string imageName = string.Empty;                      //照片路径
    CollegeBLL bllCollege = new CollegeBLL();
    ClassBLL bllClass = new ClassBLL();
    bool flag = false;
```

```
#region Method                                    //方法开始
public EditStudentForm()
{
    InitializeComponent();
}

///<summary>
///"查询"按钮事件处理程序
///</summary>
///<param name="sender"></param>
///<param name="e"></param>
private void button1_Click(object sender, EventArgs e)
{
    //获取输入
    string id = this.textBox1.Text.Trim();
    //查询学生信息
    StudentBLL bllStudent = new StudentBLL();
    Student.Model.Student student = bllStudent.GetStudentByID(id);
    //显示学生信息
    this.txtID.Text = student.ID;
    this.txtName.Text = student.Name;
    if (student.Gender == "男")
        this.rdoMale.Checked = true;
    else
        this.rdoFemal.Checked = true;
    this.cmbPoliticStatus.Text = student.Politicalstatus;
    this.cmbCollege.SelectedValue = student.College;
    this.cmbClass.SelectedValue = student.Classes;
    this.txtAddress.Text = student.Address;
    this.txtBirthday.Text = student.Birthday;
    imageName = student.Images;
    string imgPath = Path.Combine(Application.StartupPath, "Images");
    string image = Path.Combine(imgPath, imageName);
    Stream s = File.Open(image, FileMode.Open);
    this.picImages.Image = Image.FromStream(s);
    s.Close();
}
///<summary>
///"清除"按钮事件处理程序
///</summary>
///<param name="sender"></param>
///<param name="e"></param>
private void button2_Click(object sender, EventArgs e)
{
    this.textBox1.Text = "";
    this.textBox1.Focus();
}
///<summary>
///窗体载入事件
///</summary>
///<param name="sender"></param>
```

```
///<param name="e"></param>
private void EditStudentForm_Load(object sender, EventArgs e)
{
    //绑定院系表
    List<College> lstCollege = bllCollege.GetColleges();
    this.cmbCollege.DataSource = lstCollege;
    this.cmbCollege.DisplayMember = "CollegeName";
    this.cmbCollege.ValueMember = "CollegeID";
    //绑定班级表
    List<GradeClass> lstClass = bllClass.GetAllClasses();
    this.cmbClass.DataSource = lstClass;
    this.cmbClass.DisplayMember = "ClassName";
    this.cmbClass.ValueMember = "ClassID";
}
///<summary>
///"选择照片"按钮事件
///</summary>
///<param name="sender"></param>
///<param name="e"></param>
private void btnImages_Click(object sender, EventArgs e)
{
    //新建"打开文件"对话框
    OpenFileDialog ofdImage = new OpenFileDialog();
    //设置对话框属性
    ofdImage.Title = "选择照片";
    ofdImage.Filter = "所有文件 (*.*) | *.*|JPG 图片(*.jpg)|*.jpg|PNG 图片
(*.png)|*.png";

    if (ofdImage.ShowDialog() == DialogResult.OK)
    {
        //从对话框中选择图片设置 Image 属性
        picImages.Image = Image.FromFile(ofdImage.FileName);
        oldFileName = ofdImage.FileName;
        flag = true;
    }
}
///<summary>
///院系改变事件处理
///</summary>
///<param name="sender"></param>
///<param name="e"></param>
private void cmbCollege_SelectedIndexChanged(object sender, EventArgs e)
{
    if (this.cmbCollege.SelectedItem != null)
    {
        this.cmbClass.DataSource = bllClass.GetClasses(this.cmbCollege.SelectedValue.
ToString().Trim());
        this.cmbClass.DisplayMember = "ClassName";
        this.cmbClass.ValueMember = "ClassID";
    }
}
```

```
///< summary >
///"更新"按钮事件处理程序
///</summary>
///< param name = "sender"></param >
///< param name = "e"></param >
private void btnUpdateStudent_Click(object sender, EventArgs e)
{
    //提示对话框
    DialogResult result = MessageBox.Show("您确定要修改吗?", "提示",
                          MessageBoxButtons.YesNo,MessageBoxIcon.Information);
    //用户选择"确定"
    if (result == DialogResult.Yes)
    {
        //建立学生实体
        Student.Model.Student    student = new Student.Model.Student();
        //学生实体赋值
        student.ID = this.txtID.Text.Trim();
        student.Name = this.txtName.Text.Trim();
        student.Gender = this.rdoMale.Checked ? "男" : "女";
        student.Politicalstatus = this.cmbPoliticStatus.Text;
        student.Birthday = this.txtBirthday.Text.Trim();
        student.College = this.cmbCollege.SelectedValue.ToString().Trim();
        student.Classes = this.cmbClass.SelectedValue.ToString().Trim();
        student.Address = this.txtAddress.Text.Trim();
        //照片是否修改
        if(flag == true)
        {
            //图片修改过
            string fileType = Path.GetExtension(oldFileName);  //获取图片类型
            string images = this.txtID.Text.Trim() + fileType; //图片文件名
            //拼接路径
            string imgPath = Path.Combine(Application.StartupPath, "Images");
            //判断文件夹是否存在
            if (!Directory.Exists(imgPath))
                Directory.CreateDirectory(imgPath);        //如果不存在,则创建文件夹
            string newFileName = Path.Combine(imgPath, images);
            //复制文件到指定文件夹
            File.Copy(oldFileName, newFileName, true);

            student.Images = images;
        }
        else
        {
            //图片没有修改
            student.Images = imageName;
        }
        //生成学生管理对象
        StudentBLL  bllStudent = new StudentBLL();
        //调用业务逻辑层的方法
        if (bllStudent.UpdateStudent(student) > 0)
            MessageBox.Show("修改学生信息成功!", "提示");
```

```
                else
                    MessageBox.Show("修改学生信息失败!", "提示");
            }
        }
        ///<summary>
        ///"删除"按钮事件处理程序
        ///</summary>
        ///<param name="sender"></param>
        ///<param name="e"></param>
        private void btnDeleteStudent_Click(object sender, EventArgs e)
        {
            DialogResult result = MessageBox.Show("您确定要删除吗?", "提示",MessageBoxButtons.
                                  YesNo,MessageBoxIcon.Information);
            //用户选择"确定"
            if (result == DialogResult.Yes)
            {
                //生成学生管理对象
                StudentBLL bllStudent = new StudentBLL();
                //调用业务逻辑层方法
                if (bllStudent.DeleteStudent(this.txtID.Text.Trim()) > 0)
                    MessageBox.Show("删除学生成功!", "提示");
                else
                    MessageBox.Show("删除学生失败!", "提示");
            }
        }
        ///<summary>
        ///"退出"按钮事件
        ///</summary>
        ///<param name="sender"></param>
        ///<param name="e"></param>
        private void btnExit_Click(object sender, EventArgs e)
        {
            this.Close();
        }
        #endregion Method                                          //方法结束
    }
}
```

3）查询学生信息

“查询学生”模块可以根据选定条件查询学生详细信息，其运行结果如图 11-16 所示。当用户在组合框中选定查询字段，并在右边的文本框中输入查询关键字，系统将满足条件的学生信息显示在表格中。

“查询学生”窗体的关键代码如下：

```
namespace Student.Achievement
{
    public partial class QueryStudentForm : Form
    {
        //定义类实例变量
        StudentBLL bllStudent = new StudentBLL();
```

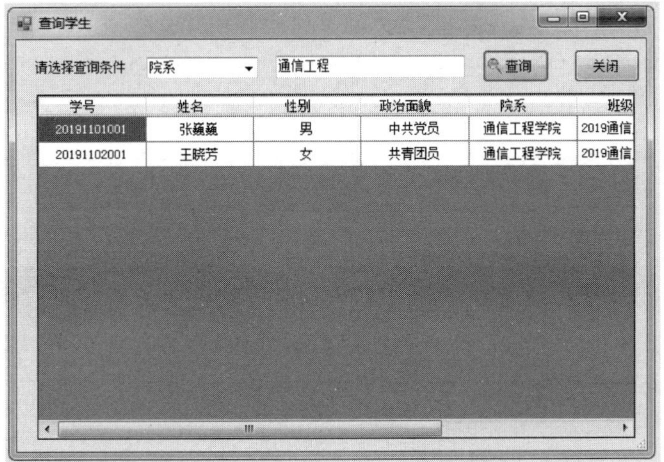

图 11-16 “查询学生”界面

```
    public QueryStudentForm()
    {
        InitializeComponent();
    }

///< summary >
///"查询"按钮事件处理程序
///</summary >
///< param name = "sender"></param >
///< param name = "e"></param >
    private void btnQueryStudent_Click(object sender, EventArgs e)
    {
        //获取查询条件
        string con = this.cmbQuery.Text.ToString().Trim();
        string value = this.txtQuery.Text.Trim();
        string strWhere = "";
        //生成查询条件
        if (con.Equals("学号"))
            strWhere = "studentid  like  '%" + value + "%'";
        if (con.Equals("姓名"))
            strWhere = "studentname  like  '%" + value + "%'";
        if (con.Equals("院系"))
            strWhere = "collegename  like  '%" + value + "%'";
        if (con.Equals("班级"))
            strWhere = "classname  like  '%" + value + "%'";

        this.dataGridView1.DataSource = bllStudent.GetStudentList(strWhere);
    }

    ///< summary >
    ///"关闭"按钮事件
    ///</summary >
```

```
            ///<param name = "sender"></param>
            ///<param name = "e"></param>
            private void btnExit_Click(object sender, EventArgs e)
            {
                this.Close();
            }
        }
    }
```

【指点迷津】 学生成绩管理系统其他用户界面层实现原理基本相同，即根据需要设计窗体来与用户交互，调用业务逻辑的方法返回需要的结果并显示。由于篇幅限制，这里就不再列出，读者可查看源代码。

11.4 学生成绩管理系统的部署

11.4.1 什么是应用程序部署

应用程序部署就是分发要安装到其他计算机上的已完成应用程序或组件的过程。Visual Studio 为部署 Windows 应用程序提供两种不同的策略：使用 ClickOnce 技术发布应用程序，或者使用 Windows Installer 技术通过传统安装来部署应用程序。

Windows Installer 是使用较早的一种部署方式，它允许用户创建安装程序包并分发给其他用户，拥有此安装包的用户，只要按提示进行操作即可完成程序的安装，Windows Installer 在中小程序的部署中应用十分广泛。通过 Windows Installer 部署，将应用程序打包到 setup.exe 文件中，并将该文件分发给用户，用户可以运行 setup.exe 文件安装应用程序。

ClickOnce 允许用户将 Windows 应用程序发布到 Web 服务器或网络共享文件夹，允许其他用户进行在线安装。通过 ClickOnce 部署，可以将应用程序发布到中心位置，然后用户再从该位置安装或运行应用程序。ClickOnce 部署克服了 Windows Installer 部署中所固有的三个主要问题：

(1) 更新应用程序的困难。使用 Windows Installer 部署，每次应用程序更新，用户都必须重新安装整个应用程序；使用 ClickOnce 部署，则可以自动提供更新，只有更改过的应用程序部分才会被下载，然后从新的运行文件夹重新安装完整的、更新后的应用程序。

(2) 对用户的计算机的影响。使用 Windows Installer 部署时，应用程序通常依赖于共享组件，这就有可能发生版本冲突；而使用 ClickOnce 部署时，每个应用程序都是独立的，不会干扰其他应用程序。

(3) 安全权限。Windows Installer 部署要求管理员权限并且只允许受限制的用户安装；而 ClickOnce 部署允许非管理用户安装应用程序，并且仅授予应用程序所需要的那些代码访问安全权限。

ClickOnce 部署方式出现之前，Windows Installer 部署的这些问题有时会使开发人员决定创建 Web 应用程序，牺牲了 Windows 窗体丰富的用户界面和响应性来换取安装的便利。现在，利用 ClickOnce 部署的 Windows 应用程序则可以集这两种技术的优势于一身。

ClickOnce 部署的功能与 Windows Installer 部署的功能比较如表 11-7 所示。

表 11-7　ClickOnce 部署的功能与 Windows Installer 部署的功能比较

功　能	ClickOnce	Windows Installer
自动更新	是	是
安装后回滚	是	否
从 Web 更新	是	否
授予的安全权限	仅授予应用程序所必需的权限(更安全)	默认授予“完全信任”权限(不够安全)
要求的安全权限	Internet 或 Intranet 区域(为 CD-ROM 安装提供完全信任)	管理员
应用程序和部署清单签名	是	否
安装时用户界面	单次提示	多部分向导
即需安装程序集	是	否
安装共享文件	否	是
安装驱动程序	否	是(自定义操作)
安装到全局程序集缓存	否	是
为多个用户安装	否	是
向“开始”菜单添加应用程序	是	是
向“启动”组添加应用程序	否	是
注册文件类型	是	是
安装时注册表访问	受限	是
二进制文件修补	否	是
应用程序安装位置	ClickOnce 应用程序缓存	Program Files 文件夹

表 11-7 将 ClickOnce 部署的功能与 Windows Installer 部署的功能进行了比较，程序管理人员应根据不同的应用选择不同的部署策略。选择部署策略时有几个因素要考虑：应用程序类型、用户的类型和位置、应用程序更新的频率以及安装要求。

大多数情况下，ClickOnce 部署为最终用户提供更好的安装体验，而要求开发人员花费的精力更少。ClickOnce 部署大大简化了安装和更新应用程序的过程，但是不具有 Windows Installer 部署可提供的更大灵活性，在某些情况下必须使用 Windows Installer 部署。

ClickOnce 部署的应用程序可自行更新，对于要求经常更改的应用程序而言是最好的选择。虽然 ClickOnce 应用程序最初可以通过 CD-ROM 安装，但是用户必须具有网络连接才能利用更新功能。

使用 ClickOnce 时，要使用发布向导打包应用程序并将其发布到网站或网络文件共享；用户直接从该位置一步安装和启动应用程序。而使用 Windows Installer 时，要向解决方案添加安装项目以创建分发给用户的安装程序包；用户运行该安装文件并按向导的步骤安装应用程序。

11.4.2　使用 ClickOnce 部署学生成绩管理系统

(1) 在计算机中安装并配置 IIS(这里以 Windows 7 上 IIS 6.0 为例)，并建立空站点用来存放发布的文件,如图 11-17 所示。

图 11-17 在 IIS 建立空站点

(2) 打开学生成绩管理系统项目,右击用户界面层项目 Student. Achievement,在弹出的快捷菜单中选择“属性”命令,打开设置属性窗体,选中左侧的“发布”,并在右侧“发布文件夹位置”选择相应的位置,如图 11-18 所示。

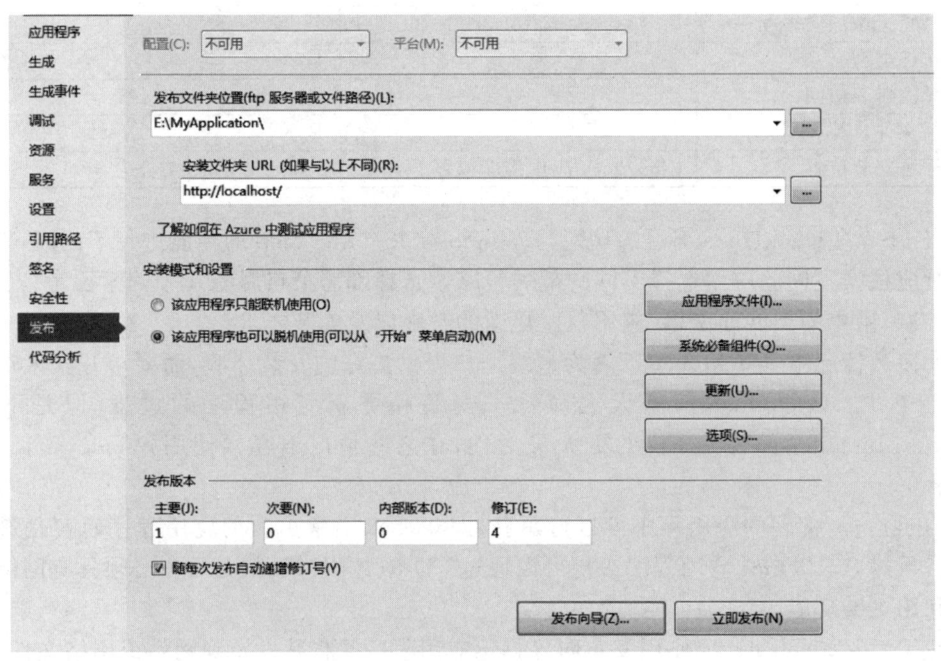

图 11-18 设置项目属性

在图 11-18 中,单击右边的按钮可以完成更新设置、系统必备组件以及其他选项的设置。设置完成后,单击“立即发布”按钮完成项目发布。

(3) 在本机上打开发布应用程序的网页,如图 11-19 所示。单击“安装”按钮,系统会从指定网站下载安装文件,开始应用程序的安装。

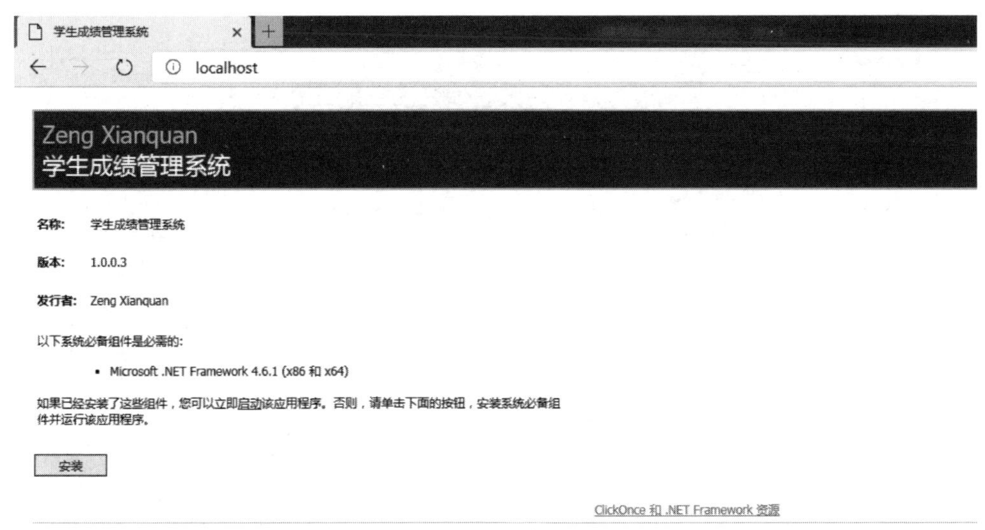

图 11-19　应用程序的安装

11.4.3　使用 Windows Installer 部署学生成绩管理系统

在 Visual Studio 2017 中，制作安装包需要用到 Microsoft Visual Studio 2017 Installer Projects 组件。选择“工具”→“扩展和更新”命令，在“扩展和更新”对话框中，搜索 Visual Studio 2017 Installer Projects 关键词就可查到该组件，下载安装即可，如图 11-20 所示(安装完必须要重启 Visual Studio 工具)。

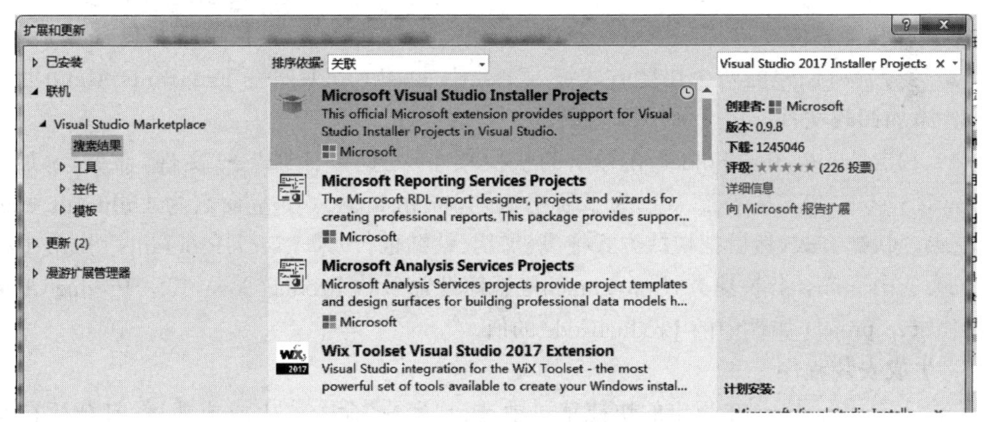

图 11-20　安装工具

1. 创建安装项目

启动 Visual Studio 2017，在菜单中选择“新建”→“项目”命令，在弹出的“新建项目”对话框中，在左侧选择“其他项目类型”→Visual Studio Installer 命令，在右侧选择 Setup Project，输入项目名称，选择保存位置，单击“确定”按钮即可，如图 11-21 所示。

2. 添加文件和文件夹

(1) 在新出现的窗体中，右击，在弹出的快捷菜单中选择 Application Folder→Add→“文件”命令，选择学生成绩管理系统项目 Relase 文件中的可执行文件 Student. Achievement. exe。

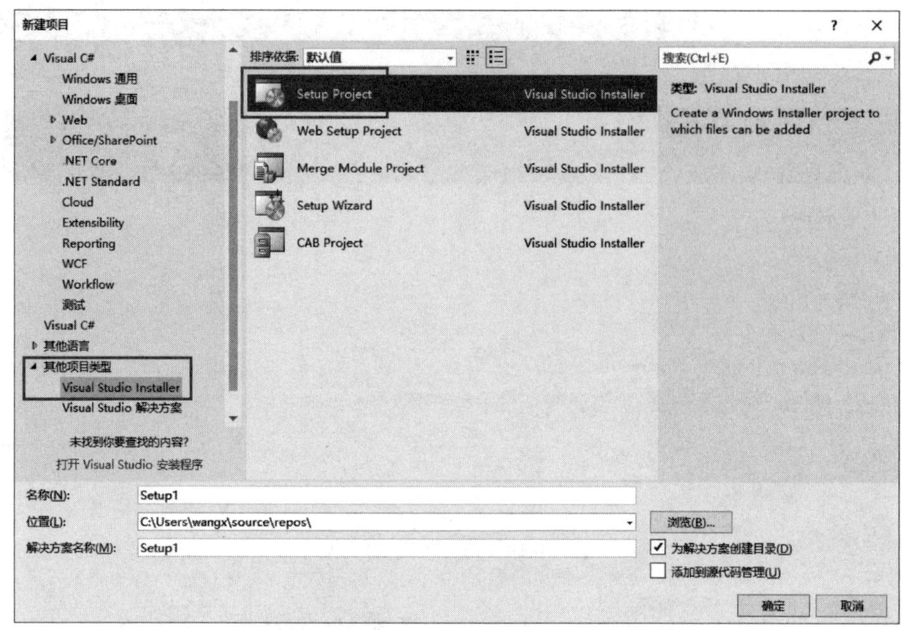

图 11-21　新建项目

(2) 右击,在弹出的快捷菜单中选择 Application Folder→Add→“文件”(“文件夹”)命令,将程序运行所需要的其他资源文件、dll 文件等全部添加到目录中。

3. 添加快捷方式

选中 Student. Achievement. exe 文件,右击,创建快捷方式(需要创建两个,分别用于桌面快捷方式和菜单快捷方式),修改快捷方式名称,然后在 icon 属性中选择已经添加的 ico 图标,最后分别将创建的两个快捷方式拖入 User's Desktop、User's Programs Menu 目录。

4. 添加卸载文件

(1) 右击 Application Folder,在弹出的快捷菜单中选择“添加”→“文件”命令,添加 C:\Windows\System32\msiexec. exe。为了便于识别,将 msiexec. exe 重命名为 UnInstall. exe,并且为它创建快捷方式,然后把快捷方式拖曳(剪切、粘贴也行)到 User's Programs Menu 中。

(2) 选中 uninstall 快捷方式,Arguments 属性设置为/x ProductCode,其中 ProductCode 的值取自 setup project 属性中的 ProductCode 的值。

5. 生成安装程序

右击 setup project,在弹出的快捷菜单中选择“生成”命令。生成成功后,打开所在文件夹就可以看到生成后的安装文件。

参 考 文 献

[1] 克里斯琴·内格尔.C#高级编程 C# 7 & .NET Core 2.0[M].李铭,译.11 版.北京：清华大学出版社,2020.

[2] 本杰明·帕金斯,雅各布·维伯·哈默,乔恩·里德.C#入门经典[M].齐立博,译.8 版.北京：清华大学出版社,2020.

[3] 明日科技.C#从入门到精通(微视频精编版)[M].北京：清华大学出版社,2019.

[4] 克里斯琴·内格尔.C#高级编程 C# 6 & .NET Core 1.0[M].李铭,译.10 版.北京：清华大学出版社,2017.

[5] 微软.C#编程指南[EB/OL].https://docs.microsoft.com/zh-cn/dotnet/csharp/programming-guide/,2017-05.

[6] DotNET 菜园.WPF 入门教程系列[EB/OL].https://www.cnblogs.com/chillsrc/p/4464023.html,2015-04.

[7] 丹尼尔·索利斯,卡尔·施罗坦博尔.C#图解教程[M].窦衍森,姚琪琳,译.5 版.北京：人民邮电出版社,2019.

[8] 罗福强,熊永福,杨剑.Visual C#.NET 程序设计教程 [M].3 版.北京：人民邮电出版社,2019.

[9] 约翰·夏普.Visual C#从入门到精通[M].周靖,译.9 版.北京：清华大学出版社,2020.

[10] 曾宪权,曹玉松..NET 应用程序开发技术与项目实践(C#版)[M].北京：清华大学出版社,2017.

图书资源支持

感谢您一直以来对清华版图书的支持和爱护。为了配合本书的使用，本书提供配套的资源，有需求的读者请扫描下方的“书圈”微信公众号二维码，在图书专区下载，也可以拨打电话或发送电子邮件咨询。

如果您在使用本书的过程中遇到了什么问题，或者有相关图书出版计划，也请您发邮件告诉我们，以便我们更好地为您服务。

我们的联系方式：

地　　址：北京市海淀区双清路学研大厦 A 座 714

邮　　编：100084

电　　话：010-83470236　010-83470237

客服邮箱：2301891038@qq.com

QQ：2301891038（请写明您的单位和姓名）

资源下载：关注公众号“书圈”下载配套资源。

资源下载、样书申请

书圈

获取最新书目

观看课程直播